농산식품가공학

오만진 · 손종록 · 정재홍 · 금종화
이가순 · 오준세 · 이규희 · 이상덕

선 진 문 화 사

머 리 말

근래 국민 식생활은 소득향상, 여성의 사회참여가 확대되고 생활패턴이 변화함에 따라 가공식품의 비중이 점차 높아지고 있다. 소비자의 식품소비성향이 가공식품의 고급화, 다양화 및 기능화를 촉진시켜 식품산업을 발전시키는 계기가 되었으며, 또한 신뢰성 있고 안전성 있는 먹거리를 요구하게 됨으로써 식품의 품질이 고급화 되어 국민 건강을 증진시키는 결과를 가져다 주었다.

우리 식생활 중에서 가공식품이 차지하는 비율은 1970년대 19% 이었던 것이 2000년대에는 50% 수준으로 높아져 선진국의 90%에 비교하면 낮은 편이지만 매년 계속 증가하고 있다. 가공식품의 제조 방법과 품질에 관한 내용을 다루는 식품가공학은 원료와 성분에 따라 구분할 수 있으나 이 책에서는 농산물을 대상으로 가공원료의 종류를 중심으로 집필하였다.

1960~1970년대에 우리나라 대학에 식품관련학과가 설치되면서 식품가공학의 대학교재들이 다량 출판되어 교육교재로 채택되었을 뿐만 아니라 식품종사자들에게 많은 도움을 주고 있어 이 책의 출판을 주저하였으나 그동안의 식품가공학 대학교재에서 탈피하여 식품 원료의 기능성, 가공식품의 안전성, 분야별 식품산업의 현황, 식품공업전에 입각한 식품규격 등을 보강하여 출판하게 되었다.

이 책은 식품관련학과 대학생의 교재로서 이용할 뿐만 아니라 식품관련업종에 종사하는 기술자나 연구자들에게 매우 유익한 참고도서가 되리라고 굳게 믿으며, 또한 식품산업의 발전에도 상당한 기여를 하리라 기대하는 바이다.

이 책의 발간을 위하여 수고하여 주신 선진문화사 사장님과 편집자분들께 감사를 드린다.

2007년 1월

저자대표 오 만 진

차 례

제 1 장 서 론

제 2 장 곡물의 저장 및 가공

제 3 장 밀가루의 제조 및 이용

제 4 장 과자·빵의 제조

제 5 장 콩류 가공

제 6 장　감자류와 전분의 가공

제 7 장　과실 · 채소의 저장 및 가공

제 8 장 유지가공

제 9 장 향신료 가공

제 10 장 다류 가공

제 1 장 서 론

1.1. 식품의 기능

인간은 성장, 운동, 번식 등의 생활현상을 유지하기 위하여 음식을 섭취하여 에너지를 얻고 섭취한 영양성분을 동화(同化)하여 체조직(体組織)을 구성하고 생활기능을 조절하며 생명현상을 유지하게 되는데, 이러한 기능은 식품 속에 있는 영양성분이 역할을 맡고 있는 것이다. 일반적으로 식품의 기능은 다음과 같이 요약할 수 있다.

1차 기능 : 영양적 기능

2차 기능 : 기호적(관능적)기능

3차 기능 : 생체조절기능

식품은 인체에 있어 영양소의 공급원이기 때문에 기본적인 가치는 영양적인 기능이라고 할 수 있으며 생명유지에 없어서는 안 되는 것이다. 식품의 2차 기능인 기호성은 인간의 감각에 작용하는 기능이고 기호성을 지배하는 인자는 맛, 냄새, 색, 외관, 형태, 촉감 등이 있다. 식량이 부족하고 식생활이 풍요롭지 못할 때에는 영양적인 면이 중요하게 취급되었고 소득이 올라가고 식생활이 고급화되면서 관능적 기능에 치중하게 된다. 식품의 각각의 기능은 식품의 종류와 식품을 이용할 때의 상황에 따라서 기능에 대한 비중이 달라진다. 종래에는 식품의 품질은 영양적인 특성과 기호특성을 주로 하여 평가하여 왔으나 근래에는 3차 기능인 생체조절기능을 추가하고 있다. 식품의 3차 기능은 인체의 면역계, 분비계, 신경계, 순환계, 소화계에 있어서 생체조절기능을 함으로써 생체방어, 생체리듬조절, 노화억제, 질병방지, 질병회복에 도움을 준다. 이와 같은 기능을 가진 식품을 기능성식품(functional foods)이라고 한다.

기능성 식품이라는 용어는 1980년대에 들어오면서 주로 사용되어 왔고 우리나라에서도 건강 기능식품법이 2004년 공포되면서 기능성 식품 시대를 맞이하게 되었으며 국민의 건강욕구에 따라 그 수요는 날로 높아지고 있다.

1.2. 식품가공의 목적

우리들이 일상적으로 섭취하고 있는 식품의 대부분은 생물인 동, 식물에 유래하고 있다. 인간을 포함한 생물은 세포로 구성되어 있고 세포 내에는 많은 성분이 포함되어 있으며 기본적으로 식품도 세포성분으로 구성되어 있다. 식품 원료는 종류에 따라 세포속의 성분과 성상이 다르기 때문에 식품을 가공하는 방법도 달리하여야 하는 것이다.

식품원료는 일반적으로 수분 함량이 높기 때문에 실온에서는 자체 원료에 부착되어 있는 미생물이나 효소에 의하여 쉽게 변질, 부패하므로 품질변화를 방지하면서 장기보존이 가능하고 수송이 편리하게 하기 위하여 식품을 가공하게 된다. 또한 생체조절기능을 포함한 영양성(營養性)을 증진하고 기호성(嗜好性)을 향상시켜 안전하면서도 먹기 편리한 식품을 얻기 위하여 식품을 가공한다. 가공식품의 이점을 들면 ① 급격한 부패의 방지, ② 불가식부(不可食部)의 제거, ③ 조리의 번거로움을 경감, ④ 좋은 맛의 증가, ⑤ 영양가의 향상, ⑥ 소화의 개선, ⑦ 외관개선을 통한 식욕과 상품가치의 증대 등이 있으며, 생산자의 입장에서 얻을 수 있는 이점은 ① 가공에 의한 부가가치의 증대, ② 홍수출하로 인한 가격하락 방지, ③ 원형(原型)으로는 판매가 불가능한 것을 상품화할 수 있는 점 등이 있다.

1.3. 식품가공의 분류

식품가공은 제품의 종류와 성질, 제조 원료와 방법에 따라 다음과 같이 분류할 수 있다.

1.3.1. 제품의 종류 및 용도

① 일용품 : 장류, 설탕, 빵, 떡, 국수, 식용유, 식초, 두부, 햄, 우유, 수산가공품 등
② 기호품 : 커피, 다류 등
③ 발효제품 : 주류, 장류, 식초, 김치, 발효유 등
④ 중간제품 : 전분, 물엿, 포도당, 효모, 맥아 등

1.3.2. 제품의 성질

① 전분질 : 전분, 덱스트린, 가용성전분 등

② 단백질 : 두부, 두유, 치즈 등

③ 유지 : 식용유지, 마아가린, 쇼트닝 등

④ 전분, 단백질 : 빵, 국수, 소맥분 등

⑤ 양조품 : 알코올음료, 장류, 식초 등

⑥ 기호품 : 다류, 지물류, 향신료 등

⑦ 감미품 : 설탕, 물엿, 벌꿀, 이성화당, 올리고당 등

⑧ 과실제품 : 건조과실, 과즙, 잼, 젤리 등

⑨ 유제품 및 육제품 : 시유, 분유, 버터, 치즈, 햄, 베이컨, 소시지 등

1.3.3. 제조 원료

① 농산물 : 곡물, 두류, 서류, 과실, 채소, 유지류, 다류, 커피 등의 가공

② 축산물 : 우유, 고기, 알류 등의 가공

③ 수산물 : 어류, 패류, 해조류 등의 가공

1.3.4. 제조 방법

① 물리적 방법 : 백미, 제분, 국수, 식용유지, 전분, 분유 등의 제조

② 화학적 방법 : 포도당, casein, 덱스트린 등의 제조

③ 생물적 방법 : 알코올, 식초, 장류, 물엿 등의 제조

④ 물리적, 미생물 방법 : 버터, 치즈 등의 제조

⑤ 화학적, 물리적 방법 : 전분당, 설탕 등의 제조

근래에는 기능에 따라 일반식품, 유아용 식품, 환자용 식품, 건강 기능성 식품으로 분류하기도 한다.

1.4. 식품가공의 원리 및 방법

식품가공은 식품 원료를 먹기 쉽게 하기 위하여 처리하는 데서 시작되었으며 그 예로써 곡물을 분쇄하거나 껍질을 벗기는 제분, 도정을 들을 수 있다. 그 후 식품가공 원료에 포함되어 있는 단백질과 같은 성분의 특성을 이용한 빵이나 두부 등과 같은 새로운 형태의 식품을 만들기도 하고 식품을 장기간 보존하기 위한 저장 방법이 행하여져 왔다. 또한 미생물이나 효소를 이용하는 주류를 비롯한 치즈, 식초 등이 있다.

식품가공은 생물인 농·림·축·수산물의 원료에 물리적·화학적·생물학적 조작을 함으로써 그 성상을 변화시켜 목적으로 하는 가공식품을 제조하는 것으로서 하나의 식품을 가공하고자 할 때에는 단순한 처리 방법으로 이루어지기도 하지만 여러 가지 방법을 조합하여 가공하는 것이 보통이다. 예를 들면 치즈는 원료 우유의 살균(물리적), 유산균 및 rennet의 첨가와 발효(생물학적), casein의 응고(화학적, 생물적), 숙성(생물학적) 등의 여러 가지 복합공정을 거쳐 제조하게 된다.

이와 같은 가공법은 공업의 발전과 더불어 기계화, 자동화가 도입되어 새로운 가공법이 개발됨으로써 새로운 형태의 식품이 등장하게 되었다.

1.4.1. 물리적 방법

1) 정선(精選)·선별(選別)

식품가공에 있어 원료를 정선하고 선별하는 것은 매우 간단한 조작으로서 원료에 혼입되어 있는 협잡물을 제거하는 공정이다. 곡물, 두류 등에는 수확, 유통과정 중에 부스러기, 먼지, 티끌 등이 혼입되는 수가 있다. 이와 같은 협잡물은 소맥의 제분, 현미의 도정, 대두유의 제조시에 제거되어야만 한다. 자석에 의하여 철 부스러기를 제거하거나 입자의 크기와 무게에 따라 원료와 협잡물을 분리하기도 하고 표면을 연마하여 부착물을 제거한다.

정선공정은 동물성 원료보다는 식물성 원료를 가공할 때 필요한 경우가 많다. 과실을 가공할 때 세척에 의하여 표면에 부착되어 있는 협잡물, 잔류 농약이나 상한 원료를 제거할 목적으로 정선이나 세척을 하게 된다. 원료의 세척에는 원료의 형상이나 물성에 따라 각종의 세척방식이 이용되고 있지만 장치의 세척에는 cleaning in place(CIP)가 보급되어 열교환기에 부착되어 있는 scale을 제거하여 에너지를 절감하고 공해방지에 도움이 되고 있다.

2) 박피(剝皮) · 도정(搗精)

일반적으로 박피는 식품을 가공할 때 제일 먼저 처리하는 단순한 조작으로서 칼, 솔, 정미기, 회전 롤러, 팽창작용, 약품처리 등에 의하여 행하여진다. 마찰, 충격, 찰리작용에 의한 정미기를 이용한 현미의 도정이나 칼, 솔 등에 의한 과실, 채소의 박피 등을 들을 수 있다.

3) 분쇄(粉碎) · 마쇄(磨碎)

분쇄의 목적은 원료를 분말로 하여 표면적을 증가시킴으로써 반응성을 높이고 혼합을 쉽게 하여 제품의 품질을 균일화하는 데 있다. 한편 건조식품에서는 분쇄에 의하여 수분의 증발이 용이하게 되고 대두와 같은 유지자원으로부터 유지를 추출 · 분리하는 데 추출 효율을 높이는 효과가 있다. 분쇄 방법에는 ball mill을 이용한 곡류, 향신료 등의 조직을 파쇄하여 분말상으로 하는 방법, 전단(剪斷) 롤러를 이용한 치즈, 서류를 분쇄하는 방법, homogenizer의 충격력과 마찰력을 이용한 우유의 균질화 방법, 액체질소를 이용하여 점착성이 높은 식품 원료를 분쇄하는 동결분쇄 방법도 있다. 분쇄에 사용되는 분쇄기에는 목적으로 하는 입자의 크기에 따라 조쇄기(粗碎機), 미분쇄기(微粉碎機), 초미분쇄기(超微粉碎機) 등이 있다.

마쇄는 식품의 촉감 향상, 추출률의 향상, 성분의 gel화를 위하여 전단력과 마찰력에 의하여 분쇄하는 조작으로서 원료를 물에 침지하여 충분히 흡수시킨 후 물을 가하여 입자를 잘게 부수는 공정이다. 대두로부터 두유를 만드는 공정, cacao콩으로부터 chocolate의 제조, 수산 연제품의 제조 등이 이에 속한다.

4) 사 별(篩別, sieving)

일반적으로 입자의 크기나 입도에 의하여 선별하는 방법으로서 체(sieve)로서 크기를 나누는 공정이다. 한편 입자의 형상이나 비중 등에 의하여 분별하거나 선별하는 것을 공기분급(空氣分級, air classification)이라고도 한다. 소맥분은 조쇄된 밀의 입자 무게와 크기에 따라 여러 단계의 체질(사별)를 통하여 얻어지며 이와 병행하여 purifier의 풍력으로 가벼운 밀기울 부분과 무거운 배유 부분을 나누어 가면서 체질을 행한다.

5) 여 과(濾過)

여과는 액체 중의 불순물 제거, 탈색, 탈취의 목적으로 액체와 고체 혼합액을 다공질 여재(濾材)에 의하여 액체와 고형물로 따로 분리하는 방법이다. 여과 능률을 높이기 위하여 중력, 가압, 진공 및 원심력을 이용하는 경우가 많으며 압력을 걸어 여과하는 기계를 압여기(壓濾機, filter press)라고 한다. 여과 조작은 맥주, 청주, 포도주 등의 양조주, 간장, 식초 등의 제조과정 중 생기는 잔사, 미생물, 효소 등의 미립자를 제거하여 제품의 투명도와 색조를 높인다. 최근에는 성능이 우수한 여재가 개발됨으로써 액체식품의 제균(除菌), 물의 정제 등에도 이용되고 있다.

6) 원심분리(遠心分離)

원심분리는 비중이 다른 성분이나 물질을 원심력에 의하여 분리하는 조작이다. 이 방법은 식품 소재의 정제, 분리 및 탈수 등에 널리 이용되며 작업 능률을 높이기 위하여 연속식 원심분리법이 쓰이고 있다. 식품공업에서 크림의 분리, 전분의 제조, 세균 등을 침전시키고자 할 때 사용한다.

7) 압 착(壓搾)

압착 분리는 수압(水壓), 유압(油壓) 등에 의하여 고체-액체 혼합물을 압착하여 분리하는 것을 말하며 양조주, 발효조미료, 주스, 식용유지의 제조에 이용되고 있다.

8) 혼합 · 교반(攪拌)

혼합은 2종 이상의 식품재료를 섞어 균질화하고 용해도를 높여 반응이나 분산을 촉진하기 위하여 섞는 조작을 교반이라 한다.

9) 가 열

가열은 식품을 제조하는 데 대부분 포함되어 있는 공정으로서 식품의 살균, 효소의 불활성화, 농축 또는 조리할 때 행하여지며 자숙(煮熟), 증숙(蒸熟), 배소(焙燒) 등의 방법이 있다. 식품 조직은 가열에 의하여 연화되기 때문에 소화율이 향상되고 효소와 미생물의 작용을 쉽게 받는다. 가열 조작은 원료 중의 유해 미생물을 사멸시키고 전분의 호화(gelatinization), 단백질의 변성, 유지의 중합(polymerization), amino-carbonyl 반응에 의한 갈변과 향기의 변화, 당의 caramelization, 효소의 불활성화 및 물성을 변화시킨다.

10) 건조 · 농축(濃縮)

건조는 식품 원료로부터 수분을 제거하여 미생물과 효소의 작용을 억제함으로써 저장성을 증가시키고 중량 감소에 의한 수송과 저장을 용이하게 한다. 건조처리는 햇빛이나 바람을 이용하는 자연건조법과 가열, 저온, 가압, 감압, 진공, 송풍 등에 의한 인공건조법이 있다.

농축처리는 용액 중의 용질 농도를 높이는 조작이지만 건조 처리와 유사한 목적을 가지고 있다. 농축 방법에는 가열에 의한 증발 농축, 고체막을 이용하는 막(膜) 농축이 있다. 막 농축 방법에는 미세여과법(microfiltration : MF법), 한외여과법(ultrafiltration : UF법), 역삼투압법(reverse osmosis : RO법), 전기투석법(electro-dialysis : ED법), 투석법(dialysis) 등이 있다. 막에 의한 농축은 가열 조작이 필요 없기 때문에 식품의 품질 변화와 에너지 소비량이 적다. 특히 색과 향기를 중시하여야 할 경우에 적용하는 농축 방법이다.

막 농축은 치즈 whey로부터 탈염이나 단백질과 유당을 회수할 때 사용되며 주류 제조에서 MF법과 UF법에 의하여 미생물이나 혼탁물의 제거에 응용함으로써 향기가 좋은 고품질의 제품을 얻을 수 있다. 이밖에 동결농축법도 있다. 이 방법은 식품 중의 수분을 얼음으로 석출시켜 액상으로부터 수분을 분리하는 농축법으로서 미생물의 오염이나 방향성분의 증발을 억제할 수 있기 때문에 커피의 제조 및 과즙의 농축에 이용하고 있다.

11) 고압처리

고압처리는 식품 원료에 고압을 걸어 급격하게 감압 하에서 압출하거나 성형하는 것을 말한다. 이 방법은 곡물의 팽화처리(puffing), extruder에 의한 스넥제품의 제조에 이용되고 있다. 최근에는 식품에 5,000~6,000기압의 고압을 걸어줌으로써 제품을 살균하기도 하고 잼, 젤리 제조시 가열하지 않고 고압을 가함으로 gel화시켜 향기나 색도가 우수한 잼 제조에 이 방법을 이용하고 있다.

12) 증 류(蒸溜, distillation)

증류는 여러 종류의 성분을 함유하고 있는 액상혼합물을 가열하여 각 성분의 비점 차이에 의하여 각각의 성분을 분리하는 방법이다. 이 방법은 상압, 감압, 수증기 증류 등이 있다. 혼합되어 있는 성분의 비점 차이가 큰 것은 가열에 의하여 발생된 증기를 그대로 냉각하여 유출액을 얻는 단증류법(상압)이 이용되고 순도가 높은 증류물을 얻고자 할 때에는 증류온도를 나누어 행하는 정류(精留) 방법이 사용된다. 단증류법은 위스키, 브랜디 제조, 정류법은 ethanol의 제조, flavor의 회수에 이용하고 있다. 감압증류는 감압에 의하여 물질의 비점을 낮추어 증류하는 방법으로서 $10^{-2} \sim 10^{-3}$mmHg의 고진공 하에서 증류하는 방법을 분자증류법(分子蒸溜法, molecular distillation)이라고 부른다. 이 방법은 유지 및 지방산, 비타민의 분별, 정제에 이용되고 있다. 비점이 높아 휘발하기 어려운 식품에는 수증기를 직접 불어 넣어 증류하는 수증기 증류법이 있으며 이는 식용유지의 탈취에 이용되고 있다.

13) 전자파(electromagnetic wave)

전자파란 전자기장의 진동이 진공 또는 물질 속을 전파하는 파동의 총칭으로 파장이 짧은 것으로부터 γ선, X선, 자외선, 가시광선, 적외선, 전파(마이크로파, 초단파, 단파, 중파, 장파) 등이 있다(그림 1-1).

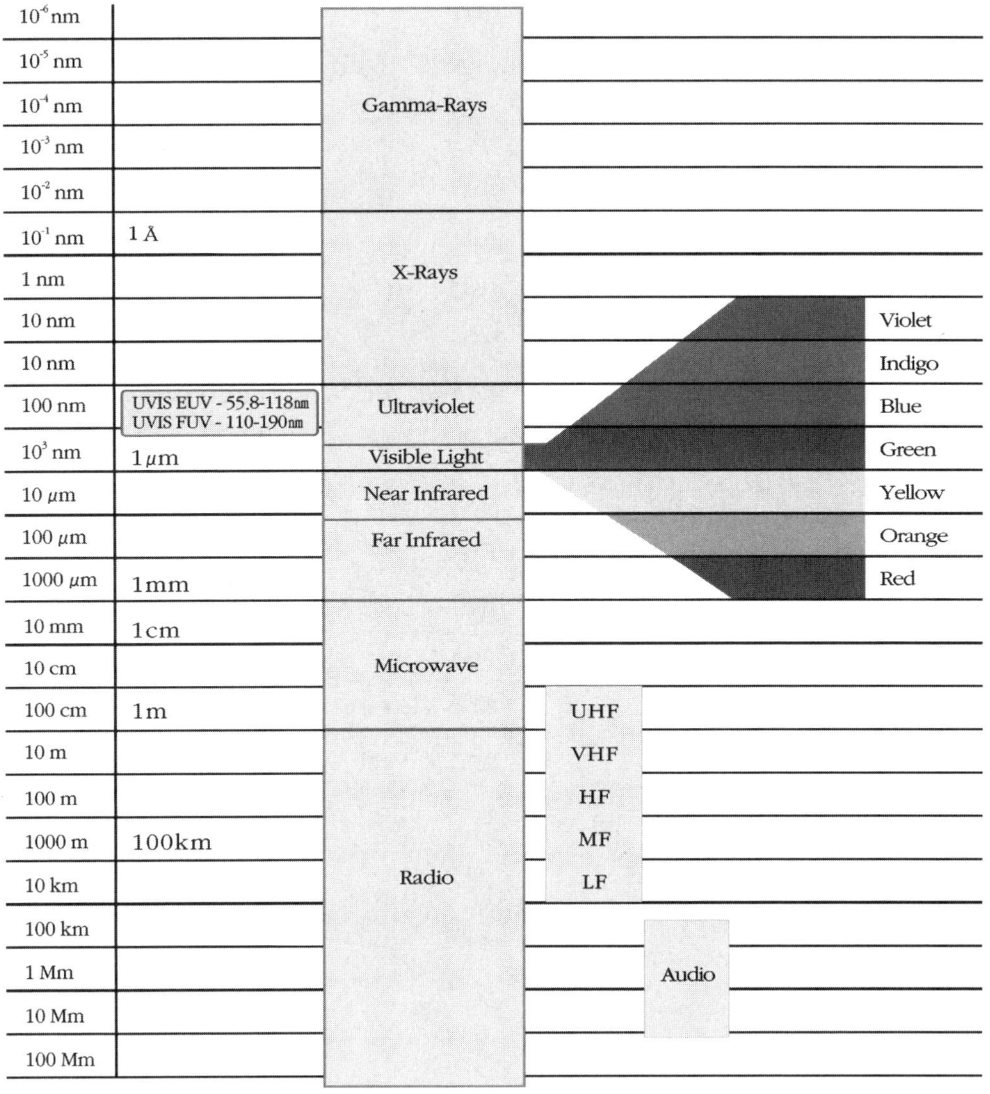

nm=nanometer, Å=angstrom, μm=micrometer, mm=millimeter,
cm=centimeter, m=meter, km=kilometer, Mm=Megameter

그림 1-1. 전자파 spectrum

식품가공에 있어서 전자파는 살균, 가열, 건조 등에 사용되고 있다. γ선, X선, 자외선의 살균작용기작은 높은 에너지로 직접 대상물의 분자구조를 파괴하여 살균하기 때문에 냉 살균(cold sterilization)이라고도 한다. 적외선과 마이크로파는 피조사체의 분자에 진동에너지를 가하여 분자를 진동, 회전시켜서 마찰열을 발생시켜 가열살균을 행한다.

방사선 이용기술이라고 하는 것은 주로 살균을 의미한다. 방사선(radiation)에 의한 살균은 건조식품, 곡류, 플라스틱 용기 등과 같은 가열살균하기 어려운 것에 효과적이다. 방사선에는 X선, γ선과 같은 전자파와 전자, 양자, 중성자 등의 입자선이 있다. 식품에 적용하는 방사선은 X선(γ선)과 전자선(β선)의 두 종류가 있다. β선은 γ선보다도 관통력은 약하지만 출력은 크기 때문에 원료를 엷게 펴서 조사할 경우에는 대량처리 할 수 있는 이점이 있다.

식품에 방사선 처리할 때에는 부반응의 방지를 고려하여 각각의 목적에 맞도록 최소의 선량을 사용할 필요가 있으며 식품에 적용하는 나라는 미국 55품목, 영국 51품목, 프랑스 38품목 등이 있으며, 일본은 식품의 살균에는 사용이 금지되어 있고 감자의 발아억제에 만 허용하고 있으며 우리나라에서는 발아억제, 살균, 살충, 숙도조절에 한하여 Co-60 감마선을 이용하여 1987년부터 매우 제한적으로 허용하고 있다(표 1-1).

표 1-1. 국내식품의 방사선 조사 허가 품목

품 목	조사목적	허가선량(kGy)	허가일자
감자, 양파, 마늘	발아, 발근억제	0.15이하	1987. 10. 16
밤	발아, 발근억제	0.25이하	1987. 10. 16
버섯(생, 건조)	발아, 발근억제	1.0이하	1987. 10. 16
가공식품 제조 원료용 건조식용 및 어패류 분말	살균, 살충(위생화)	7이하	1991. 12. 14
된장, 고추장, 간장분말	살균, 살충(위생화)	7이하	1991. 12. 14
조미식품용 전분	살균, 살충(위생화)	5이하	1991. 12. 14
가공식품 제조 원료용 건조채소류	살균, 살충(위생화)	7이하	1995. 5. 19
건조 향신료 및 이들 조제품	살균, 살충(위생화)	10이하	1995. 5. 19
효모, 효소식품	살균, 살충(위생화)	7이하	1995. 5. 19
알로에 분말	살균, 살충(위생화)	7이하	1995. 5. 19
인삼(홍삼포함)제품	살균, 살충(위생화)	7이하	1995. 5. 19
2차 살균이 필요한 환자식	살균	10이하	1995. 5. 19

자외선(ultraviolet ray)은 파장(100~400nm)에 따라서 이, 화학적 작용이 다르고 생물에 대한 생리적 작용도 다르다. 자외선의 살균작용은 파장 260nm 부근이 가장 높고 자외선램프 중에서 253.7nm을 주로 방사하는 램프를 살균램프라고 부른다. 자외선은 균체 내의 유전자 및 핵단백질에 대한 파괴력이 있고 강한 살균력을 가지고 있어서 식품이나 기구의 표면과 음료수의 살균과 무균포장 system 등에 이용하고 있다.

적외선(infrared ray)은 파장이 가시광선보다 길고 마이크로파보다도 짧은 0.75~1,000 ㎛의 파장을 가진 전자파로서 눈에 보이지 않지만 1㎛ 이상의 것은 물체에 흡수되어 발열하는 작용을 가지고 있기 때문에 열선이라고도 한다. 최근 ceramic소재 등의 개발에 의하여 에너지 변환효율이 좋고 파장 특성이 다른 우수한 적외선 방사체가 개발되어 식품공업에서도 새로운 가열법으로 사용되기 시작하였다. 조사되어진 적외선은 식품의 표면에서 열로 변환되지만 금속이나 공기 등을 가열하지 않기 때문에 에너지효율이 높고 내부 침투 작용도 기대할 수 있다. 식품의 주성분인 전분, 단백질, 지방 등은 전부 고분자물질로서 원적외선의 흡수효과가 좋은 것으로 알려져 있으며 식품 속의 수분도 원적외선 흡수대를 가지고 있어서 식품의 열처리에 적합하다. 현재, 적외선 가열은 고기 및 야채의 건조, 미과(米菓)나 연제품의 배소, 살균, 일반적인 가열가공 등에 널리 응용되고 있다.

마이크로파(microwave)는 주파수가 높은 전파(300MHz～30GHz)로서 식품산업에서는 915MHz 과 2,450MHz의 주파수가 널리 사용되고 있다. 일반적으로 가장 많이 이용되고 있는 것은 가정용 렌지이다. 마이크로파 이용기술 원리는 마이크로파 전장(電場) 내에 식품, 즉 유도체(誘導体)를 놓으면 식품에 함유되어 있는 물과 같은 극성분자가 전계(電界)의 극성 변화에 대응하여 심하게 회전, 진동함으로써 마찰에 의하여 발열한다. 마이크로파 가열의 특색은 ① 가열속도가 빠르고 효율이 높다. ② 식품의 내부와 외부를 동시에 가열할 수 있다. ③ 부정형(不定形)의 것이라도 균일하게 가열할 수 있다. ④ 수분함량이 높은 식품만을 선택, 가열할 수 있다. ⑤ 장치의 조작과 제어가 간단하여 안전성이 높다. ⑥ 다른 가열법과 병용하여 가열이 가능하다. ⑦ 가열 환경을 깨끗하게 유지할 수 있다.

최근에는 고기, 간장, 된장의 숙도 조절에 원적외선이나 마이크로파를 이용하려 하고 있다. 식품가공 공정 중에 공정관리나 제품검사에 전자파를 이용하여 식품의 화학성분이나 물성을 신속 정확하게 비 파괴적으로 분석하는 방법도 있다.

1.4.2. 화학적 방법

1) 박 피(剝皮)

화학 처리에 의한 박피는 산, 알칼리, 화학물질을 이용하여 과실이나 채소의 껍질을 벗기는 것을 말한다. 박피에 쓰이는 산, 알칼리에는 HCl, H_2SO_4, NaOH가 있으며 주로 알칼리를 이용하는데 이를 알칼리박피(lye peeling)라고 한다. 산, 알칼리에 의하여 박피

되는 원리는 과실 내, 외피 중에 존재하는 protopectin이 산에 의하여 가용화되고 알칼리의 작용으로 hemicellulose가 용출되어 박피가 일어나게 된다. 산, 알칼리로 박피할 때에는 산, 알칼리 작용에 의하여 식품 원료의 조직이 나빠지거나 과도한 박피로 말미암아 가공수율이 저하되고 변색이 일어나기 때문에 처리조건을 충분히 검토하여 적용하여야 한다.

오렌지, 복숭아를 박피하고자 할 때에는 주로 산이나 알칼리를 이용한다. 복숭아 박피는 90~95℃의 1~3% NaOH 용액에 1~2분간 침지하여 물로 씻는 방법인데 복숭아 육질의 조직이 거칠어지고 육질의 붕괴와 변색을 방지하기 위하여 과피 이외의 부분에 과도하게 처리되지 않도록 주의하여야 한다. 산을 이용하여 박피하고자 할 때에는 80℃ 이상의 15% H_2SO_4 용액에 1분 정도 담그든가 25~30℃의 0.7% HCl 용액에 40분간 침지한 후 수세하여 0.3% NaOH 용액에 15~20분간 침지하고 수세하여 박피한다. 밤의 삽피(澁皮)제거에는 gelatin 박피법이 쓰이기도 한다.

2) 추 출(抽出)

추출은 식품 원료로부터 물, ethanol, n-hexane, benzene, acetone, 초임계유체(supercritical fluid) 등을 이용하여 필요한 성분만을 뽑아내는 것을 말한다. 대표적인 추출 조작은 대두로부터 식용유나 단백질을 추출할 때 이 방법이 쓰인다. 추출효과를 높이기 위하여 원료를 분쇄하거나 압편(壓偏)하여 표면적을 크게 하거나 종실의 조직을 파괴한다. 추출에 사용되는 용제는 독성이 없고 안전하여 식품에 사용할 수 있는 것이어야 한다. 또한 목적성분을 선택적으로 용해하고 비점과 융점이 낮으며 인화 위험성이 없고 저렴하여야 한다. 일반적으로 식물 종실로부터 유지 추출에는 n-hexane을 사용하고 용매는 증류, 회수하여 재사용하며, 식물체 추출물(extract) 제조에는 ethanol, 커피, 녹차의 추출물에는 탈이온수, 전화당 추출에는 열수를 사용한다. 대두 중의 단백질(glycinin)은 대두에 물을 가하고 마쇄, 가열, 여과하여 두유를 얻은 다음 이에 응고제를 가하여 두부와 같은 단백질 제품을 제조한다.

초임계유체 추출(supercritical fluid extraction)은 초임계유체를 용제로 하여 추출하는 것으로서 종래의 액체추출과 증류의 특징을 가지고 있으며, 적용 범위가 매우 넓은 최신의 추출 기술이다. 초임계유체 추출은 고압이 쓰이는 장치와 설비가 필요하기 때문에 고가이며 안전 면에서 주의하여야 한다. 용제가 가스이기 때문에 압력 및 온도, 혼합가스의 조성을 변화시켜 용질에 대한 용해도를 자유롭게 변화시킬 수 있고, 추출 및 분리(용제 회수)가 낮은 온도에서 행할 수 있는 이점이 있다.

특히 식품, 향신료 등의 천연물로부터 원료 중에 존재하던 유용한 성분이 변화되지 않는 상태 그대로 얻을 수 있다. 이 방법은 초임계유체가 가지고 있는 성질을 이용하여 최근에 식물유지의 추출, 맥주 원료인 hop의 추출, 커피 및 홍차의 탈 caffeine, 향신료 추출물의 제조, 기능성 어유의 추출 및 분획 등의 생산에 많이 적용하고 있다. 초임계유체의 용제로는 CO_2, ethylene 등이 있으며, 식품공업에서는 독성이 적고 불연성가스인 CO_2가 가장 잘 이용되고 있다. CO_2는 임계점(31.1℃, 72.9기압)을 초월한 상태에서는 초임계유체로 존재하며, 확산계수는 통상 액체에 비하여 50~100배 높고 점도는 1/10 정도로서 접촉 시간을 짧게 하여도 추출효율이 낮지 않으며 액체추출에 비하여 단시간에 추출이 가능하다.

3) 침 전(沈澱)

침전은 식품 원료에 함유되어 있는 특정성분의 분리를 목적으로 이용하는 방법이다. 예로써 전분제조시 감자나 고구마와 같은 전분질 원료를 마쇄하여 물속에서 방치하면 비중이 무거운 전분이 침전한다. 단백질 침전을 얻기 위해서는 단백질 추출액에 산을 가하여 pH를 등전점 부근으로 조정하면 용해도가 낮아져 단백질이 쉽게 침전된다. 또한 대두추출액인 두유에 응고제인 $MgCl_2$, $CaCl_2$, $CaSO_4$, glucono-δ-lactone(GDL), calcium gluconate 등을 첨가하여 단백질을 침전시키면 두부를 얻을 수 있다.

4) 용 해

식품성분 중에는 물에 녹는 성분과 염류에 용해하는 성분이 혼재하고 있다. 예를 들면 어육단백질 중 myosin계 성분은 염가용성이다. 이 성질을 이용하여 어육에 식염을 가하여 저온에서 마쇄하면 단백질이 용출되어 sol 상태로 되고 이를 성형하여 가열하면 gel 상태로 된다. 이를 연제품 또는 소시지라 한다.

오렌지 통조림 제조시 내피를 제거하기 위한 산, 알칼리 처리도 오렌지 내피 성분의 용해성을 이용한 것이다.

5) 염지(鹽漬), 당지(糖漬)

염지와 당지는 식품에 식염이나 당분을 첨가하여 식품의 수분활성(water activity, Aw)을 저하시키면 보존효과를 나타나게 된다. 이때 식염과 같은 것을 보수제(humectant)라고 하며 식품의 맛·색·향을 변화시키지 않고 방부작용을 나타내는 보수제는 아직 개발되지 않았고 특정의 보수제를 사용하여 적당한 수분을 함유하고 저장성을 갖춘 A_w 0.65~0.85의 중간수분식품(intermediate moisture food, IMF)의 개발이 시도되고 있다.

표 1-2. 수분활성(Aw)과 미생물의 증식

미 생 물	Aw	미 생 물	Aw
세 균	0.90	내건성 사상균	0.65
효 모	0.88	내삼투압성 효모	0.61
사 상 균	0.80	Botulinus균	0.94
호염세균	≦0.75		

표 1-3. 식염, 설탕농도와 수분활성과의 관계(25℃)

Aw	식염(%)	설탕(%)	Aw	식염(%)	설탕(%)
0.995	0.9	8.5	0.920	11.9	54.4
0.990	1.7	15.5	0.900	14.2	58.5
0.980	3.4	26.1	0.850	19.1	67.2
0.960	6.6	38.7	0.800	23.2	-
0.940	9.4	48.2			

6) 산, 알칼리 침지(沈漬)

젖산, 초산, 구연산 등의 유기산에 식품원료를 담그는 것을 초절임(酢漬)이라고 한다. 이는 pH를 저하시켜 미생물의 생육을 억제하거나 원료에 존재하는 각종 효소의 작용을 억제시켜 보존성을 높이는 동시에 식품의 품질열화(品質劣化)를 억제한다.

알칼리 처리 이용법으로서는 오리나 닭의 알에 알칼리성 염류나 식염을 침투시켜 맛을 붙인 것을 pidan이라 하며 이는 알칼리 처리에 의한 난 단백질의 변성에 따른 응고 현상을 이용한 것이다.

7) 훈 연(燻煙, smoking)

연기 중에는 200종 이상의 화합물이 포함되어 있는 것으로 알려져 있으며 식품에 연기를 쪼임으로써 식품의 항균성, 항산화성, 특유의 풍미를 나타낸다. 또한 훈연공정 중에 수분활성이 낮아지기 때문에 미생물의 번식이 억제된다. 항균성을 나타내는 성분에는 formaldehyde, phenol 화합물 및 산류가 있으며 phenol 화합물 중에서 pyrogallol이나 catechol이 강한 항산화작용을 나타낸다. 풍미에 관여하는 훈연성분은 carbonyl 화합물, phenol 화합물, 산류이다. 훈연하는 대신에 목재를 건류(乾溜)하여 얻어지는 목초(wood vinegar)에 침지하여도 짧은 시간에 훈연과 같은 목적을 달성할 수도 있다.

8) 색소고정(色素固定)

식품특유의 색은 품질을 결정할 때 직접 영향을 미치는 주요한 인자이다. 화학적 방법에 의하여 식품의 색을 안정화하는 데 있어 질산염, 아질산염과 같은 발색제와 고기 적색단백질인 myoglobin의 반응에 의하여 선홍색의 색소를 고정하는 데 사용하며 근래 안전성이 문제되고 있어 적정 사용량 이상은 주의를 요한다.

9) 가수분해(加水分解)

전분이나 단백질에 산을 가하여 가수분해하면 원료와 다른 맛을 나타내는 분해물을 얻을 수 있다. 전분으로부터 물엿이나 포도당과 같은 전분당의 제조, 탈지박(脫脂粕)과 같은 원료에 진한 염산이나 황산을 가하여 가수분해 시켜 아미노산 간장을 제조하기도 한다. 유지를 함유하고 있는 단백질 원료에 강한 염산으로 가수분해할 때 글리세롤 및 지방산 ester와 염산과 반응하여 형성되는 물질을 chlorohydrin이라 하며, MCPD(3-monochloro-1,2-propanediol)와 DCP(1,3-dichloro-2-propanol)가 있다. 이들 물질이 독성을 나타내기 때문에 주의하지 않으면 안 된다.

10) 유 화(乳化, emulsion)

유화는 하나의 액체를 불용성의 다른 액체 중에 미세입자로 분산시키는 것으로서 분산입자를 강한 흡착막에 포함하여 입자가 서로 달라붙는 것을 방지함으로써 안정화하여 균일하게 만드는 것을 유화라 한다. 유화에는 물 중에 기름 입자를 분산시킨 수중유적형(水中油滴型, oil in water, O/W형), 기름 중에 물을 분산시킨 유중수적형(油中水滴型, water in oil, W/O형)이 있으며 emulsion의 안정성은 각 성분의 비율과 유화의 기계적 조건에도 의존한다. 일반적으로 물과 기름만으로 안정한 emulsion 형성이 곤란하기 때문에 두 성분에 관여하여 한 성분이 다른 성분에 분산될 수 있도록 하는 역할을 유화제(emulsifier)라고 한다. 유화제에는 glycerin fatty acid ester나 propylene glycol fatty acid ester 등의 화합물, soy lecithin 등과 같은 천연물을 사용하여 margarine 중의 수분의 분리를 방지하고 아이스크림의 유지를 분산시키며 과자류, 식육제품에 널리 이용하고 있다.

11) 수소첨가(hydrogenation)

동・식물 유지에 수소를 첨가하여 융점을 조정하거나 유지의 산화안정성을 부여하여 식용에 적당하도록 정제한다. 불포화지방산이 많은 액상유에 수소를 첨가하면 융점이 높은 지방으로 변화되어 고체지방이 되고 이를 경화유(硬化油)라 하며 margarine이나 shortening의 원료로 쓰인다.

1.4.3. 생물학적 방법

미생물 또는 효소의 작용을 이용하는 방법으로 주류, 장류, 발효유, 식초, 빵, 치스 등의 제조에 쓰이며, 식품소재로서 물엿, 포도당, 과당, 이성화당의 제조에 이용한다.

1) 효소 이용법

효소작용에 의하여 제조하는 식품 중의 하나인 치스는 우유의 응고에 rennet의 이용하거나 맥주와 주류, 전분으로부터 포도당, 맥아당의 제조에 amylase를 사용하고 있다. 최근에는 고정화 효소(immobilized enzyme)를 이용하여 식품 중의 특정 성분을 분해하여 연속적으로 식품을 생산한 것도 있다. 표 1-4는 주요 효소를 이용한 식품가공법을 표시한 것으로써 이 방법은 대부분이 가수분해 효소를 이용한 것이며 합성반응을 이용한 것은 없다. 합성반응은 protease를 고농도의 아미노산에 작용시켜 polypeptide를 합성하는 방법, plastein 반응이 있으나 실용화 된 것은 없다.

표 1-4. 효소를 이용한 식품가공

효소의 명칭(제품, 기원)	용도(가공식품)
Chymosin(rennet, 송아지 네번째 위)	Casein 응고(치스)
Amylase(malt)	전분의 당화(맥주)
Amylase, glucoamylase(mold)	전분의 액화, 당화(물엿, 포도당)
Glucose isomerase	포도당을 과당으로 전화(이성화당)
Lactase	유당의 가수분해(유당 불내증 치료 우유)
Polyphenoloxidase	차엽 중의 효소이용(홍차, 반발효차)

2) 미생물 이용법

일반적으로 식품가공에 이용되고 있는 미생물은 세균, 곰팡이, 효모가 있으며 미생물을 이용한 주요 식품을 보면 표 1-5와 같다.

표 1-5. 미생물을 이용한 식품가공

미 생 물	작 용	가공식품
Lactic acid bacteria	Casein의 응고 및 분해, 치스의 향기 및 증미성분 생성	치스, yoghurt
Acetic acid bacteria	Ethanol을 acetic acid로 변환	식초
Bacillus subtilis	단백질 및 전분 분해	청국장
Lactic acid bacteria	단백질 분해와 향기, 유해균의 생육방지	간장
효 모	알코올 발효	주류
효 모	풍미부여	간장, 장류
효 모	CO_2 생성, 부피팽창	빵
곰팡이	전분의 당화	코오지(주류)
곰팡이	단백질의 가수분해, 전분의 분해	장류
곰팡이	단백질의 분해, 향기생성	Camemberti 치스
곰팡이	포도당에서 유기산 생성	각종 유기산

3) 미생물 및 효소 병용법

미생물과 효소의 작용에 의하여 제조되는 대부분의 발효식품이 대표적인 것이다. 맥주나 위스키는 보리로부터 만들어진 맥아의 작용으로 전분이 당화되고 이어서 효모에 의하여 알코올로 전환된다.

1.5. 식품산업의 현황

1.5.1. 식량자원의 수급

우리나라의 국민 일인당 식품공급량은 표 1-6에서와 같이 곡류 위주에서 점차 소득수준의 향상과 식생활의 고급화, 다양화 되어 감에 따라 곡물의 소비는 줄어 들어가고 있으며 축산물, 수산물, 과일, 채소류 등의 소비는 계속 증가하고 있는 추세이다.

우리의 주식인 쌀은 1960년대 이전에는 국민 1인당 연간 소비량은 140kg 정도에서 2005년 1인당 연간 소비량은 82.0kg로서 매년 감소하고 있는 추세라서 쌀 재고는 증가할 것으로 전망된다. 쌀을 주식으로 하고 있는 일본의 연간 소비량은 61.9kg(2003년), 대만은 48.6kg(2004년)으로 우리나라보다 훨씬 낮은 편이다. 이는 식생활의 서구화에 따른 큰 변화라 할 수 있다.

표 1-6. 주요 곡류의 국민 일인당 일년 소비량

(단위 : kg)

연 도	계	쌀	보리쌀	밀	옥수수	콩	서 류	기 타
1970	219.4	136.4	37.3	26.1	1.1	5.3	10.2	3.0
1975	207.3	123.6	36.3	29.5	2.4	6.4	7.1	2.0
1980	195.2	132.4	13.9	29.4	3.1	8.0	6.3	2.1
1985	181.7	128.1	4.6	32.1	3.1	9.3	3.1	1.4
1990	167.0	119.6	1.6	29.8	2.7	8.3	3.3	1.7
1991	165.7	116.3	1.6	31.2	2.8	8.3	2.5	3.0
1992	163.8	112.9	1.5	32.6	2.8	7.9	2.9	3.2
1993	159.2	110.2	1.7	29.9	3.1	7.8	3.4	3.1
1994	160.9	108.3	1.7	32.5	3.0	8.9	3.1	3.4
1995	160.5	106.5	1.5	33.9	3.3	9.0	3.0	3.3
1996	160.2	104.9	1.6	33.8	3.6	9.3	3.5	3.5
1997	157.9	102.4	1.7	33.7	3.7	9.3	3.6	3.5
1998	155.4	99.2	1.5	34.6	4.8	9.7	3.2	3.4
1999	156.1	96.9	1.5	35.8	5.8	9.9	3.8	3.2
2000	153.3	93.6	1.6	35.9	5.9	8.5	4.3	3.5
2001	145.5	88.9	1.7	34.4	6.3	8.2	2.5	3.5
2002	144.0	87.0	1.5	34.6	5.7	8.4	3.4	3.4
2003	138.0	83.2	1.0	32.7	6.2	8.0	3.2	3.7
2004	138.4	82.0	1.1	34.1	5.6	8.5	3.1	4.0

1960년대 이전의 우리나라의 식량사정은 절대적으로 부족하였으며 점차 생산 기술의 향상과 소득 수준이 높아짐에 따라 외국으로부터 식량을 수입하여 근래에는 풍요로운 식생활을 영위하고 있고 식품의 과다 섭취로 비만이 사회문제로 대두되고 있다. 그러나 우리나라 식량 자급률을 보면 2004년 기준 28% 미만(사료포함)으로 우리의 식량을 많은 부분 외국에 의존하고 있는 실정이다.

표 1-7에서와 같이 자급률이 높은 식량자원을 보면 쌀, 보리, 서류, 과실, 채소류, 계란, 우유, 돼지고기, 해조류 등을 들을 수 있고, 자급률이 낮은 식량자원은 밀, 옥수수, 대두, 종실류, 쇠고기, 유지류 등이 있다. 자급률이 낮은 곡물류 중 옥수수, 대두류는 우유 및 고기 생산을 위한 사료로 이용되기 때문에 수입량이 많은 것이다.

표 1-7. 우리나라 양곡 자급률

(단위 : %)

연 도	계	쌀	보리쌀	밀	옥수수	두 류	서 류	기 타
1970	80.5	93.1	106.3	15.4	18.9	86.1	100.0	96.9
1975	73.1	94.6	92.0	5.7	8.3	85.8	100.0	100.0
1980	56.0	95.1	57.6	4.8	5.9	35.1	100.0	89.8
1985	48.4	103.3	63.7	0.4	4.1	22.5	100.0	11.6
1990	43.1	108.3	97.4	0.05	1.9	20.1	95.6	13.9
1991	37.6	102.3	74.3	0.02	2.2	19.4	95.9	16.6
1992	34.1	97.5	82.6	0.02	1.2	12.2	103.4	13.1
1993	33.8	96.8	74.9	0.03	1.4	13.8	99.6	12.9
1994	28.0	87.8	51.0	0.03	1.4	12.6	93.6	10.4
1995	29.1	91.4	67.0	0.3	1.1	9.9	98.4	3.8
1996	26.4	89.9	73.5	0.4	0.8	9.9	99.6	3.4
1997	30.4	105.0	49.3	0.2	0.9	8.6	99.2	6.5
1998	31.4	104.5	56.8	0.1	1.1	9.4	99.5	17.6
1999	29.4	96.6	67.1	0.1	1.0	9.1	98.8	11.0
2000	29.7	102.9	46.9	0.1	0.9	6.4	99.3	5.2
2001	31.1	102.7	77.2	0.1	0.8	7.7	99.1	11.1
2002	30.4	107.0	60.4	0.2	0.7	7.3	99.1	10.2
2003	27.8	97.4	49.8	0.3	0.8	7.3	98.1	12.8
2004	26.8	96.5	54.1	0.4	0.8	7.1	97.1	7.2

1.5.2. 식품가공 산업의 변천

근래 우리 국민의 식생활은 경제성장과 국민소득의 향상, 핵가족화, 인구의 도시로 집

중, 여성의 사회생활 참여 확대, 레저문화의 변화 등에 따라 가공식품이 점하는 비율은 점차 높아지고 있으며 외식산업도 증가하고 있다. 과거 우리나라의 식품소비 구조는 곡류를 비롯한 전분질 식품은 정체된 반면 우유, 육류, 과실 및 채소, 해조류 등의 소비가 증가하고 있다. 또한 소비자의 식품 소비성향 변화는 가공식품의 소비를 증대시켰고 가공식품의 고급화, 다양화, 기능화를 촉진시켜 식품산업의 발전은 물론 안전한 먹거리를 제공함으로써 국민건강 증진에 기여하여 왔다. 가공식품의 소비율은 1970년 19.0%, 2000년 50.0%로서 매년 증가하고 있으며 서구인들의 가공식품 소비율 90% 수준에 비하면 낮은 편으로서 계속 증가될 것으로 예상된다. 식품가공 원료에 따른 가공비율은 표 1-8에서와 같이 축산물이 90% 정도이고 농산물과 수산물은 43%, 임산물이 7% 수준으로 가공원료에 따라 큰 차이를 나타내고 있다.

표 1-8. 농, 축, 수산물의 가공비율(2000년)

(단위 : 백만원)

구 분	총 공 급 (금 액)	기 타		식품산업투입	
		금 액	%	금 액	%
농 산 물	28,563,547	16,405,729	57.4	12,157,818	42.6
축 산 물	8,426,286	813,116	9.7	7,613,120	90.3
임 산 물	2,139,120	2,000,849	93.5	138,271	6.5
수 산 물	4,703,663	2,687,099	51.7	2,016,564	42.9
계	43,832,616	21,906,843	50.0	21,925,773	50.0

(자료 : 한국은행, 산업연관, 2003)

우리나라 식품산업의 변천 과정을 보면 1920년대 이전에는 곡물 도정, 착유, 농, 수산물 1차 가공품, 양조 등과 같은 원료를 단순처리 가공하는 수준이었으며, 해방직후에도 극심한 식량부족으로 인하여 영세한 가내 수공업의 형태로 운영되었다.

1950년 6. 25 이후 외국원조 사업에 의하여 서구의 가공식품이 우리 전통적인 식생활에 들어오기 시작하였으며 1956년 미국 잉여농산물이 도입되면서 제분업과, 제당업이 근대적 생산체제를 갖추게 되었다. 1960년대에는 밀가루와 설탕을 원료로 한 과자, 빵, 라면을 비롯한 제면 등의 식품산업이 급속도로 발전하였다.

1970년대에는 우리 경제가 고도성장을 지속하면서 국민소득이 향상되고 고급식품의 수요가 증대되었으며, 정부의 축산 정책에 힘입어 유제품, 육제품, 각종 낙농제품이 중

가하기 시작하였으며 국제화의 추세에 따라 다양한 각종 음료제품이 등장하기 시작하였다. 1990년대에 들어서면서 소맥배아를 비롯한 건강보조식품이 등장하였고 2004년 국민이 건강하고 행복한 삶을 영위하기 위하여 건강 기능식품법이 제정, 공포되면서 인간의 질병방지 및 회복, 생체리듬 조절과 생체방어, 노화방지의 생리활성을 갖는 다양한 건강 기능성 식품이 시장에서 판매, 생산되고 있다.

표 1-9에서와 같이 전체 제조업에 대한 음식료품 제조업의 비는 1966년 15.5%, 1975연 12.7%, 1985년 8.6%, 2002년 6.8%로서 점차 감소추세 이었다. 이는 국민소득 증가에 따른 생활수준의 향상, 가공식품의 수입, 생활상이 변화함에 기인되는 것이다. 전체 제조업에 대한 식품제조업이 비중이 감소되고 있긴 하지만 우리의 건강한 삶과 생명을 유지하는 데 꼭 필요한 생명산업으로서 육성, 발전시켜야 할 것이다. 1966년에는 식료품 제조업 중 곡류가공업 31.1%, 빵, 과자, 국수 11.7%, 식품첨가물이 11.3%, 수산가공품 8.4%이었으며, 1985년에는 곡류가공업은 9.0%로서 급격히 감소한 반면 우유가공, 빵, 과자, 국수, 식용유지는 크게 증가하였다. 음료는 1966년에는 주로 알코올성 음료이었고 2002년에는 알코올성 음료와 비알콜성 음료가 서로 비슷한 수준이었다. 전체 음, 식료품 중 음료품은 1966년에 41%이었고, 2002년에 15.9% 수준으로 매우 낮아졌다.

표 1-9. 식품가공 산업의 부문별 생산액

(단위 : 억원, %)

부 문 별	1966		1975		1985		2002	
	금 액	구성비	금 액	구성비	금 액	구성비	금 액	구성비
제조업	4,174		81,700		770,329		6,341,993	
음 · 식료품	647		10,407		65,940		428,769	
식료품	381	100.0	7,293	100.0	52,259	100.0	360,762	100.0
육가공	7	1.8	119	1.6	2,580	4.9	46,738	13.0
유가공	0	0.0	516	7.1	8,291	15.9	42,423	11.8
수산가공	32	8.4	599	8.2	6,077	11.6	29,388	8.1
과채가공	3	0.8	170	2.3	1,319	2.5	12,168	3.4
곡물가공	119	31.3	1,763	24.2	4,691	9.0	44,285	12.3
식용유지	0	0.0	348	4.8	5,068	9.7	12,787	3.5
빵 · 과자 · 국수	45	11.7	1,798	24.7	12,519	24.0	62,592	17.3
식품첨가물	43	11.3	445	6.1	3,689	7.1	24,091	6.7
기타 식료품	132	35.0	1,553	21.0	8,024	15.0	37,490	10.4
음료품	266	100.0	3,114	100.0	13,680	100.0	68,007	100.0
알코올성 음료	255	96.0	2,698	86.6	9,375	68.5	36,363	53.5
비알코올성 음료	11	4.0	416	13.4	4,306	31.5	31,644	46.5

(자료 : 농림부, 농림업 주요통계, 2004)

제 2 장 곡물의 저장 및 가공

2.1. 수확 후 관리

여러 가지 곡물 중에서 벼는 우리의 주식일 뿐만 아니라, 수확 후의 관리상태가 취반할 때 식미에 지대하게 영향을 미치므로 이 절에서는 주요 곡물인 벼에 대해서만 기술하고자 한다.

2.1.1. 수 확

1) 수확시기

벼베기의 적기는 종실에 저장양분의 이행이 끝난 시기라고 할 수 있지만 포장 전체의 벼이삭, 또는 벼 알이 같은 시기에 성숙하는 것은 아니므로 실제 베어야 할 시기는 대부분의 종실이 성숙한 때이다. 수확을 너무 일찍이 하면 청미(靑米), 또는 불완전 등숙미가 많아져서 감수(減收)를 면치 못하며 이와 반대로 너무 늦으면 색택이 나빠지고 동할미(胴割米)가 많아진다. 또 새, 쥐 등에 의한 피해를 받기 쉬우며 도복이 생기는 등 감수(減收)될 뿐만 아니라, 벼베기에 많은 노력이 소요된다.

품종의 조만(早晩), 또는 출수기에 따른 수확적기는 표 2-1에서와 같이 극조생종은 출수 후 40일, 조생종은 40～50일, 중생종은 45～50일, 중만생종 및 만생종(晩生種)은 50일 정도가 수확적기이며 이 시기는 외관상으로 한 이삭의 벼 알이 90%이상 황색으로 변했을 때이다. 특히 상위엽(上位葉)이 녹색을 띠고 있더라도 이에 구애 받지 말고 벼이삭이 황숙(黃熟)이 되었으면 수확해야 한다.

표 2-1. 출수기별 수확적기

출 수 기	품 종	출수 후 일수
7월 하순 ～ 8월 상순	극조생종(極早生種)	40일
8월 상순	조생종(早生種)	40～45일
8월 중순	중생종(中生種)	45～50일
8월 하순	중만생종(中晩生種) 또는 만생종	50～55일

(자료 : 작물과학원)

2) 수확 방법

1970년대 중반까지 수확작업은 거의 대부분 인력에 의존하였으며 예취 후 볏단을 묶어 세워 말리거나 논바닥에 깔아 말린 후 단으로 묶어 탈곡하였다. 그 후 탈곡작업도 인력탈곡의 형태를 벗어나 동력탈곡시대의 문이 열리게 되어 대형 동력탈곡기가 농가에 보급되면서 벼를 예취 후 논에서 건조 후 농가로 운반하여 탈곡하던 방법이 점차 현장에서 탈곡 후 알곡만 운반하고 볏짚은 별도로 처리하는 탈곡 방법으로 변화를 가져왔다. 1980년대에는 예취작업의 기계화가 시작되어 바인더가 등장하였다. 바인더의 종류도 예취하여 논바닥에 펴놓은 형태와 예취 결속하는 두 가지가 보급되었으나 곧이어 등장하는 콤바인에 의하여 보급률은 크지 못하였다.

콤바인은 1975년부터 그 보급이 급속도로 증가하여 모름지기 수확과 동시에 탈곡의 시대가 열렸다. 콤바인도 처음에는 3조식, 4조식으로 발전되어 오다가 최근에는 범용콤바인까지 개발되어 수확, 탈곡작업이 벼뿐 아니라 맥류, 두류 등도 동시에 사용할 수 있는 콤바인이 개발되었다. 특히 콤바인의 보급으로 볏짚을 절단하여 논에 환원하므로 토양의 비옥도가 향상되어 생산량 증가의 한 요인이 되었다. 종합적으로 벼 수확작업 중 예취작업은 인력예취에서 바인더예취로 발전되어왔고, 탈곡작업은 수작업에서 천치(千齒)와 족답탈곡기를 거쳐 동력탈곡기로 변천한 후 전자동 동력탈곡기로 발전하여 현재는 대형 콤바인으로 예취·탈곡·선별까지 여러 작업이 동시에 되고 있다. 또한 최근에는 대단위 경지정리 지구에서 대형 크라스트 콤바인에 의한 수확작업도 실시되고 있으며 수확된 벼도 덤프트럭이나 대형포장(500kg, 1,000kg)하여 운반되고 있다.

2.1.2. 건 조

미곡에 있어서 건조는 미립의 증기압이 주위 공기보다 클 때 일어난다. 또한 건조는 미립의 표면부터 일어나기 때문에 미립의 표면이 중앙보다 수분 함량이 낮다. 최초 표면의 건조 속도는 매우 빠르나 시간이 경과될수록 그 속도는 미립중앙에서 표면으로 이동하는 수분의 속도에 의해 제한을 받게 된다. 미립중앙에서 표면으로의 수분이동 속도는 미립 내와 주위 공기와의 증기압의 차이에 의해 증가된다. 일반적으로 이러한 증기압의 차는 곡물에 열을 가할 때 이루어지는데, 미립은 흡습성을 가지고 있기 때문에 이

화학적으로 수분 함량과 온도변화에 밀접하게 반응한다. 미곡의 건조과정 중에 쌀의 품질이 저하되는 원인은 ① 급격한 건조에 의한 동할미 발생(건조속도 영향), ② 건조지연으로 인한 고 수분 벼의 변질(건조속도 영향), ③ 과도한 가열에 의한 열손상립 발생(건조온도 영향), ④ 과도한 건조에 의한 식미불량 및 도정곤란(최종함수율 영향) 등에 의하여 일어난다.

한편 수확시 벼의 수분 함량은 대개 22～25%정도이기 때문에 이를 수분 함량 15%까지 건조시켜야만 한다. 벼 건조 영향인자는 그림 2-1에서와 같이, 건조공기의 양, 온도와 습도, 건조 중 자리바꿈 등이 고려되어야 한다.

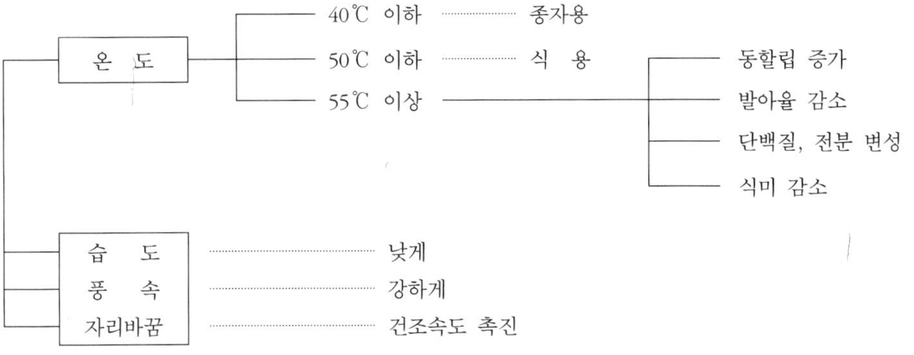

그림 2-1. 벼 건조 영향인자 (자료 : 농촌진흥청, 2003)

건조공기와의 양이 많을수록, 건조온도가 높을수록, 습도가 낮을수록 건조시간을 단축시킬 수 있으나 이들 요인이 너무 많거나, 높거나 낮을 때는 벼의 품질이 떨어지게 된다. 즉 동할립이 발생하게 되어 도정할 때 싸라기 발생이 일어나 쌀 수량이 떨어지고 고온에 의해 단백질의 응고 및 전분의 노화 등으로 생명력이 상실되어 종자의 발아율이 떨어질 뿐만 아니라 밥을 지었을 때 끈기가 없어 밥맛이 떨어지게 된다.

동할립의 종류에는 도정시 싸라기가 되지 않을 정도의 경동할립, 싸라기가 어느 정도 발생되는 중동할립 및 완전히 파쇄되는 전동할립 등이 있다(그림 2-2).

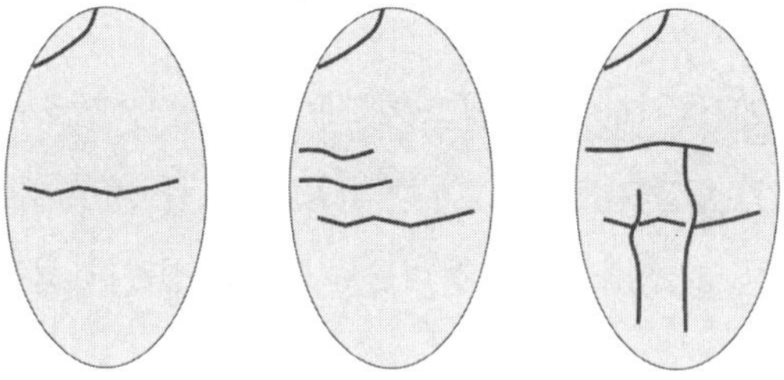

그림 2-2. 동할미의 예 (자료 : 농촌진흥청, 2003)

벼를 건조할 때 수분은 쌀알의 전 표면에서 일제히 증발하는 것이 아니다. 현미의 수분은 그림 2-3에서와 같이 현미와 왕겨를 연결하여 탯줄 역할을 하는 부착점을 통해 왕겨에 도달하여 그 곳에서 공기 중으로 증발되어 나간다. 따라서 급속히 건조시키면 가까운 현미립의 아래쪽 반이 먼저 건조됨으로써 윗쪽 반과의 사이에 수분 구배가 커지게 되고 그것이 한계를 넘었을 때에 금이 가게 된다. 이 금이 눈에 보이는 쌀을 "동할미"라고 부른다. 동할미는 밥을 지었을 때 단면이 혀에 닿기 때문에 꺼칠꺼칠한 느낌이 있으며, 또한 단면으로부터 전분이 용출되어 식미에 나쁜 영향을 미친다. 벼 건조시 동할립 발생을 억제시키기 위해서는 벼의 초기 수분 함량이 높을수록 송풍온도를 낮게 할 필요가 있다. 또한 절대습도가 낮으면 송풍습도를 낮게 해야 한다. 고온건조, 과건조, 급속건조 등 건조를 잘못하면 동할립 이외에도 이취, 변색립이 발생되어 품질이 떨어진다.

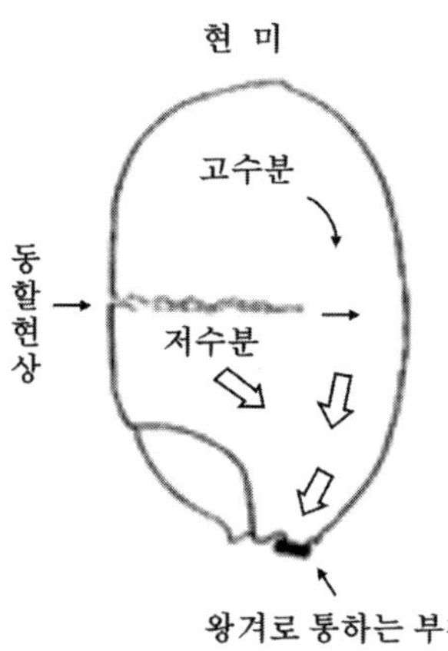

그림 2-3. 급격한 건조에 의한 동할립 발생 기작

2.2. 곡물의 저장

수확된 미곡(米穀)은 건조 과정을 거쳐 저장되면서 다른 작물과 마찬가지로 생활생리작용은 계속하면서 비교적 안정한 휴면 상태에 있게 되는데, 이 상태에서의 생명력을 잘 보존시키고 그 고유의 품질 그대로 변질 없이 저장한다는 것은 생산에 못지않게 중요하다. 그러나 자연조건 하에서는 저장 곡물 자체에서 이화학적 변화가 일어날 뿐만 아니라 미생물, 해충, 쥐 등의 피해를 입게 되는데 이의 양적 손실률이 4~5%정도 된다고 한다. 따라서 미곡의 저장조건 및 시설 등을 적절하게 하면 저장 중에 성분변화는 물론 그 손실을 최대한도로 줄일 수 있어서 저장 당초의 품질을 비교적 잘 보존 유지할 수 있게 하는 것이다. 벼 저장 중 품질에 영향을 주는 인자로서는 표 2-2에서와 같이 여러 가지 요인들이 작용하고 있다.

표 2-2. 벼 저장 중 품질관련 영향인자

요 인	인 자
물 리 적	온도, 습도, 곡물
화 학 적	수분, 산소, 산화, 훈증제
생 리 적	호흡, 발열, 효소작용
생 물 적	해충, 미생물, 쥐, 새
공 학 적	수확, 건조, 운반, 도정, 저장

2.2.1. 저장 요인

미곡의 저장 중 품질 및 손실에 직·간접으로 영향을 준 요인은 미곡의 수분 함량과 온도 및 습도가 가장 중요한 요인이고, 생리적인 요인으로 미곡자체의 호흡작용으로 인한 발열현상이 있으며, 생물적인 요인으로 해충, 미생물, 쥐, 새 등의 피해가 있다.

1) 수분과 습도

미곡에 함유하는 수분은 저장성에 크게 영향을 주고 있으며 창고 내의 상대습도와 서로 평형을 유지하기 위하여 끊임없이 수분의 교류가 이루어지고 있다. 저장미곡에 있어서 곰팡이와 해충의 번식도 수분 함량과 밀접한 관계가 있기 때문에 미곡을 안전하게 저장하려면 수분 함량을 잘 조절하여야 한다. 곡물의 관계습도와 곡류의 수분 함량과의 관계를 나타낸 곡선을 등온흡습곡선이라 한다. 현미가 어떤 온도에서 평형수분 함량에 이르는 데도 흡습의 경우와 방습의 경우에 따라 약간 다르다. 따라서 곡물을 저장할 때는 주위 공기의 상대습도가 중요한 것이다.

2) 온 도

일반적으로 저장미곡의 온도는 저장고 등 주위환경의 공기의 온도와 대체로 같게 하지만 온도가 높아지면 곡물자체의 호흡이 증가하게 되고, 증가한 호흡작용은 발열을 일으키게 되므로 곡물의 온도와 수분 함량을 높아지게 하여 곡물의 물리화학적인 변화가 일어나 지방산도의 증가와 수용성 단백질이 감소하고, 발아력과 미생물과 해충 생육에도 좋은 조건이 되기 때문에 변질, 부패, 감모손실은 가속화되게 된다. 따라서 외국에서는 저온(10~15℃)과 준저온(20℃이하)창고를 이용하여 장기비축 미곡저장에 활용하고 있으나 우리나라에서는 주로 상온저장에 의존하고 있는 실정이므로 앞으로 비축미 저장에는 저온이나 준저온 저장고를 신축하여 활용하여야 할 것이다(그림 2-4, 2-5).

그림 2-4. 상온 Ton bag 저장과 저온저장(15℃ 이하)

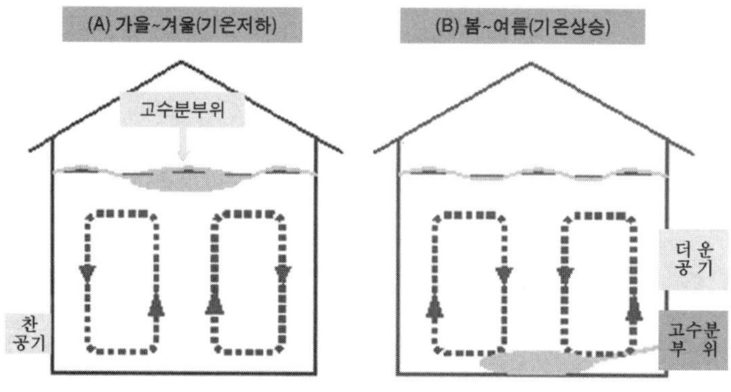

그림 2-5. 저장 사이로 내부의 공기 대류 모식도

저온저장은 쌀의 품질유지와 저장보관에 있어서 다음과 같은 장점을 가지고 있다.

① 해충 및 미생물의 피해를 방지한다.

② 호흡에 의한 영양분의 손실이 적고 신선도가 유지되며 발아율의 변화가 적다.

③ 쌀의 식미가 좋다.

④ 현미의 정백(精白)효과가 높다.

⑤ 장기저장시에 훈증의 필요가 없기 때문에 품질의 손상이 적다.

⑥ 저장기간 중 쌀의 수분과 중량의 변화가 적고 조절이 가능하다.

2.2.2. 최적 저장조건

미곡저장 중 온도 및 습도가 높으면 저곡(貯穀)해충 발생 및 미곡의 양적 손실이 심할 뿐만 아니라 화학적 변화도 많이 일어나 품질이 떨어진다. 그러므로 저장성을 높이기 위하여 곡물의 수분 함량을 15% 이하로 유지하고 저장고 내의 온도는 15℃ 이하, 습도는 70% 이하로 하는 저온저장을 한다. 이때 공기조성은 산소 5~7%, 탄산가스 3~5%로 유지시켜주면 가장 안전하다. 그러나 우리나라 농가에서의 저장시설은 일반적으로 창고, 임도정 공장 등에 저장하는데 주로 3P대로 넣어서 포장하거나 토광, 목광, 개량곳간 등에 저장하고 있어 대부분의 저장시설이 미비하므로 저장 중 양적 감소만도 4~5% 정도로 추정되고 있다. 따라서 농가라 하더라도 수확 후 즉시 건조저장 할 수 있는 시설의 확충이 시급히 요구된다.

2.2.3. 벼의 조제형태

미곡은 조제(調製)형태에 따라 벼, 현미, 백미로 나누는데 벼는 생명력을 가지고 있고 단단한 왕겨층으로 덮여 있어 저장 중 물리화학적인 변화를 적게 받고 곰팡이나 해충의 피해로부터 현미나 백미보다 비교적 안전한 편이다. 현미는 벼보다 부피가 1/2정도 적어 창고 면적도 적게 필요하고 포장이나 유통과정에서 여러 비용을 절감할 수 있어 일본에서는 주로 현미로 저장하고 유통되고 있으며, 저온저장 또는 준저온저장시설을 45%이상 이용하고 있다. 백미는 외부온도와 습도의 변화에 민감하게 반응하여 변질이 잘되며, 해충의 침해를 받기 쉽고, 밥맛도 떨어지기 쉬우므로 정부양곡은 2개월 이내 유통할 수 있는 분량만큼만 도정 출하하고 있다.

미곡의 조제형태별 저장 특성은 표 2-3과 같다. 미곡은 창고의 등급에 따라 창고 내의 온도 및 습도 차이가 크며, 등급이 낮을수록 온도 및 습도의 변화가 심하다. 특히 온도가 높고 습기가 많은 여름철에는 곡물온도가 높고 호흡량이 많아져서 저장감모와 변질이 많고 해충발생이 우려되므로 세심한 관리가 필요하다.

표 2-3. 미곡의 조제형태별 저장성

구 분		벼	현 미	백 미	비 고
형 태		왕겨+표피+내피+전분층	표피+내피+전분층	전분층	
저장성	생명력	생명체 (발아 가능)	반생명체 (발아 가능)	무생명체 (발아 불가능)	
	흡수성	둔함 (14.8%)	벼보다 민감 (15.4%)	현미보다 민감 (16.4%)	
	병충해 피해	강 (표피, 생명력공극)	벼보다 약함 (내피, 기찰, 밀착)	현미보다 강함 (도정 시 기계적 손상, 밀착)	
	성분 변화	거의 없음 (일정기간)	벼보다 변화 심함	현미보다 변화 심함	
	색 도	거의 없음 (일정기간)	내피 색택이 변하여도 도정하면 정상	현미보다 변화 심함	
경제성	수용력	용적이 큼	벼보다 약 45%감소 (보관성 적음)	현미보다 약간 감소	
	중 량	표피로 중량이 큼	벼보다 약20%감소	현미보다 약 7% 감소	
	조작비	부피가 커서 수송비용 많음	벼보다 수송비용 적음	현미보다 약간 적음	
	낙곡 비용	이용가능	벼와 같음	이용에 별도 조제가 필요	
식 미		식미변화 적음	벼보다 못함	현미보다 못함	장기보관 시 지방분의 산화로 묵은 냄새가 나고 식미가 저하

(자료 : 농촌진흥청, 2003)

2.2.4. 저장 중 이화학적 변화

벼는 종자 또는 살아있는 생명체로서 수분이나 온도조건이 맞으면 발아하여 차세대의 식물체를 형성한다. 따라서 저장 중에도 이러한 환경조건에 응하여 호흡 및 각종 효소적 변화가 진행되어 생명력이 저하된다. 고미화(古米化)에 의해 생명력의 지표인 발아능력이 저하되고 각종 효소활성이 저하된다. 예를 들면 포도당이나 지방을 기질로 하는 호흡은 다음과 같이 유기물과 산소를 소비하여 CO_2, 물로 변화되고 열을 발산한다.

❍ $C_6H_{12}O_6 + 6O_2 \rightarrow 6CO_2 + 6H_2O + 677.2kcal$

❍ $(C_{15}H_{31}COO)_3C_3H_5 + 72.5O_2 \rightarrow 51CO_2 + 49H_2O + 7616.7kcal$

생성되는 CO_2와 소비한 산소의 mol 비율인 호흡상(respiratory quotient)은 기질에 의해 다르나 포도당을 기질로 하는 호기적 호흡상이 1.0, glycerine palmitic ester는 0.7이다. 벼의 호흡량은 온도와 수분이 높을수록 호흡이 왕성하게 진행되어 곡온의 상승과 영양성분이 소모된다.

미곡의 저장기간 중 지방산도는 계속 증가되는데 이는 지방의 자동산화에 의한 산패가 꾸준히 일어나는 결과이며 장기 저장곡은 지방의 산패로 고미취에 크게 영향을 끼친다. 환원당은 미곡저장 중 전분이 α-amylase에 의해 분해되어 생성되며 자가호흡에 소모되는 양보다 분해 생성되는 양이 많이 축적되어 증가되는 것이며, 장기저장 미곡은 glucose의 소모가 일어나고 있다는 것을 알 수 있다. 발아력은 저장기간 3년 이상이면 벼의 활력이 떨어져 생명력도 상당히 상실된다. 색, 끈기, 맛, 냄새 등이 종합적으로 열화된다.

한편 쌀 저장 중 고미화 되는 과정을 추정하여 보면 그림 2-6에서와 같이 전분, 지질, 단백질 등과 외부 환경 및 효소 등의 작용에 의해 색과 같은 외관적 품질 저하, 고미취, 맛, 끈기 등의 식미가 크게 저하된다.

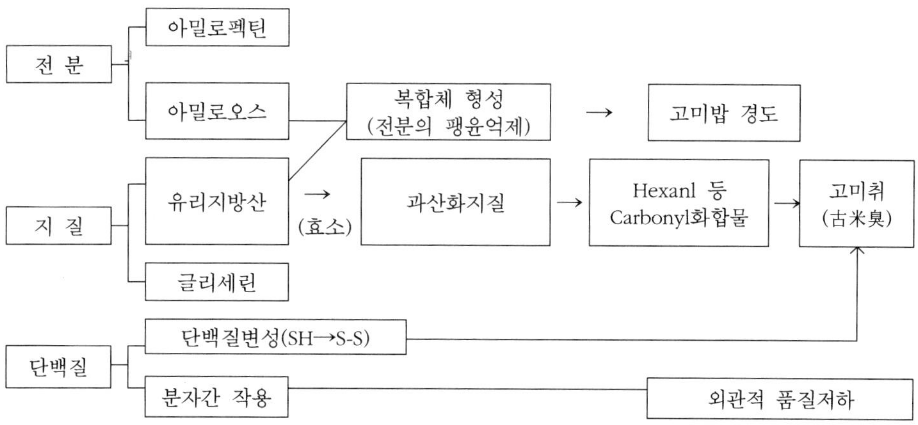

그림 2-6. 쌀 고미화의 추정 mechanism (자료 : Yasumatsu, 1996)

쌀의 저장 중에 내재성 효소의 작용에 의해 전분, 단백질, 지질 등의 성분의 분해가 진행되는데 가장 빨리 분해가 진행되는 것은 지질로서 lipase에 의해 glycerine과 유리지방산으로 분해된다. 전분은 amylase의 작용에 의해 dextrin이나 maltose로 분해되어 환원당이 증가한다. 그리고 단백질은 protease나 peptidase의 작용에 의해 peptide나 아미노산으로 분해된다. 특히 지방 및 유리지방산은 산화분해를 거쳐 pentanal이나 hexanal로 되어 고미취의 원인이 된다. 또한 효소작용에 의한 분해 이외에도 공기산화에 의한 색깔의 변화, 비타민의 감소 및 무기성분의 미립 내 이동이 일어난다. 벼 저장 중 물리적 변화로는 도정수율의 저하, 흡수율의 저하, 취반시 팽창용적의 증가, 미반립의 경화 및 광택 감소가 일어난다. 따라서 저장 중에 발아율, 지방산도, 효소활성, 고미취의 주성분인 hexanal, 환원당 및 비타민 등이 품질변화의 지표로 사용되어 진다.

2.2.5. 저곡해충의 종류와 방제

미곡저장 중 해충의 피해는 갉아먹는 피해에 의한 양적손실과 해충의 배설물에 의한 냄새 등 간접적으로 피해를 주는 것 외에도 해충의 배설물과 호흡작용이 곰팡이와 세균 그리고 해충의 번식을 촉진한다.

1) 미곡해충의 종류와 특성

우리나라에서 자주 피해를 주는 해충은 화랑곡나방, 보리나방, 쌀바구미, 거짓쌀도둑, 톱머리대장, 쌀도둑장수 등이 있다. 벼의 조제형태에 따른 해충의 종류와 모양을 보면 표 2-4와 그림 2-7, 8과 같다.

표 2-4. 미곡의 조제형태별 발생하는 해충의 종류

조제형태	주 요 해 충
벼	화랑곡나방, 보리나방, 쌀바구미
현 미	화랑곡나방, 쌀바구미, 거짓쌀도둑
백 미	쌀바구미, 화랑곡나방, 톱가슴머리대장, 좀바구미, 쌀도둑장수

(자료 : 농촌진흥청, 2003)

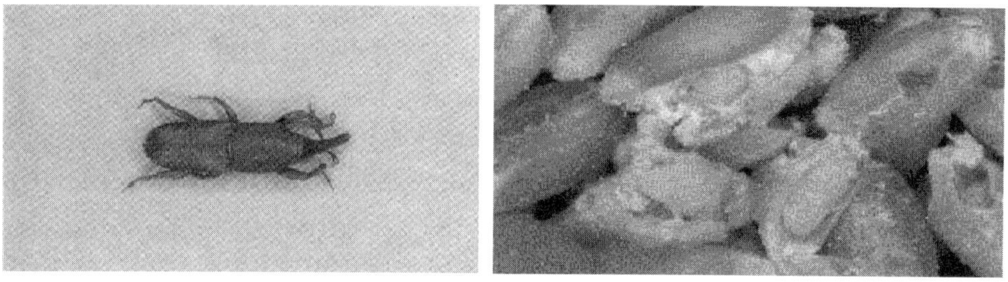

그림 2-7. 쌀 바구미 성충(좌), 쌀바구미 유충(우) (자료 : 농촌진흥청, 2003)

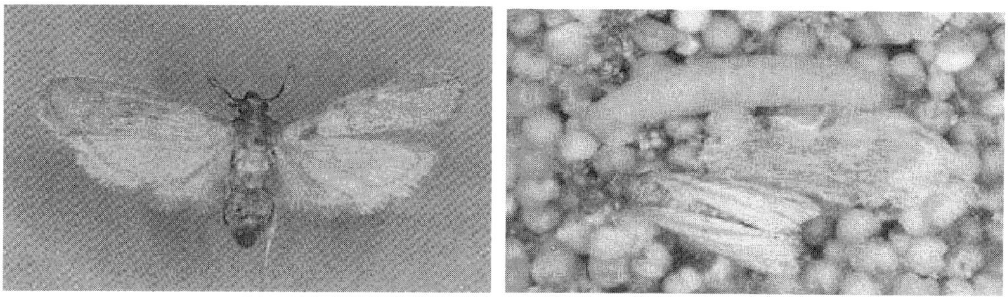

그림 2-8. 화랑곡나방 성충(좌), 화랑곡나방 유충(우) (자료 : 농촌진흥청, 2003)

2) 미곡해충 방제약제

미곡저장 중 발생하는 해충의 방제는 pyrenone grain protectant(PGP), malathion, 훈연제로 스포킬라, dimethyl-dichloro-vinyl phosphate(DDVP), 증산제인 panaplate, 유제로 pirípho유제, 훈연제 등이 있으나 우리나라에서 정부 양곡에 사용하고 있는 약제는 piripho유제와 aluminum phosphide(인화알루미늄정제) 등 2종류가 있다. Piripho유제는 나방류 등에 1㎥당 원액 2㎖를 초미립자 살포기로 살포하고 aluminum phosphide인 Phostoxin은 전 세계적으로 사용하고 있으며 우리나라는 "에피흠"이라는 상품으로 공급되고 있다.

2.3. 쌀

쌀은 밀, 옥수수와 함께 세계 3대 곡물의 하나로서 세계적으로 널리 재배되고 있으며 수천 년 동안 우리 민족이 애용하여 온 주곡으로서 민족혼이 서려 있고, 우리 체질에 맞는 풍성한 영양분을 갖고 있으며 국민의 정서적인 면에서도 단순한 식량작물 이상의 의미를 지니고 있다. 특히 우리나라는 벼농사에 알맞은 아시아 몬순기후 지역으로서 예로부터 쌀농사에 주력하여 왔으며 쌀은 우리의 식문화를 주도하여 왔다. 즉 한국인에게 쌀은 식량으로 뿐만 아니라 화폐대용, 물물교환의 척도와 저축수단으로까지 우리 생활에 밀접하게 쓰여 왔으며 우리의 인체 생리작용도 쌀밥의 소화흡수에 알맞게 적응되어 왔다고 할 수 있다. 이렇게 우리 민족의 식생활 풍속은 쌀밥을 주식으로 하고 반찬을 부식으로 하여 차린 반상이 일상식의 기본구조로 그 전통이 지금까지 이어지고 있다. 그런데 최근 식생활의 서구화가 진행되면서 고혈압, 비만, 암 등의 성인병 발생이 크게 늘고 있음을 알 수 있다. 더불어 우리나라에서는 쌀의 소비가 감소되고 있으나, 반대로 서구 선진국에서는 쌀밥 및 쌀 가공 제품이 건강식으로 주목받고 있는 것을 볼 때 우리 스스로 쌀의 균형식품으로써의 가치를 재인식하지 않으면 안 될 것이다.

2.3.1. 쌀과 문화

벼농사에 대해서는 지금까지 청동기 시대에 시작된 것으로 보는 것이 주류를 이루었으나, 최근 한강하류 김포와 일산의 토탄층에서 볍씨들이 발견되어, 점차 신석기 후기인 기원전 2천년 경으로 추산되고 있다.

우리 문화는 풍년을 기원하는 제천행사나 추수감사제 등에서 쌀로 술을 빚거나 떡을 하는 등 쌀과 관련된 문화를 엿볼 수 있다. 또한 설날, 정월대보름, 삼월 삼짇날, 단오, 유두, 칠석, 구월구일, 동지 등 명절에는 사당에서 제사에 쌀을 이용하였다. 쌀 이외의 다른 곡물에도 보리쌀, 기장쌀, 수수쌀, 좁쌀 등과 같이 쌀이라는 용어를 끝에 붙인 것을 보아도 쌀이 우리 문화 근간뿐만 아니라 식생활의 기본을 이루고 있는 것을 알 수 있다.

우리나라의 쌀은 생산량과 소비의 형태에 따라 다음의 5단계로 크게 변화하여 왔다.

① **제 1 기** (일제 강점기~1959년 : 식량의 절대 부족기) : 이 시기는 식량의 절대 부족기로 식문화의 침체기가 계속 되었으며, 6.25 동란 동안은 겨우 생명을 유지하고 최저수준의 생리적 욕구를 채우기에 급급할 정도여서 식생활의 혼란기라 할 수 있다.

② **제 2 기** (1960년대 : 혼·분식 장려기) : 가뭄 극복을 위하여 농지를 정리하고 댐을

만들고, 쌀 소비를 최소화하기 위하여 혼・분식을 장려하였으며, 그 결과 미국의 잉여 농산물인 밀의 수입이 급증하게 되었다. 1962년에 정부기관으로 농촌진흥청 산하에 작물시험장이 설립되어 벼농사 연구기반을 마련한 시기이다.

③ **제 3 기** (1970년대 : 쌀 자급 달성기) : 1970년대 중반 다수확 품종인 통일벼의 보급으로 1977년에는 쌀 생산량이 4,000만석을 돌파하여 녹색혁명을 성취하였고, 경제발전으로 식생활도 양보다 질을 추구하는 경향이 나타나기 시작한 시기이다.

④ **제 4 기** (1980년대 : 쌀 문화의 변화기) : 고도 경제 성장과 급격한 산업화에 따른 식품의 고급화, 인스턴트화 경향이 나타나고, 외식문화가 발전하였으며 백색혁명의 성공에 따라 채소의 섭취가 늘면서 상대적으로 쌀 소비가 감소하기 시작한 시기이다.

⑤ **제 5 기** (1990년대 이후 : 쌀 문화의 새로운 변화기) : 젊은 층의 급격한 서구 지향적 식습관은 쌀 소비를 계속적으로 감소시켰고 앞으로도 점차 감소폭이 더욱 커질 것으로 예상된다. 최근 우리국민은 식습관의 서구화로 저영양 시대에 볼 수 있는 여러 가지 질병은 없어진 반면에 영양공급 과잉에 따른 각종 성인병의 발생이 증가하고 있어 새로운 식문화의 정착이 필요한 시기이다.

2.3.2. 벼의 종류

벼(*Oryza sativa* L.)는 탈곡하기 전의 이삭이 달려 있는 상태를 총칭하기도 하지만 일반적으로는 껍질(왕겨)을 벗기기 전의 낟알 상태의 알곡을 말하며 쌀은 원래 씨알에서 유래된 말로 벼의 겉껍질과 속껍질을 깐 흰 알맹이다.

벼는 장립형인 인디카(Indica)와 단립형인 자포니카(Japonica)로 구분하며 최근에는 자포니카를 다시 온대 자포니카와 열대 자포니카로 구분하고 있다. 우리나라를 비롯하여 중국, 일본, 이집트, 이탈리아, 미국 등 온대지역에서는 온대 자포니카를, 인도네시아, 중국 남부 등 일부 지역에서는 열대 자포니카가 재배되고 있다. 인디카는 연중 온도가 높고 강수량이 많으며 계절 변화가 거의 없는 지역에서 주로 재배되는 품종으로 각 지역적 기후와 토양 특성에 맞는 다양한 품종으로 분화되어 있다.

입형(粒形)은 일반적으로는 입장(粒長)/입폭(粒幅)으로 표시하는 일이 많다. 쌀은 벼의 길이와 폭의 조합에 의해서 단립(자포니카), 대립(자바니카, 구주계통), 장립(인디카)으로 분류되고 있다. 우리나라 양질쌀 품종 신발기준은 단원형인 장폭비 1.7~2.0을 정하고 있으며, 국제 미작연구소(International Rice Research Institute, IRRI)의 벼 품종 입형의 분류기준은 표 2-5와 같다. 우리나라 품종은 대부분 단립형의 중원립으로 분류되어 진다.

표 2-5. 백미의 입장, 장폭비에 의한 입형 분류 기준

입 장			입 형(장폭비)		
유 형	입 장(㎜)	등급(scale)	표 현	장폭비	등급(scale)
극장(extra long)	7.51 이상	1	세(slender)	3.1이상	1
장(long)	6.61 ~ 7.50	3	중(medium)	2.1 ~ 3.0	3
중(medium)	5.51 ~ 6.60	5	중원(bold)	1.1 ~ 2.0	5
단(short)	5.50 이하	7	원(round)	1.0 이하	7

(자료 : IRRI)

1930년대부터 2005년까지 우리나라에서 육종되어 개발된 벼 품종은 240여종에 이르며 1970년대 이전에는 자포니카형의 품종, 1970년대에 들어오면서 인디카형과 자포니카형의 교잡종인 다수확계 "통일형"이 육종 개발됨으로써 쌀의 자급을 이루게 되었다. 1980년대에는 통일형은 수확량은 높지만 밥맛이 자포니카형에 미치지 못하므로서 자취를 감추고 자포니카형인 일품, 추청, 다산, 대안 등 다수확 고품질 벼가 밥쌀용으로 생산되고 있다.

2.3.3. 생산량과 소비량

최근 우리나라의 쌀의 생산량 및 의무수입물량 증가로 쌀의 재고량이 누적되고 있으며, 2005년 현재 쌀의 1인당 연간 소비량은 80.7kg으로 매년 감소하고 있는 실정이다(표 2-8). 이러한 원인은 우리 국민들의 식생활이 서구화 되면서 쌀 수요는 줄고 생산은 계속 늘기 때문이다. 지난 '90년 이후 '05년까지의 1인당 쌀 소비량은 38.9kg(119.6→80.7kg) 감소한 반면, 같은 기간 쌀 생산량은 오히려 증가하였다(표 2-6). 이는 향후 생산에 비해 소비가 감소하여 공급과잉 기조가 지속될 전망이다. 우리나라 쌀 생산량을 보면 표 2-7과 같다.

표 2-6. 국민 1인당 연간 쌀 소비량

해당년도	1985	1990	1995	2000	2005
소비량(kg)	128.1	119.6	106.5	93.6	80.7

(자료 : 농림통계, 2005)

한편 소비자들의 쌀 소비 패턴 고품질 쌀에 대한 수요가 늘어, 외관 품위, 밥맛, 안전성, 기능성, 편의성 등 상품성 제고와 부가가치 증대 방향으로 급속히 변화되어 가고 있으며 이에 따라 농산물의 안전성이나 선별, 포장 등 농산물의 비 가격적 경쟁요소도 중요하게 부각되고 있다.

표 2-7. 연도별 쌀 생산량

연 도	벼 재배면적 (천ha)	ha당 쌀 수량 (톤)	쌀 생산량 (천톤)	지급률(%)
1966~'70	1,208	3.10	3,750	93.3
1971~'75	1,197	3.55	4,256	90.3
1976~'80	1,228	4.25	5,227	97.7
1981~'85	1,222	4.40	5,390	91.7
1986~'90	1,252	4.58	5,731	102.2
1991~'95	1,132	4.46	5,044	95.2
1996~2000	1,060	5.00	5,286	99.8
2001	1,083	5.16	5,515	102.7
2002	1,053	4.71	4,927	107.0
2003	1,016	4.41	4,451	97.4
2004	1,001	5.04	5,000	96.5
2005	980	4.90	4,768	

(자료 : 농림통계, 2005)

2.3.4. 현미의 구조

현미는 벼의 열매에 해당하는 부분으로 4개의 층으로 된 과피와 2개의 층으로 된 종피로 둘러싸여 있고, 싹과 뿌리로 나오는 배아(embryo), 영양 공급원이 되는 배유(endosperm)으로 구성되어 있다. 벼 껍질은 품종에 따라 약간씩 다르지만 대개 벼알의 15~30%의 비중을 차지하며, 그 바깥층에는 규소가 많이 함유되어 있다. 규소층의 내부에는 리그닌층과 스폰지층, 유조직층, 속껍질 등으로 여러 층의 구조로 되어 있어 벌레나 곰팡이로부터 현미를 보호하고 종자 내부의 습도를 유지 보존한다.

미강(rice bran)층은 과피(pericarp), 종피(seed coat), 호분층(aleurone layer)으로 구성되어 있다(그림 2-9). 현미의 호분층, 배아 및 배유부의 무게비율은 일반적으로 5 : 3 : 92이므로 현미를 도정을 통해 호분층과 배아를 제거하고 백미를 만들 때 이론적 도정비율은 92%이다.

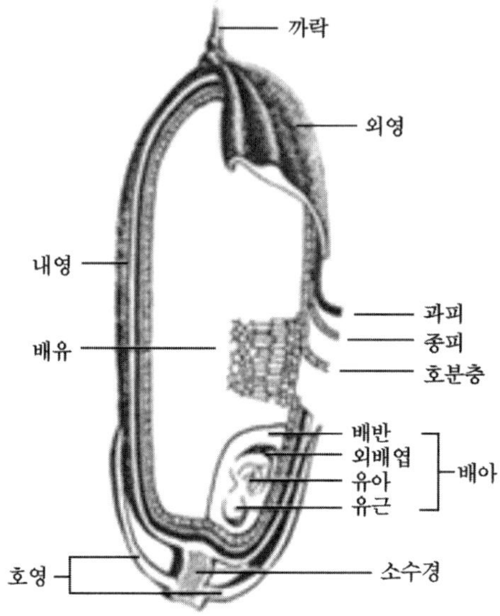

그림 2-9. 벼의 구조 (자료 : Rice chemistry and technology)

배유부는 호분층 바로 밑의 하위 호분층(subaleurone layer)과 중심부의 전분층(starchy endosperm)으로 구분된다. 배유부는 약 45×50～80×105㎛ 크기의 배유세포들로 구성되었으며 이 세포 속에는 여러 개의 전분 입자(2～9㎛)들로 뭉쳐진 다면체의 복합 전분립(10～40㎛)이 채워져 있다. 멥쌀의 일부 품종에서 관찰되는 심백(white core), 배백(abdominal core) 및 복백(white back) 등 희고 불투명한 부분은 전분립들이 성글게 채워져 있다는 것이 주사전자현미경으로 확인되었다. 배유의 복합 전분립은 0.25㎛ 정도의 얇은 세포벽과 그 안쪽에 인접하여 분포하는 단백질에 의해 둘러싸여 존재한다고 보고되었다. 단백질은 하위 호분층에 단백질체(protein body)의 형태로 분포하며 전분층의 중심부로 갈수록 낮아진다.

쌀의 성분은 미립전체에 일정하게 존재하는 것이 아니고 편재하여 존재하기 때문에 이들 성분의 분포에 대한 연구가 필요하다. 그림 2-10은 추청벼 현미를 횡으로 절단하여 요오드 염색 후 촬영한 현미경 사진으로 현미표층은 염색되지 않으며 내층은 적자색으로 염색되어 지는 것으로 보아 중심부에는 아밀로오스 함량이 많으나 표층으로 나아갈수록 비아밀로오스, 비전분질이 존재하는 것으로 추정된다. 특히 그림의 미립의 중량기준 현미외층의 91~86%층에는 맛을 내는 성분들이 풍부하게 들어있는 것으로 추정되고 실제 맛은 아주 단맛을 내고 있어 이를 "Sapio층"이라고 하기도 한다(그림 2-11).

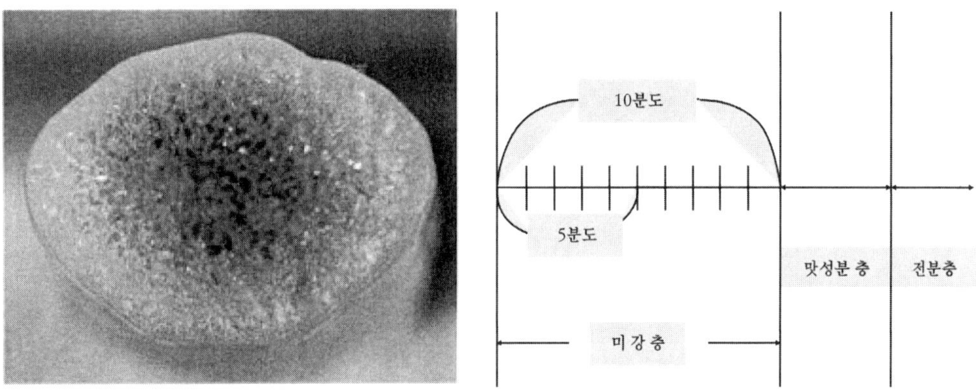

그림 2-10. 요오드로 염색한 현미 횡단면과 분도 개념 (자료 : 손종록 박사학위논문, 1996)

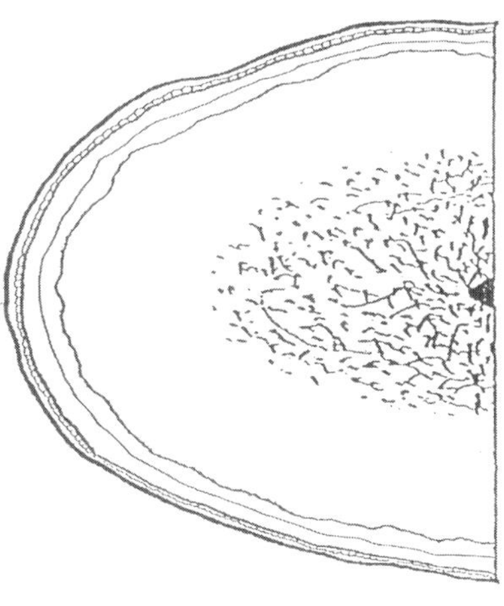

그림 2-11. 현미의 내부 구조 (자료 : 손종록 박사학위논문, 1996)

2.3.5. 성분 및 생리활성

1) 영양성분

우리나라에서 재배되고 있는 주요 벼 품종의 이화학적특성은 표 2-8과 같으며 쌀의 일반 영양성분은 가식부 100g당 당질이 81.2g이고 단백질이 7.4g, 지방 0.4g, 조섬유 0.7g 등으로 구성되어 있다(표 2-9).

표 2-8. 벼 품종의 이화학특성

품 종 명	투명도[1] (1~9)	심복백[2] (0~9)	알칼리 붕괴도[3] (1~7)	단백질 (%)	아밀로오스 (%)
고 운 벼	1	0/0	6.2	6.5	18.5
고 품 벼	1	0/0	6.1	6.1	19.6
삼 광 벼	1	1/0	5.8	5.7	18.3
오 대 벼	1	1/1	6.3	7.1	19.3
운 광 벼	1	0/1	6.4	6.2	19.1
일 품 벼	1	0/1	5.8	6.4	18.6
추 청 벼	1	0/0	6.5	6.5	20.2

1) 1 : 쌀이 유리알 같이 맑은 것, 5 : 중간, 9 : 쌀의 불투명한 것
2) 0 : 심백 없음, 1 : 쌀알 면적의 5% 이하, 9 : 쌀알 면적의 41% 이상
3) 1 : 부풀지 않고 그대로 있음, 7 : 형태를 알 수 없게 퍼져서 투명화 됨(1.4% KOH용액에 백미를 침지, 30℃에서 23시간 후 조사)

(자료 : 농촌진흥청)

표 2-9. 쌀의 일반성분 (가식부 100g당)

구 분	열량 (kcal)	단백질 (g)	지방 (g)	당질 (g)	섬유 (g)	회분 (g)	칼륨 (g)	비타민		
								B_1 (mg)	B_2 (mg)	나이아신 (mg)
현 미	360	7.3	2.8	74.9	1.2	1.3	0.19	0.33	0.05	6.0
백 미	374	7.4	0.4	81.2	0.4	0.7	0.09	0.14	0.08	1.6

(자료 : 식품성분표, 2001)

백미는 주로 탄수화물로 구성되어 있으며 대부분 전분으로 되어 있다. 생쌀에 있는 전분은 인체 내에서 거의 소화되지 않으므로 밥으로 조리되어야 체내에서 소화되어 포도당까지 분해될 수 있다.

쌀 전분은 배유부에서 복합전분립(compound polyhedral starch granule)으로 존재하

며 크기는 2~9㎛로서 다른 전분에 비하여 적다. 전분은 amylose와 amylopectin으로 구성되어 있으며, 찹쌀은 amylopectin만으로 구성되어 있고, 멥쌀은 amylose 20~30%, amylopectin 70~80%이며 Japonica형의 멥쌀은 amylose 함량이 낮고 Indica형의 멥쌀은 amylose 함량이 높다.

쌀은 식이섬유의 공급원으로서도 중요한 역할을 한다. 식이섬유란 인간의 소화효소로 가수분해 되지 않는 탄수화물로서 인체 내에서 여러 가지 중요한 역할을 한다. 또한 백미 중의 소화 흡수되지 않는 전분도 식이섬유와 유사한 작용을 하며, 특히 현미에 함유되어 있는 식이섬유인 hemicellulose와 phytic acid는 여러 가지 생리활성을 갖는다.

쌀 단백질은 다른 곡류에 비하여 양질의 단백질로서 함량은 적지만 필수 아미노산인 lysine의 함량이 옥수수, 조, 밀가루보다 약 2배 정도 높다.

지방은 현미에 약 2.5%, 백미에 약 1%로서 쌀로부터 섭취하는 지방의 양은 하루에 3g정도이다. 쌀의 지방산은 약 75%이상이 불포화지방산이고 포화지방산은 매우 적다. 쌀에는 지방 함량이 적지만 주로 불포화지방산으로 구성되어 있어서 지방에 의한 성인병 위험이 낮은 지방이다.

회분은 현미에 약 1.3g/100g, 백미에 약 0.4g/100g이 함유되어 있으며 무기질로서는 인과 칼륨, 칼슘, 마그네슘, 나트륨, 철분이 함유되어 있다. 이 중 마그네슘과 칼륨의 비는 밥맛과 높은 상관관계를 갖는 것으로 보고되고 있고, 특히 현미와 미강은 무기질의 공급원으로서도 매우 중요하다.

쌀에는 비타민 B_1, B_2 등 비타민 B복합체가 풍부하며 당질로부터 열량을 내는 데 없어서는 안 될 필수요소이나 수용성이므로 쌀을 씻을 때 유실되지 않도록 주의하여야 한다. 이외에도 비타민 E, 엽산, 니아신 등 인체에 중요한 여러 가지 비타민 공급원이 된다.

2) 생리활성

현미의 생리활성 물질은 겨층에 주로 분포하고 있고 생리활성은 아래와 같으며 각 성분별 생리활성을 요약하면 표 2-10과 같다.

표 2-10. 현미의 기능성성분과 생리활성

성 분	구 조	생리활성
Ferulic acid	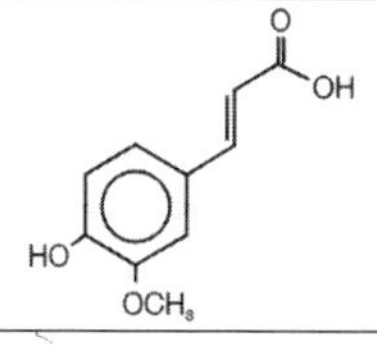	◦ 항산화효과 ◦ 혈전억제 효과 ◦ 피부보호효과(자외선 방어) ◦ 항균효과
ɣ-Oryzanol	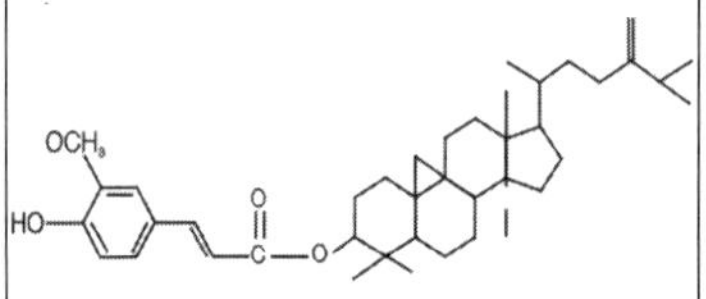	◦ 항산화효과 ◦ 혈장콜레스테롤 감소효과 ◦ 고지혈증 치료효과
myo-Inositol	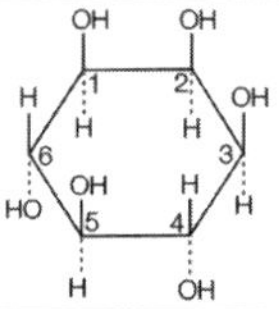	◦ 항암효과(대장암, 폐암 등) ◦ 당뇨성 신경염 완화효과 ◦ 백내장 형성 저해효과
Phytic acid(IP6)	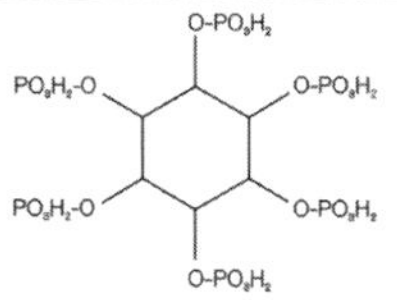	◦ 항암효과(유방암, 피부암) ◦ 고지혈증억제 효과 ◦ 신장결석 생성억제 효과 ◦ 플라그 형성 및 치아우식증 저해효과
Phytosterol (β-sitosterol)	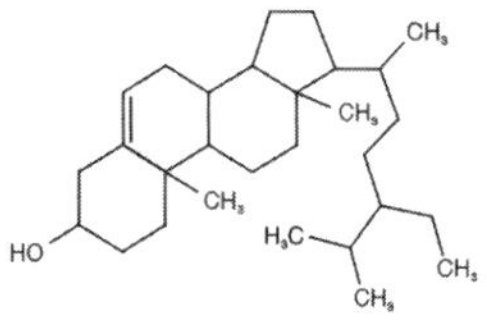	◦ 혈장콜레스테롤 감소효과 ◦ 심장병 예방효과 ◦ 항암효과(대장암)
Tocopherol	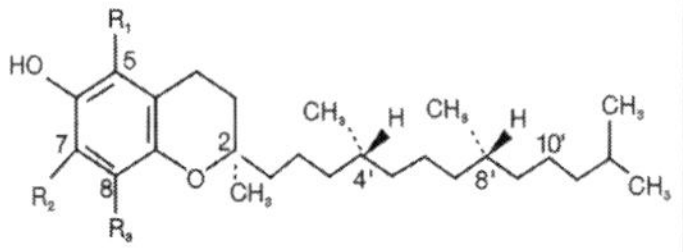	◦ 항산화 효과 ◦ 피부보호 효과(자외선 방어)
Tocotrienol	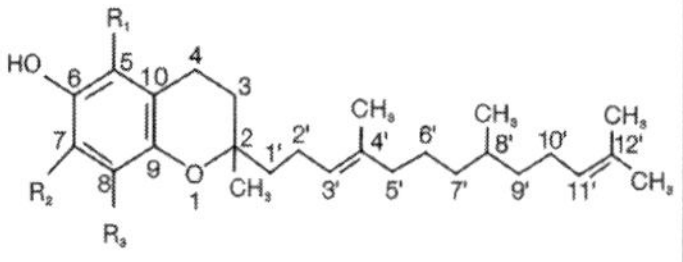	◦ 항암효과 ◦ 항산화효과 ◦ 혈장콜레스테롤 감소효과 ◦ 동맥경화증 치료효과
Arabinoxylan	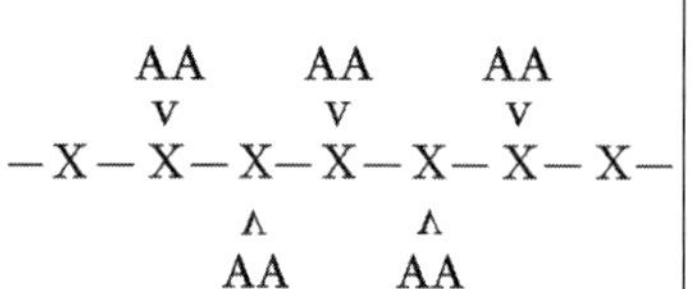	◦ 면역력강화 효과 ◦ 항암효과 ◦ 콜레스테롤 저하효과 ◦ 항바이러스 효과

(자료 : 쌀 박람회, 황재관, 2003)

(1) 콜레스테롤 저하효과

혈중 콜레스테롤 농도는 동맥경화를 원인으로 하는 심질환 발생의 주요 위험인자로 식이성분에 의해 영향을 받는다.

최근 쌀의 콜레스테롤 저하작용에 대한 연구가 미강을 중심으로 활발하고 백미, 현미의 콜레스테롤 저하 효과와 특히 쌀에서 분리된 쌀 단백질이 고지혈증 개선효과가 있음이 알려졌다.

(2) 항산화 효과

현미 중에는 비타민 E나 oryzanol, tocotrienol과 같은 강한 항산화제가 다량 함유되어 있다. 쌀의 지방이 산화되기 쉬운 불포화지방산으로 대부분 구성되어 있으나 쉽게 산화되지 않는 것은 이들이 존재하기 때문이다.

(3) 혈압조절 효과

최근에 백미 또는 미강 중의 단백질 분해산물 중에서 혈압상승에 관련되는 효소의 활성을 저해하는 peptide가 함유되어 있어서 백미 및 미강이 혈압상승을 억제하는 효과가 기대된다.

(4) 당뇨예방 효과

쌀밥은 다른 곡류에 비하여 인슐린 분비를 자극하지 않아서 인체지방의 합성과 축적이 억제되어 비만을 예방할 수 있다. 또한 혈당량의 급격한 증가를 초래하지 않아 당뇨병의 예방에도 효과적이다.

(5) 돌연변이 억제, 암예방 효과

쌀에는 각종 돌연변이 유발원에 대한 돌연변이 억제효과가 있으며 이러한 효과는 백미보다 현미에서 더 높고 쌀을 가공 처리하였을 때에도 활성이 소실되지 않는다.

2.3.6. 도 정(搗精, polishing)

미립(米粒, rough rice)은 왕겨층, 미강층, 배아, 배유로 구성되어 있으며 현미기로 왕겨층을 제거한 것을 현미(brown rice)라 하며 현미에서 미강층을 제거하는 것을 도정이라 하고 이때 얻어진 알갱이를 백미(白米, polished rice)라 한다. 이때 쌀의 부산물로서 왕겨, 미강, 쇄미 등이 발생한다. 도정은 여러 가지 기계장치가 설치되어 복잡한 과정을 거치는데 일반적으로 "벼 → 정선 → 제현 → 현미 분리 → 현백 → 쇄미 분리 → 백미" 순으로 이루어진다. 도정에 의해 손실되어 버리는 영양성분의 비율은 단백질의 경우 24%, 지질 68%, 회분 58%에 이르며, 비타민 B의 경우 70~80%정도가 도정과정에서 손실이 일어난다(표 2-11).

표 2-11. 도정 정도에 의한 쌀의 영양분 손실

도정도	보 유	감 소 율 (%)					
		단백질	지 질	탄수화물	회 분	비타민B_1	비타민B_2
현 미	100	0	0	0	0	0	0
5분도미	95.5	11.0	37.8	1.9	26.2	33.3	30
7분도미	94	16.2	55.2	2.0	42.3	44.4	50
백 미	91	23.8	68.3	3.8	57.7	77.8	70

(자료 : 농촌진흥청, 2004)

1) 도정원리 및 도정기

도정작용은 마찰(friction), 찰리(resultant tearing), 절삭(shaving, tearing), 충격(impact) 등에 의하여 이루어지는데 이 작용들은 거의가 복합적으로 작용을 하게 된다. 그 중에서도 가장 근본적인 도정작용은 마찰과 충격인데 그 중간에 찰리와 절삭이 연관되어 일어나는 종합작용이라 할 수 있다. 이러한 원리에 의해 작동하는 도정기는 크게 마찰식과 연삭식 도정기로 분류된다.

(1) 마찰식 도정

마찰식 도정작용은 통산 200g/㎤이상의 평균압력과 300m/min이하의 롤러 주속도에서 발생되는 것으로서 마찰과 찰리에 의하여 도정이 되는데 이는 고정된 롤러와 원통(또는 금망)의 고정저항(불변저항)과 분동저항(가변저항)의 압력에 의하여 도정이 이루어진다. 또한 이때의 압력은 롤러의 회전수에 의해서도 변하여질 수 있다(그림 2-12).

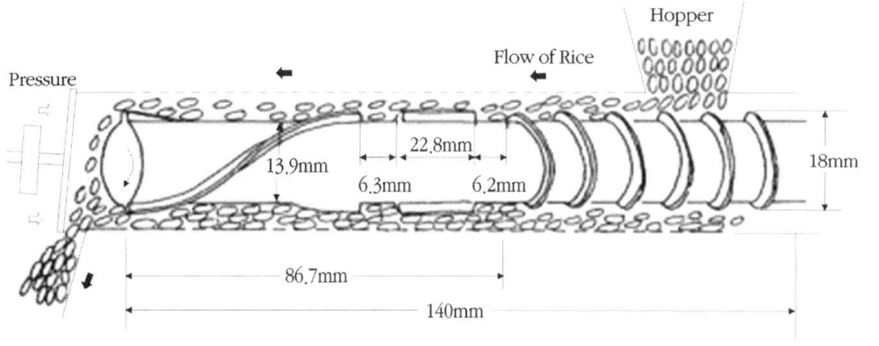

그림 2-12. 마찰식 정미기의 단면도

(2) 연삭식 도정

연삭식 도정작용은 통산 50g/㎠이하의 평균압력과 600m/min이상의 롤러 주속도에서 발생되는 것으로서 충격과 연삭에 의하여 도정이 일어난다(그림 2-13).

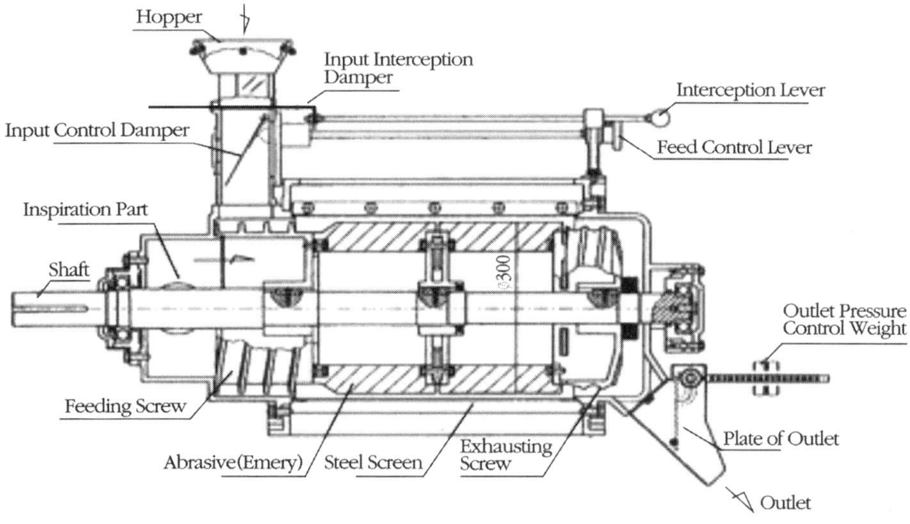

그림 2-13. 연삭식 정미기의 단면도

쌀의 품질에 미치는 도정 공정별 요인은 그림 2-14와 같다. 원료 쌀의 품위, 도정시설, 도정 방법 등에 의해 미질의 차이가 나타나기 때문에 고품질 쌀 생산을 위해서는 이들 요인의 적절한 관리가 필요하다.

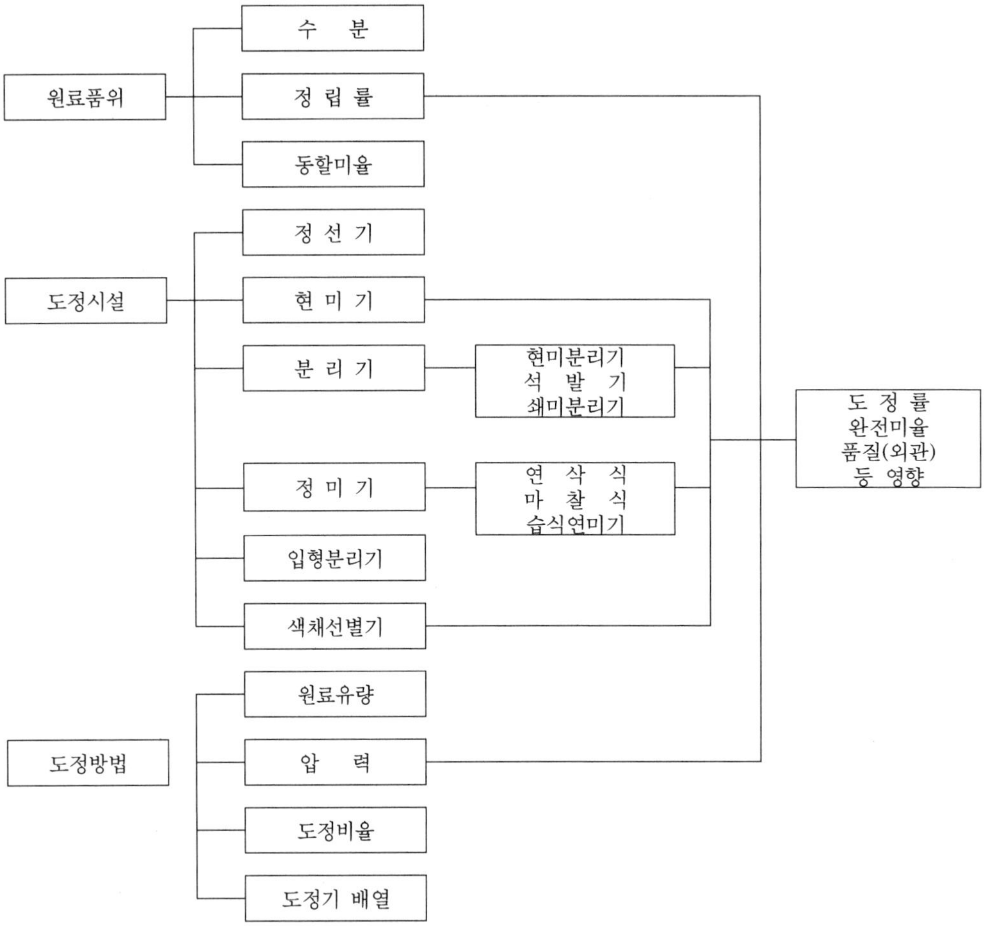

그림 2-14. 도정공정별 미질에 미치는 요인 (자료 : 작물과학원)

2) 미곡종합처리장(rice processing complex, RPC)

정미소의 변천사를 보면 고대에는 연자방아, 디딜방아, 절구 등이 이용되었고, 그 후 동력을 이용한 정미소가 1898년 인천에 최초로 설치되었다. 또한 1930년대 후반에는 전국에 2천여 개소의 도정공장이 운영되었고, 1991년부터 최신식 시설을 갖춘 미곡종합처리장이 시범 설치된 이래 전국적으로 2005년에는 327개소가 운영되고 있다. 미곡종합처리장은 수확한 물벼를 산물상태로 건조, 저장, 가공작업을 일괄 처리하고 판매 기능까지도 종합적으로 처리 수행하는 시설로서 수확기 벼 매입 기능 확충과 고품질의 지역 특산미를 생산 공급하고 산지 쌀 유통의 중심체로 역할을 하고 있다. 미곡 종합처리장의 여러 가지 도정시설을 보면 그림 2-15, 16, 17과 같다.

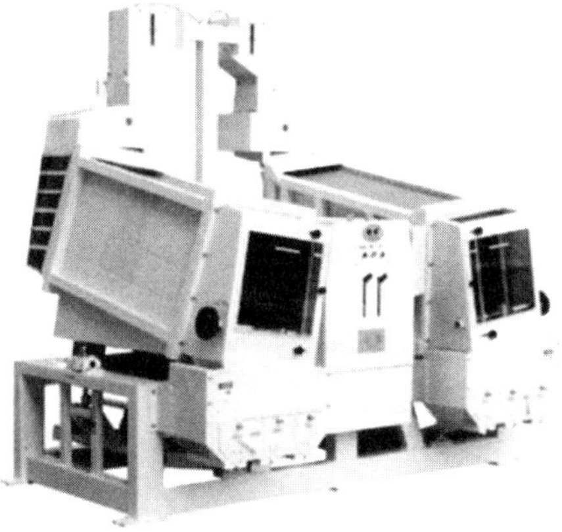

그림 2-15. 미곡종합처리시설 중 현미 분리기(좌)와 정미기(우)

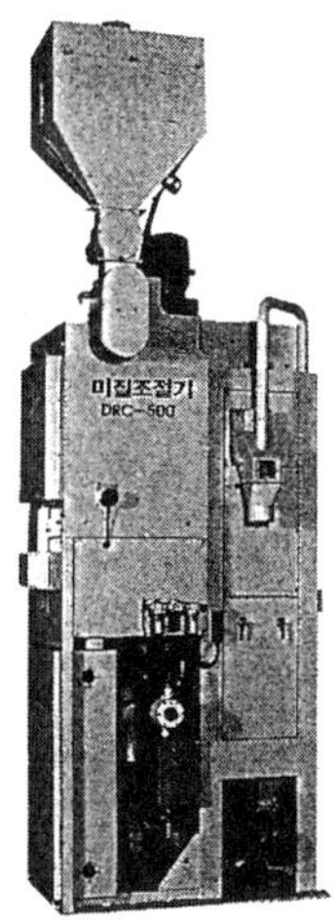

그림 2-16. 미곡종합처리시설 중 석발기(좌)와 미질조절기(우)

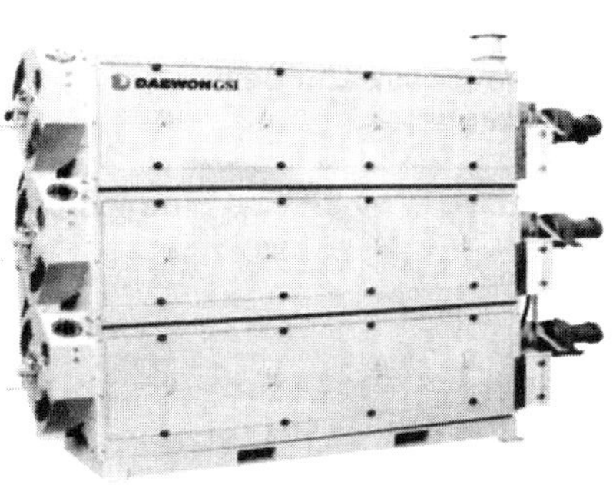
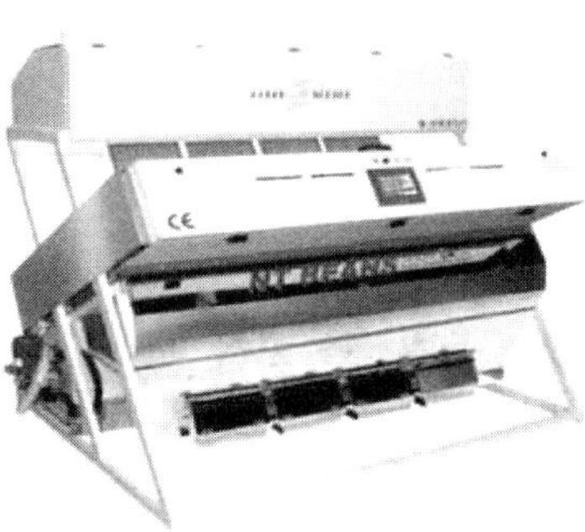

그림 2-17. 미곡종합처리시설 중 입형분리기(좌)와 색채선별기(우)

3) 완전미(完全米, head rice)의 도정

쌀의 외관특성인 모양, 크기, 분상질립, 투명도, 윤기 등은 시장에서 소비자들이 직접 눈으로 확인할 수 있는 특성으로 상품성을 판단하는 데 결정적 영향을 미치는 중요한 외관 품질요인이다.

쌀 품질 고급화의 첫 단계는 외관특성 중 완전미의 비율을 높이는 것이라 할 수 있다. 완전미의 생산공정은 그림 2-18과 같이 인반 도정시설에 색채선별기 및 입형분리기를 설치하여 착색립, 피해립, 싸라기 등을 제거하여 생산한다(그림 2-19).

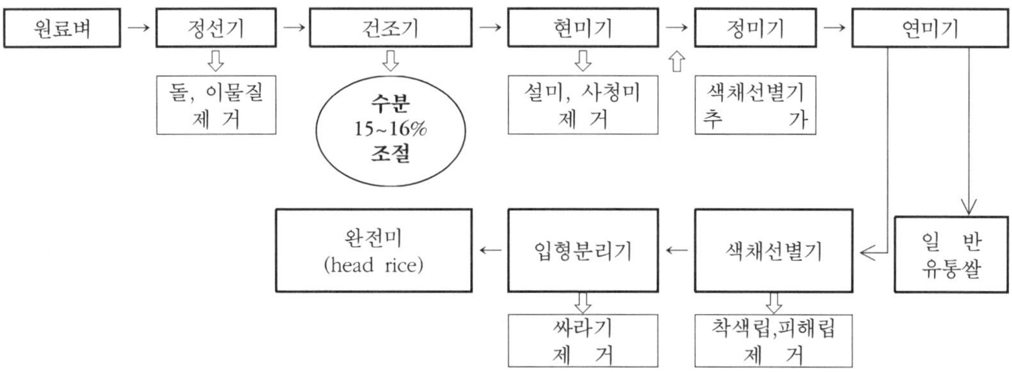

그림 2-18. 완전미 생산 RPC 도정 공정도 (자료 : 작물과학원)

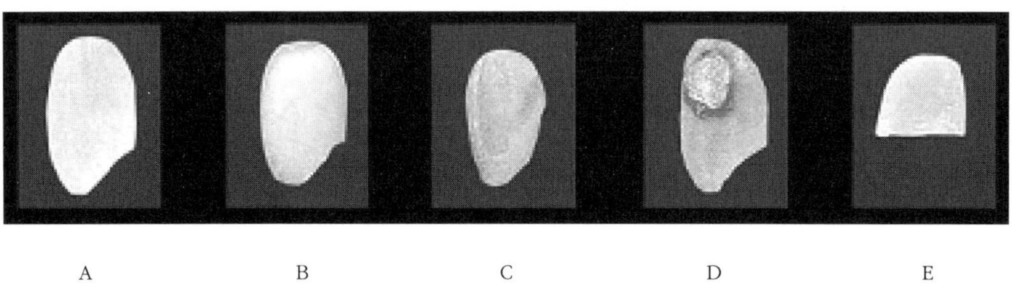

그림 2-19. 벼 재배 및 가공 중 발생하는 다양한 쌀의 형태 (자료 : 작물과학원)
A. 완전미, B. 분상질미, C. 착색립, D. 피해립 E. 싸라기

4) 주조미(酒造米)의 도정

현미의 겨층에는 지방 및 단백질의 함량이 높아 쌀을 원료로 하여 양질의 주류를 만들기에는 부적당하므로 술의 제조원료인 주조미는 호분층의 내부까지 도정하여 식용미

보다 껍질을 더 많이 벗겨 도정률이 75% 이하로 하여야 한다. 주조미의 도정에는 조직이 약한 일부의 배유부 까지도 깍아 제거하여야 하므로 원통마찰식 정미기보다는 수직형 연삭식 정미기를 많이 사용한다.

5) 화학적 도정(chemical milling)

현미를 마찰식이나 연삭식의 도정에 의하여 겨층을 제거하고자 할 때에는 쇄미가 생기고 필요 이상의 겨층이 제거되어 가식부분의 손실이 발생하게 된다. 화학적 도정 방법으로는 현미를 물에 침지하고 가열처리하여 영양성분이 배유부로 이행 되도록 하게 한 다음 NaOH용액을 처리하여 진탕시켜 겨층을 제거하고 초산용액으로 중화, 세척, 건조시켜 제품으로 하는 Western Utilization Research Laboratory Development(WURLD)-rice가 있다. 또한 용매추출법(solvent extraction milling, SEM, 상용명 X-M milling)에 의하여 얻어지는 SEM-rice는 현미를 hexane으로 작용시켜 겨층을 분리한 후 용매를 제거하여 백미제품을 만들고 rice oil/ hexane miscella를 증류하여 미강유를 회수하는 방법이다. 용매추출법의 과정을 보면 그림 2-20과 같다.

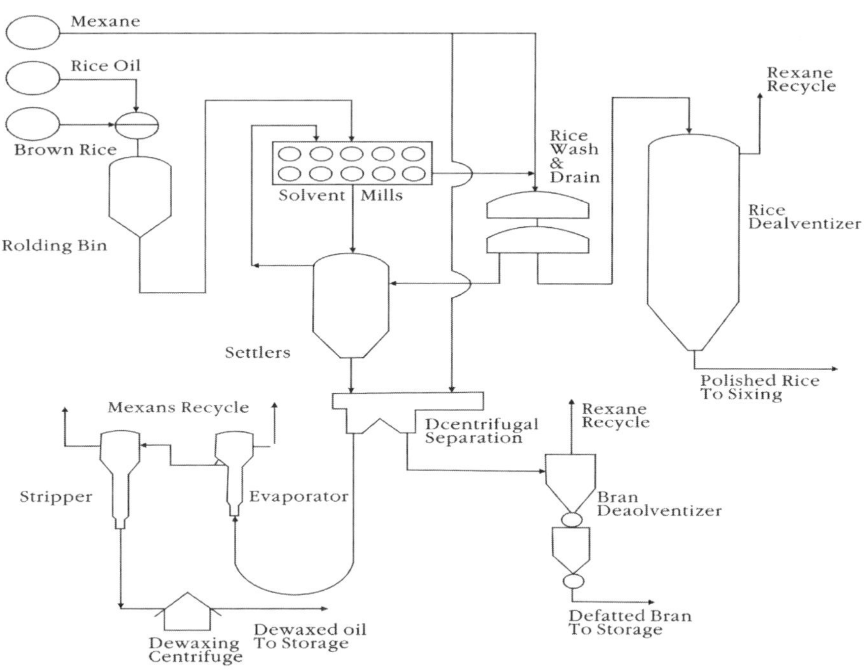

그림 2-20. 용매추출법에 의한 현미의 도정

주조미 도정을 위하여 쌀 단백질을 용해, 제거시킬 목적으로 KOH-H_3PO_4, NaOH-H_3PO_4, KOH-HCl, papain처리 등의 방법이 있지만 실제적으로 사용되지 않는 방법이다.

화학적 도정법은 미국 일부 지역에서 쓰이고 있지만 우리나라에서는 원통마찰식이나 연삭식에 의한 물리적도정을 행하며 화학도정한 쌀은 식미가 떨어진다.

6) 도정관련 용어

도정에 관련한 용어를 보면 다음과 같다.

① **제현율** : 벼를 현미기로 탈부한 후 1.6㎜ 줄체로 현미와 설미를 분리하여 얻어진 현미를 벼에 대한 백분율로 표시한 것

② **설미율** : 벼를 탈부하여 현미와 설미를 1.6㎜ 줄체로 분리한 후 얻어진 설미를 벼에 대한 백분율로 표시한 것

③ **현백률** : 현미를 정미기로 10분도로 도정하여 생산된 백미를 1.4㎜ 줄체로 체위의 백미를 현미에 대한 백분율로 표시한 것

④ **쇄미율** : 도정한 백미를 1.4㎜체로 쳐서 체를 통과한 작은 싸라기를 현미에 대한 백분율로 표시한 것

⑤ **미강률** : 도정하여 얻어진 미강을 벼에 대한 백분율로 표시한 것

⑥ **도정률**(milling ratio) : 현미를 도정하여 얻어진 백미를 백분율로 표시한 것

⑦ **도정도**(degree of milling) : 현미 중의 겨층이 벗겨진 정도에 따라 표시하며, 겨층이 완전 제거한 것을 10분도라 하고 겨층의 1/2이 벗겨진 것을 5분도라 한다.

⑧ **도감률** : 현미를 도정하였을 때 얻어지는 겨, 씨눈을 현미에 대한 백분율로 표시한 것

7) 도정도의 결정

도정도의 결정은 색도, 도정시간, 도정회수, 전력소비량, 겨층이 벗겨진 정도, May Grunwald(MG)염색법, methylene blue, eosin(ME)염색법, 요오드염색법 등이 있으나 육안에 의한 색도판별법이나 MG염색법이 주로 쓰인다.

쌀의 도정도를 육안으로 판정하는 것은 오차가 많으므로 도정도를 알고 있는 쌀 표준

쌀의 품질	구성 요소	내용
쌀의 품질	안전성	마이코톡신, 농약, 첨가제, 피해립 등
	영양성	전분, 단백질, 지방, 미네랄, 비타민, 섬유소 등
	기호성	식미, 가공적성, 외관(백도, 광택, 형상 등)
	경제성	수량, 도정수율, 외관, 정립률 등

그림 2-22. 쌀의 품질구성 요소 (자료 : 농촌진흥청, 2003)

쌀은 수량, 도정수율 등이 높고, 외관 품질이나 유통, 저장성이 양호한 것이 요구된다. 최근에는 쌀밥의 식미나, 가공식품의 경우 식감, 기호성, 건강에 영향을 주는 기능성 측면도 점점 중요시 되고, 쌀의 가격에도 반영되고 있다.

2.3.8. 특수쌀(기능성 쌀)

국민들의 건강에 대한 관심이 높아짐에 따라 아토피성 피부염의 원인 단백질이 제거된 저 알레르기 쌀, 라이신 함량 등이 높은 특수미(特殊米)나 신장병 환자에게 적당한 저 단백미, 캐로틴 함량이나 철분 등 미량원소의 함량이 높은 쌀 등 보다 다양한 기능성 품종의 개발이 추진되고 있다.

쌀 소비확대와 쌀 상품의 부가가치 증진을 위해서는 다양한 품종개발과 새로운 특수미 소재개발을 확대할 필요가 있으며, 현재까지 특수목적으로 개발, 육종한 쌀을 보면 다음과 같다.

1) 유색(有色) 쌀

현미의 겨층에 색소가 들어있는 유색미는 주로 안토시아닌계와 탄닌계 색소에 의해 나타나게 된다. 품질특징은 각종 vitamin(B, E, P류), 무기성분(Fe, Ca)이 풍부하며 취반에 적당하고, 가공적성은 과자류, 색소제, 물엿, 유색술 등의 원료로 이용된다. 품종으로 흑진주벼, 흑남벼, 흑향벼, 흑광벼, 조생흑찰벼, 적진주벼 등이 있다.

2) 향기(香氣)나는 쌀

향미 중에서 세계적으로 유명하게 알려진 것은 파키스탄과 인도에서 재배되고 있는 '바스마티'로 불리는 품종이다. 우리나라에서도 최근에 향미벼 1호, 향남벼, 향미벼 2호, 미향벼 등 향미품종을 개발하여 보급하였고, 또한 향기나는 찹쌀인 아랑향찰벼와 설향찰벼, 검은 보라색 향미인 흑향 등이 있다.

3) 찹쌀과 멥쌀

쌀 전분은 주로 amylose와 amylopectin이라는 두 가지 성분으로 구성되어 있는데 찹쌀은 거의 아밀로오스가 없이 아밀로펙틴으로만 구성되어 있는 반면, 멥쌀은 품종에 따라서 아밀로오스 함량이 16~32%로 큰 차이를 보이며 나머지는 아밀로펙틴이 차지하고 있다. 우리나라에서 개발된 찰벼품종으로 진부찰벼, 상주찰벼, 신선찰벼, 화선찰벼, 동진찰벼, 보석찰벼, 해평찰벼가 있다.

4) 다이어트용 쌀

식이섬유는 장내 콜레스테롤이 흡수되는 것을 억제함으로써 혈중 콜레스테롤의 상승을 억제하여 동맥경화나 허혈성 심장질환을 예방하는 데 도움이 된다고 한다. 우리나라에서 개발한 고아미 2호는 이러한 식이섬유 함량이 높을 뿐만 아니라 전분이 호화가 잘 안되고 난소화성(難消化性)인 경향을 보이고 있기 때문에 이 품종의 쌀가루를 빵, 국수, 과자 등 여러 가지 쌀 가공식품에 섞어서 쓰게 되면 그 만큼 다이어트 효과가 있는 것으로 예상된다.

5) 거대배아쌀

돌연변이 등에 의해 씨눈의 크기가 2~5 배정도 큰 쌀을 거대배아쌀라고 한다. 씨눈에는 다른 부위와 달리 약 17~21%의 조지방, 14~21%의 단백질, 약 34~41%의 가용성 탄수화물이 들어 있고 식이섬유와 당질이 많이 들어있다. 또한 씨눈에는 다른 부위보다 비타민 B_1이 풍부하며 인, 칼륨, 철, 망간 등도 많이 들어 있고 이노시톨, 콜린, 토코페롤, 오리자놀 등 건강기능성 미량 요소들도 많이 들어 있고 γ-aminobutyric acid(GABA) 함량도 보통 쌀의 3～4배가 된다고 한다. 우리나라에 개발된 거대배아쌀로 큰눈벼가 있다.

6) 황금 쌀(golden rice)

'황금 쌀'은 최근 스위스 연방기술원이 최초로 생명공학기술을 이용하여 개발한 β-carotene을 함유한 노란 색의 쌀이다. 현재 이 황금 쌀이 필리핀에 있는 IRRI에서 식품 안전성을 비롯하여 실용적인 벼 품종 개발을 위한 육종 및 유전연구 등이 추진되고 있다.

또한 특수용 쌀(기능성 쌀)은 기원전 2,000여년 전부터 중국에서 붉은 쌀(홍국쌀)로 이용하기 시작한 이래 1990년대에 우리나라에 등장하기 시작하였다. 이와 같은 쌀에는 특수성분이 생성되도록 한 것과 특수성분을 첨가하여 피복한 것으로 나눌 수 있으며, 2002년 기준 우리나라 기능성 쌀 시장 규모는 1,300억원에 이르고 있으나 증가 일로에 있다. 시판되고 있는 기능성 쌀의 종류와 내용은 다음 표 2-14와 같다.

표 2-14. 시판되고 있는 특수쌀(기능성쌀)

종 류	내 용	제품구분
균 배 양 쌀	동충하초, 홍국균 등을 배양한 쌀	버섯쌀, 홍국균쌀 등
코 팅 쌀	식이섬유, 비타민, 미네랄, 천연기능성분 등을 코팅한 쌀	강화쌀(식이섬유, 비타민, 키토산), 인삼쌀, 당뇨쌀 등
발 아 현 미	현미를 발아시켜 건조한 쌀	발아현미
성 형 쌀	여러 가지 곡류 및 성분을 혼합하여 성형한 쌀	성형쌀
특수 도정쌀	도정과정, 보관방법, 처리방법 등을 달리한 쌀	저온보관쌀, 쌀눈백미 등

2.3.9. 유 통

1) 브랜드 쌀

쌀 브랜드는 민간업체를 중심으로 소비자들에게 자기상품의 이미지를 전달하기 위 해 활발히 개발 보급되어 2005년 기준 우리나라 유통시장의 쌀 브랜드 수는 1930여개에 이른다(표 2-15). 이 중 전체브랜드의 2/3가 2001년 이후에 개발되어 10년 이상 장기간 사용한 브랜드는 10% 수준이다.

표 2-15. 우리나라 브랜드쌀 현황

구 분	브랜드 수	품질인증·상품등록·의장등록 현황			
		품질인증	상표등록	의장등록	소 계
도	3	1	3	-	4
시·군	86	27	42	15	84
개 인	1,841	151	285	164	600
합 계	1,924	179	330	179	688

(자료 : 농림부, 2005)

세계 각국의 쌀의 유통형태를 살펴보면 미국, 일본 등은 완전미 브랜드로 유통하고 있으나 우리나라에서는 품종의 혼합 가공 및 완전미와 불완전미 등이 혼합된 형태로 유통되어 쌀의 외관적 품질이 낮아 상품의 가치를 떨어뜨리고 있다.

2) 쌀 수입 개방

1995년 세계무역기구(WTO) 체제 하에서 농산물의 국제간 거래가 활성화되면서 우리나라 쌀산업을 보호 육성하기 위하여 쌀의 관세 유예기간(1995~2004)을 정하여 협정이 이행되어 왔다. 2004년 관세유예기간이 만료됨에 따라 2005년부터 유예기간을 10년 연장하기로 협상이 타결됨으로써 쌀 수입량이 매년 증가하고 있으며 매년 수입량의 10%를 밥쌀용으로 시판되기에 이르렀다(표 2-16). 앞으로 쌀 소비 감소추세가 지속되고 소비자의 고품질, 안전농산물에 대한 선호도는 더욱 높아질 전망이어서 수입쌀과 가격·품질경쟁이 심화될 것으로 예상된다. 미국, 중국, 호주 등이 생산하는 Japonica 계통의 쌀은 가격이나 품질 면에서도 우리나라와 대등한 수준이라고 할 수 있다. 우리나라 쌀은 외국쌀에 비해 가격 경쟁력이 낮은 만큼 품질이 높고 안전한 쌀을 생산하여 소비자의 신뢰를 높이는 노력과 준비가 필요하다.

표 2-16. 쌀 협상결과 주요내용

주요 쟁점	합의 내용
관세화유예기간 연장	2005～2015까지 10년 연장
쌀 의무수입물량	2005년부터 매년 2만톤 씩 늘려 2014년까지 408,000t (국내 소비량의 7.96% 수준)으로 증가
밥쌀용 수입쌀 시판	2005년 수입쌀의 10%(22,557t)를 밥쌀용으로 시판, 2010년 이후 30% 증량

(자료 : 농림부, 2005)

2.3.10. 가공품

우리의 주식인 쌀은 1980년 이전에는 부족한 시대이었기 때문에 주로 밥쌀용으로 이용하여 왔고 가공용으로 사용하고자 할 때에는 많은 규제 조치가 따랐다. 쌀이 가공식품의 주원료로서 자리 잡기 시작한 것은 정부의 쌀 이용 규제조치 등에 관한 각종제도 조정의 일환으로 1986년의 혼식폐지, 1990년의 쌀 막걸리 및 쌀 가공식품 제조 허용에 이어 1991년에는 증류식 소주제조에도 쌀 사용이 허가되었고, 1995년 수입쌀이 도입되기 시작한 이래 가공용으로 한정하여 사용하면서 가공품이 시장에 나오기 시작하였다. 우리나라의 쌀 가공업체는 200여개 정도이며, 종업원 50명 이하가 대부분으로 공장규모가 영세할 뿐 아니라 생산기술도 매우 낙후한 실정이었다. 또한 그 동안 소비자들은 밀가루 제품 등에 입맛이 길들여진 관계로 쌀 가공식품의 소비촉진에 큰 장애요소로 작용하여 판매에 어려움을 겪어왔다.

우리나라에서는 쌀 가공식품산업 육성을 위해 쌀 가공식품을 체계적으로 연구할 수 있는 연구기관을 설립하고 원료의 저가공급 및 시설현대화 자금을 지원, 쌀 가공식품 육성기반을 마련하였다. 업계는 정부의 쌀 가공식품 육성시책에 힘입어 시설을 현대화하고 품질향상과 다양한 쌀 가공식품의 개발, 보급으로 쌀 가공식품이 소비자들에게 좋은 인식과 호응을 얻어왔다. 그러나 이러한 정부의 지원과 업계의 노력에도 불구하고 쌀 가공식품산업이 활발한 성장을 하지 못하고 있다. 그러한 원인은 주원료인 쌀이 여러 가지 주변 상황으로 인해 수급이 안정적으로 이루어지지 않을 것이라는 예측과 수급불안정에 따른 가격 상승 등에 의해 제품의 수익성에 확신을 갖지 못하는 등의 이유로 업체들이 투자 확대를 주저하는 데 있다. 따라서 이러한 문제를 해결하는 데 있어 공급자인 정부와 수요자인 쌀 가공식품업체 모두 쌀을 밥으로 먹는 주식이라는 개념에서 탈피하여 다른 곡물과 마찬가지로 하나의 식품원료로서 인식하고 접근하는 자세가 필요하다.

우리나라의 쌀 소비형태를 보면 전체 쌀 생산량 중 95%는 밥쌀용이고 가공용은 주류를 포함하여 5% 정도이다.

가공 방법에 따른 쌀 가공품을 분류하면 다음 그림 2-23과 같으며 제품별 유형과 특징(표 2-17), 주요 가공품의 제조법을 소개한다.

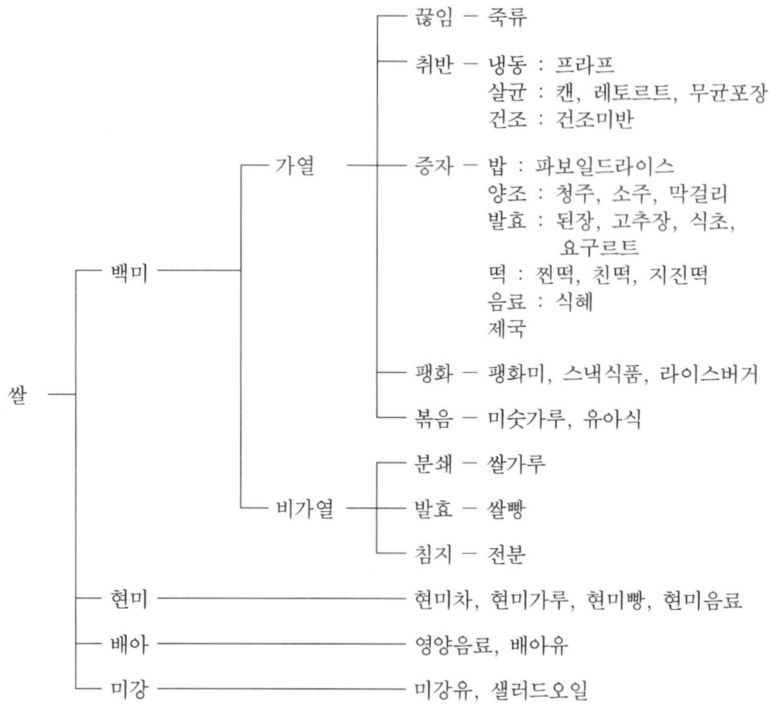

그림 2-23. 가공 방법에 따른 쌀 가공품의 종류 (자료 : 밥의 산업화, 2003)

표 2-17. 쌀 가공식품의 제품 종류별 특징

분 류	제품명	제품의 특징
밥 류	레토르트쌀밥 쌀밥통조림 알파화미 냉동쌀밥 동결건조쌀밥 무균포장밥	레토르트파우치에 넣어 밥을 장기유통할 수 있도록 한 것 쌀밥을 통조림 한 것 밥을 건조시켜 조리 가능하도록 한 것 쌀밥을 냉동시킨 것 쌀밥을 동결건조 시켜 물만 부으면 먹을 수 있도록 한 것 무균상태에서 밥을 포장하여 데워 먹는 것
과자류	과 자 스 낵 한 과	떡을 만들어 성형하고 고온에서 구운 것 압출성형기를 이용한 스낵제품류, 후레이크 등 멥쌀이나 찹쌀을 이용하여 만든 강정 등
면 류	국 수	압출성형기를 이용한 압출면
죽 류	분 말 레토르트 캔	쌀을 30%이상 넣어 만든 분말제품 데워서 바로 먹을 수 있도록 레토르트파우치에 넣어 살균한 것 통조림에 넣어 만든 제품
떡 류	떡국용 떡볶이용 찹쌀떡	떡국용에 적합하게 썰어 건조시켜 진공포장 가래떡을 포장한 제품 효소를 첨가하여 장기보존이 가능토록 한 것

장 류	고추장 된 장	쌀과 찹쌀을 원료로 한 고추장 쌀을 이용하여 만든 된장
주 류	막걸리 약 주 청 주 소 주	곡자를 이용하여 발효시킨 전통적인 막걸리 막걸리에 약초나 다른 원료를 넣어 만든 것 탁주를 제조하여 맑게 거른 것 탁주를 증류하여 만든 것
음 료	숭 늉 식 혜	간편하게 끓여서 먹을 수 있게 한 제품 쌀을 당화시켜 먹는 전통음료

(자료 : 작물과학원)

1) 즉석식 밥

주식용 밥은 외식산업의 증가와 도시락 산업, 학교급식 등의 영향으로 전통적인 가정용 밥의 개념을 탈피, 소위 밥류 가공산업의 한 부분을 차지하고 있다. 현재까지 우리나라의 밥류 가공산업은 영세한 도시락 산업이 주도하여 왔으나 1997년부터 대기업이 상온에서 장기유통이 가능한 무균포장밥인 흰밥을 출시한 이래 밥을 소재로 한 새로운 시장 창출에 성공하여 활기를 띠면서 2001년 이후에는 분량도 커지고 흑미가 혼합된 흑미밥, 다섯가지 곡식이 혼합된 오곡밥 등을 출시하였다. 이와 같이 즉석식 밥의 품목이 다양해짐에 따라 지금까지 집에서 시간을 들여 해먹어야만 되는 것으로 인식되던 밥을 구매하여 언제 어디서나 간단히 먹을 수 있게 되면서 쌀 가공은 획기적인 전환점을 맞게 되었다. 현재 조리한 쌀밥류를 적당한 방법으로 가공하여 편의성과 저장성을 향상시킨 레토르밥, 무균포장밥 등 다양한 가공밥이 시판되고 있으며 그 종류와 특성을 보면 표 2-18과 같다.

표 2-18. 시판 가공밥의 종류 및 안전 가식기간

종 류	가공 방법	안전 가식기간
레토르트밥	기밀이 있는 포장용기나 성형대에 넣어 밀봉한 후 100℃ 이상에서 가압살균	상온에서 12개월
무균포장밥	기밀이 있는 포장용기나 성형대에 넣어 밀봉	상온에서 6개월
냉 동 밥	−40℃ 이상에서 급속 냉동	−18℃ 이하에서 1년
칠 드 밥	포장 후 냉각상태로 보존	냉장상태에서 2개월
통 조 림 밥	통조림 하여 밀봉한 후 100℃ 이상에서 살균	상온에서 5년간
건 조 밥	열풍에서 급속 건조	상온에서 3년간

(자료 : 농촌자원개발연구소)

밥은 맛이 무엇보다 중요한 요소이기 때문에 밥에 관한 연구는 쌀의 종류와 품종, 취반시 물의 첨가비율, 취반기구, 화력, 조리시간 등 주로 제조 방법에 따른 밥의 관능적 특성 및 texture특성 등에 대한 것으로 밥맛을 향상시킬 수 있는 취반 방법, 밥맛과 이화학적 특성과의 상관관계 및 밥맛을 평가할 수 있는 기술 개발에 초점을 맞추어 왔다. 과거에는 쌀밥의 향기와 맛 같은 화학성분이 중요시 되었지만 최근에는 입안에서 느끼는 쌀밥의 차진 정도와 단단함, 씹히는 맛, 혀에 닿는 감촉 등이 중요시되고 있다. 따라서 밥맛 관련 연구 이외에 취반과정 중 이화확적 특성변화와 취반 후 생성되는 휘발성 성분, 밥의 노화특성과 축합인산염 등 노화속도에 영향을 미치는 요인 및 일반 가정에 널리 보급되어 있는 전기보온밥솥 사용에 따른 쌀밥의 보존에 관한 연구를 비롯하여 즉석 쌀밥 제조에 관한 연구 등이 있다.

(1) 레토르트밥

레토르트 쌀밥은 기밀성 있는 포장용기에 넣어 밀봉하고 약 120℃의 온도에서 가압살균한 것으로 포장한 그대로 열탕에 넣어 1～2회 저으면서 10～15분정도 끓이든가 전자렌지를 사용할 때에는 2～3개 침구멍을 내어 2분정도 가열하여 식용한다(그림 2-24).

백미 → 쇄미 → 취반 → 계량 → 충전밀봉 → 가압살균 → 제품

그림 2-24. 레토르트밥의 제조공정도

(2) 통조림밥

통속에 쌀과 물을 넣어 가열하여 밥 상태로 한 다음 진공 밀봉한 것으로 장기간 보존이 가능하므로 비상식량으로 이용되고 있다.

(3) 냉동밥

쌀밥을 기밀성 있는 포장용기에 넣어 밀봉하여 −18～−40℃ 이하의 저온으로 급속히 동결한 것이다. 동결에는 냉각공기를 쓰는 방법과 액체냉매가스와 냉각공기를 병용한 방법이 사용되고 있다. 취반 후의 쌀밥을 −2～−5℃의 저온으로 저장할 경우 노화가 대단히 빠르지만 이 온도범위를 급속히 통과시킬 수 있는 동결 및 해동을 하면 노화현상을 다소 억제시킬 수 있다. 따라서 이 온도범위를 급속히 통과시킴으로써 쌀밥의 물성변화

를 최소화시킬 수 있다. 냉동쌀밥은 주로 업무용 수요가 많지만 최근에는 각 가정에 전자렌지가 보편화되고 프라이팬을 사용하여 조리하기에도 편한 상품들이 다양하게 출시됨으로써 가정용 수요도 빠르게 증가되고 있다.

(4) 동결진공건조밥

익힌 쌀밥을 −18∼−40℃ 이하의 저온으로 냉동쌀밥과 같이 급속히 동결하여 진공상태에서 건조시킨 것이다. 이 제품은 그대로 먹을 수 있을 뿐만 아니라, 더운 물을 넣으면 복원성도 좋아서 밥 또는 죽으로 이용한다.

(5) 무균포장밥

레토르트밥과 제조공정이 다른 것은 충전, 밀봉 후 고압살균을 하지 않으며 취반공정에서 무균밥을 제조하고 무균실(clean room)에서 계량충전과 밀봉을 행한다. 쌀을 소형솥에 취반하여 그대로 무균용기에 충전하는 방법과 대형 솥으로 취반하여 무균용기에 소분충전하는 방법이 있다(그림 2-25).

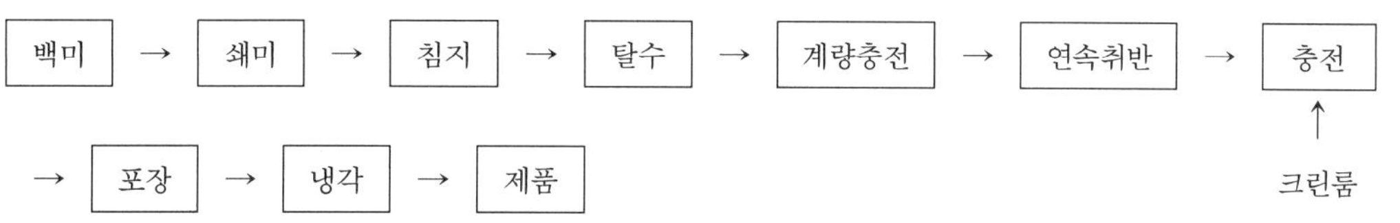

그림 2-25. 무균포장밥의 제조공정도

2) 죽 류

죽은 쌀을 이용한 가장 기본적인 조리·가공 방법으로 입상의 곡물에 쌀 중량의 5∼10배의 물을 붓고 오랫동안 끓여 점성을 지닌 유동성의 음식으로 소화가 매우 잘 된다. 죽의 종류는 매우 다양하여 쌀로만 만든 흰죽을 비롯하여 여러 종류의 곡물로 끓인 죽, 채소·견과·어육류 등을 섞어 끓인 죽, 대추나 인삼 등의 재료를 넣어 끓인 죽 등으로 분류되며, 조리 방법에 따라서 굵은 쌀알 그대로 이용한 옹근죽, 굵게 갈아서 끓인 원미죽, 말린 다음 가루로 만들어 끓이는 암죽, 곱게 갈아서 앙금, 즉 녹말을 내어 끓인 응이 죽 등으로 구분된다. 이들 죽은 노인식, 유아식, 환자식, 보양식, 대용식, 간식, 별미식 및 다이어트식 등으로 다양하게 쓰이고 있다. 즉석 죽제품은 슈퍼마켓, 편의점, 병원 등에서 조리하지 않고 즉석에서 이용할 있도록 만든 제품으로 분말제품이나 플라스틱 컵 용기나 레토르트 필름, 캔 등에 포장하여 만든 제품이 있다(그림 2-26).

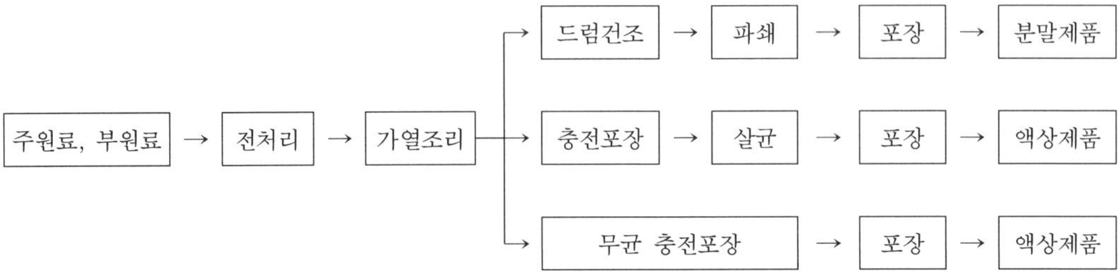

그림 2-26. 즉석 죽제품의 제조공정

3) 쌀가루

쌀가루에는 생 쌀가루와 익힌 쌀가루가 있으며 생것은 건식과 습식 제조법이 있으며 익힌 것은 α-화 쌀가루, 팽화미(puffed rice)가 있고 팽화하는 방법에는 extruder를 이용하는 것과 개폐식 가압솥을 이용하는 방법이 있다.

건식 쌀가루는 수분 함량이 15% 정도 함유된 원료 쌀을 pin mill이나 hammer mill로 분쇄하여 제품으로 하며, 습식 쌀가루는 3시간 정도 수침하고 세척하여 물을 뺀 후 수분 25~27% 의 쌀을 롤러로서 1~3회 제분하여 용도에 따라 입도 조절한다. α화 쌀가루는 β형인 쌀 전분에 열을 가하여 α형으로 한 다음 품온이 떨어지지 않도록 하고 상압이나 감압 하에 80~130℃에서 급속건조하여 수분을 5% 정도로 고정시킨 쌀가루를 말하며 전분을 이용하여 이러한 원리에 의하여 만들어진 식품을 α화 식품이라 한다. α화 식품을 취식할 때에는 1~1.5배의 뜨거운 물을 가하여 1~2시간 지난 후 복원시켜 이용한다.

Extruder를 이용하여 고온, 고압으로 압축하면 쌀 중의 수분이 130~140℃가 되는데 이를 순간적으로 압출하면 증발 기화에 의하여 쌀 조직이 파괴되고 팽창하게 함으로써 연속적으로 팽화미분을 제조할 수 있다. Batch를 이용한 팽화미는 개폐식 가압솥에 건조된 쌀을 넣고 회전하면서 가열하여 내부 압력이 10kg/cm^{2}에서 순간적으로 압력을 풀어주면 현미의 10~12배가 팽창하게 되며 이때 대부분의 전분은 수용성 dextrin으로 변화하게 된다.

4) 떡 류

우리나라는 상고시대부터 농업을 주 산업으로 하는 환경에서 한 해의 풍년을 빌고 추수를 감사하며 음식가무를 하면서 밤을 지새우는 농경의례를 가졌다. 이러한 관습이 현대에 이르기까지 계승되어오면서 곡물요리 중에서 죽 다음으로 발달된 것이 바로 떡이며 주식인 밥을 대용하는 정도의 자리를 차지하고 있다. 또한 떡은 주재료가 쌀이지만 지역 및 계절에 따라 부재료를 달리하거나 제조법을 달리하여 각종 떡이 만들어짐으로써 최근에는 이러한 떡의 기능성이 인정되어 우리나라 전통 떡의 우수성을 살리고 상품화하고자 하는 연구가 계속 진행 중에 있다.

(1) 종 류

떡은 만드는 방법에 따라 찌는 떡, 치는 떡, 빚는 떡 및 지지는 떡으로 분류할 수 있다.

① **찌는 떡** : 찌는 떡은 곡물가루에 물을 내려 시루에 넣고 그대로 찌거나 고물을 얹어 가며 켜켜로 안쳐 찌는 떡을 말한다. 이러한 떡에는 설기떡이 대표적이며 주재료에 어떤 부재료를 섞느냐에 따라, 또는 만드는 방법의 차이에 따라 다음과 같이 여러 가지 종류가 있다(그림 2-27).

a. 시루에 떡을 앉히는 방법에 따라 : 설기떡, 무리떡, 편, 두텁떡

b. 재료에 따라 : 메떡, 찰떡 및 반찰시루떡

c. 만드는 방법에 따라 : 송편, 증편

② **치는 떡** : 치는 떡은 곡물을 알맹이 그대로 찌거나 또는 가루를 내어 찐 다음, 절구나 안반에 넣고 매우 쳐서 만드는 떡이다. 이 떡에는 멥쌀로 쪄서 치는 가래떡이나 절편류, 찹쌀로 쪄서 치는 인절미류가 대표적이다.

a. 멥쌀가루를 쪄서 친 떡 : 절편, 가래떡, 흰떡

b. 찹쌀이나 찹쌀가루를 쪄서 친 떡 : 인절미, 단자

③ **지지는 떡** : 지지는 떡은 곡물가루를 반죽하여 모양을 만들어 기름에 지진 것인데 그 종류는 재료와 조리 방법에 따라 분류하며 전병과 빈대떡이 그 대표적이고 기타 화전, 조악, 부꾸미, 장떡 및 곤떡 등 여러 가지가 있다.

④ **빚는 떡** : 빚는 떡은 멥쌀가루와 찹쌀가루를 반죽하여 모양 있게 빚어 만든 떡을 말한다. 이 떡은 빚어 찌거나, 빚어 고물을 묻히기도 하는 등 만드는 방법에 따라 여러 가지가 있는데, 송편처럼 빚어 찌는 떡, 단자처럼 쪄서 다시 빚어 고물을 묻히는 떡, 경단처럼 빚어 삶아 고물을 묻히는 떡 등이 있다.

백설기 / 팥시루떡 / 절 편

송 편 / 계피떡 / 경 단

가래떡 / 증 편 / 찰버무리떡

그림 2-27. 우리나라 전통 떡류

(2) 떡 제조

① **원료 전처리** : 떡은 어떤 종류의 떡을 만드느냐에 따라 주원료 및 부원료의 전처리과정이 필요하다. 주원료로 사용되는 멥쌀 및 찹쌀가루, 떡고물로 사용되는 부재료들의 제조과정은 다음과 같다.

a. 떡가루

ⓐ **멥쌀가루와 찹쌀가루** : 떡의 주원료인 쌀가루는 입자의 크기, 수분 함량에 따라 떡의 호화도 및 조직도가 다르게 됨으로 만들고자 하는 떡의 종에 따라 원료쌀, 쌀의 수침 및 분쇄도를 결정할 필요가 있다. 즉 쌀가루 입자가 클수록 떡의 호화도가 높으며 수분 함량이 높게 되고 떡을 찔 때 고압 증기솥을 이용할 경우와 일반 가열솥을 이용할 경우에도 쌀가루의 입자를 다르게 할 필요가 있다. 일반적으로 쌀가루의 입자크기는 60～100mesh가 적당하다. 일반적으로 쌀가루는 쌀을 깨끗이 세척한 다음 수침하여 쌀이 충분히 흡수할 수 있도록 불린다. 쌀을 불리는 시간은 수침하는 물의 온도에 따라 다르며 대략 기온이 높은 여름철에는 4～5시간이면 되고, 기온이 낮은 겨울에는 8～10시간이면 된다. 이는 표 2-19, 20에 나타난 바와 같이 쌀가루 전분은 수침시 온도에 따라 전분의 특성이 달라짐을 볼 수 있다. 즉 수침에 의하여 쌀 전분의 명도는 약간 감소하는 반면, 전분의 팽윤력과 용해성을 증가하며 호화정점온도는 40℃와 50℃의 수침처리시 무처리 쌀전분보다 감소하고 40℃ 처리구의 전분이 그 이상의 온도처리시보다 최고점도가 감소하는 등의 전분 특성이 달라지므로 이를 고려하여 수침할 필요가 있다. 이와 같이 불린 쌀은 건져서 물기를 뺀다. 물기를 뺀 쌀은 재래식으로 쌀가루를 만들 경우 불린 쌀에 일정량의 소금을 넣어서 빻게 된다. 즉 첨가되는 소금의 양은 일반 백설기를 기준으로 하여 0.5～0.8%가 되도록 첨가하면 간이 적당하며 부재료가 첨가되는 떡일 경우에는 첨가되는 소금의 양을 가감할 필요가 있다. 일반적으로 제품화된 쌀가루에는 저장유통상 수분 함량을 낮추어 놓고 소금도 첨가되어 있지 않기 때문에 이러한 제품화된 쌀가루를 이용하여 떡을 만들 경우는 쌀가루에다 물내리기를 하여 쌀가루 내의 수분 함량을 조절한 다음 떡을 만들 필요가 있다.

표 2-19. 수침온도에 따른 쌀 전분의 Differentail scanning calorimeter(DSC) 측정

Steeping temp.	First Peak[1]			Second Peak[1]		
	T_O	T_P	ΔH_1(J/g)	T_O	T_P	ΔH_2(J/g)
Control[2]	60.21±0.13[3]	68.33±0.37	11.83±0.86	93.53±0.02	93.95±0.02	0.04±0.01
40℃	59.87±0.45	66.30±0.58	12.80±0.52	93.51±0.00	93.95±0.02	0.06±0.00
50℃	57.01±0.14	64.68±0.01	12.84±0.48	93.52±0.01	93.95±0.01	0.06±0.01
60℃	61.63±0.16	68.64±0.03	11.16±0.69	93.55±0.03	93.94±0.03	0.04±0.01

1) T_O and T_P = onset and peak temperatures(℃).
ΔH_1= enthalpy of gelatinization ΔH_2=enthalpy of melting
2) Without steeping
3) Mean±standard deviation (자료 : 이영택 등, 한국식품과학회지, 2004)

표 2-20. 수침온도에 따른 쌀 전분의 호화적 특성

Steeping temp.	Onset temp.(℃)	Viscosity(RVU)[1]				
		Peak	Trough	Breakdown	Final	Setback
Control[2]	71.6±1.0	239.4±1.0	139.0±2.8	100.5±3.0	263.0±3.4	23.5±3.4
40℃	71.0±0.9	248.5±0.5	138.8±1.3	109.8±1.3	261.3±2.1	12.7±2.0
50℃	72.4±1.0	237.0±0.8	151.7±6.2	85.3±5.5	276.0±5.1	39.1±4.4
60℃	73.8±0.4	228.7±0.3	156.5±2.1	72.2±2.0	293.7±1.6	65.0±1.4

1) Trough=minimun viscosity after the peak, breakdown=peak viscosity minus trough viscosity, setback=final viscosity minus peak viscosity.
2) Without steeping
3) Means of three neplicates±standard deviation. Means with different letters within the same column are significantly different(α=0.05) using Duncan's multiple range test
(자료 : 이영택 등, 한국식품과학회지, 2004)

ⓑ **수숫가루** : 찰수수는 세척을 잘 한 다음 쌀과 같이 물에 불린다. 그러나 수수에는 떫은 맛 성분인 tannin성분을 함유하고 있어서 수침하게 되면 tannin이 우러나와 붉은 색을 띠게 되는데 이때 물을 수시로 갈아주어 떫은 맛 성분을 제거할 필요가 있다. 충분히 불린 수수는 쌀가루와 같이 물기를 뺀 다음 일정량의 소금을 넣고 빻는다. 이렇게 만든 수숫가루는 체에 쳐서 부꾸미나 경단을 만드는 데 이용한다.

b. **떡고물** : 떡고물은 주로 시루떡이나 경단 등과 같은 떡에 부재료로 사용된다. 일반적으로 팥, 녹두, 콩, 깨, 대추 및 석이채 등이 주로 사용되며 때에 따라 사용되는 콩이나 팥 등의 껍질을 함께 이용하기도 하고 껍질을 제거하기도 한다.

ⓐ **막팥고물** : 막팥고물은 고물로 이용할 때 팥껍질을 그대로 이용하는 것이다.

따라서 붉은 팥을 깨끗이 씻은 후 물을 넉넉히 부어 삶다가 한 번 끓어오르면 일단 끓어진 물을 쏟아버리고 다른 물을 부어 팥이 무를 때까지 삶는다. 팥이 거의 익으면 물을 따라내고 약한 불에서 뜸을 들인다. 이때 삶아지는 동안 팥 전분이 용출되어 가라앉게 되면 가열솥 밑부분에서 전분이 탈 우려가 있게 되므로 주의해야 한다. 삶아진 팥은 큰 양푼에 쏟아 소금을 일정량 넣고 적당히 찧으면 막팥이 된다.

ⓑ **거피팥고물** : 거피팥고물은 껍질은 벗겨내고 만든 고물을 말하는 것으로 일단 물에 불리기 전에 맷돌믹서에서 거칠게 탄 다음 까불러서 따뜻한 물에 담가 불린다. 이렇게 한 뒤 팥이 충분히 불게 되면 건져서 충분히 비벼 닦으면서 껍질은 완전히 제거한다. 껍질이 제거된 팥알은 찬물로 재차 헹군 다음 찜 솥에 베보자기를 깔고 푹 찌거나 솥에 물을 넉넉히 부은 뒤 팥알을 삶다가 물을 따라 내고 약한 불에서 뜸을 들인다. 찐 팥이 한 김이 나가면 일정량의 소금을 넣고 잘 섞은 후 체에 올려서 주걱으로 으깨면서 체를 내린다. 녹두고물도 같은 방법으로 행하면 된다.

ⓒ **콩고물** : 콩고물은 인절미, 경단 등에 옷으로 이용되기도 하고 콩가루 증편 등을 만드는 데 혼합재료로 이용된다. 따라서 콩은 사용되는 용도에 생콩 그대로 분말을 만들거나 콩을 찐 다음 볶아서 가루를 만들기도 하고 그대로 생콩을 볶아서 가루를 만들기도 한다. 콩을 쪄서 볶을 경우는 일반적으로 콩은 잘못 익히게 되면 콩의 특유한 비린내가 생기므로 콩을 찔 때 강한 불에서 김을 올려 콩 비린내가 없어지고 난 다음 뚜껑을 열고 타지 않게 콩을 볶아야 한다. 고물 콩가루는 입자가 거칠게 되면 식감이 떨어지므로 고운체로 내려서 사용한다.

ⓓ **깨고물** : 깨고물도 팥고물과 같이 껍질을 이용하기도 하고 제거하여 이용하기도 한다. 껍질을 이용하는 깨고물은 깨를 잘 세척한 후 물기를 뺀 다음 살살 볶아서 절구에 빻은 다음 고물로 이용하면 되며, 껍질을 제거하고 사용할 깨고물은 껍질을 벗기는 작업을 행하게 되는데 깨의 껍질을 벗길 때는 껍질을 세척한 후 꼭 물기가 어느 정도 있을 때 절구에 살살 찧어 껍질을 제거해야 껍질을 잘 분리할 수 있다. 잘 찧은 깨는 물을 적당히 넣고 껍질은 분리한 다음 물기를 뺀 후 빠른 시간 내에 볶아내어 고물을 만든다.

ⓔ **대추채 및 밤채류** : 주로 경단 옷에 사용되는 것으로 대추나 밤을 잘 씻은 후 곱게 채를 썰면 된다. 특히 밤은 겉껍질과 보늬를 벗기게 되는데 보늬를 벗기게 되면 밤의 속은 쉽게 흑변 하게 된다. 따라서 변색되지 않게 하기 위해 속뜨물에 담갔다가 건져서 물기를 닦은 다음 곱게 채를 썰면 된다.

쌀 세척기　　쌀 분쇄기　　스팀 펀치　　전기보일러용 찜기

그림 2-28. 떡 제조기기

② **종류별 떡 제조공정** : 위에 언급한 바와 같이 떡은 재료 및 만드는 방법에 떡의 종류가 상당히 많은 편이다. 따라서 일반적으로 떡을 제조하는 데 사용되는 기기들을 보면 그림 2-28과 같으며 가장 많이 식용되고 있는 떡 위주로 몇 가지만 소개하면 다음과 같다.

a. 시루떡

소금, 설탕물 첨가 ↓

쌀가루 준비(쌀 수침 → 건짐 → 분쇄) → 물 첨가하여 수분 보정 → 체 내림 →

원료를 시루에 담기 → 찜 솥에 넣기 → 찌기 → 뜸들이기 → 증기 날리기 → 떡제품

그림 2-29. 시루떡 제조과정

ⓐ **쌀가루 및 원료배합** : 백설기를 만들 경우는 위에서 언급한 원료 전처리대로 쌀가루를 만들면 된다. 그러나 제품으로 만들어진 쌀가루를 이용할 경우는 물, 소금 및 설탕물을 이용하여 쌀가루의 수분량을 조절할 필요가 있다. 일반적으로 쌀가루에 대한 수분 함량은 15～23%, 소금의 양은 0.5～0.8%, 가해지는 설탕은 기호에 따라 다르나 첨가되는 설탕 함량이 10% 범위에 들면 적당하다.

ⓑ **체 내리기** : 원료배합 후 쌀가루를 체 내리는 것은 쌀가루에 가해지는 부재료의 혼합이 균일하게 섞이게 하기 위한 것이며 또한 쌀가루 사이에 공극을 균일하게 주어 떡의 조직도를 좋게 하기 위함이므로 고운체를 이용하여 쌀가루가 부재료와 혼합될 때 쌀가루 덩어리가 생기지 않도록 잘 비비면서 체에 내리면 된다.

ⓒ **시루에 담기** : 백설기의 경우는 시루에 면 보자기를 깔고 체 친 쌀가루를 넣어서 쌀가루를 편편하게 잘 펴야 한다. 또한 켜켜로 고물을 넣는 시루떡은 적당한 쌀가루를 이용하여 층을 편편하게 만들고 그 다음 팥고물과 같은 고물로 층을 만든 다음 그 위에 다시 쌀가루로 층을 쌓아 원하는 단층을 만들면 된다. 떡가루가 다 앉혀지면 맨 위에 한지를 덮거나 면 보자기를 덮고 손바닥으로 약간 힘을 주어 시루 내에 있는 떡가루가 틈이 벌어지지 않도록 한다. 만약 시루 내에 혹은 쌀가루 간에 틈이 생기면 떡이 완성되어 시루에서 떡을 빼낼 때 모양이 흐트러지기 쉽기 때문이다.

ⓓ **찌기** : 떡가루가 시루에 다 앉혀지면 찜 솥에 올려놓고 가열할 때 증기가 시루와 솥사이로 빠져나가지 않도록 시룻번을 붙인다. 시룻번은 쌀가루나 밀가루를 이용하여 되직하게 갠 다음, 솥이 뜨거워지기 전에 시룻번을 붙어야 한다. 이는 솥이 뜨거워지면 시룻번이 잘 붙여지지 않기 때문에 솥의 물이 끓기 전에 시룻번을 붙일 필요가 있다. 떡을 찔 때는 처음에는 강한 불로 찐 다음 쌀가루가 어느 정도 익은 다음에는 약한 불에서 뜸을 들여 찐다. 이때 가열하는 데 걸리는 시간은 시루에 담은 쌀가루의 양, 시루의 크기 등에 따라 다르므로 가열시간은 때에 따라 조절할 필요가 있다. 일반적으로 가정에서 작은 시루에서 2~3단의 시루를 앉힐 경우는 강한 불에서 15분 정도, 큰 시루일 경우는 30분 정도 찐 다음 약한 불에서 약 20분정도 뜸을 들이면 된다. 떡을 찔 때 시루 위의 덮개를 솥뚜껑으로 덮으면 김이 밖으로 새 나가지 못하므로 증기가 다시 물이 되어 떡 위나 시루 가장자리로 흘러 떡이 질척해지므로 떡을 찔 경우는 물을 축인 베보자기나 짚방석으로 뚜껑을 하면 떡이 잘 쪄진다.

ⓔ **증기날리기 및 떡완성** : 찐 떡은 베보자기를 걷어 내어 한 김이 빠져 나간 다음 충분히 식은 다음에 시루에서 떼어내야 잘 빠지게 된다. 시루가 클 경

우는 떡을 편도(扁刀, 떡 쓰는 나무칼)로 썰어서 시루에서 떼어내면 떡이 완성된다.

b. **증편** : 전통적으로 만들어진 증편은 멥쌀가루를 막걸리로 반죽하여 부풀려서 찜통에 베보자기를 깔고 찌는 우리 고유의 발효 떡으로 일명 기주떡, 기증떡, 술떡 및 벙거지떡으로 불려진다. 웃고명으로 밤, 대추, 석이버섯, 잣, 검은깨, 자소잎 및 맨드라미꽃 등 여러 가지를 사용해 생일이나 기타 축하선물로 이용되어진 떡이다. 이 떡은 쌀을 막걸리라는 매체를 통하여 발효시켜서 만든 떡으로 밀가루를 이용한 서양식 빵과 같은 조직감을 가지는 떡이며, 팽창제로 막걸리를 이용하기 때문에 일반 백설기나 시루떡보다는 노화가 더디게 일어나고 저장성이 길다는 장점을 가진 떡이다. 그러나 떡을 찌기 전에 발효과정을 거쳐야 하기 때문에 노력과 시간이 좀 더 필요로 하는 번거로움이 있기도 하다. 따라서 최근에는 막걸리 대신에 이스트를 이용하여 간편하게 만들어지기도 하고, 또한 증편의 영양성을 높이고 맛과 조직성을 높이기 위하여 증편을 제조할 때 우유, 콩가루, 동충하초, 버섯분말 및 기타 약초류의 즙액을 첨가하여 증편의 질을 높이는 각종 증편이 나오고 있다. 그림 2-30에 나타난 바와 같이 증편제조시 쌀가루에 함유되어 있는 전분 이외에 반죽에 함유되어 있는 단백질이 증편조직에 영향을 미치는 것을 볼 수 있다. 일반적인 증편의 제조법을 소개한다(그림 2-31).

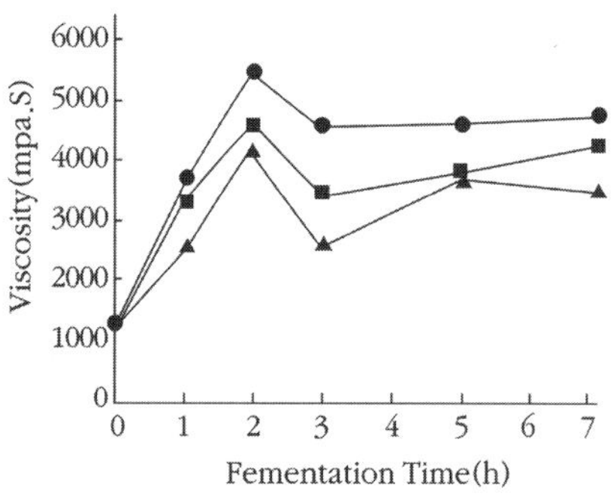

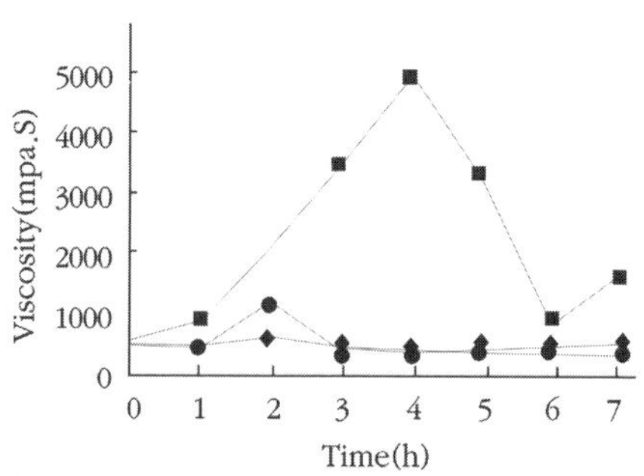

그림 2-30. 증편의 점도변화에 미치는 단백질의 영향 (자료 : 식품과학회지, 2002)

A : 쌀가루 반죽시 단백질분해효소첨가에 의한 점도변화
(●: 무첨가, ■: protease 1.6 units, ▲: protease 3.2 units)
B : 쌀전분에 단백질(bovine serum albumin)첨가에 의한 점도변화
(◆: 쌀전분 80g, ■: 쌀전분 80g+BSA 6g, ▲: 전분 80g+BSA 6g+protease 1.6 units, ●:전분 80g+BSA 6g+protease 3.2 units)

원료 혼합 및 반죽하기 → 1차 발효 → 뒤섞기 → 2차 발효 →

찜기에 담기 → 고명하기 → 찌기 → 떡 완성

그림 2-31. 증편 제조과정

ⓐ **원료혼합 및 반죽하기** : 먼저 35~40℃의 물에 설탕, 소금을 녹인 후 막걸리 혹은 이스트를 혼합하여 놓은 다음 체질한 쌀가루를 섞어 반죽을 한다. 반죽은 너무 오랫동안 하게 되면 증편의 조직이 질기게 되므로 가볍게 반죽을 한다.

ⓑ **발효시키기** : 반죽한 것을 용기에 담고 랩을 씌운 후 35~40℃의 온도에서 3~4시간 1차 발효를 시킨 다음 반죽을 뒤집으면서 가스빼기를 하고 다시 1시간 정도 2차 발효를 시킨다. 2차 발효 후 다시 가스빼기를 한 다음 증편 몰드에 담아 실온에서 마지막으로 약 1시간 동안 발효시킨다. 사용되는 증편 몰드는 일반적으로 높이가 약 2cm정도이면 좋다. 이때 증편 몰드의 높이가 높아 발효된 반죽을 너무 많이 넣게 되면 찌는 과정에서 잘 부풀지가 않기 때문이다.

ⓒ **고명하기 및 찌기** : 몰드에 담아 발효가 완전히 끝나게 되면 찜통에 넣어 베보자기로 덮은 다음 강한 불에서 약 30분간 찐 후 불을 끄고 약 10분간 찜통에서 방치한 다음 꺼내면 된다.

c. **인절미** : 인절미는 찹쌀이나 찹쌀가루를 찐 다음 절구나 안반에 넣어 떡메를 이용하여 쳐서 만든 떡이다. 일반적으로 멥쌀을 이용하여 쳐서 만든 떡으로는 절편이나 가래떡이며, 찹쌀을 이용한 것을 인절미라 한다. 인절미를 만들 때는 찹쌀을 깨끗이 씻어 하룻밤 정도 불린 다음 소쿠리에 건져서 물기를 뺀 후 시루나 찜통에 베보자기를 깔고 1시간 정도 충분히 무르게 찐다. 찹쌀은 찰기가 강한 쌀이므로 시루에 찔 때 너무 많은 양을 앉히면 윗부분이 잘 익지 않게 되므로 중간에 소금물을 고루 뿌려 위아래를 섞어가며 고루 찔 필요가 있다. 잘 쪄진 찹쌀은 절구나 안반으로 옮겨 담고 떡메에 소금물을 적셔가며 쌀알이 뭉개질 때까지 찧는다. 최근에는 펀치로 찐쌀을 찧는다. 쌀알이 잘 찧어지면 플레이트에

소금물을 바르고 따뜻한 인절미 덩어리를 놓아 적당한 두께(0.5cm)로 편편하게 고루 편 다음 나무칼로 물을 적셔가며 적당한 크기로 자른 다음 고물을 묻히면 된다(그림 2-32).

참쌀 → 수침 → 찌기 → 찧기 → 성형하기 → 고물 묻히기 → 인절미 완성

그림 2-32. 인절미 제조과정

d. **송편** : 송편은 쌀가루를 반죽하여 빚은 다음 속에 소를 넣고 만들어서 솔잎은 켜켜이 넣고 찌는 떡이다. 속에 넣는 소에 따라 녹두송편, 깨송편, 밤송편 등이 있으며, 쌀반죽에 색을 내기 위해 사용되어지는 재료에 따라 쑥송편, 구기자 및 대추송편 등이 있다(그림 2-33).

쌀가루 반죽하기 / 소 만들기 → 빚기 → 찌기 → 식히기 및 참기름 바르기 → 송편완성

그림 2-33. 송편 제조과정

ⓐ **쌀가루 만들기 및 반죽하기** : 일단 멥쌀을 씻어서 충분히 불린 다음 물기를 빼고 소금을 넣어 빻는다. 색을 내기 위해서 쑥을 사용할 경우는 쌀가루를 빻을 때 쌀과 함께 빻으면 되며 구기자나 대추의 색소를 이용할 경우는 구기자나 대추를 충분히 끓여 만든 엑기스를 반죽할 때 넣어 반죽하면 된다. 일반적으로 송편을 만들기 위해서 쌀가루 반죽을 할 때는 뜨거운 물로 반죽하는 익반죽을 해야 송편이 만들어졌을 때 쫄깃쫄깃한 질감을 얻을 수 있다.

ⓑ **소 만들기** : 송편 속에 넣을 소는 재료에 따라 알맞게 만들어야 한다. 일반적으로 풋콩은 깨끗이 씻어 소금을 뿌리며 넣으면 되며 깨는 알맞게 볶은 다음 곱게 빻아 꿀을 넣어 버무리면 된다. 또한 녹두를 이용할 경우는 거피를 한 다음 푹 쪄서 소금간을 하여 찧어서 체를 내리고 설탕을 적당히 넣어 볶으면 된다.

ⓒ **송편 빚기 및 찌기** : 익반죽한 반죽옷을 잘 빚은 후 준비해 놓은 소를 넣고 송편을 빚는다. 빚어진 송편은 찜통에 한 단씩 넣고 켜켜이 솔잎을 깐 다음 찜통에서 약 30분쯤 찐다.

ⓓ **송편 완성하기** : 다 쪄진 송편은 송편알끼리 붙지 않게 찬물에 헹궈 참깨기름을 발라서 내놓으면 된다.

(3) 떡 산업의 문제점과 떡 산업화 방안

떡은 곡류를 이용하여 만든 떡으로 떡의 제조원리가 전분의 호화를 이용한 식품이므로 가장 문제점이 되는 것은 호화된 전분이 노화가 일어남으로써 유통기간이 짧다는 것이 문제점이다. 최근 이러한 전분의 노화현상을 최대한 방지하기 위하여 효소를 이용한 떡 제조기술을 연구하는 등 어느 정도 노화을 지연할 수 있으나 아직 산업화하기에는 좀 더 많은 연구가 필요하다. 예전에는 떡의 포장, 기술자 부족, 홍보상의 문제점 등이 산업화에 문제가 되었지만 최근에는 떡의 소포장기술이 발전하여 포장문제가 해소되었고, 또한 여러 가지 부재료를 이용하여 제조한 떡의 기능성이 인정되어 우리나라 전통떡에 대한 기술 인력이 증가함으로써 새롭고 다양한 떡이 개발되어 산업화에 많은 발전이 이루어지고 있다.

5) 찐 쌀(parboiled rice)

벼를 물에 침지하여 탈수한 후 증자하여 건조하고 도정한 것으로 찌는 과정 중에 미강층의 영양성분을 배아 중으로 이동시켜 도정한 제품이다.

6) 한과류

한과류 중 쌀을 원료로하여 제조되는 것은 유과와 다식이 있는데 주로 유과에 대한 연구가 활발하며 소비량도 많은 실정이다. 유과는 찹쌀을 술과 섞은 물에 담가 삭힌 후 가루로 하여 콩물과 술로 반죽하여 얇게 밀어 여러 모양으로 성형한 후, 말려서 기름에 튀겨내서 꿀이나 조청을 발라 여러 가지 고물을 묻혀서 제조하는 것으로 모양과 고물에 따라 강정, 산자 및 빈사과 등으로 나누어진다.

7) 주 류

우리의 전통 술은 곡주가 기본으로서 쌀 등의 곡물을 익힌 후 발효시켜 알코올 성분이 있도록 만든 것이다. 전통농주인 막걸리를 청징화하면 투명한 약주나 청주가 되고 이를 증류하면 증류식 소주가 되는데 증류시 사용원료의 종류에 따라 그 향취가 달라진다. 쌀과 관련된 전통주는 약 200여 종이 있으며 그 종류가 무척 다양하다.

8) 음청류

음료수에는 엿기름, 물에 밥알을 당화시켜 만드는 식혜류, 볶아서 가루로 만든 미숫가루를 물에 개어 마시는 미식류, 물에 오랫동안 끓이다가 체에 바쳐 거른 물에 소금이나 설탕으로 간을 하여 마시는 미음류, 누룽지에 물을 부어 끓여 마시는 숭늉 등이 있다.

그 외에도 쌀을 이용한 젖산발효음료, 우유와 쌀을 이용한 요구르트, 젖산발효물과 대두단백 젖산발효물을 혼합한 것도 있다.

2.3.11. 도정 부산물

벼를 도정할 때 얻어지는 부산물인 쌀겨(米糠)는 현미의 7% 정도 얻어지는데, 도정도가 높아질수록 양은 증가한다. 쌀겨의 성분 조성은 표 2-21와 같다.

표 2-21. 쌀겨의 성분

(단위 : %)

성 분	수 분	조지방	조단백질	조섬유	회 분	전 분	당 분
쌀 겨	13.7	15.1	14.6	16.7	11.2	21.7	6.0

쌀겨 중에는 지방 함량이 높아 유용한 유지자원이나 배아 중에 존재하는 lipase가 작용하여 산패를 일으켜 품질이 저하되기 때문에 도정 직후에 바로 착유하든지 열처리하여 효소를 불활성화 처리를 하여야 한다. 조지방은 96%가 중성지방이며 구성 지방산은 oleic acid 43~47%, linoleic acid 30~35%, palmitic acid 19~20% 로서 식용유로서 우수한 자원이다. 단백질은 albumin 1.8%, globulin 1.1%, prolamin 0.7%, glutelin 7.9%이며 알칼리추출 단백질의 아미노산은 leucine 8.6%, glutamic acid 4.7%, arginine 3.4% 이다.

탄수화물은 전분과 pentosan인 araban, 섬유소가 주된 것이고 그밖에 sucrose, raffinose, 5탄당으로 구성되어 있다. 쌀겨의 특수성분으로는 inosit의 인산 ester의 배당체인 phytin이 7~8% 정도 함유되어 있다.

쌀겨는 미강유(米糠油)나 phytic acid의 제조원료, 사료, 절임제조 원료, 비료 등으로 쓰인다.

2.4 보 리

보리는 인류의 초기역사에서 중요한 주식으로 이용하기 시작한 것은 17,000년~18,000년 전부터 인 것으로 추정하고 있으며 세계 여러 지역에서 다양한 형태로 이용되어왔다. 우리나라에서는 기원전 5~6세기 이후부터 재배되기 시작해서 1970년대 중반까지 오랜 세월동안 쌀 다음으로 중요하게 이용되어 왔다. 세계적으로 20세기에 들어서면서 보리가 밀과 쌀로 대체되기 시작하였는데, 이는 밀가루에는 보리에 비하여 빵을 제조하는데 글루텐의 점탄성이 뛰어나며 쌀은 맛이 우수하기 때문이다.

2.4.1. 종류 및 생산현황

보리는 자방벽에서 배출되는 끈끈한 물질에 의하여 껍질이 종실에 밀착되어 잘 분리되지 않는 껍질보리(皮麥, 大麥, hulled barley)와 성숙 후 껍질이 종실로부터 잘 분리되는 쌀보리(裸麥, naked barley)가 있다. 또한 보리는 이삭에 종실의 착생형태와 배열된 열 수에 따라서 두줄보리(2條種)과 여섯줄보리(6條種)로 나눈다. 파종시기에 따라 가을에 파종하는 가을보리(winter type)와 봄에 파종하는 봄보리(spring type)가 있으며 파종시기에 관계없이 수확시기는 어느 것이나 같다.

보리의 연도별 생산량은 표 2-22와 같이 쌀이 자급자족되고 식생활이 변화하면서 급격히 감소하여 2000년대는 1960년대에 비하여 1/10에 이르고 있다.

표 2-22. 연도별 보리생산량

(단위 : 톤)

연 도	계	겉보리	쌀보리	맥주보리
1965	2,243,533	1,157,193	888,343	-
1970	2,424,394	996,182	1,199,245	-
1975	2,449,086	1,042,596	1,292,179	7,931
1980	1,195,552	398,158	593,401	109,006
1985	804,635	249,741	312,013	229,886
1990	575,694	144,636	267,082	162,772
1995	403,227	72,343	145,959	174,650
2000	226,572	37,332	102,895	86,345

(자료 : 농림통계)

2.4.2. 성분 및 생리활성

보리의 영양성분은 단백질이 9.9~10.6%, 지방 0.6~1.8%, 섬유소 0.5~2.9%로서 보리의 종류에 따라 표 2-23에서와 같이 크게 다르다.

표 2-23. 보리의 영양성분

(단위 : %)

보리종류	수 분	단백질	조지방	당 질	섬유소	회 분
겉질보리	13.8	10.6	1.8	68.2	2.9	2.7
쌀 보 리	11.1	9.9	0.6	77.2	0.5	0.7
찰 보 리	9.5	10.3	1.1	77.6	0.7	0.8

(자료 : 식품성분표, 2001)

또한 보리 중에는 β-glucan을 비롯한 풍부하고 다양한 식이섬유(dietary fiber)와 phenol 화합물이 다량 함유되어 있어 양질의 식량자원이라고 할 수 있다.

이와 같은 기능성 성분이 혈액 중 콜레스테롤을 낮추고 저밀도 지단백질(low density lipoprotein, LDL)에 대한 고밀도 지단백질(high density lipoprotein, HDL) 비율을 향상시켜 비만을 예방하며, 변비와 결장암 방지 및 혈당수준 조절 등에 유용한 역할을 하는 것으로 알려져 있다.

2.4.3. 구 조

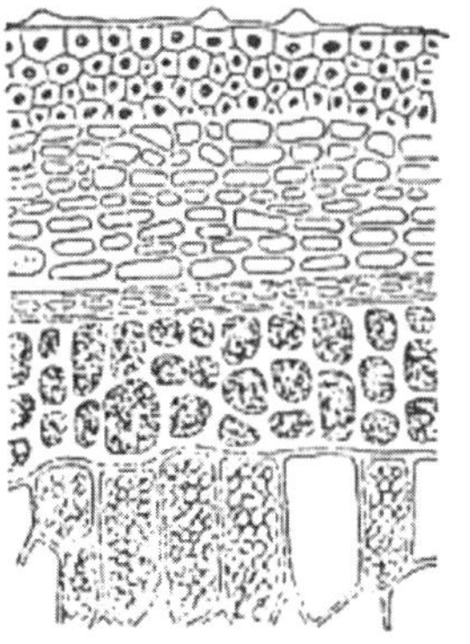

그림 2-34. 껍질보리의 단면

보리 알갱이는 배쪽에 고랑(溝, 구, crease)이 있으며 보리의 종류에 따라 껍질부위의 구조가 다르다. 껍질보리는 부피, 과피, 종피, 호분층 및 배유, 쌀보리의 구조는 부피층이 없다(그림 2-34). 고랑에는 섬유질이 많이 들어있으며 잘 제거되지 않으므로 양질의 정맥가공품을 얻기 어렵다.

2.4.4. 정 맥(polishing)

정맥은 연삭이나 마찰작용을 통해 보리종실의 곡피, 종피, 호분층 및 일부 배유부 외층까지 연속적으로 깎아내어 겨층을 제거하는 것을 말하며 연삭식, 또는 마찰식 정맥기로 가공한다. 껍질보리의 부피와 겨층은 약 25%, 쌀보리의 겨층은 15%를 차지하고 있으며 최대도정률은 각각 75%와 85% 정도이다. 보리는 조직이 단단하여 수분 침투와 소화가 어렵기 때문에 압편하여 조직을 파괴하면 소화성이나 조직감이 좋아진다.

정맥(보리쌀)은 취반시 보리의 낮은 퍼짐성과 고랑으로 인한 취반시 나타내는 검은 외관에서 주는 거부감과 저작시 이질감을 나타내고 있다. 그러나 압맥은 보리 배유부의 노출로 퍼짐성은 정맥에 비해 향상되었으나, 압연에 따라 종구 부위의 팽창으로 밥의 검은색 외관은 개선되지 않거나 오히려 불량해지는 경향을 초래하고 압맥자체가 외관상 품질이 양호하지 않다는 단점을 안고 있었다. 따라서 이를 개선하고자 정맥을 종으로 절단함으로써 배유를 노출시키고 고랑을 이등분하거나 일부 제거시킴으로써 퍼짐성과 보리밥의 백도를 향상시킬 수 있는 할맥기가 1980년대에 개발되어 할맥생산에 이용되었다. 그러나 이러한 기술의 발달에도 불구하고 보리의 식량 이용률은 크게 늘지 못하고 있는 실정이다. 근래 국내에서 관심을 받고 있는 찰성 쌀보리는 메성보리에 함유되어 있는 20～25%의 아밀로스 함량을 5%이하로 줄인 보리로서 총 식이섬유와 가용성 식이섬유의 함량이 높아 응용에 많은 장점을 가지고 있다. 찰성보리 전분은 냉-해동(freezing-thawing) 안전성이 탁월하며 70°C이하에서도 호화되는 특성을 지녀서 단백질의 변성 없이도 단백질, 지방 및 당 성분의 상업적 분리를 가능케 해준다. 또한 일반 메성

보리에 비해 호화온도가 낮아 퍼짐성이 양호하고 높은 점성을 나타내기 때문에 쌀과 동시에 혼반했을 때 밥이 잘 퍼지고 끈기를 증대시키는 장점을 지니고 있다. 따라서 찰보리 정맥은 할맥(割麥)와 함께 보리에 대한 소비자 선호도를 개선시킬 수 있을 것으로 기대된다.

2.4.5. 가공품

보리는 취반용 이외에 소주원료, 전분원료, 엿기름 또는 제국원료, 국수원료용으로 이용되고 있다. 보리가공품의 제조법을 보면 다음과 같다.

1) 맥 주

맥주를 양조하는 과정은 크게 제맥, 양조(담금과 발효), 제품화의 3개 공정으로 나눌 수 있다(그림 2-35). 보리는 맥주를 만드는 원료로서 직접 이용하지 못하고 전분을 당화시키는 데 필요한 효소를 함유하고 있는 맥아의 형태로 바꾸어야 한다. 원료 보리의 품질은 맥아의 품질을 결정하고, 맥아의 품질은 바로 맥주의 품질을 결정하기 때문에 양질의 보리를 사용하여 품질이 좋은 맥아를 만드는 것이 바로 맥주 제조의 중요한 요소이다.

먼저 원료 보리에 포함되어 있는 이물질을 제거하고 곡립을 크기별로 분류하는데 이를 정선이라고 하며 이 과정을 통해 제맥 품질을 균일하게 한다. 이렇게 정선된 보리를 발아시켜 맥아로 만드는 과정을 통해 제맥이라 하며 이 과정은 침맥, 발아, 배조의 3단계로 이루어진다. 맥주제조에 맥아를 사용하는 이유는 ① 효소를 생성시키고 배유전분을 용해시켜 당화에 적합한 상태로 만들고, ② 맥주의 향미를 생성하고, ③ 맥주의 색깔을 형성하는 데 있다.

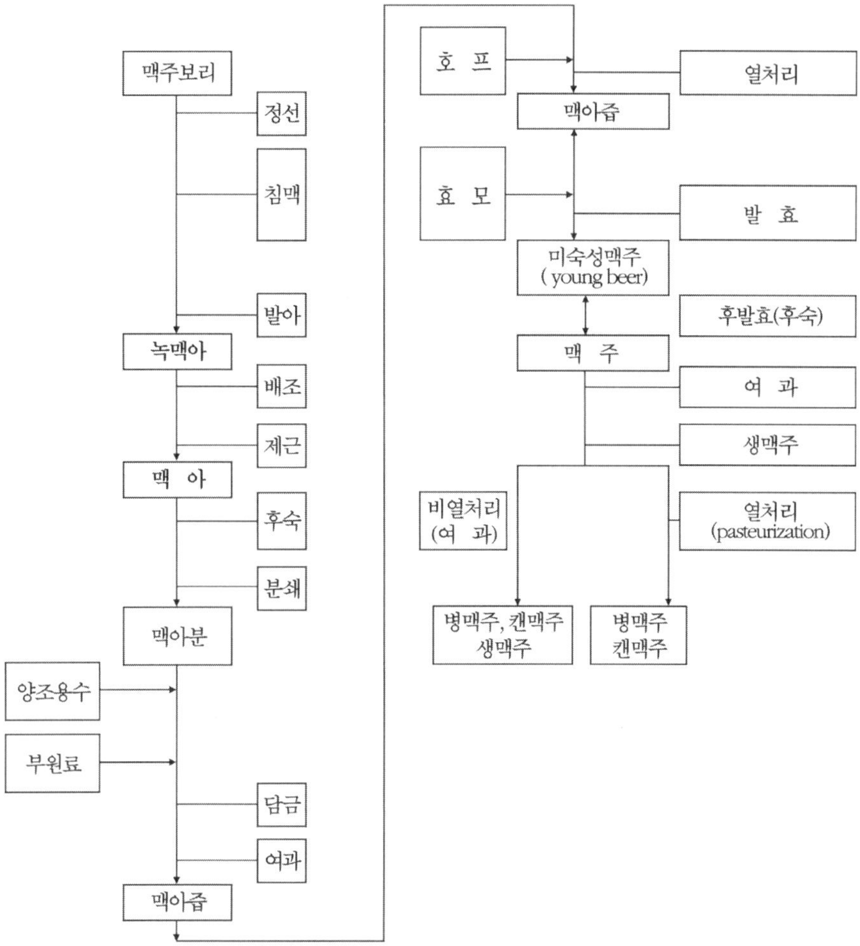

그림 2-35. 보리로부터 맥주의 제조

2) 주 정

보리는 소주 제조를 위한 주정원료로도 이용되고 있다. 주정생산량은 원맥 내 전분 함량에 의해 1차적인 영향을 받으나, 보통 쌀보리 1톤당 410~480 ℓ 의 ethanol이 생산되고 300~440kg의 주정박이 생산된다. 보리 주정박 중에는 단백질이 25~35% 정도 함유되어 있어서 고단백 사료원으로 이용가치가 있다(표 2-24).

표 2-24. 보리 품종별 에탄올 생산량과 주정박 조성

품 종	에탄올 생산량 (ι/t)	발효효율 (%)	주정박 총량 (kg/t)	주정박 조성 (%)				비 고
				단백질	당류	회분	기타	
올 보 리	432	98.2	397	27.5	2.8	5.0	64.5	겉보리
찰 보 리	415	98.8	421	28.7	1.7	5.0	64.8	〃
영산보리	463	96.4	354	30.8	6.8	4.2	58.5	쌀보리
늘쌀보리	454	94.5	367	33.8	10.1	4.9	51.2	〃
새쌀보리	474	98.1	339	32.4	3.8	4.7	60.0	〃

3) 비알코올성 음료

보리종실과 맥아를 사용하여 제조된 상당한 양의 비알코올성 음료(non-alcoholic beverage)가 세계 각처에서 소비되고 있다. 일부 지역에서는 보리나 맥아를 볶은 후 분쇄한 가루를 뜨거운 물을 타서 직접 음료로 마시기도 한다. 예를 들면 미숫가루, 보리차 등이 이에 해당한다. 이 중 미숫가루는 쌀보리나 정맥을 탄화하지 않도록 노릇노릇하게 볶아서 가루를 내어 단독 또는 볶은 쌀, 콩 등의 가루와 혼합해서 물에 타서 직접 먹게 되는 간식용 음료임에 반해, 보리차는 주로 겉보리를 사용 곡피가 거의 탄화에 가깝게 볶아서 통곡상태나 거칠게 빻은 형태로 마치 차를 우려내듯이 소량을 물에 넣고 끓인 액을 차나 커피 등의 대용으로 마시게 된다.

볶음처리는 전분의 호정화(dextrinization)를 일으키고, 헤미셀룰로스 함량을 저하시키며, 캬라멜화(caramelization)와 멜라닌생성반응(melanoidin reaction)을 일으켜 갈색과 풍미를 발달시키고 용해도와 산도를 증가시킨다. 캬라멜 반응과 멜라닌 반응은 모두 당이 관여된 반응으로 보리차의 향과 밀접한 관계를 갖는데, 전자는 당간의 열 축합반응에 의해 일어나고 후자는 환원당과 아미노산간 결합에 의해 일어나게 된다.

4) 국 수

보릿가루가 단독 또는 밀가루와 복합분 형태로 가공된 보리국수가 국내에서는 보리면, 보리냉면, 보리 생칼국수, 보리수제비, 보리국수 등 다양한 상품명으로 생산되고 있다. 보리 이용형태는 원맥가루와 볶음가루가 이용되고 있으며, 제면 방법은 전통식에서 가열 사출식, 진공식에 이르기까지 다양한 방법으로 제조되고 있다.

보리면에서는 높은 식이섬유가 함유되어 있어서 건강식으로 애용되고 있는데, 이것에

대한 연구문헌은 많지 않고, 발표된 내용에서도 복합분 조제방식, 제면 및 조리방식에서 다양한 차이로 인해 적정 보릿가루 첨가량에 대한 결론이 도출되어 있지 않다. 그러나 보릿가루를 단독 또는 밀가루와 복합분 형태로 사용한 국수제조시험에서 공통적인 사항은 보리 첨가량 증대에 따라 국수의 색이 더 어두워지고, 냄새도 더욱 불량해짐을 언급하고 있다. 조리국수의 향기에서 보릿가루-밀가루의 비율을 20 : 80으로 제조했을 때 대체로 수용할 만하다.

5) 제과, 제빵

보릿가루 단독으로 제빵해서 고 비중의 빵(heavy loaf)를 제조하는 데 이용되기도 한다. 납작 보리빵(flat barley bread)은 로마시대로부터 근세에 이르기까지 널리 이용되어 왔다. 영국에서는 전쟁기간에 기호성 있는 빵을 제조하기 위해서 10～15%의 보릿가루를 밀가루에 첨가하였다. 강력밀가루의 경우 보릿가루로 30%까지 대체하여도 양질의 빵을 제조할 수 있다.

6) 엿기름(麥芽, malt)

발아시킨 보리는 발아시키지 않은 것에 비해 상대적인 영양가, 라이신 및 단백질 함량이 현저하게 증가한다. 보리는 발아과정 중 전분과 단백질을 가수분해할 수 있는 α-아밀라제, β-아밀라제 및 protease 등 많은 효소를 생성한다. 보리를 엿기름으로 제조하는 소요기간은 침맥 및 발아기간 중의 온도조건에 따라 달리 나타난다. 일반적으로 보리를 15～20°C에서 1～2일간 물에 담가 수분을 43% 정도로 흡습시킨 다음 15～20°C의 온도로 4～8일정도 발아시켜 녹맥아 상태로 제조하는데, 효소역가 손실을 줄이고자 할 경우에는 보통 녹맥아(green malt)를 50°C에서 90°C까지 열풍온도를 단계적으로 높여 건조시킨다. 건조된 당화용 맥아(dry diastatic malt)를 곱게 분쇄하여 적당한 효소역가를 갖도록 밀가루 및 dextrose 등을 혼합해서 전분분해용 효소의 천연혼합물로도 이용된다. 건조과정 중에 전형적인 맥아 향이 형성되는데, 건조조건의 조작으로 이 향을 증대시킬 수 있다. 엿기름의 효소역가는 품종, 발아조건, 건조조건 및 저장상태에 의해 영향을 받는다.

엿기름은 가루상태로 전분질 재료를 당화시키는 데 주로 이용된다. stand, wort 또는 mash 등으로 불리는 당화액은 전분질과 엿기름 분말을 따뜻한 물에 넣고 교반하면서 일정시간 반응시킨 후 분해되지 않은 고형물을 제거시킨 것인데, 이것은 다시 가공되어서 최종제품인 맥아추출물, 당화제(diastase), 맥주, whisky, gin, vodka 및 맥아식초(malt vinegar) 등으로 제조된다.

엿기름은 전통적으로 식혜, 엿, 조청 등의 제조에 쓰이고 있다. 식혜는 지역에 따라 차이를 보이나 보통 쌀밥에 엿기름 추출액을 넣어 50～60℃에서 당화시켜 조제한다. 식혜를 정상적으로 조제할 경우 상쾌하고 은은한 단맛을 내는 맥아당으로 주로 구성되어 있다. 엿이나 조청은 전분원료로 쌀이나 기타 곡류를 쪄서 식혜와 같은 방법으로 당화시켜 액만을 걸러내어 약한 열로 증발시켜 고상, 또는 반 고상제품으로 만든 것이다.

7) 보리식초

보리식초는 옛날부터 내려오는 대표적인 전래식초의 하나이다. 초산은 2단 발효를 거쳐 얻어지는데, 먼저 전분질을 당으로 전환시켜 알코올 발효시킨 것을 다시 호기적 조건에서 초산균에 의해 초산발효가 진행되도록 해서 얻어진다. 보통 맥아를 이용하여 식초를 제조하였을 때 4～8%의 초산이 생성되며, 순수한 초산의 pH가 2.46인데 비해 맥아식초는 pH가 2.8～3.2 정도로 나타난다. 맥아식초는 에탄올과 기타 알코올류, 에스터류, 아세토인류, 디아세틸류, 페놀류, 각종 비타민, 글리세롤 및 젖산을 미량 함유하고 있어서 특징적인 풍미를 지닌다.

8) 시리얼(cereals)

서구에서는 아침식사로 보리와 맥아 또는 맥아추출물이 이용되고 있다. 제분한 보릿가루나 찐보리를 볶거나 플레이크(flaking) 또는 튀겨(popping)서 이용하는데, 보리 플레이크는 정맥을 2시간 정도 물에 담가 수화시킨 다음 steam으로 가열되는 드럼건조기의 두 roll 사이로(대략 0.12mm 간극) 통과시켜 탈수한 다음 180℃의 기름에 담가 40초 정도 튀겨서 기름을 제거하고 알루미늄 등으로 포장해서 제품으로 유통된다.

9) 시 럽

보리 전분이 포도당이나 시럽생산에 사용되기도 한다. 그러나 포도당제조에 있어서 통

보리나 보릿가루는 어느 쪽이든 이들이 고농도의 hemicellulose와 검물질(barley gums)을 함유한다는 점이다. β-glucanase에 의한 복합결합구조(mixed-linked)의 β-glucan을 가수분해 시키는 것이 문제를 해결하는데 부분적으로 사용되기도 한다. 시럽의 제조는 보리, 옥수수, 쌀 등의 전분질을 맥아로 당화 후 그 액만을 농축하여 만든다.

10) 장 류

고추장이나 된장 원료로 보릿가루를 사용하면 이들 제품의 고상비율이 높아지고 맛도 더 구수하기 때문에 자주 장류 원료로 이용한다.

2.5. 밀

밀은 쌀, 옥수수, 조, 보리 등과 같이 세계적으로 중요한 식량 중의 하나이며 지구상의 인구 중 1/2이 주식으로 이용하는 곡물이다. 밀의 재배 기원에 대한 정설은 아직 없으나 5,000년 전으로 보며, 중앙아시아에서 세계각국으로 퍼져 나갔다는 설이 가장 보편적이다. 우리나라의 밀 재배는 중국으로부터 전래되었고 4~5세기경에 일본으로 전해졌다. 식량 중에서 생산량이 제일 많고 재배지역도 세계 도처에 산재해 있다. 밀 생산량은 미국, 프랑스, 호주, 캐나다 순으로 우리나라는 밀 사용량의 대부분을 미국, 호주, 캐나다 3개국에서 도입하여 제분하고 있으며, 2003년도 도입량은 3,260천톤으로 미국에서 1,250천톤, 호주 880천톤, 캐나다에서 1,230천톤을 도입하여 식량 및 사료로 이용하고 있으며 금액은 64,000만 달러에 이르고 있다.

국민 1인당 1년 밀 소비량은 1970년에 26.1kg에서 2004년에 34.4kg으로 증가하고 있는데 밀 생산량은 감소하여 외국으로부터 도입량은 계속 증가할 것으로 예견된다. 밀을 비롯한 식량 사정은 6.25 동란 이전에는 열악하였지만 밀은 자급하고 있었으며 밀 자급도는 1965년에 27.0%, 1970년 15.4%, 2004년 0.6% 로서 매년 급속도로 감소하여 현재에 이르고 있고, 생산비에 있어 국제경쟁력이 없어 생산량의 증가는 기대하기 어렵다.

2.5.1 분 류

밀의 종류는 식물학적으로 20여종이 넘으며 상업적으로는 90%이상을 차지하고 있는 보통밀(common wheat)과 특수목적으로 사용하는 drum밀(macaroni wheat)이 있고, 밀의 특성에 따라 분류하면 다음과 같다.

1) 입질을 기준으로 한 분류

초자율(硝子率)에 따라 초자율이 70% 이상을 경질맥(硬質麥)이라하며 초자율 70~30%를 중간질맥(中間質麥)이라고 한다. 또한 초자율 30% 미만이면 연질맥(軟質麥)이라 한다.

2) 입장(粒長)을 기준으로 한 분류

밀알의 길이에 따라 길이가 8mm이상인 밀을 장립맥(長粒麥)이라 하며 길이가 6~8mm인 밀을 중립맥(中粒麥), 6mm 미만을 단립맥(短粒麥)이라 한다.

3) 입색(粒色)을 기준으로 한 분류

밀 껍질의 색깔에 따라 황, 황금, 적황, 황적, 갈적색을 띠면 적소맥(赤小麥)이라 하며 백황색을 띠면 백소맥(白小麥)이라 한다.

4) 단백질 또는 글루텐의 함량을 기준으로한 분류

Gluten의 함량에 따라 건부량(乾麩量)이 13% 이상인 것을 강력맥(强力麥)이라 하며 10% 이하의 소맥을 박력맥(薄力麥)이라 한다.

5) 파종시기를 기준으로 한 분류

가을에 파종하여 이듬해 초여름에 수확하는 것을 동소맥(冬小麥)이라 하며 봄에 파종하여 여름에서 초가을 사이에 수확하는 것을 춘소맥(春小麥)이라 한다.

6) 산지를 기준으로 한 분류

밀의 생산지를 기준으로 하여 국산밀, 미국밀, 호주밀, 캐나다밀 등으로 구분하며 우리나라에서 사용되는 제분용 원맥은 대부분 미국밀이다.

세계 주요 밀 생산국별 밀의 종류는 표 2-25에서 보는 바와 같다.

표 2-25. 세계 주요 밀 생산국별 밀의 종류

산 지 별	밀 품 종	단백질 함량
미 국	Hard red spring Amber durum Hard red winter Soft red winter Western winter	13.2% 11.5 12.0 11.0 9.0
캐 나 다	Manitoba northern Canda western	13.3 12.0
아르헨티나	Plate wheat	12.0
호 주	New south wales Western Southern Victorian	10.3 9.9 9.5 9.7
인 도	Choice white	9.3
러 시 아	Red winter	11.5
영 국	Common red White english Scotch and Irish Special types	9.7 9.5 8.5 9.3

2.5.2. 구조 및 성분

밀은 중앙부에 고랑(crease)이 있으며 과피(果皮)와 종실(種實)로 되어 있다. 과피는 외과피(外果皮), 내과피(內果皮), 중간조직(中間組織) 및 횡세포(橫細胞)로 되어 있고, 종실은 종피(種皮), 주심층(珠心層), 배유(胚乳) 및 배(胚)로 구성되어 있다. 밀 전체의 80%는 배유부로 되어 있다(그림 2-36). 밀의 부위별 일반성분은 표 2-26과 같다.

표 2-26. 밀 부위별 일반성분

구 분	전립중 비 율	수 분	단백질	지 방	탄수화물		회 분
					당 질	섬 유	
외 피	13.5%	11.6%	15.6%	3.7%	4.6%	11.3%	5.0%
배 유	84.0	12.5	10.3	1.3	0.3	0.2	0.4
배 아	2.5	7.5	23.5	11.4	14.5	1.4	4.7
전 립	100	12.6	11.3	3.8	1.5	2.7	1.6

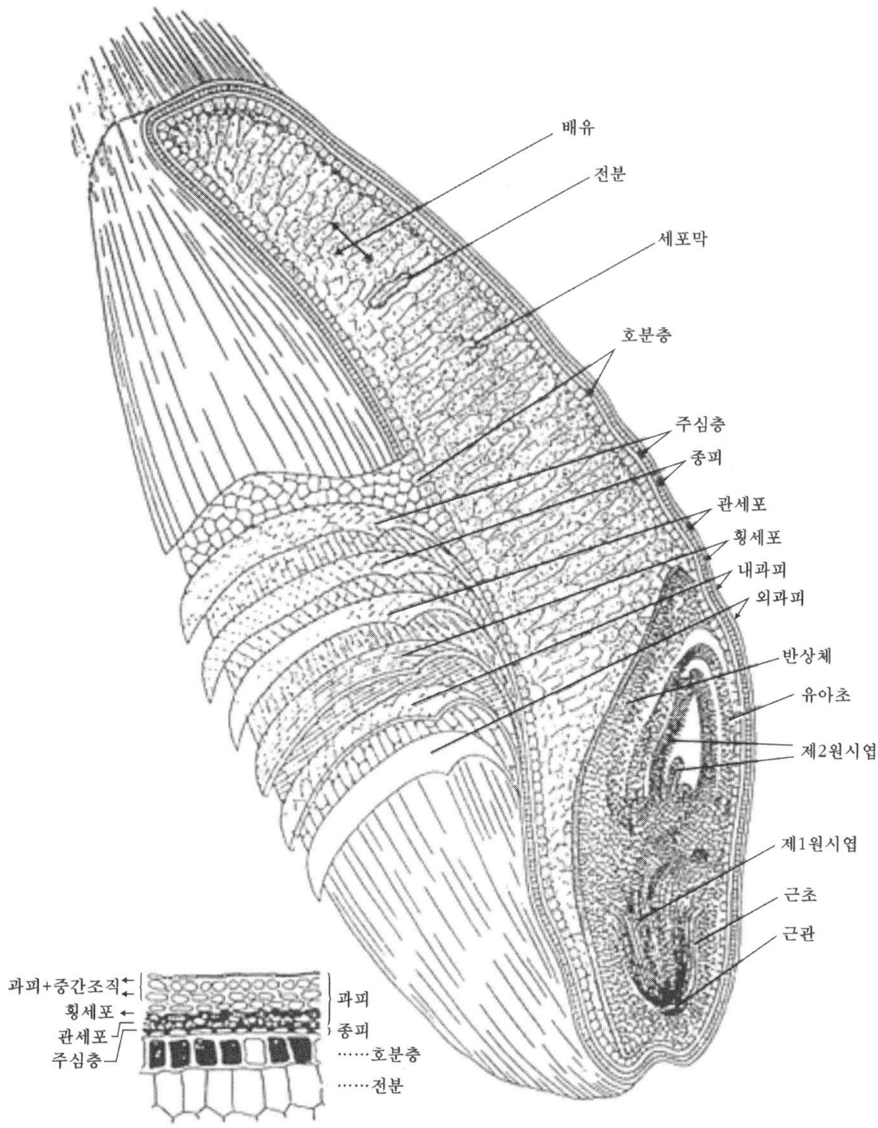

그림 2-36. 밀의 구조

밀의 부위별 탄수화물은 배유에는 전분, 배아에는 당분, 겨층에는 cellulose, hemicellulose가 축적되어 있으며 90% 이상이 전분이고 pentosan, 당으로 이루어져 있다. Cellulose, hemicellulose, pentosan 등의 다당류는 제분에 의하여 제거되므로 밀가루에는 존재하지 않는다. 밀가루 단백질은 보통 10~15%이지만 이 중 90%정도는 gluten이 차지하고 있으며 이 중에서 약 15%는 가용성 단백질로서 수용성의 albumin과 묽은 식염용액에 용해하는 globulin로 구성되어 있고 주로 배아에 존재한다. 밀 단백질 함량 중 배유에 72.5%, 호분층에 15.5%, 배아에 8.0%, 과피에 4.0% 가 분포되어 있다. 배유부의 단백질은 용매 중에서 부유침강분별(浮遊沈降分別)에 의하여 전분립 사이를 메운 쐐기단백질(wedge protein)과 지방과 결합하여 전분미립의 표면을 싸고 있는 부착단백질(adhering protein)로 나눌 수 있으며 쐐기단백질은 쉽게 전분으로부터 떨어지지만 부착단백질은 gluten을 형성하지 않고 전분립의 표면에 부착하고 있다. 밀단백질은 용해성의 차이에 따라 물에 녹는 albumin, 묽은 중성염류용액에 녹는 globulin, 중성염류에 녹지 않고 60~70% 중성 ethanol에 용해하는 gliadin, 중성염용액과 ethanol에 불용(不溶)이며, 묽은 산이나 알칼리에 용해하는 glutenin으로 분류하고 있다. 점탄성(粘彈性)의 성질이 gluten에 의하여 나타나며 gluten의 하나인 gliadin은 분자량이 25,000~100,000 정도이며 환원처리를 하더라도 분자량이 변화하지 않는 것을 볼 때 분자 내에 disulfide결합(-S-S-)이 없고 하나의 사슬로 되어 있으며 신장성(伸張性, extensibility)은 높고 탄성(彈性, elasticity)은 낮은 성질을 가지고 있다. 또 다른 하나인 glutenin은 분자량이 100,000 이상으로서 다수의 polypeptide가 disulfide결합으로 중합(重合)하여 중합체로 존재하고 환원처리에 의하여 용해성도 현저히 증가한다. Gluten의 모형을 보면 그림 2-37와 같다.

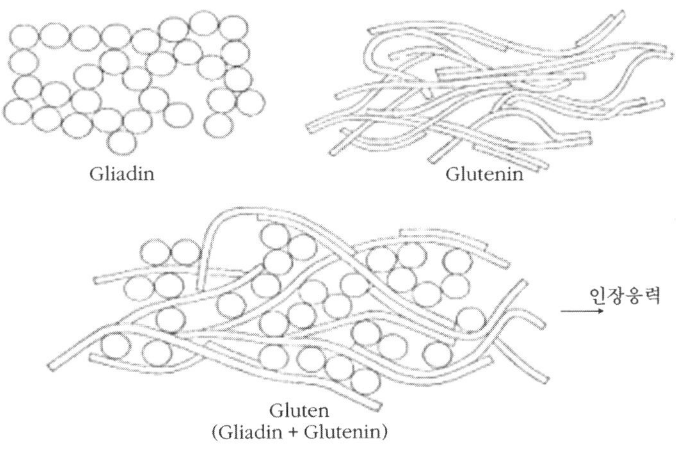

그림 2-37. Gluten의 모형도

Gluten의 성질은 여러 가지 요인에 의하여 나타나지만 gliadin과 glutenin의 양과 비, 함유황아미노산인 cysteine과 glutathione의 존재가 큰 영향을 미치는 것으로 알려져 있다. 밀 단백질의 아미노산 조성은 표 2-27과 같이 1/3이상이 glutamic acid로 구성되어 있어 밀단백질은 조미료로 이용되고 있는 mono sodium glutamate(MSG) 제조 원료로 옛날에는 사용하였으나 근래에는 발효법에 의하여 생산하고 있다.

표 2-27. Gluten의 아미노산 조성

Amino acid	Gluten	Gliadin	Glutenin
Arginine	4.3%	3.2%	4.7%
Lysine	2.1	0.6	1.9
Histidine	2.4	2.1	1.8
Tyrosine	4.2	3.1	5.1
Tryptophan	1.1	0.9	1.8
Phenylalanine	2.0	2.5	2.0
Cystine	1.9	2.3	1.7
Methionine	3.3	2.3	-
Serine	-	0.1	0.7
Threonine	2.5	3.0	-
Leucine, isoleucine	6.0	6.0	6.0
Valine	3.0	3.0	1.0
Glutamic acid	36.0	46.0	27.2
Aspartic acid	-	1.4	2.1
Glycine	-	1.0	1.0
Alanine	5.5	2.5	4.4
Proline	11.0	13.2	4.0

밀단백질인 gluten은 밀가루반죽(dough)을 만들어 전분을 물속에서 분리하면 덩어리 모양으로 남게 되는데 이를 습부(濕麩, wet gluten)이라고 하며, 수분 함량이 높아 저장성이 매우 낮아 쉽게 부패하고 수송에 어려운 점이 있다. 습부를 열풍으로 수분을 제거하면 건조과정 중에 구상(丘狀)으로 심하게 부풀어 오르게 되고 이를 건부(乾麩, dry gluten)라 하며 습부에 비하여 열처리로 인한 단백질의 성질이 변화하여 이용에 문제가 되고 있다. 근래에는 습부를 건조하더라도 gluten이 가지고 있는 점탄성은 그대로 유지되면서 물리적 성질이 변화하지 않는 활성글루텐(vital gluten)이 진공건조, ethanol 분산법, 초산분산법 등의 방법에 의하여 얻어지고 있다.

Gluten은 단백질 보강제, 가수분해 식물단백(hydrolyzed vegetable protein, HVP)의 원료, 연제품, 과자제조 등에 널리 쓰인다.

지방의 함량은 2.1~3.3%로서 재배환경보다는 품종에 따라 차이가 크며 겨층이나 배아에 많이 함유되어 있다. 지방질은 유리지방(free lipid)과 결합지방(bound lipid)로 나누어지고 전자는 petroleum ether, 후자는 물포화부탄올(water saturated butanol)로 추출하여 분획할 수 있다. 유리지방질은 1.2~2.2% 정도이며 겨나 배아의 지방은 50% 이상이 중성지방이고 배유에는 중성지방이 30%, 인지질 및 당지질이 50% 이상이다. 밀의 회분은 호분층에 61%, 배유에 20%, 반상체에 8%, 과・종피에 7%, 배아에 4% 정도 함유되어 있으며 껍질부에서 배유부로 들어갈수록 그 함량은 적어진다. 밀의 부위별 성분은 함량 차이가 크며 껍질을 벗기는 정도에 따라 대부분의 성분은 감소하지만 전분의 함량은 높아진다. 밀의 도정회수에 따른 조성의 변화를 보면 그림 2-38과 같다.

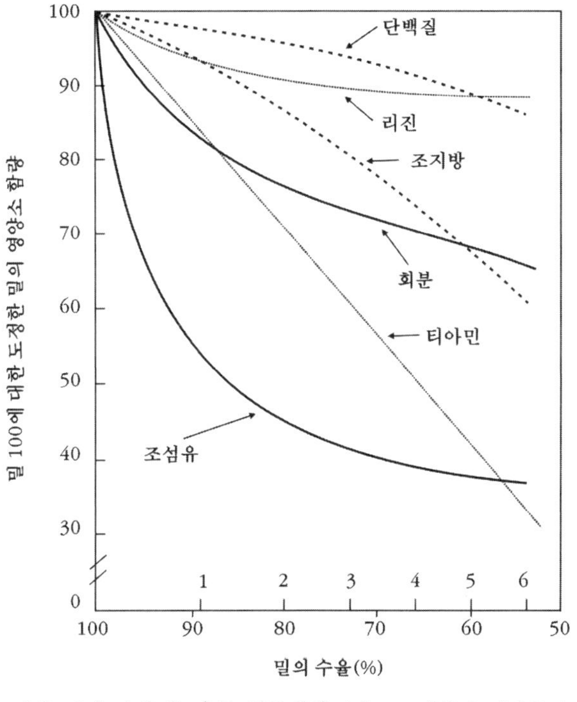

그림 2-38. 밀의 도정 수율에 따른 성분변화 (자료 : 제분과 밀가루의 이용, 1990)

2.5.3. 품　질

밀은 그 주된 용도가 제분을 하여 밀가루로 가공하는 것이므로 양질의 밀가루를 가능한 한 많이 얻을 수 있는 조건을 갖추는 것이 요구된다.

1) 천립중(千粒重)

밀 천립(千粒)의 무게를 말하며 초자질맥은 배유의 조직이 치밀하기 때문에 그 조직이 느슨한 분상질맥 보다 천립중이 무겁다. 밀의 종류에 따른 천립중은 표 2-28에서와 같다.

표 2-28. 밀의 천립중

밀의 종류	천 립 중(g)
미국밀(Hard winter)	25～27
캐나다밀(Manitoba)	27～31
아르헨티나밀	28～32
호주밀	35～41

2) 용적중(容積重)

밀의 용적중은 일정한 용적의 무게로서 수분 함량, 입형(粒形)과 그 균제성(均齊性), 잎 표면의 상태, 이물(異物) 함량 등에 의하여 크게 영향을 받는다. 밀의 용적중과 제분 수율은 밀접한 관계를 가지며 일반적으로 자실의 건조 정도가 좋고 알갱이가 둥글면서 그 크기가 균일하며 잎 표면이 매끄러운 것이 용적중이 크고 용적중이 무거울수록 제분 수율이 높다.

3) 피부(皮部)의 두께

밀의 껍질이 두꺼우면 제분 수율면에서 불리하다. 제분에서 추구하는 양질의 밀가루는 저 회분율의 것인데 밀의 껍질에는 회분의 주체가 되는 무기성분이 높게 분포되어 있어 저 회분율의 양질분을 많이 생산코자 하는 제분목적에 벗어나기 때문이다.

4) 충실도

미숙립, 기형립, 생육장해립, 병해충립, 부패립, 변색립, 발아립, 쇄립 등과 같은 손상립(損傷粒)의 혼입이 적은 밀일수록 가치가 높다.

5) 수　분

밀의 수분 함량이 높으면 제분시에 조질(調質)이 어렵고 보관시 곰팡이, 세균 등 미생물과 해충의 침해 위험성이 높다. 제분 원료로서 밀의 수분함유율은 12% 이하가 적당하다.

6) 회 분

밀 회분은 인, 칼리. 염소, 유황, 마그네슘 등이 주된 것이며 상대적으로 낮은 것이 좋다.

7) 단백질

밀의 단백질은 제분 수율과의 상관성은 없으며 다만 밀가루의 가공성 결정인자로 작용되기 때문에 최종 이용목적에 따라 결정한다.

2.6. 옥 수 수

옥수수는 쌀, 밀 다음으로 많이 생산되는 곡류로 미국, 중국, 브라질, 러시아, 멕시코 등이 주산지이다. 쌀, 보리와 같이 피부, 배아, 배유로 구성되어 있으며 다른 곡류에 비해 배아(8.0～10.2%)가 크고 배아에는 지방이 30～40% 함유되어 있어 옥수수기름의 원료가 된다. 배유에는 70% 내외의 전분을 함유하고 있으며 단백질(약 9%)이 많은 초자질과 단백질이 적은 백색 분상질이 있다. 옥수수 단백질은 prolamin(zein)으로 lysine, tryptophan은 거의 없으나 쌀에 부족한 threonine, 함황아미노산을 많이 함유하고 있어 쌀과 혼식하면 좋다.

옥수수는 마치종(dent corn), 경립종(flint corn), 연립종(soft corn), 유부종(pod corn), 감미종(sweet corn), 찰옥수수(waxy corn), 튀김옥수수(pop corn) 등으로 구분되며, 풋옥수수(vegetable corn)로 이용될 수 있는 것은 감미종(단옥수수, 초당옥수수) 및 찰옥수수이다.

찰옥수수는 amylopectin으로 구성되어 있고, 일반옥수수에는 amylose가 약 20～27%가 포함되며 high amylose(70%) corn도 있어 용도에 따라 다양한 전분을 얻을 수 있다. 전분은 왕관전분부와 기저전분부에 비교적 많으며 각질전분부에는 전분과 단백질이 견고하게 결합하고 있어 전분의 분리가 어렵다. 일반적으로 전분제조용으로는 다수확 품종인 마치종이 이용되고 있으며 거의 수입에 의존하고 있다. 옥수수는 굽거나 쪄서 먹고 corn starch, corn flake, corn meal, pop corn 및 과자나 주정의 원료로 쓰인다.

제 3 장 밀가루의 제조 및 응용

3.1. 밀가루의 제조(製粉, flour milling)

밀은 그대로는 소화가 잘 되지 않으며 정백한다고 해도 소화율이 80% 밖에 되지 않으므로 쌀의 소화율 98%에 비하면 많이 뒤떨어진다. 그러나 가루의 형태로 하면 쌀과 같이 소화율이 비슷해지므로 밀을 그대로 먹지 않고 가루로 만들어 이용하는 것이 합리적이라 할 수 있다. 현미와 보리는 외피가 약하고 배유부가 단단하기 때문에 도정에 의하여 외피를 제거하고 배유부 만을 이용하는 것이 간단하나 밀은 외피를 제거하기 위하여 도정을 하면 배유부가 부서져서 입식(粒食)으로 하기가 어렵기 때문에 가루 상태로 이용하는 것이 보통이다. 또한 밀의 배유부는 다른 곡물과 달리 밀단백질인 gluten이 함유되어 있어 반죽을 하면 점탄성이 생겨서 여러 가지 형태의 가공품을 제조할 수 있어 제분하여 이용하는 것이 보통이다.

우리나라의 제분공업은 국내에서 일찍 정착된 산업 중의 하나로 현대적인 roll mill식 제분공장을 우리나라에 처음으로 기업화 한 것은 1918년에 진남포에 제분 공장이 세워지면서 시작되었으며, 1950년대 초 미국으로부터 잉여농산물이 도입되면서 우리나라 제분공업이 본격적으로 성장하는 계기가 되었다.

2000년 이후에도 제분업계는 선진화된 제분기술을 꾸준히 개발하고 지속적인 시설의 정비로 2003년 말 현재 전국적으로 11개의 대형공장이 있으며 일년 제분량은 2,270천 톤으로 제분능력 3,060천 톤을 비추어 볼 때 가동률이 74.3%로서 약간의 과잉상태를 보여주고 있으나, 안전한 밀가루를 생산, 공급함으로써 우리나라 제2의 국민식량 보급의 역할을 충분히 하고 있다.

3.1.1. 제분공정

밀로부터 밀가루를 생산하는 공정으로 밀의 분쇄(grinding)와 분리(separation)로 나누어지며 분쇄는 조쇄롤, 분쇄롤로 행하여지고 분리는 체(sieve)와 분류기(purifier)로 행한다. 밀의 배유부를 순수하게 가루 모양으로 분리하기 위해서는 그림 3-1과 같은 공정으로 제분이 진행되며 제분공정의 모식도는 그림 3-2와 같다.

원료 밀 → 정 선 → 수분조절 → 정 선 → 배 합 → 파 쇄 → 체 질 →

분 쇄 → 체 질 → 밀가루 → 숙 성 → 표백, 영양강화 → 포 장 → 제 품

그림 3-1. 밀의 제분공정도

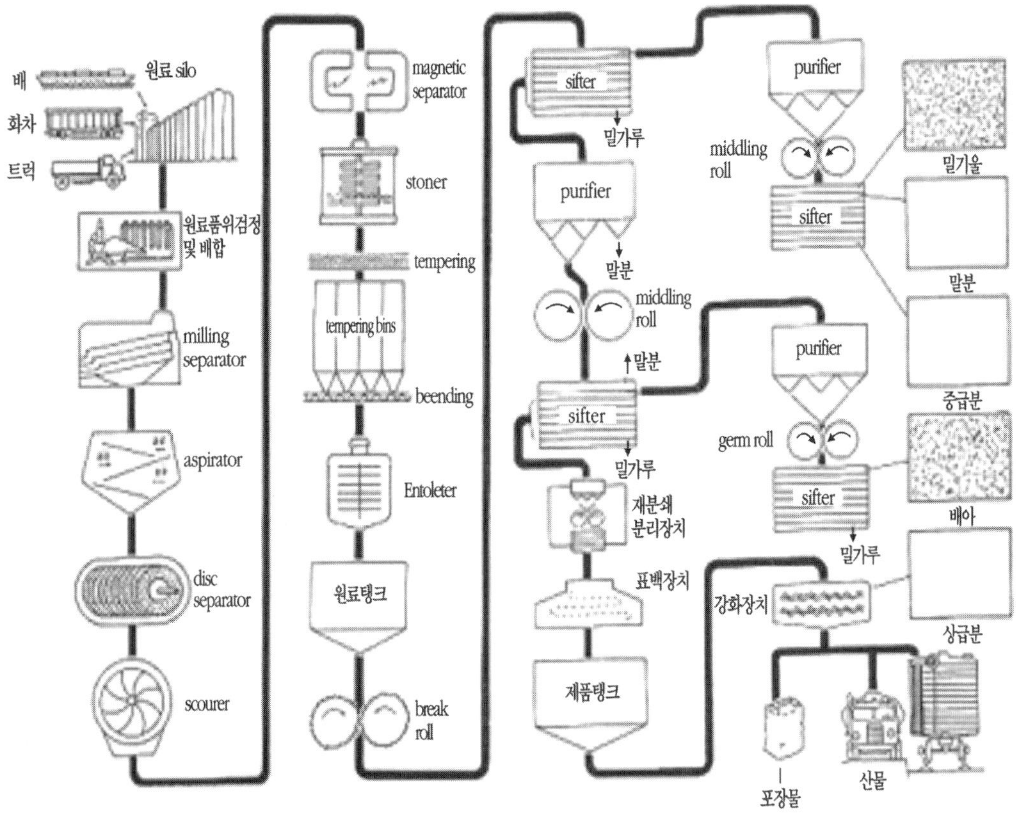

그림 3-2. 제분공정의 모식도 (자료 : 소맥과 제분공업, 1985)

1) 정 선(精選)

밀로부터 얻어진 밀가루는 사용되어질 때 이물질을 제거하는 과정이 없이 직접 가공품의 원료로 이용하기 때문에 제분 전에 이물질을 제거하는 공정은 매우 주요한 공정이

다. 옛날 소규모로 제분할 때에는 밀을 물에 침지 세척하여 건조한 후 제분하였으나 근래 대규모 제분에는 다음과 같은 기기들을 이용하여 정선하고 있다.

(1) Milling separator

경사지게 놓여 진동하는 체판 위로 밀이 흘러가게 되면서 동시에 바람을 불어 올려 왕겨, 지푸라기, 먼지 등 가벼운 이물질과 밀과 크기가 다른 이종곡립, 식물종자, 모래 등을 분리 제거한다(그림 3-3).

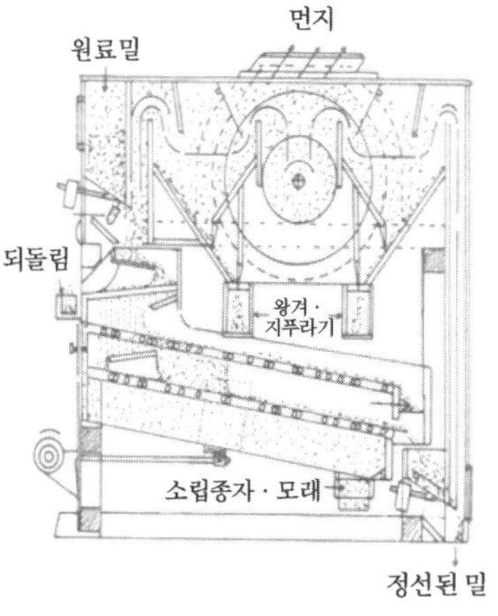

그림 3-3. Milling separator

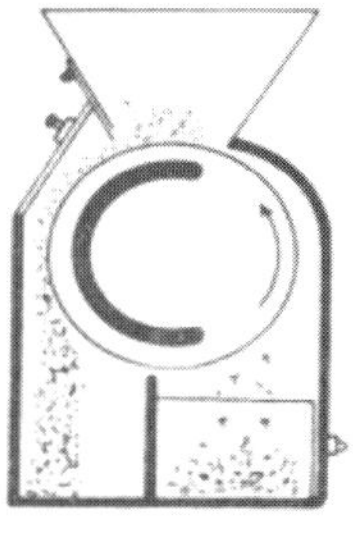
그림 3-4. Magnetic separator

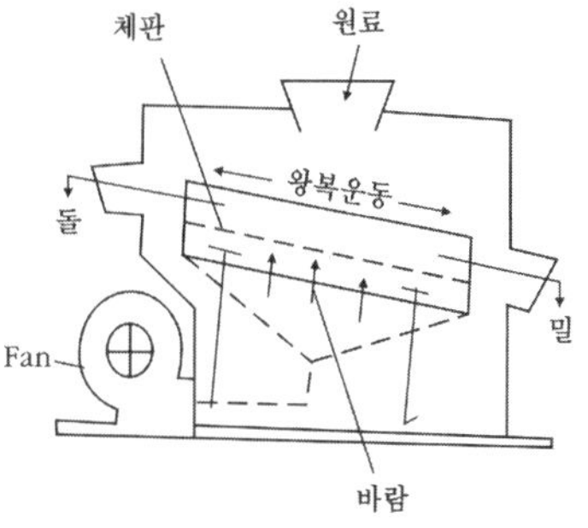

그림 3-5. Dry stoner

(2) Magnetic separator

자력을 이용하여 원맥 중에 혼입되어 있는 금속물(金屬物)을 분리 제거한다(그림 3-4).

(3) Dry stoner

원료에 혼입한 돌 및 협잡물 제거하는 장치이다(그림 3-5).

(4) Disc separator

Disc 표면에 밀알이 들어갈 수 있는 pocket가 패어 있어 그 위로 밀이 흐르면서 밀보다 크거나 작거나 작은 이종곡립(異種穀粒)은 disc 표면에 패어 있는 pocket에 끼이지 못하게 되어 disc 표면을 미끄러지면서 분리 제거되는 기계이다(그림 3-6).

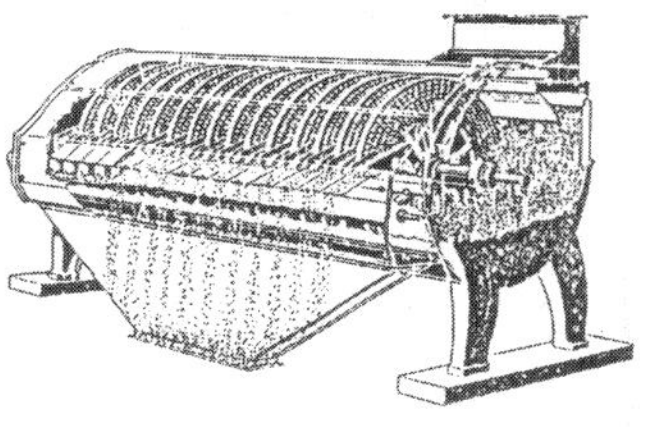

그림 3-6. Disc separator

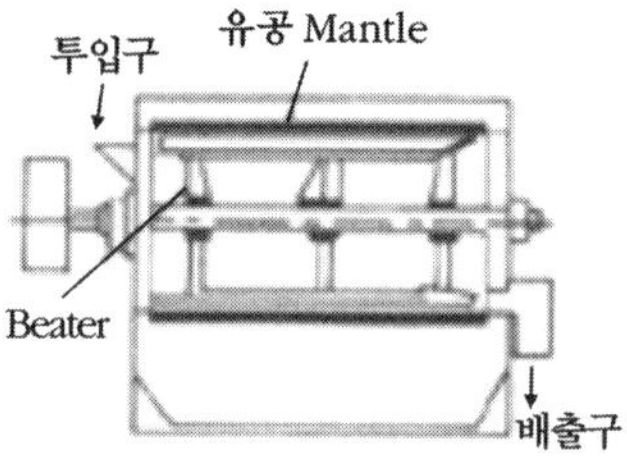

그림 3-7. Scourer

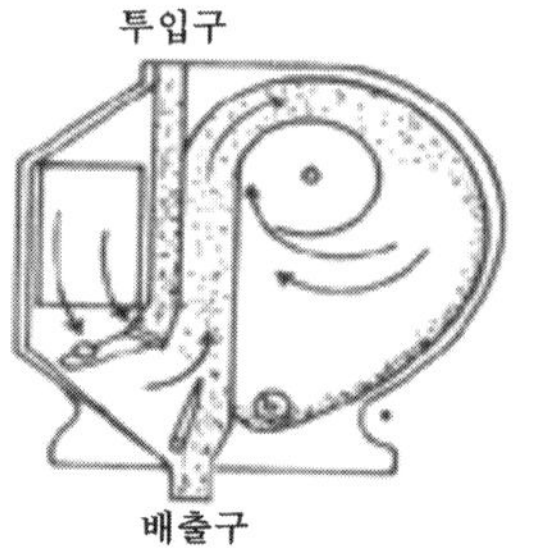

그림 3-8. Aspirator

(5) Scourer

밀 표면에 붙어 있는 미세한 먼지, 털, 부풀어 일어난 외피 등을 문지르고 닦아서 분리한다(그림 3-7).

(6) Aspirator

바람의 힘을 이용하여 밀에 섞여 있는 부상성의 가벼운 물질을 분리 제거한다(그림 3-8).

2) 조 질(調質, conditioning)

밀의 배유와 피(껍질)를 양호하게 분리함으로써 제분효과를 높이고 밀가루의 2차 가공성을 개량하기 위하여 먼저 원맥(原麥)을 처리하는 것을 광의(廣意)의 조질(調質, conditioning)이라 한다. 협의(俠意)로는 밀을 가열하지 않고 실온에서 밀이 가지고 있는 수분 함량보다 높게 수분을 조절하는 것을 tempering이라 하고 밀을 가열하여 조절하는 경우에는 conditioning이라 한다. Tempering은 밀의 물성을 변화시켜 제분적성을 향상시키고 conditioning은 제분적성을 높이는 이외에 제빵 및 제과 적성이 개량된다. 광의의 조질은 tempering과 함께 가열을 수반하는 conditioning을 가르키지만 단순한 가수처리인 tempering만을 지칭하기도 한다. 이때 수분, 온도, 처리시간을 조절함으로써 밀가루의 가공적성에 차이가 크다. 일반적으로 광의의 conditioning을 다음과 같이 나누고 있다.

Conditioner를 구비하지 않은 제분공장에서는 밀은 전부 실온에서 조질한다. 밀은 일정 수분이 될 때 까지 몇 차례에 나누어 물을 가하고 탱크에서 첨가한 수분이 평형이 되도록 방치하며 24～48 시간이 소요된다. 이때 가수량과 처리시간은 밀의 종류와 수분 함량, 계절에 따라 달라진다. 보통 분상질의 밀은 14%, 초자질 밀은 15%정도가 되도록 수분을 첨가하여 방치하게 된다.

- Conditioning
  - Tempering
    - 실온조절(cold conditioning) : 제분적정개량
  - Conditioning
    - 온조절(warm conditioning) : ~46℃, 제분적정, 2차 가공성의 향상
    - 열조절(hot conditioning) : 46~82℃
    - 안정조절(stabilizer conditioning) : 43~71℃
    - 진공조절(vacuum conditioning) : 약 70℃

수분첨가의 목적은 밀을 강인하게 하여 밀기울이 밀가루에 섞이는 것을 방지하며, 배유와 밀기울의 분리를 용이하게 하고 배유가 잘 분쇄되도록 하며, 체에 의한 분리를 용이하게 한다.

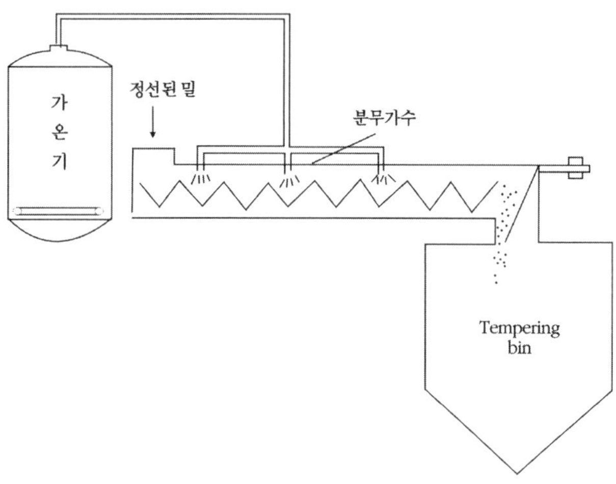

그림 3-9. 조질의 공정도

그림 3-9는 조질의 공정도를 나타낸 것으로 조질이 불충분하게 되면 제분과정에서 피(皮)가 분쇄되어 분(粉)에 혼입됨으로써 밀가루의 질을 떨어뜨리게 되고 반대로 조질이 과도하게 되면 배유가 엉켜서 체를 통과하기 힘들게 되어 밀가루의 생산수율을 떨어뜨리게 된다.

더욱이 열에 의한 조질은 밀의 평형수분에 도달시간을 빠르게 하고 조질에 필요한

탱크용량을 절감할 수 있다. 가열조질의 종류에는 건조공기를 흘려보내 밀을 건조하여 수분이 14～15%까지 건조하거나 조질 소요시간을 단축하기 위하여 46℃까지 온도를 높여 가열하는 방법이 있으며 40분～3시간 요한다. 그 이외에 열조질, 진공조질방법 등이 있다.

3) 파쇄와 체질

겉껍질이 파괴되지 않도록 파쇄해서 조분(粗粉)과 밀기울을 분리한다. 알맞은 체눈을 가진 체틀을 수평으로 왕복이동 시키거나(진동식) 원운동을 하게하여(요동식) 체질한다. 진동식은 운동범위가 좁으므로 소형 제분기에 쓰이고 요동식은 운동범위가 크므로 따로 장치한다.

(1) 조 쇄(粗碎, breaking)

조질과 배합이 끝난 밀은 본격적인 제분을 위하여 제일 먼저 1번 break roll에 투입되며 이때 roll는 고속과 저속으로 회전하도록 조립되며 능률적인 회전비는 2.5 : 1 정도가 적당하다. 여러 대의 roll(보통 6대)를 거치면서 배유가 가루로 되는데 점진적으로 분쇄, 분리를 진행시켜 가면서 밀가루를 생산하는 것이므로 처음 단계에서는 break roll로서 밀 표면에 자국을 내어 누르고 비비면서 배유가 가루가 되도록 하는데 이와 같은 공정을 조쇄(breaking)라 한다(그림 3-10). 이때 break roll의 처음 날은 크며 roll가 거듭되면서 날이 작아지면서 수는 많아진다.

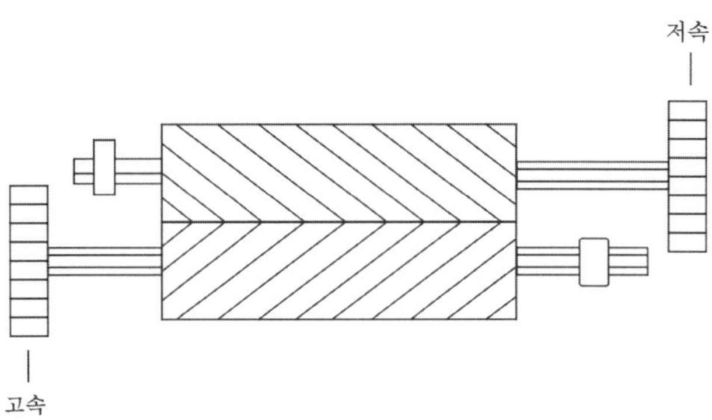

그림 3-10. Break roll의 구조

조쇄공정에서 얻어지는 배유분은 크기가 다른 것이 혼재하고 있는데 거친 것(semolina)은 입자의 지름이 0.35~1.0mm, 중간 것(middlings)은 0.19~0.35mm, 고운 것(dunst)은 0.2~0.1mm 이 있다.

(2) 분 쇄(reduction)

분쇄에 사용되는 roll은 그 표면이 매끄럽기 때문에 smooth roll이라고 하고 배유의 조립자인 middlings을 주 대상으로 분쇄하는 관계로 middling roll이라고도 한다. middling roll은 purifer에서 순화되어 이송된 middlings를 누르고 비벼서 순차적으로 가루를 만들며 능률적인 roller의 회전비는 1.5 : 1이 적당하다. 조쇄 roll과 같이 여러 대의 roll를 거치면서 middling과 semolina는 분쇄된다. 조쇄공정에서도 소량의 밀가루가 생산되는데 이를 break flour, 분쇄공정에서 얻어지는 밀가루를 middling flour, purifier에서 밀기울이 섞이지 않게 분쇄한 밀가루를 patent flour라 하며 가장 양질의 밀가루이다. 조쇄, 분쇄과정 중 보통 6개의 roll이 순차적으로 조립되어 있고, 각 roll 밑에서 밀가루가 얻어지며 이를 전체 혼합한 밀가루를 straight flour 이라 한다. Purifier에서 분리되지 않아 밀기울부분과 배아가 많은 채취구에서 얻어진 밀가루를 clear flour, 밀기울에 가까운 밀가루를 tail flour, 공정 마지막에 남는 밀가루를 말분(末粉, red dog) 이라 한다.

(3) 체분리(sifting)

Break roll과 smooth roll 바로 밑에 체가 연결되어 있어 체위로 떨어지는 stock를 쳐서 분을 산출함과 동시에 체를 통과하지 못하는 stock는 다음 단계로 이행시키는 것을 반복적으로 수행하고 있는데 이와 같은 기능을 체분리(篩別, sifting)라고 한다.

체분리에 사용되는 체는 금속망목체(金屬網目篩), 견직체, nylon체 등이 있으며 이때 다양한 구멍이 있는 체를 이용하여 밀가루를 분리하며 조쇄공정에서도 밀가루가 생산되며 대부분은 분쇄공정에서 생산된다. 양질의 밀가루는 분쇄공정 중 초기 roll 밑에서 얻이지며 분쇄가 진행될수록 밀기울의 혼입이 많아져 색도가 어두어진다.

(4) 순 화(純化)

Break roll에서 조쇄된 stock는 정선기(purifier)로 이송되어지는데 이 기계는 고속 진동하는 체위를 점진적으로 분쇄, 분리를 진행시켜 가면서 밀가루를 생산하는 것이다. Stock(밀기울이 붙어 있는 배유조립)이 경사진 체위를 흘러가면서 체 밑에서 위쪽으로 올려부는 바람에 의해 피편(皮片)은 분리되고 체를 통과한 배유조립(胚乳粗粒, middling)은 middling roll로 보내져 분쇄되어 밀가루가 되며 체를 통과하지 못한 stock는 다시 조쇄(粗碎)계통으로 되돌려져 배유 분리작업이 반복 진행된다.

4) 숙 성(熟成)

제분직후의 밀가루는 그 색택(色澤)과 성질이 좋지 못하다. 그것은 생명체인 밀이 인위적인 제분조작에 의해 파괴됨으로써 생리적으로 불안정한 상태에 놓이게 되기 때문이다. 따라서 제분 직후의 밀가루로는 양질의 2차 가공제품을 만들 수 없으며 일정기간 대기(大氣) 중에 방치함으로써 밀가루의 성질을 안정시켜야 한다. 보통 제분한 밀가루를 숙성하는 데 1～2개월 소요되는데 숙성은 일종의 산화현상(酸化現象)에 의하여 이루어지기 때문에 보통은 밀가루의 표백과 병행한다. 밀가루의 숙성단계는 공기 중의 산소에 의해 초기에는 지방의 산도가 증가하다가 나중에는 지질산화효소(lipoxidase) 작용에 의해 감소되며, 지질 중의 linoleic acid, linolenic acid 비율이 감소하고 -S-S결합이 감소하면서 -SH결합이 증가하게 된다.

5) 표백(漂白) 및 영양강화

제분 직후의 밀가루는 xanthophyll, 지용성의 carotenoid 등의 색소가 들어 있어서 특유의 누른색을 띄우는 크림색을 나타낸다. 이 색소는 대기 중에서 산소와 접촉하면 산화되어 탈색되는데 이와 같은 현상을 자연표백이라 한다.

자연표백은 오랜 시간이 걸리기 때문에 짧은 시간 내에 산화작용을 일으켜 분색의 표백과 아울러 분질을 개량할 목적으로 전기 또는 화학적 첨가제를 사용하는 인공표백이 행하여지고 있다. 일반적으로 약제표백 방법이 전기표백 방법에 비해 경제적이고 간편해서 널리 채택되고 있다.

소맥분의 표백을 위하여 사용되는 화학적 표백제로는 과산화벤졸(benzoyl peroxide), 과산화질소(nitrogen peroxide), 염소(chlorine), 3염화질소(nitrogen trichloride), 2산화염소(chlorine dioxide) 등 여러 가지가 있으나 표백효과, 분질의 안정도 등에서 장점이 많은 과산화벤졸이 가장 널리 쓰인다.

과산화벤졸은 순수한 것은 발화의 위험이 있기 때문에 인산칼슘 또는 탄산칼슘 등과 혼합제제로 만들어 사용상 안전성을 도모하고 있다. 이 약제를 소맥분에 첨가하게 되면 소맥분 중의 수분과 작용하여 생성되는 발생기산소가 carotenoid계 색소를 산화 분해시킴으로써 표백효과를 내게 된다.

$$(C_6H_5CO)_2O_2 + H_2O = 2C_6H_5COOH + O$$

이때 분해산물로 안식향산(benzoic acid)이 생기게 되나 소맥분 중의 잔존량은 극미량이기 때문에 문제가 되지 않는다. 이 표백제는 밀가루 1kg에 대하여 0.3 g이하를 사용해야 하며 첨가 후 24～48시간이면 산화작용이 완료된다.

밀가루는 영양소를 첨가하기가 쉬우므로 비타민, 무기질 등의 영양강화를 하고 있다. 또 밀가루 단백질의 영양가 향상을 위하여 lysine 등의 아미노산을 첨가하기도 한다.

6) 부산물 생성

제분시에 얻어지는 부산물로는 거친 밀기울(bran), 미세한 밀기울(小皮, short bran) 및 배아(germ) 등이 있다. 겨 중에 혼재하고 있는 배아에는 비타민 E가 다량 존재하므로 분리하여 건강보조식품으로 쓰이기도 한다. 그 밖에 밀기울은 사료, 미생물 배양소재로 이용하고 있다.

7) 제분수율

밀을 제분하여 얻어지는 밀가루의 양을 제분수율(製粉收率, flour extraction)이라 하며 밀의 품종, 종류, 제분방법 등에 따라 차이가 크다.

3.1.2. 밀가루 제품의 종류 및 규격

밀가루는 제빵용, 제면용, 제과용 등의 용도별로 구분하지만 기본적으로는 밀가루의 단백질 함량에 따라 강력분, 준강력분, 중력분 및 박력분으로 나눈다. 강력분의 단백질은 건부(乾麩, dry gluten)량이 13% 이상, 중력분은 10～13%, 박력분은 10% 이하인 것을 말한다. 또한 밀가루의 회분 함량에 따라 1등분, 2등분 및 3등분으로 나눈다.

표 3-1은 우리나라 밀가루의 규격을 나타낸 표이며, 2003년부터 밀가루는 농산물품질관리법에서 식품위생법을 적용 받게 됨으로써 새로운 밀가루 기준 및 규격을 제정하였다.

표 3-1. 밀가루 기준 및 규격

(단위 : %)

	밀가루(강력, 중력, 박력)			영양강화 밀가루	기타 밀가루
	1등급	2등급	3등급		
성 상	고유의 색택을 가진 분말로 이미·이취가 없어야 한다				
수 분	15.5 이하				
회 분	0.6이하	0.9이하	1.6이하	2.0이하	2.0이하
사 분	0.03이하				

(자료 : 한국식품연감, 2003)

표 3-1에서 보는 바와 같이 소맥분의 등급이 떨어질수록 회분 함량이 증가하게 된다. 따라서 밀가루의 회분 함량을 측정하여 밀기울의 혼입도 등을 판정할 수 있다. 일반적으로 강력분은 제빵용, 중력분은 제면용, 박력분은 제과용으로 쓰이며 가공용도별 밀가루 종류의 사용 예를 보면 표 3-2와 같다.

표 3-2. 가공용도별 밀가루의 사용 예

용 도 별		밀가루의 사용예	
		고 급 품	보 통 품
빵 류	식 빵	강 력 분 1등 100%	강 력 분 1등 50% 준강력분 1등 50%
		강 력 분 1등 70% 준강력분 1등 30%	
	프랑스빵	준강력분 1등 100%	
	Hard roll	강 력 분 1등 100%	
	과자빵(biscuit)	강 력 분 1등 50% 준강력분 1등 50%	강 력 분 2등 70% 준강력분 2등 30%
면 류	건 면	준강력분 1등 100% 중 력 분 1등 100%	중 력 분 2등 100%
	중 화 면	강 력 분 1등 100% 준강력분 1등 100%	준강력분 1등 50% 준강력분 2등 50%
	Macaroni	Durum semolina 100%	준강력분 1등 100%

과 자 류	Cookie	박 력 분 1등 100%	박 력 분 1등 50% 중 력 분 1등 50%
	Custard	박 력 분 1등 100%	박 력 분 1등 50% 준강력분 1등 50%
	Cracker	박 력 분 1등 60% 강 력 분 1등 40%	준강력분 1등 50% 중 력 분 1등 50%
기 타 용	중국만두	박 력 분 1등 30% 강 력 분 1등 70%	박 력 분 1등 30% 준강력분 1등 70%
	튀김가루	박 력 분 1등 100%	박 력 분 2등 또는 중 력 분 2등 100%
	빵가루	준강력분 1등 100%	강 력 분 2등 50% 준강력분 2등 50%

3.1.3. 밀가루의 품질측정

밀가루 품질측정법은 American Association Cereal Chemist(A.A.C.C.)법이 일반적으로 쓰이고 있으며 일반성분, 물리적성질, 효소활성도, 손상전분의 정도 등을 측정하여 판정한다.

1) 색 상

잘 제분된 밀가루는 색소에 의하여 맑은 노란색을 가지고 있다. 밀가루가 붉은색, 푸른색 또는 회색의 색상을 보이는 경우가 있는데 이는 제분 중 겨층의 혼입, 먼지 또는 손상된 밀 등에 기인한다. 밀가루의 입도도 색깔에 영향을 미친다. 밀가루가 고울수록 밝고 흰색을 띄우게 된다. 밀가루의 색상을 측정하는 방법으로는 흔히 Pekar test법이 쓰이나 최근에는 광학기기를 사용하여 표면의 반사율을 측정하는 방법들이 널리 쓰인다.

2) 입 도

밀가루의 입도는 밀 배유부의 강도에 따라 다르게 된다. 연질맥은 배유뷰가 쉽게 부서져 나오는 반면, 경질맥은 배유부를 분리하기 위해서는 에너지 투입이 높아져야 한다.

밀가루의 입도는 밀가루의 수분 흡수속도와 밀접한 관계가 있다. 입도가 고울수록 밀가루의 수화속도는 빨라지게 된다.

밀가루를 공기의 흐름에 의하여 입자 크기별로 분리하는 것을 공기분급(空氣分級, air classification)이라 하는데, 밀가루 고운 입자는 공기흐름에 따라 많이 이동하나 큰 입자는 그렇지 못하다. 밀가루를 공기분급하면 단백질 함량이 달라져 특수 목적에 사용할 수가 있다. 공기분급에 의하여 밀가루 입자 크기별 분포와 단백질 함량을 보면 표 3-3과 같다.

표 3-3. 공기분급에 의한 보통밀가루의 입도 구성

입자크기(㎛)	구성비(%)	단백질 함량(%)
0~17	7.0	14.5
18~35	45.0	5.3
35 이상	48.0	8.9
원래밀가루	100.0	7.6

3) 흡수율(吸水率)

밀가루의 흡수율은 밀가루의 가공에 있어서 매우 중요한 인자이다. 흡수율이 큰 밀가루는 가공량을 증대시키므로 경제적으로 유리하다. 흡수율은 보통 Farino graph로 측정할 수 있다. 밀가루의 흡수율에 영향을 주는 인자로서 가장 중요한 것은 단백질 함량이며 그 외에 손상전분도 흡수율에 영향을 미친다.

4) 밀가루의 성분

밀가루는 수분을 14%정도 함유하고 있다. 밀로부터 좋은 밀가루를 만드는 데는 수분이 필요하며 이때 평형수분은 14% 정도이다. 수분 함량이 적으면 불안정하여 쓰기 곤란하고 과다하면 변질되기 쉽다.

밀가루의 탄수화물은 주로 전분이며 전분의 함량은 단백질 함량과는 반비례하며 일반적으로 연질맥이 전분 함량이 높다. 전분은 탄수화물이 주체이며 밀가루 중의 70%정도를 차지하고 있다. 따라서 2차 가공품에 있어서 전분의 특성이 중요한 영향을 미친다는 것은 당연한 것이다. 종래 밀가루의 평가는 주로 gluten량의 다소와 그 질의 양, 부로 행하여져 왔지만 최근에는 전분의 특성과 면의 식감의 관계 등 전분의 질도 밀가루의 평가에 관계하고 있다.

회분은 밀가루의 등급을 나타내는 것으로 특히 중요하다. 회분의 주성분은 Ca, P, K로서 이들은 밀가루의 피 부분에 집중되어 있고 입의 내부(배유부)에는 적다. 피부분은 사료용으로 쓰이며 회분량은 5～6%선으로 배유부의 거의 20배이다.

밀가루의 특징은 단백질의 종류가 gluten 주체인 것이다. 이 글루텐이 밀가루로 빵이나 국수를 만들 때 모양을 이루는 골격의 역할을 한다. 밀가루의 글루텐 함량은 2차 가공시의 적성을 판단하는 측정치로서 가장 중요한 것이다.

지방질 함량은 2～4% 정도로서 배유부에는 1～2%, 배아에 8～15%, 겨층에 약 6%정도 함유되어 있다.

Maltose가는 수분, 회분, 단백질과 같은 성분조성은 아니고 밀가루에 화학반응을 일으켜 그 결과 얻어지는 측정치이다. 밀은 roll식 분쇄기에 의해서 분쇄될 때 소맥립의 굳기에 따라 분에 힘이 걸리고 밀가루의 주성분인 전분립의 일부에 균열이 생긴다. 전분립은 전분 분해효소 amylase에 의하여 분해되어 고분자로부터 저분자의 당류로 변하지만 전분립에 균열이 있으면 amylase가 작용하기 쉽게 되기 때문에 균열이 없는 일반립의 일부에 균열이 생긴다.

전분립은 전분 분해효소 amylase에 의하여 분해되어 고분자로부터 저분자의 당류로 변하지만 전분립의 균열이 있으면 amylase가 작용하기 쉽게 되기 때문에 균열이 없는 일반립에 비하여 빨리 분해된다. 이 때문에 2차 가공공정의 생지단계에 영향을 주는 요인으로 된다. 이와 같이 균열이 생긴 전분을 손상전분이라고 부른다.

Maltose가는 제분손상을 아는 척도가 되는 측정치로서 손상전분의 양이 많으면 maltose가도 높다. 소맥분의 maltose가는 높은 것이 좋은 가 낮은 것이 좋은 가는 한마디로 말할 수 없고 2차 가공과의 관련에서 정해지는 것이다.

손상전분은 또한 균열내부에 물을 흡수하므로 밀가루로서는 손상전분이 많으면 흡수력이 커진다. 일반적으로 면류에 있어서는 손상전분이 적은 것이 좋다.

5) 물리적 시험기기

밀가루 반죽의 성질은 단백질, 전분, 지방질 등의 함량과 질, 효소 등 여러 가지 요인이 관계되므로 화학분석만으로 가공적성을 판단하기는 매우 어렵다. 가공하고자 하는 제품을 만들어 평가하는 것이 합리적이라고 할 수 있으나 개인 오차가 커서 반죽의 특성을 다음과 같은 장치를 이용하여 수량적으로 평가하는 것이 일반적이다.

(1) Farinograph

Farinograph는 밀가루반죽을 일정한 온도에서 교반할 때 가소성(可塑性, plasticity) 과 이동도(移動度, mobility)를 측정하는 기계로서 얻어지는 farinogram은 반죽의 일정한 굳기에 도달하는 데 요하는 수분 함량과 반죽의 특성을 나타내고 있다. 밀가루 반죽에 대한 farinogram을 보면 그림 3-11과 같다.

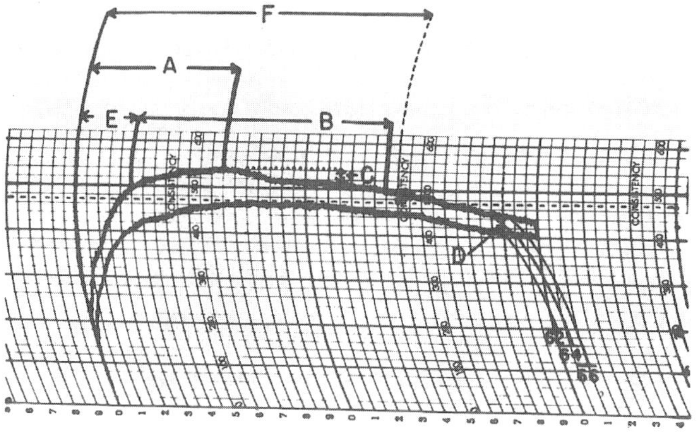

그림 3-11. 밀가루의 farinogram

Farinogram상의 "A"는 밀가루가 물을 흡수하는 단계로서 500B.U.(Brabender unit)까지 도달하는 시간(arrival time)이라 하고 밀가루가 물을 흡수하는 속도로서 단백질의 함량이 높으면 도달시간도 증가한다. "B"는 반죽의 굳기가 최고에 달하는 시간을 반죽시간(peak time)이라 한다. "C"는 500B.U를 떠나는 시간으로 출발시간(departure time)이라 하며 강력분일수록 출발시간이 길다. "D"는 반죽시간으로부터 12분 이상의 커브, 즉 valorimeter값으로서 밀가루의 품질을 평가할 수 있는 지표이다. "E"는 도착시간부터 출발시간까지 커브로서 반죽의 안정도(stability)라고 한다. 반죽저항성(抵抗性, mechanical tolerance index, MTI)은 반죽시간 5분 후의 peak의 차이를 B.U.로 표시한 것이며 MTI값이 낮을수록 안정도가 좋은 밀가루이며 MTI값이 클수록 안정도가 좋지 못한 밀가루이다. 보통은 강력분은 70이상, 박력분은 30이하를 나타낸다. 반죽파괴시간(time to breakdown)은 반죽의 최고 peak에서 30B.U. 감소하는 데 요하는 시간이다.

(2) Extensograph

Extensograph는 farinograph를 보완해주는 기기로서 밀가루 반죽을 끊어질 때 까지 늘리는 데 요하는 힘과 신장(extension)과의 커브를 기록하는 장치이다. Extensograph로부터 얻어지는 extensogram은 신장저항도(resistance to extension), 신장도(extensibility) 및 비율을 나타낸다. 신장저항도(R)는 커브의 최고 높이이고 신장도(E)는 시작점에서 끝까지 거리(cm)이다(그림 3-12). 비율은 R/E로 표시되며 강력분은 R 및 E값이 크다. 일반적으로 강력분은 박력분보다 A와 R 이 크고 A, R, E의 크기는 단백질 함량과 비례한다. 시간이 경과할수록 R이 증가하면 제빵적성이 좋다.

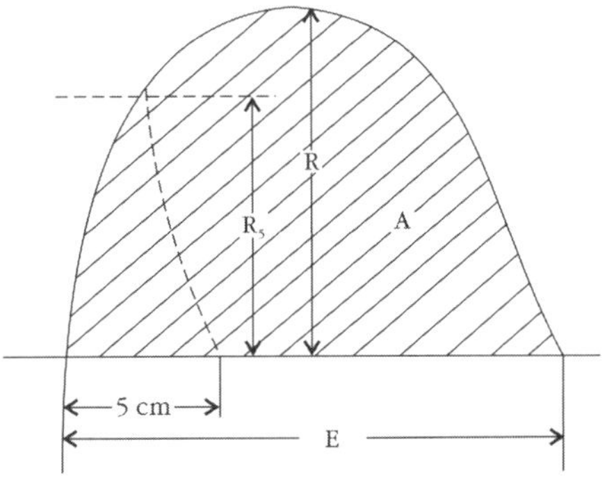

그림 3-12. 밀가루반죽의 extensogram

A : 면적, R : 최고신장저항, R5 : 5cm 신장시 저항
E : 신장도(extensibility), R/E : 신장저항/신장도

(3) Amylograph

Amylograph는 회전점도계의 일종으로서 밀가루 현탁액을 1분간에 1.5℃의 속도로 가열 및 냉각하면서 점도변화를 기록하는 장치이다. 그림 3-13은 밀가루의 amylogram을 나타낸 것으로 전분의 함량과 질, amylase의 활성을 나타내고 있으며, 곡물 전분의 호화개시온도, 최고점도, 최고점도시의 온도 등을 알 수 있다.

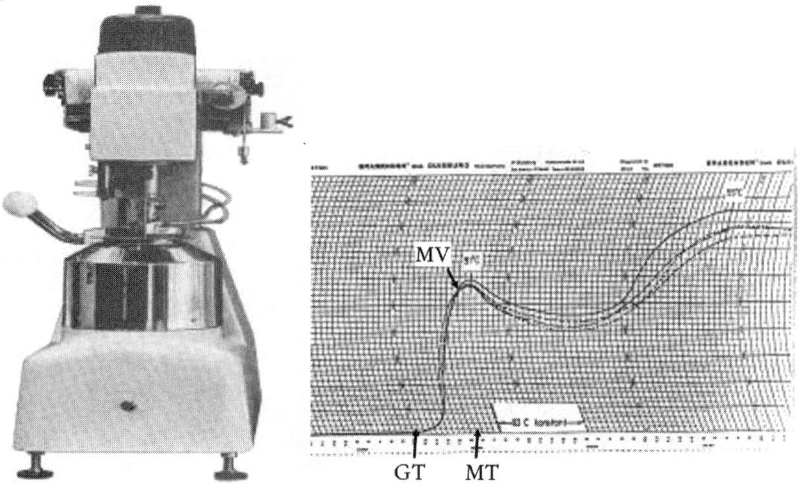

그림 3-13. Amylograph의 모양과 밀가루의 amylogram

G.T. : initial gelatinization temperature(호화개시 온도)
M.T. : maximum viscosity temperature(최고점도 온도)
M.V. : maximum viscosity(최고점도)

3) 밀가루의 효소

밀가루에 존재하는 효소는 전분을 분해하는 amylase, 단백질을 분해하는 protease, 산화작용을 촉진하는 oxidase 등이 있다. Amylase는 전분을 분해하지만 그 정도가 강하면 amylograph의 점도가 낮으므로 저아밀로 밀가루가 된다. 저아밀로 밀가루는 2차 가공적성이 불량하지만 면류에 있어서는 비교적 영향이 적다. Protease는 단백, 즉 gluten을 분해하여 gluten의 반죽형성 능력을 약화시키므로 protease의 활성이 강하면 모든 가공품이 불리하게 된다.

밀가루에는 amylase가 존재하므로 종합적으로 효소활성은 amylograph로 판단하고 있다. 따라서 저 amylo에 의한 악영향은 반드시 amylase활성에 의한 것은 아니고 protease의 활성에 의한 경우가 많다. 제면공정에 있어서 삶음에 의한 부스럼이나 건면 건조 중의 낙면 등은 직접적으로 protease활성의 영향에 의한 것이라고 생각된다.

Oxidase는 면에 있어서는 산화갈변에 관여하고 있는 효소이다. 생면이 시간경과에 따라 갈변하는 것은 주로 산화효소에 의한 것이다. 이들 효소는 소맥립 내의 피부 주변에 많이 분포되어 있으므로 등급이 낮은 밀가루가 효소활성이 크다. 또한 박력분보다 강력분이 효소활성이 큰 것이 보통이다.

3.2. 면(麵)의 제조

밀가루에 물을 넣어 혼합하여 만든 반죽을 양손으로 면판(麵板) 위에 치고 잡아당겨 면발을 가늘고 길게 뽑아내어 음식으로 이용하는 것이 바로 제면(국수)의 기원이다. 면은 아시아에서는 중국을 원조로 하여 한국, 일본, 베트남으로 전파되었고, 유럽에서는 국수의 기원을 이탈리아의 스파게티, 마카로니 등의 파스타에서 찾아볼 수 있다. 이런 면발을 중국의 화북지방에서는 라면(la-mien), 화남지방에서는 타면(打麵, ting-mien)이라 한다. 제면의 주된 원료는 밀가루이지만 근래에는 밀가루 이외에 쌀가루, 메밀가루, 콩가루, 녹말가루 등의 원료에 물과 소금을 넣어 반죽을 한 다음 국수를 뽑은 것을 면류라고 한다.

면류 제조업체 중 즉석라면을 제외한 면류 제조업체는 지역토착 기업으로서 전국에 산재되어 있으며 국내 즉석면류 제조는 4개의 대기업에서 생산량의 대부분을 생산하고 있다. 면류제조업체의 총수는 2003년 기준하였을 때 830여개로서 이 중 85%가 5인 이하의 영세기업으로 되어 있으며 5인 이상의 면류 제조업체 중 비교적 큰 기업이라고 간주되는 50인 이상 규모의 기업은 전체 10.8%이다.

3.2.1. 원 료

1) 밀가루

제면의 주원료는 밀가루이지만 밀가루의 가공적성은 원료인 밀의 품질에 따라 좌우되며 gluten 함량이 10~13%인 중력분을 일반적으로 사용하나 밀가루의 배합 비율은 제조회사별로 know-how로 되어 있다.

2) 물

제면공정은 소맥분 100%에 대해 물 35% 정도를 가하여 반죽한다. 면류제조에 있어서 수질은 위생적 항목을 만족시켜야 하는 것은 당연하고 다음에 check할 항목은 pH, alkali도, 경도가 있다. 이 중 국수 제조용수로서는 alkali도가 대단히 중요하다.

(1) pH

제면용수의 pH는 음용수의 기준과 비슷하여 5.8~8.6의 범위가 적당하며 삶은 면의 pH는 5.8이고 증숙 중화면의 pH는 8.6으로서 면 종류에 따라 큰 차이를 나타내고 있다.

(2) Alkali도

물의 산, alkali는 수질의 주요한 지표이지만 pH가 산, alkali에 관한 모든 상황을 전해주는 것은 아니다. 사용하는 수질의 판단을 pH가 중성-미산성을 나타내는 것만으로 좋다고 하는 것은 위험하다. 제면에 있어서 이로 인해 실패하는 예는 많다. 통상 물이 나타내는 pH는 물 중에 용해되어 있는 무기염이나 탄산가스의 영향을 받은 결과이다. 자연수는 빗물에 녹아든 탄산가스, 토양 중의 생물의 호흡으로 발생하는 탄산가스가 석회동굴과 같은 퇴석암(堆石岩)에 작용하여 중탄산염을 포함하고 있다. 물이 나타내는 alkali도는 이들 탄산염이나 중탄산염의 결과이다. 특히 문제되는 것은 중탄산염의 존재이며 외견상 약 알칼리성이지만 가열되면 탄산가스를 방출하여 탄산염으로 되어 pH가 급상승해 강한 알칼리성을 나타낸다. 이와 같은 경향은 지하수에 특히 강하며 실제로 pH 7.0에서도 끓은 후의 pH는 8.0이상으로 되는 예는 많고 경우에 따라서는 pH 9.0에도 달한다.

Alkali도는 수중에 함유되는 중탄산염, 탄산염, 수산화물 등의 알칼리분을 탄산칼슘의 ppm으로 표시되는 것으로 1ppm을 1도로 하며 사용수의 alkali도는 20ppm이하가 바람직하다.

(3) 경 도

경도는 물 중에 녹아 있는 Ca이나 Mg이온의 양을 이에 대응하는 탄산칼슘의 ppm으로 환산하여 나타내는 것으로 사용수의 수질을 나타내는 중요한 기준의 하나이다. 경도와 alkali도는 무관계한 것이 아니라 경도가 높은 물(경수)은 alkali도가 높은 경향을 나타내므로 경도가 중요시 되는 한 가지 이유가 된다. 경도가 150ppm이하의 물이면 전혀 문제가 되지 않는다. 면에 있어서의 수질로서는 pH나 alkali도가 중요하다.

3) 식 염

면류 제조에 사용되는 식염량은 일정하지 않고 밀가루에 대하여 0～8% 정도 사용된다.

밀가루를 증류수로 반죽하는 경우와 식염수로 반죽한 경우 성질이 크게 다르다. 식염수로 반죽하면 gluten의 전개에는 약간 시간을 요하지만 gluten조직이 보다 강력하게 형성된다. 식염에는 효소의 활성을 저해하는 효과가 있다. 통상의 제면가수에서는 밀가루에 대하여 식염 5%가 한도로 생각 된다. 식염을 사용하는 효과는 이에 의해 면의 식미, 식감을 개량하고 작업공정의 개선, 안정화가 행해지는 것이다.

4) 견 수(梘水)

견수는 탄산나트륨, 탄산칼륨, 인산염류을 주성분으로 하는 알칼리염 용액이며 사용량은 이들 염류가 배합된 혼합물로서 밀가루에 대하여 0.2～1.5% 정도 사용한다.

견수의 효과는 식염과 같이 gluten에 대한 조임작용 외에 알칼리에 의한 밀가루 중의 flavonoid 색소의 변화와 특유의 알칼리 풍미와 식감을 내는 것으로 배합률에 따라 면류의 품질을 좌우하므로 면류제조업체마다 고유의 recipe를 보유하고 있다.

5) 첨가물

식품위생법에서 허용하는 식품첨가물로서는 다음과 같은 것이 있다.

(1) 품질개량제

① **종합인산염** : 식품첨가물로서 피로인산나트륨, 폴리인산나트륨, 메타인산나트륨 및 각각의 칼륨염이 있지만 제제로서는 이들이 배합된 것이 보통이다. 중합인산염의 효과는 금속이온의 봉쇄작용, 분산작용, 세정작용, 완충작용 등이 있어 식품에 폭 넓게 사용되고 있다. 사용량은 밀가루에 대하여 0.1%를 반죽수에 녹여 사용한다.

② **유화제** : 식품첨가물로서 glycerin fatty acid ester, sucrose fatty acid ester 등이 있지만 효과는 기름과 물의 유화(乳化), 분산이 주이다. 이외에 전분질 식품의 경우는 전분의 용출, 노화방지 효과가 있으므로 이 목적으로 사용된다.

③ **증점제** : 식품첨가물로서 alginic acid, methyl cellulose, Na-polyacrylic acid, casein, propylene glycol의 alginic acid ester 등이 있다. 면류에 사용하는 목적은 중화면에 식감을 쫄깃쫄깃하게 하는 효과가 있으며 식품첨가물로서 사용기준이 있으며 사용량은 면류에 0.1% 내외이다.

(2) 보존, 살균제

보존이나 살균을 목적으로 하는 식품첨가물에는 benzoic acid, Ca-propionic acid 등이 있지만 사용기준이 있는 것이 많고 면에 사용되는 것은 제한되어 있다.

① **pH 조정제** : 삶은 면의 보존성은 pH의 조정이 주체가 되며 pH에 의하여 세균류의 증식이 억제됨과 동시에 내열성이 약해지는 것을 이용하고 있다. 식품첨가물로서는 산미료(酸味料)로 분류되는 lactic acid, malic acid 등의 유기산이 사용되고 있다.

② Propylene glycol : 습윤 유화안정제로서 또는 약한 정균작용(靜菌作用), 발효억제, 항진균작용이 있으므로 보존의 목적으로 사용된다.

③ Ethyl alcohol : 생면류의 보존을 목적으로 소맥분의 2%정도가 사용된다.

(3) 영양강화제

식품첨가물 중 영양강화제로서 각종 vitamin 류, 아미노산류, 철 및 Ca염류 등이 있다.

(4) 기타 품질개량제

① Vital gluten : vital gluten은 소맥분으로부터 gluten과 전분을 나누어 gluten을 분말로 한 것이다. 면류에 gluten을 첨가하는 것은 밀가루를 강력화시키기 위함이며 밀가루에 대하여 1～3% 사용한다.

② **전분류** : 식감의 개량을 위하여 전분을 사용하는데 감자전분의 경우 연질로 호화가 빠르고 식감에 매끄러움과 부드러움을 주고 또한 삶는 것이 빨라진다. 사용량은 5～20% 정도이다.

③ **계란** : 밀가루에 대하여 1% 정도 사용한다. 난황은 황색으로 착색과 계란 맛을 부여하고, 난백은 식감을 개량하고 영양강화를 위하여 사용한다.

3.2.2. 면의 분류

면은 밀가루와 물을 섞어서 만든 반죽(生地, dough)을 선상으로 만드는 것으로 제조 방법, 유통형태, 면발제조 후 처리 방법에 따라서 면을 분류할 수 있다.

1) 제조 방법에 따른 분류

(1) 신연면(伸延麵)

신연면은 가수량이 많은 연한 생지가 아니면 만들 수 없지만 미리 잘 반죽해서 하나의 생지덩어리로 만든 후 이것을 시간을 들여 잡아 늘려 하나의 선으로 하는 방법으로 전통적 수제(手製)의 하나이다. 우리나라에서는 중화요리에서 손으로 쳐서 만드는 라면 혹은 타면(打麵)을 볼 수 있으며, 일본의 소면(素麵)은 신연면의 대표적인 제품이다.

(2) 선절면(線切麵)

일반적으로 가장 많이 만드는 면 제조법이다. 즉 수제법으로 면봉(麵棒)을 사용하여 손으로 펴서 자르기도 하고, 롤 사이에 생지를 통과시켜 압연하여 칼로 썰어 면발을 만들기도 하며 최근에는 대부분 기계를 이용하므로 기계제면으로 대신하기도 한다. 이렇게 만들어진 국수로는 칼국수, 소바, 우동과 같이 생면의 형태로 판매되는 것과 물에 삶아서 제품으로 나오는 증자면, 이것을 건조한 증자건면 등이 있으며 중국을 비롯하여 말레시아, 태국 등 동남아에서 많이 제조되며, 우리나라에서는 즉석라면과 건면이 주종을 이루고 있다.

(3) 압출면(壓出麵)

묽게 반죽한 생지를 많은 작은 구멍이 뚫린 실린더에 밀어 넣어 선단의 금형으로부터 밀어내 끓는 물속으로 내려 보냄으로써 면발을 제조하던 하루면(河漏麵)이 발전한 것이며 하루면의 형태로 현재까지 제조되고 있는 것은 태국의 유산균발효 쌀국수를 예로 들 수 있다. 우리나라 냉면, 쫄면, 당면, 이탈리아의 스파게티, 마카로니 등이 압축면에 속하며 밀가루 이외에도 쌀가루, 메밀가루, 감자전분, 녹두전분 등의 반죽을 국수틀에 넣어 압축하여 끓는 물에 직접 떨어뜨린 후 찬물로 씻어내어 만들기도 한다. 20～30년 전까지만 하여도 지렛대를 사용하여 사람의 힘으로 반죽을 눌러 뽑았으나 최근에는 유압식 피스톤 압출기나, extruder를 이용하여 제조하고 있다. 또한 금형의 형상, 크기에 따라 여러 가지 형태의 면선을 만들 수 있다.

2) 유통형태에 따른 분류

(1) 생면류

면발을 성형하여 바로 포장한 후 저온에서 유통되는 국수류를 말하는 것으로 칼국수, 수제비류, 만두피 등이 이러한 형태로 공급된다.

(2) 냉동면류

면발을 성형하여 그대로 유통되는 생면이나 면발을 성형한 후 삶거나 찌는 과정을 행한 숙면류 등은 유통기간이 길지 않으므로 장기간 유통을 할 수 있도록 제품 제조 후 냉동시켜 유통되는 면류를 말하는 것으로 최근 유통되는 제품에는 칼국수, 우동, 냉면 및 수제비류 등이 있다.

(3) 건면류

면발을 성형하여 만들어진 생면이나 숙면류 등을 건조시킨 국수류 등을 말하는 것으로 건조에 의해 저장성이 높아짐으로써 유통기간이 길어지는 장점을 가지고 있다. 그러나 생면과는 달리 건조과정 동안이나 건조 후 면발의 끊어짐이 발생되지 않아야 하므로 생면의 제조 조건보다는 좀 더 까다로운 점이 있다. 우리나라에서 유통되는 건면류로는 소면, 칼국수, 당면, 냉면, 호화 건면류 및 스파게티, 마카로니 등이 있으며 건면류의 형태가 많다.

3) 면발 처리 방법에 따른 분류

(1) 건면류

면발을 제조한 후 건조한 국수류로 상기 설명한 바와 같다.

(2) 숙면류, 증숙면류, 유탕면류

면발을 성형과정 중이나 후에 익히거나 호화시킨 숙면류, 유탕처리하여 만든 유탕면류, 개량숙면류 등이 있다. 우리나라에서 대표적인 숙면류는 즉석라면이다.

4) 식품공전에 따른 분류

식품공전에서 "면류는 곡분 또는 전분을 주원료로 하고 필요에 따라 식품첨가물 등을 혼합한 후 면발을 성형한 것이거나 이를 열처리, 유탕처리, 건조 등의 방법으로 가공한 것 또는 이에 수프를 첨가한 것이다"라고 정의 하고 있으며, 면류를 식품유형별로 다음과 같이 분류하고 있다.

(1) 건면류

밀가루 등의 곡분 또는 전분을 주원료로 하여 만든 생면 또는 숙면을 건조시킨 것으로 국수, 냉면 및 당면이 있다.

① **국수** : 밀가루 등의 곡분을 주원료로 하여 제조한 것

② **냉면** : 메밀가루 및 곡분(밀가루 포함) 또는 전분을 주원료로 제조한 것

③ **당면** : 전분(80%이상)을 주원료로 하여 제조한 것

(2) 생면류

면발을 성형한 후 바로 포장한 것이거나 표면만 건조시킨 것으로 국수, 수제비류, 만두피류 등이 있다.

(3) 숙면류

면발을 성형한 후 익힌 것 또는 면발의 성형과정 중 익힌 것으로서 국수, 냉면, 당면, 수제비류 등이 있다.

(4) 유탕면류

면발을 익힌 후 유탕처리한 것

(5) 호화건면류

면발을 호화한 후 건조한 것

(6) 개량숙면류

면발을 성형하고 찌거나 삶은 다음 밀봉포장 후 가열살균하여 장기보존이 가능한 것

(7) 냉동면류

생면 또는 숙면을 냉동한 것

(8) Pasta류

Durum, semolina, farina 밀가루를 주원료로 하여 파스타 성형기로 고압 압출 후, 절단하여 숙성, 건조한 것으로서 macaroni, spaghetti, vermicelli 등이 있다.

3.2.3. 면류의 규격

우리나라에서 시판되고 있는 면류의 제품규격은 다음의 표 3-4와 같다.

표 3-4. 면류의 규격

항 목 \ 유 형	건면류 · 호화건면류 · 파스타류	생면류 · 숙면류	유탕면류	개량숙면류
(1) 성 상	고유의 향미를 가지고 이미 · 이취가 없어야 한다			
(2) 수 분(%)	14.0이하 (다만, 호화 건면류와 파스타류는13.0이하, 당면은 15.0이하)		10.0이하	
(3) 산 가			2.0이하	
(4) 과산화물가			30.0이하	
(5) 타르 색소	검출되어서는 아니된다.			
(6) 보존료	검출되어서는 아니된다.			
(7) 세균수(g당)		1,000,000이하 (주정침지제품에 한한다) 100,000이하(살균제품에 한한다)		1,000이하
(8) 대장균		음성(주정침지제품에 한한다)		
(9) 대장균군		음성(살균제품에 한한다)		음 성

3.2.4. 제조공정

밀가루에 물을 가하여 이기면 탄력성(彈力性), 점착성(粘着性), 가소성(可塑性)이 있는 반죽(dough)이 되고 다른 곡류가루에서 나타나지 않는 2차 가공적성이 생긴다. 이와 같은 성질은 밀가루 중의 gluten의 성질에 의한 것으로서 면의 제법은 gluten의 반죽형성력을 이용하여 선상(線上)으로 성형한 것이다. 면류 제법의 기본은 밀가루를 물을 가하여 이겨서 얻어진 반죽을 넓게 펴서 가늘게 자른 선절면, 반죽을 적은 구멍에 밀어 넣어 압출하는 압출면, 반죽을 당겨서 선상(線上)으로 하는 신연면으로 나눌 수 있다. 선절면과 압출면이 면류의 공업적 생산 방법으로 쓰여 지며 기본적인 제조공정도를 보면 그림 3-14와 같다. Macaroni류 이외의 제법은 생면 제조과정까지는 동일하고 그 후에 건조하거나 삶거나 찌는 공정이 있다.

한편 생면이라는 용어는 가열하지 않아 α화하지 않은 것을 나타내지만 넓은 의미에서 증숙면과 같은 수분 함량이 많은 면류를 가르키기도 한다. 이 장에서는 대표적인 면류의 공정에 대해서만 기술하고자 한다.

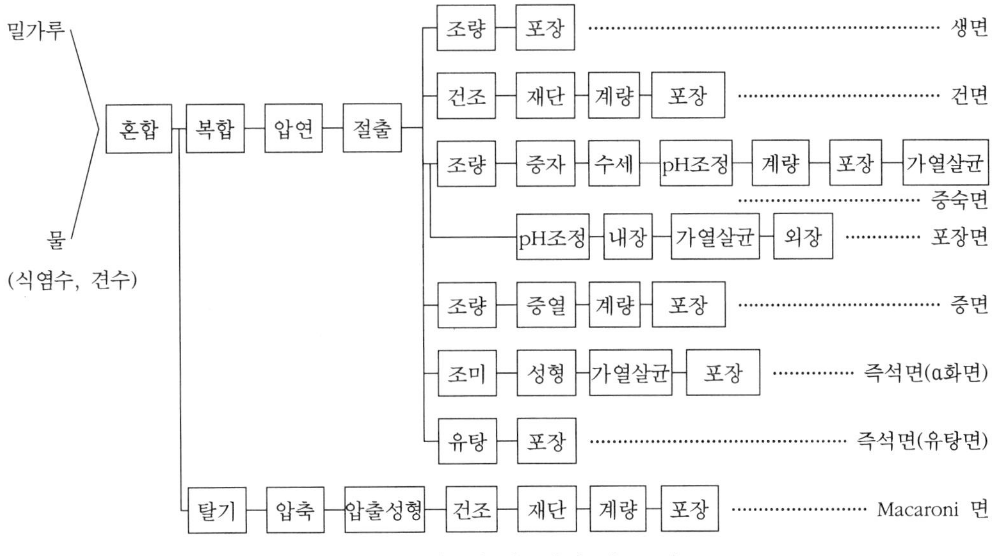

그림 3-14. 면류의 기본적인 제조공정도

1) 생면류

생면류는 면을 건조하지 아니하고 판매하는 것으로서 생면(칼국수), 우동, 증숙면, 냉동면, 증자면 등이 있다.

(1) 생 면

밀가루 반죽을 이용하여 면선 제조과정 중에서 얻어지는 것으로서 면류의 약 40%를 차지하고 있으며 생면 중에서 80%가 생중화면이다. 생면의 제조공정은 그림 3-15와 같다.

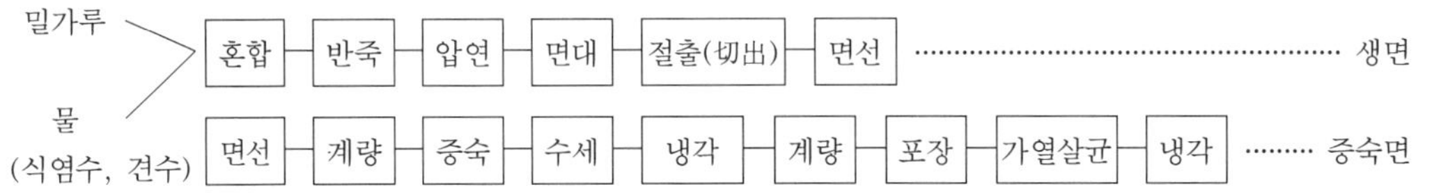

그림 3-15. 생면류의 제조공정

생중화면은 준강력분에 알칼리성의 견수를 가하여 혼합, 반죽하여 만들어 독특한 알칼리 풍미와 탄력적인 조직을 가지고 있는 특징이 있다. 이때 알칼리성에 의한 flavonoid 색소가 엷은 황색으로 발색된다. 생중화면은 밝은 색이 요구되지만 보존기간 중에 어두운 색으로 변색하기 쉬운데 이는 효소활성이 관여하기 때문에 효소활성이 낮고 회분 함량이 낮은 상급품의 밀가루가 필요하며 생중화면의 숙성에 의하여 면선(麵線)의 투명감이 증가하고 식감(食感)이 개선된다. 숙성조건은 3～10℃이하의 보관실에서 40시간 이상 행하고 있다.

(2) 증숙면

삶은 면은 중력분을 사용하고 식감을 개선하기 위하여 waxy starch을 사용하면 효과적이며, 배합시 가수량은 식미와 삶는 시간의 단축을 위하여 많은 것이 좋다. 제조과정 중 증자, 냉각, 계량, 포장 등의 많은 노력이 필요하여 연속식 자동증자장치가 대량생산 공장에 보급되어 있다. 이 방식은 면선을 일인분 basket에 넣고 conveyor에 의하여 증자조를 통과하여 연속적으로 포장기에 공급된다. 삶는 공정에서 주의하여야 할 점은 용수의 수질로서 알칼리도가 높은 물은 젖산이나 사과산으로 중화하여 사용한다. 삶는 과정 중 물의 pH가 5.5～6.1이었을 때 면 고형분의 용출률이 가장 낮다. 보존을 위하여 삶은 면의 pH 조정은 수세(水洗) 후에 유기산 용액에 침지하는 것이 좋다. 증자조에서 삶을 때 탕온은 발포(發泡)을 방지하기 위하여 98℃ 정도가 좋으며 생면 투입구의 온도는 높게 한다. 삶은 면은 수분량이 높기 때문에 보존성이 좋지 않은 생선(生鮮)식품으로 유통기한이 짧아서 저온유통시설이 설치되어야 한다. 가열살균에 의하여 유통기한을 증가시킬 수 있지만 물성이 저하하여 식감이 좋지 않게 된다. 장기간 보존성을 갖는 삶은 면을 완전포장 증자면이라 하며 glycine이나 과산화수소를 첨가하던가 가열살균하여 쉽게 제조할 수 있다. 가열살균조건은 면선의 온도가 65℃ 이상에서 10분간 유지되어야 하며 증기고의 온도는 85～95℃에서 20～30분간 유지할 필요가 있다.

2) 건조면류

건조면은 면을 건조하여 저장성을 높인 것으로서 건면, 건우동, 소면, 당면 macaroni 등이 있다. 이 중에서 건면은 우리나라에서 소비가 제일 많은 것으로서 제조공정은 그림 3-16과 같다. 건면의 원료인 밀가루에 물, 식염, 견수, 영양강화제, 기타 첨가물 등을 첨가하여 제조한 것이다. 이 장에서는 건면에 대하여 기술하고자 한다.

(1) 건 면

원료 → 반죽 → 압연 → 연연 → 선절 → 건조 → 포장 → 제품

그림 3-16. 건면의 제조공정도

① **원료** : 중력분의 밀가루을 사용하며 식염을 부원료로 하여 제조한다. 건면용 밀가루의 품질은 표 3-5와 같으며 식염을 제면과정 중에 첨가하는 것은 ① 밀가루를 잡아 당기고 이겨서 gluten의 점탄성을 높이고, ② 면선 제조과정 중 수분의 내부 확산을 촉진시켜 건조속도를 조절하고, ③ 미생물의 생육을 억제하여 변질을 방제하는 효과 등이 있으며 조미를 하기 위한 것은 아니다. 식염의 사용량은 밀가루에 대하여 3～4%이며 계절에 따라 식염수의 농도를 달리하여 밀가루에 수분이 30～35%가 되도록 식염수를 가한다. 여름에는 식염의 농도를 높이고 식염수의 사용량은 적게 하며, 겨울에는 식염의 농도를 낮게 하고 식염수량은 조금 많게 하며 첨가하는 식염액의 농도는 9～16%가 적당하다.

표 3-5. 건면제조용 밀가루의 품질

수 분	단백질	습 부	건 부	회 분	입 도
14%	9~11%	30%	9%	0.55～0.60%	120～140mesh

면에 첨가한 식염은 증기압을 저하시켜 건조속도를 지연시키고 습도를 조절하여 건조를 돕는다. 표 3-6에서와 같이 식염 함량에 따라 면의 평형수분이 변하기 때문에 건조에 영향을 미친다. 습도가 낮을 때에는 식염첨가량을 높여 건조한다.

표 3-6. 건면의 식염량과 평형수분과의 관계

상대습도	86%	80%	70%	65%
식염첨가량 5%	22.0～23.8	19.4～20.2	15.4～16.2	14.0～14.7
4	21.3～21.6	18.6～19.4	14.8～15.6	13.8～14.3
3	20.0～20.2	17.8～18.3	14.6～15.4	13.6～14.3
2	18.8～19.2	16.7～17.4	14.3～15.2	13.4～14.3
1	17.7～18.8	16.3～17.0	14.2～15.0	13.2～14.1
식염 무첨가	17.0～17.9	16.0～16.6	14.1～14.9	13.3～14.3

② **반죽** : 반죽혼합기에 밀가루와 식염수를 가하여 10～15분간 회전 혼합한다. 혼합은 밀가루에 적정한 수분과 식염을 흡수시켜 gluten을 형성시키기 위한 것이다. 물의 온도는 여름에 15℃, 겨울에 10℃가 적당하며 이때 밀가루의 흡수량은 밀가루의 입도가 적고 물의 온도가 낮으며 단백질의 함량이 높을수록 많아진다.

혼합기에는 수평교반식과 횡형원통식의 두 종류가 있으며 회전수는 60rpm이 적당하다. 반죽에 영향을 미치는 요인은 반죽기구 및 조건, 밀가루의 성상, 가수량, 염분농도, 온도, 습도 등이 있다.

③ **압연(壓延), 연연(練延)** : 밀가루 반죽을 뭉치게 하기 위하여 조정기 roll의 직경이 18cm, 3rpm에서 나온 면대(麵帶) 2장을 roll의 직경이 24cm, 3rpm의 복합기를 통과시켜 두께 1cm의 면대를 목제 또는 금속축에 감아 10℃에서 40분, 25℃에서 15분간 숙성하여 수분의 분포를 고르게 하고 gluten 형성을 촉진시킨다. 조정한 면대를 얇게 펴기 위하여 연연롤러의 직경이 점차 작은 roll를 조합하여 연연하며 보통 5단의 roll를 조합 연연한다. 이때 각 roll은

24cm(10rpm), 15cm(18rpm), 9cm(35rpm), 3cm(30rpm)으로 그림 3-17과 같이 조합하여 압연, 연연한다.

연연공정은 면대에 압력을 걸어서 수분의 분포, gluten형성을 더욱 촉진시키고 gluten의 방향성을 부여하여 면선을 자르기에 적당한 상태로 한다.

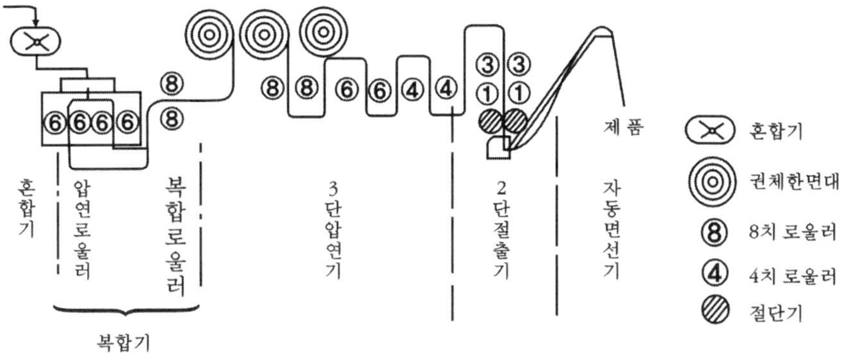

그림 3-17. 제면과정 중 압연과 연연

④ **선절(線切)** : 압연된 면대는 그림 3-18과 같은 절출기 롤러로 절단하여 면선을 만든 후 적당한 길이로 절단한다. 선절은 30cm 폭을 가진 면대를 몇 가닥으로 자르는가 그 가닥수를 번수로 칭하고 있다. 예를 들면 10본으로 자르면 1본의 직경이 3mm의 면선으로 된다.

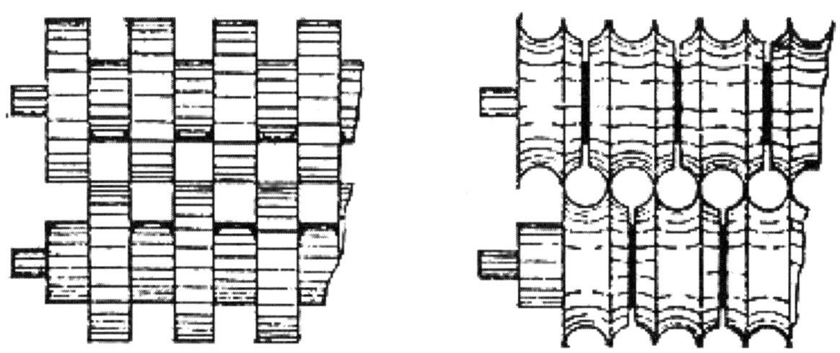

각치(角齒)　　환치(丸齒)

그림 3-18. 절출기 roll의 구조

⑤ **건조** : 길이 2m정도로 절단한 생면을 꼬지에 걸어 건조장에 이송된 생면은 수분이 35% 정도로서 건조과정 중에 굽거나 끊어지거나 부스러지고 갈라지지 않게 하면서 수분이 14～15%가 되도록 세심한 주의를 하여야 한다. 면선의 건조는 표면증발에 의한 건조로서 크게 옥외건조와 실내 통풍건조가 있으나 근래에는 옥외 천연건조는 이용되지 않고 있다. 면선의 건조는 면선 표면 증발과 내부 확산속도의 평형이 건조조건을 지배하지만 면의 건조는 연속적으로 이루어지지만 다음의 3단계로 나누어 볼 수 있다. 연속 예비건조인 제1단계 건조는 수분 약 35%의 생면을 온도 25℃, 습도 70%의 상태에서 속히 건조하여 2시간 이내에 수분 25%로 되는 단계이며, 제2단계 건조는 건조실의 습도를 제1단계 건조보다 높게 하고 건조속도도 느리게 하여 25%의 수분을 20%로 되게 조절한다. 제3단계 건조는 수분이 20%에서 15%로 건조시키면 완성되는 것이다. 일반적으로 건조온도는 35～45℃, 건조시간은 건조규모의 크기에 따라 다르지만 6시간 정도 걸리게 된다. 건조 속도를 빠르게 하면 외견상으로 건조가 된 것 같이 보이지만 내부수분의 확산이 충분히 일어나지 않아 저장 유통과정 중에 미생물이 오염되어 변질하여 이용하지 못하는 경우도 있어 주의를 요한다. 건면의 수율은 밀가루에 식염수를 넣어 반죽하여 말린 것이기 때문에 원료 밀가루에 대하여 102～103% 정도가 된다.

⑥ **포장** : 면선을 30cm 길이로 절단하여 일정량씩 포장한다.

(2) 소 면(素麵)

소면은 건면의 일종으로서 독특한 풍미를 가지며 면발이 가늘다. 전공정을 손으로 빼서 늘리는 수연소면과 제조공정의 일부를 기계를 사용하여 만드는 기계소면이 있으며 신연면의 대표적인 것이다. 수연소면의 제법은 건면제조법과 같고 숙성과정이 별도로 있으며 면대의 표면에 식용기름을 도포하여 만든 것으로서 물에 삶았을 때 덜 풀어지는 특성을 가지고 있다.

소면의 제조공정은 그림 3-19와 같이 원료를 잘 혼합한 뒤 반죽하여 둥근모양의 반죽을 만든다.

원료 → 혼합 → 반죽 → 압축 → 신연 → 절단 → 숙성 → 건조 → 포장

그림 3-19. 소면의 제조공정

반죽을 반죽판 위에 놓고 5cm 정도의 폭으로 바깥에서 중심쪽으로 둥글게 절단하여 굵은 면선을 만든 다음 식용유를 발라서 신연기에 걸어 면의 지름이 1cm 정도가 되게 신연시켜 5~6시간 숙성시킨 후 면선을 2~3시간 건조하여 포장한다.

소면의 제조는 건면과 거의 비슷하나 건면 제조법과 숙성공정이 다르므로 설명하고자 한다.

또한 기계소면의 제조법은 그림 3-20과 같다.

반 죽 → 압 축 → 롤 링 → 3부 롤링

그림 3-20. 기계소면의 제조공정 중 압축과 롤링

소면제조에 있어서 숙성은 반죽종료 후 숙성, 면대 복합 후의 숙성, 제품의 숙성으로 이루어지며 자연적으로 제품의 물리적, 화학적 성질이 개선되는 것이다.

면 제조에 있어서 최초의 숙성은 주로 수화(水和)에 의하여 이루어지며 수화란 밀가루 입자 내에 수분이 침투하는 것을 가리키며, 면 제조공정에서의 숙성은 면대의 복합 후에 행하여진다. 이 단계는 면대의 gluten 조직을 형성한 직후에 면대는 경직상태로 되고 힘을 가해 변형시키면 잘 이루어진 gluten의 조직구조를 부분적으로 파괴하는 것이 되므로 숙성이 된다. 이렇게 하면 경직상태의 면대에 유연성이 생긴다. 이 단계의 숙성은 면대 숙성이라고도 하며 숙성의 시간은 상온에서 보통 1시간, 저온에서 3시간 소요된다.

제품화한 후 일정기간 저장에 의해서 품질이 개량되어 식미식감이 좋아진다. 수연소면에서는 동절기에 제조한 것을 저장하여 하절기를 넘긴 것을 좋은 제품으로 취급하고 있다.

(3) Macaroni

Macaroni는 압출면의 일종으로 밀가루를 원료로 하여 가늘게 국수를 뽑는 점에서는 다른 면류와 비슷하나, 일반 면류는 국수를 뽑을 때 잘라내는데 반해, 압출면류는 압력을 가해서 밀어내어 제조하는 것으로서 식감이 일반 면류와 다른 특성이 있다. 압출면류에는 macaroni, spaghetti, vermicelli, 냉면, 당면 등이 있다. Macaroni는 이탈리아가 기원으로 alimentary pasta 라고도 하며 모양에 따른 종류는 표 3-7과 같다. 또한 혼입물에 따라 채소, 계란, 콩, 우유 등을 혼입한 macaroni가 있어 종류가 매우 다양하다.

표 3-7. 모양에 따른 macaroni의 종류(미국)

종 류	명 칭	직 경(inch)	모 양
긴 모양(long goods)	macaroni spaghetti vermicelli noodle	0.11~0.27 0.06~0.11 0.06이하	관상(管狀) 관상 또는 봉상 봉상(棒狀) 리본상
짧은 모양 (short goods 또는 cut goods)	elbow shell wheel alphabet ring star		반원형 조개모양 바퀴모양 문자모양 반지모양 별모양

Macaroni의 제조공정은 그림 3-21과 같다.

원료 → 혼합 → 반죽 → 압축 → 건조 → 포장

그림 3-21. Macaroni의 제조공정

① **혼합** : Macaroni용 밀가루는 gluten 함량이 높은 durum밀의 semolina을 가지고 만들지만 보통 강력분을 쓰기도 한다. 그 밖에 양파, 샐러리, 월계수, 계란 등을 밀가루에 대하여 25～30% 혼합한다.

② **반죽** : 진공반죽기로 10～20분간 반죽하면 매끈하고 단단하며 기포가 없고 제품의 투명도가 높은 cream 색의 반죽이 형성된다.

③ **압출** : 반죽을 직접압연용의 press에 걸든가 미리 roll에 걸어 대상(belt) 모양

으로 하여 말아서 press에 건다. Press의 압력을 150~350kg/cm2로 걸어 밀가루 반죽을 작은 구멍이 많은 두꺼운 금속판 dise에 통과시켜 일정한 크기로 절단한다.

④ **건조** : Macaroni는 탈기하여 고압에서 성형한 것이기 때문에 면선의 조직이 치밀하여 건조가 어렵다. 특히 spaghetti와 같은 면은 봉상으로 되어 있어 표면적이 적어서 더욱 어렵다. 건조시간은 16~40시간 소요되기 때문에 제조상에 문제점으로 되어 있다. 최근 70℃ 전후의 고온에서 5~15 시간 건조법이 행하여지고 있어 건조능률의 향상, 생균수의 저하, 식감의 향상 등에 효과를 보고 있다.

(4) 당 면(唐麵)

당면은 동면(凍麵)이라고도 하며 중국에서부터 이용되기 시작한 면류로서 밀가루 대신에 녹두, 감자, 고구마 전분을 원료로 하여 반죽하고 이것을 extruder로 끓는 물에 압출하여 호화시킨 것을 동결한다. 동결 방법에는 천연동결과 인공동결이 있으며 동결한 국수를 천천히 녹여서 물을 빼고 바람이 잘 통하는 곳에서 건조시켜서 제품으로 한다. 당면은 끓는 물에 삶아 야채, 고기류 등을 넣어 조미하여 이용하는데 이를 잡채라 한다. 면질이 투명하고 식감이 다른 면류와 달라 많이 이용되어지며 고구마 전분으로 최상품을 제조할 수 있다.

(5) 메밀국수(냉면)

메밀가루를 이용하여 제조하는 메밀국수는 단백질의 아미노산 조성이 우수하고 rutin의 함량이 높아 기능성 식품으로 여름에 즐겨 먹는 면류이다. 밀가루 대신에 메밀가루를 이용하여 제면한 것으로서 메밀가루에 계란, 밀가루 등을 혼합하여 점성이 생기게 한 후 압출하여 그대로 조리하거나 건조하여 제품으로 한다. 메밀가루만을 가지고 면을 만드는 것은 점착성이 적어 어려움이 있으므로 메밀가루에 대하여 1.5~4배의 밀가루를 혼합하여 제조하는 것이 보통이다.

3) 즉석면

즉석면인 라면은 1958년 일본 닛신(日清)식품(주)에서 면을 기름에 튀겨 건조하는 "순간 유열건조법"을 고안하여 치킨라면을 처음 개발하여 상품화 한 이래 우리나라에는 1963년 삼양라면이 일본으로부터 면 제조기를 도입하여 생산하기 시작하였다.

라면은 주식성, 즉석성, 대중성, 간편성, 보존성을 가지고 있어 많은 국민들이 애용하는 면류제품으로 시장규모 또한 대단히 크며 대부분 대규모 공장에서 생산되고 있다. 라면은 현재 전 세계에서 연간 약 800억개나 소비되는 세계인의 식품이 되었으며 국내 라면의 시장규모는 1조4천억원으로 표 3-8, 9와 같다.

표 3-8. 우리나라 라면 시장규모

(단위 : 억원, %)

연 도	시장규모		유형별 판매현황	
	총시장규모	성장률	봉지면	용기면
2001	12,037	2.5	71.4	28.6
2002	12,841	6.9	69.2	30.8
2003	13,706	6.5	70.4	29.6

(자료 : 유통연감 2004)

표 3-9. 우리나라 라면 판매량 추이

(단위 : 천개)

연 도	스낵면*	생타입 스낵면	즉석면
2001	3,272,000	202,000	2,370,000
2002	3,261,000	164,500	2,353,400
2003	3,285,000	166,000	2,341,500

* 스낵면 : 용기면으로 중화면, 우동 등, 생타입 스낵면 : 용기에 넣은 생면으로 중화면 우동 등, 즉석면 : 봉지면으로 중화면 등 포함

(자료 : 식품연감, 2004)

라면은 유탕면(油湯麵)과 호화건면(糊化乾麵)으로 나누어지며 초창기에는 기름에 튀긴 유탕면을 일반적으로 라면이라고 하였다.

호화건면은 기름에 튀기지 않고 만든 면으로 증숙을 시킨 호화건면과 증숙을 시키지 않은 보통건면으로 구분하기도 한다.

이때까지만 해도 라면은 봉지에 넣어 포장하였으나 간편성을 추구한 나머지 끓이지 않고 열수를 가하여 일정시간 경과한 후 이용하는 용기면이 1980년대 초반에 이르러 시장에 등장하게 되었다. 용기면은 1회용의 용기에 면체를 넣고 스프 및 그 밖의 양념류를 별첨하여 판매되기 시작하였다.

1990년 중반에 이르러 건조면과 달리 기름에 튀기지 않고 생면을 증숙하여 4～26℃에서 숙성시키고 90℃ 이상에서 살균시킨 수분 함량이 약 60%인 라면이 등장하게 되었다.

(1) 제조공정

여러 종류의 라면 중에서 가장 일반적인 유탕면의 제조공정을 보면 그림 3-22, 23과 같다.

원료 → 혼합 → 복합 → 압연 → 절출 → 증숙 → 성형 → 튀김 → 냉각 → 포장 → 제품

↑ 스프 첨가 (포장)

그림 3-22. 라면의 제조공정

① **제면** : 혼합, 복합, 압연, 절출의 공정은 일반제면 공정과 같으며 앞서 설명한 바가 있다. 특히 라면의 면선은 절출 직전 roll의 속도 차이를 이용하여 특유의 꼬불꼬불한 형태로 되어 있는데 이는 튀김시의 부피를 감소시키고 간편성을 부여하기 위하여 고안된 것이다. 일반적인 면의 배합 예는 표 3-10과 같으며 배합비 구성은 라면의 품질을 좌우하는 주요 요소로서 라면생산자의 know-how로 되어 있다. 용기면은 호화점을 낮추고 투명성과 점성을 높이기 위하여 밀가루 원료의 약 20% 정도를 변성전분으로 대체하여 제조하고 있다.

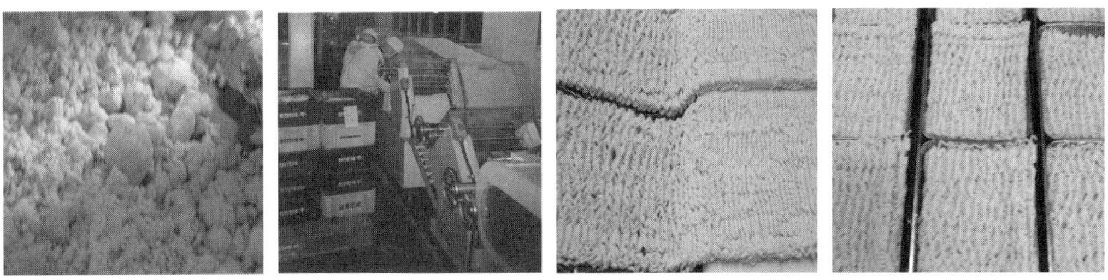

혼 합　　압 연　　절 출　　성 형

그림 3-23. 라면의 제조과정

표 3-10. 라면 면배합의 예

원 료	배합률(%)
밀 가 루	88
전 분	9
소 금	2
구 아 검	0.1
견 수	0.3
유 화 유 지	0.597
Vit. B_1	0.003
계	100

② **증숙** : 증숙은 면을 α화 시키는 것으로 면선을 95℃, 1기압 정도로 2분정도 증자하면 호화된다. 이 과정은 면의 쫄깃쫄깃함을 나타내기 위하여 가열처리한 것으로서 습열과 건열의 방법으로 면을 증숙한다.

③ **성형** : 증숙된 면을 일정량의 크기로 잘라서 구멍이 뚫린 성형기(retainer)에 넣어 성형한다.

④ **유탕(油湯, frying)** : Frying에 쓰이는 유지류는 면의 관능과 저장성에 영향을 크게 미치므로 잘 선정하여야 한다. 라면이 처음 도입되었을 때에는 우지가 많이 사용되었으나 근래에는 가격이 저렴하고 산화속도가 낮은 팜유가 많이 쓰인다. 유탕기에 식용유를 넣고, 150～160℃에서 생면을 2분간 튀기면 심하게 수증기가 올라가면서 40～50%의 수분이 일시에 5%로 되어 α화 전분상태로 고정된다. 이 공정은 기름에 튀기는 자체보다도 수분을 줄이는 데 목적이 있는 것으로 튀기는 시간을 짧게 하여 기름의 내부 침투를 되도록 적게 하는 것이 좋다.

⑤ **냉각, 포장** : 기름에 튀긴 면은 차가운 바람으로 강제 냉각을 시키는데 고온에서 기름이 산화하거나 포장제 내부에 이슬이 맺힘으로써 면의 품질이 떨어지는 것을 막기 위함이다. 냉각된 면을 햇빛의 투과가 잘 안 되는 포장지에 스프류와 별도로 포장한다.

이때 별첨용 soup는 대부분 분말상으로 되어 있는 것이 대부분이고 액체상의 것도 쓰인다. 스프 원료배합 예는 표 3-11과 같다.

표 3-11. 별첨용 분말스프의 원료배합의 예

원 료	배 합 률(%)
정제염	38.0
정백당	4.0
포도당	13.8
구연산	0.2
Na-glutamic acid	12.0
Na-inosinlic acid, Na-guanylic acid	0.2
호박산나트륨	0.4
효모추출물, 간장분말	20.0
고 추	6.0
후추, 마늘, 생강, 건파	4.4
caramel	1.0
계	100

(2) 라면의 품질개선 방향

근래 생활의 변화에 따른 식생활이 빠른 속도로 변화함에 따라 라면은 즉석성이 높기 때문에 매출증가세가 뚜렷하게 나타나고 있다.

이처럼 인기 있는 먹거리로서 라면이 소비자 요구와 소비패턴의 변화에 대처하기 위해서는 다음과 같은 사항을 개선 발전시켜야 할 것이다.

① 기름에 튀기지 않으면서도 장기보존이 가능한 "생"의 품질을 갖춘 라면과 냉동 냉장면과 같은 제품을 생산하여야 할 것이다.

② 건강 기능성 식품의 대중화시대를 맞아 저염, 저열량, free cholesterol, 무첨가물화, 각종 기능성소재의 첨가 및 영양성분의 강화 등이 필요하다.

③ 신세대인의 취향에 맞는 서구의 스파게티, 카레 등을 융합한 fusion 신제품개발 또는 전통식품을 가미한 신제품 개발이 필요하다.

④ 스프에 첨가하는 인공조미료를 천연조미료로 대체하여야 할 것이다.

⑤ 면의 주원료인 밀가루의 사용량을 줄이고 소비가 줄어들고 있는 쌀을 소재로 하는 즉석면의 신제품의 개발이 요구된다.

⑥ 유통과정 중에 산화가 일어나지 않도록 하여야 할 것이다.

제 4 장 과자 · 빵의 제조

4.1. 재 료

제과 · 제빵에 사용되는 재료들은 같은 재료라도 혼합하여 사용하면 제품에 미치는 영향과 나타나는 결과가 다르므로 각 재료들의 특성을 파악하고 제품에서의 기능을 잘 조절하여야 좋은 제품을 얻을 수 있다.

1) 밀가루

밀가루는 용도에 따라 제빵용, 제과용, 제면용으로, 단백질 함량에 따라 강력분, 중력분, 박력분 등으로 나눌 수 있다. 이러한 밀가루의 차이는 gluten의 양과 질이다.

밀가루는 빵의 구조 또는 뼈대를 형성하는 중요한 재료이다. 밀가루는 물에 불용성인 gliadin과 glutenin이라는 단백질을 함유하고 있으며, 이들 단백질은 물과 혼합하면 가스 보유력을 갖고 팽창할 수 있는 gluten을 형성하는 단백질로 밀 단백질의 약 85%를 차지하고 있다. 밀가루는 흡수하면 gliadin은 응집성과 신장성을, glutenin은 탄성을 나타낸다. 또한 밀가루의 70～75%를 차지하는 전분은 굽기과정 중 호화에 의해 구조를 제공하는 중요한 역할을 한다. 즉 전분은 열에 의해 붕괴되면서 표면적이 커지고 gluten이 방출하는 물을 흡수하는 역할을 한다. 그 외에도 부피, 겉껍질의 색상, 내부색상, 기공상태, 조직 및 맛 등에 영향을 미친다. 그리하여 제빵에서는 단백질이, 제과에서는 전분이 중요한 역할을 하게 된다.

제빵용 밀가루는 경질소맥에서 얻은 강력분을 사용한다. 단백질 함량은 13～14% (최소 10.5% 이상), 회분은 0.4～0.5%가 요구된다. 밀가루에 단백질이 많으면 수분흡수율이 높고 반죽시간도 길어지며, 질이 좋을수록 반죽하는 동안 gluten이 형성된 후 약화되는 속도가 느리다.

제과용 밀가루는 연질소맥에서 얻은 박력분으로 평균 7～9%의 단백질 함량과 0.4% 이하의 회분 함량이 요구되며 강력분에 비해 흡수율이 낮은 편이다. 보통 쿠키류, 커스터드류는 연질맥을, 비스킷은 경질, 연질맥을 사용하고 기타 튀김류, 만두류는 박력분 또는 중력분을 사용한다.

기타 가루로 호밀가루(rye flour)와 대두분(soybean flour)이 있다. 호밀가루는 밀가루와 영양적 측면에서 유사하고 gluten형성 단백질(전체 단백질의 25.7%)이 적어 gluten 형성능력이 떨어지나 독일, 스칸디나비아반도 일대, 러시아 등에서는 호밀빵의 재료로 중요하다. 대두분은 약 50% 정도의 단백질을 함유하고, lysine 함량이 높아 밀가루 영양의 보강제로 사용하고, 밀 단백질과는 화학적 구성과 물리적 특성도 다르며, 특히 신장성이 약하다. 빵·과자 제품에서 대두분의 사용은 영양가를 높이고, 물리적 특성에 영향을 주며, 대두단백질은 빵 속으로부터의 수분 증발 속도를 감소시키고 전분의 gel과 gluten 사이에 있는 물의 상호변화를 늦춘다. 또한 대두 인산 화합물이 항산화제 역할을 하여 저장성을 증가시킨다.

2) 감미료

감미료는 과자·빵의 제조에 사용되는 기본재료로 보존성, 보습성, 감미와 향, 안정제, 발효 조절제 등 복합적 기능을 가지며 설탕, 전화당, 물엿, 포도당, 맥아시럽, 당밀, 유당, aspartame, 올리고당, 이성화당, 꿀, 천연감미료, 사카린 등이 있다. 그러나 빵의 소비자들이 건강증진에 도움이 되는 제품에 대하여 관심이 높아짐에 따라 당과 칼로리를 낮추기 위하여 표 4-1과 같이 당 대체품(sugar replacers)을 이용하기도 한다.

표 4-1. 제빵에서의 당 대체품

Sweetener	Brand Name	sweetness Compared to Sucrose	Supplier
Acesulfame-K Sucralose	Sunett® Splenda®	200% sweeter 600% sweeter	Nutrnova, Somerset, NJ Splenda, Inc., Ft. Washington, PA

제빵에서의 기능은 단맛을 부여하고, 발효가 진행되는 동안 이스트에 발효성 탄수화물을 공급하고, 남은 당(잔류당)은 caramel화 반응과 밀가루 단백질의 아미노산과의 maillard 반응에 의하여 껍질색에 영향을 준다. 또한 휘발성산, aldehyde와 같은 화합물의 생성으로 방향을 부여하고 제품을 부드럽게 하며, 수분 보유력이 있어 노화를 억제하여 저장기간을 연장시킨다.

제과에서의 기능은 단맛을 부여하고 수분 보유력이 있어 제품을 부드럽게 하며, 캐러멜화 반응과 갈변 반응에 의해 껍질색이 진해진다. 그러나 케이크에서 설탕을 많이 사용하게 되면 과도한 착색과 조직이 연화되어 제품이 주저앉게 되므로 주의해야 한다.

3) 유 지

유지제품은 버터, 마가린, 쇼트닝 등이 용도에 따라 적당한 비율로 혼합하여 사용되며, 칼로리를 낮추기 위한 지방대체품(fat replacer)을 보면 표 4-2와 같다.

표 4-2. 제빵에서의 지방 대체품

Brand Name	Composition	Supplier
Carbohydrate based		
Beta-Trim™	Beta-glucan and oat amylodextrin	Rhodia USA, Cranbury, NJ
Fruitrim®	Dried plum and apple puree	Advanced Ingredients, Capitola, CA
Just Like Shorten™	Prune and apple puree	PlumLife division of TreeTop, Selah, WA
Lighter Bake™	Fruit Juice, dextrins	Sunsweet, Yuma City, CA
Oatrim®	Oat maltodextrin	Quaker Oats, Chicago, IL
Paselli FP	Potato maltodextrin	AVEBE America, Inc., Princeton, NJ
Z-Trim	Multiple grain fibers	U.S. Department of Agriculture
Low and noncalorie, lipid-based		
Enova™	Triglycerides modified by substituting short-or medium-chain fatty acids	Archer Daniels Midland/Kao LLC, Decatur, IL
Benefat®	Triglycerides modified by substituting short-or medium-chain fatty acids	Danisco Culter, New Century, KS
Salatrim/Caprenin		Proctor and Gamble, Cincinnati, OH
Olestra/Olean®	Sucrose polyester	Proctor and Gamble, Cincinnati, OH

제빵에서의 기능은 반죽의 팽창을 도와주는 윤활작용으로 빵의 내부구조와 조직의 형성에 영향을 미친다. 또한 수분 보유력이 있어 저장성을 향상시키며 겉껍질을 부드럽게 유지하도록 해준다.

제과에서의 기능은 제품을 부드럽게 해주고 수분증발을 방지하므로 제품의 식감을 향상시키고 저장기간을 연장시킨다. 케이크에서 첫째는 쇼트닝성 및 윤활성이다. 쇼트닝은 지방의 막으로 전분과 글루텐을 둘러 쌓아 글루텐의 연속상을 부분적으로 방해하고 빵의 속살(crumb)조직의 많은 약한 부분들을 형성시켜 케이크를 부드럽고 쉽게 끊어지도록 한다. 둘째는 크림화 기능으로 쇼트닝을 공기 중에서 교반할 때 공기가 작은 기포가 되어 쇼트닝에 의하여 둘러 쌓여 공기를 포립하게 되는 성질이다. 셋째는 유화성과 흡수성으로 물과 기름은 서로 섞이지 않으나 쇼트닝을 크림화하면서 물을 가하면 유화제 없이 물이 아주 작은 물방울로 되면서 쇼트닝안에 분산되어 유중수적형의 에멀젼을 형성한다. 이것은 버터크림 제조시 중요한 기능이다.

4) 식 염

식염은 제품에 풍미를 향상시키고 감미를 조절하며, 반죽하는 과정에서 글루텐을 단단하게 하여 반죽시간을 연장시킨다.

5) 유제품

유제품에는 시유, 농축우유, 분유, 연유, 크림 등이 있다. 제빵에서는 제품에 영양가를 높이고 내부상태를 부드럽게 하며, 갈색화 반응을 촉진하여 겉껍질색상에 영향을 준다. 반죽시 물로 반죽한 것보다 가볍고 잘 섞이며, 글루텐이 향상되고 성형이 용이해진다. 제과에서는 케이크의 조직형성과 건조한 느낌을 부여하고, 제품의 향과 껍질색에 좋은 영향을 주며, 수분을 보유하여 저장성을 향상시킨다.

6) 계 란

계란제품은 생계란, 냉동계란, 분말계란 등이 있으며 발효반죽에 계란을 배합하면 풍미, 영양가가 좋아지고 노른자에 들어있는 레시틴의 유화작용으로 반죽의 신전성이 좋아져 반죽이 매끄럽고 구웠을 때 부드러운 식감을 준다. 또한 흰자의 알부민은 거품기로 연속하여 회전하면 기포가 형성되는데 이 기포들은 계란의 단백질막에 둘러 쌓이게 되고, 일부 알부민은 공기와의 접촉으로 변성되어 안정화 되므로 구조형성물질로 작용한다.

7) 효 모

효모는 *Saccharomyces cerevisiae*로 건조효모와 압착효모가 있으며, 주로 압착효모를 많이 사용한다. 효모는 발효성당으로부터 에탄올과 탄산가스를 발생시켜 팽창하여 빵에 다공질의 망상구조를 만들게 하고, 이때 생성되는 알코올, 알데히드, 케톤, 휘발성 유기산 등은 빵에 독특한 풍미를 부여한다. 효모는 protease, lipase, invertase, maltase, zymase 등의 효소를 생산한다.

(1) 생효모(압착효모, compressed yeast)

배양기의 yeast를 여과, 균질화하여 가소성 덩어리를 만들고 사출기를 통해 정형시킨 효모로 60～70%의 수분을 함유하며 사용량은 2～3%가 표준이다. 보존기간은 0℃, 2～3개월 정도이며, 대형 단위로 제품화한 것을 bulk yeast라 한다.

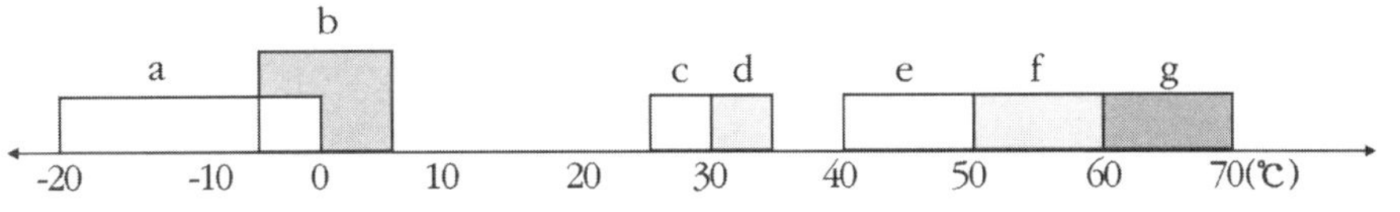

그림 4-1. 온도에 따른 이스트의 활동

a. 이스트가 거의 활동하지 않음
b. 1주간 저장이 가능
c. 이스트 발육 적온
d. 자기 발효
e. 자기 소화
f. 이스트가 거의 활동하지 않음
g. 이스트 사멸

(2) 활성 건조효모(active dry yeast)

건조효모는 압착효모를 저온에서 건조한 것으로 수분이 7.5～9.0%, 사용량은 생효모의 40～50%가 적당하다. 사용할 때에는 효모 분량의 4배 정도의 40～45℃의 물에 10～15분 담가서 수화시켜 활성화시킨 다음 사용한다. 발효력이 균일하고 보존성이 좋고 평량이 용이하며 냉장보관하지 않아도 된다.

8) Yeast food

Yeast food는 발효능력은 없으나 효모의 영양이 되고, 효모번식을 도와 발효를 촉진하고, 반죽의 물성을 개량시키기 위해 밀가루의 0.1～0.5%을 사용한다. 효모의 영양성분(yeast conditioner)으로 작용하는 것에는 이스트에 질소를 공급해주기 위한 염화암모늄 등이 있다. 글루텐 성질 개량제(dough conditioner)로 사용되는 산화제에는 요오드산칼륨, 브롬산칼륨, 요오드산칼슘, 브롬산칼슘, 과산화칼슘, 아조디카본아미드, 비타민 C 등과 α-amylase와 같은 효소제가 있다. 이 성분은 단백질의 -SH기에 작용하여 -S-S- 결합을 이루어 반죽의 망상조직을 강화하여 글루텐의 신장성과 가스수용능력을 조절하여 빵의 부피를 크게 한다. 또 칼슘염, 마그네슘염, 산염 등은 물의 질을 개선하는 기능이 있어 연수를 경수로 바꿔 제빵성을 향상시킨다.

9) 화학 팽창제

제과에 사용되는 팽창제는 가열에 의해 탄산가스나 암모니아가스를 발생시키는 탄산수소나트륨(중조), 탄산암모늄이 있으나 중조을 사용하는 경우 탄산나트륨이 생겨 제품에 쓴맛이 나고 색이 누렇게 되며 좋지 않은 냄새가 발생할 수 있다.

$$2NaHCO_3(\text{중조}) \rightarrow CO_2 + H_2O + Na_2CO_3(\text{탄산나트륨})$$

따라서 이를 보완하기 위하여 중조에 산성제인 명반(alum), 암모늄명반, 주석산수소칼륨, 인산수소칼슘, 글루코노델타락톤 등의 산성 물질을 배합하고, 여기에 녹말 등의 희석제를 넣어 화합물이 서로 접촉하는 것을 피하는 개량된 팽창제가 사용되고 있는데 이것이 합성팽창제인 baking powder이다.

$$2NaHCO_3 + \underset{\text{인산수소칼슘}}{Ca(H_2PO_4)_2} \rightarrow CaHPO_4 + NaHPO_4 + 2H_2O + CO_2$$

10) 향 료

향료에는 천연향(꿀, 당밀, 코코아, 초콜릿, 분말과일, 감귤류, 바닐라 등), 합성향(천연향에 들어있는 물질을 합성하여 만든 것), 인조향(천연향의 맛과 향이 같도록 화학성분을 조합한 것)이 있다. 가공향료로 수용성 향료는 청량음료나 빙과에, 지용성 향료는 캐러멜이나 캔디 등에, 분말향료는 가루식품류, 아이스크림류, 제과에 많이 쓰인다. 사용할 때 휘발성이므로 냉각시켜 사용하고, 공기 및 빛에 의해 변질될 수 있으므로 주의하여야 한다.

11) 향신료(spice)

향신료는 풍미를 개선하고 항균성과 산화방지 등의 보존성을 높일 목적으로 사용한다. 계피(cinnamon), 넛메그(nutmeg), 생강(ginger), 정향(clove), 올스파이스(allspice), 카다몬(cardamon), 박하(peppermint), 식용 양귀비씨(poppy seed), 후추(pepper), 아니스(anise), 캬라웨이(caraway) 등이 사용된다.

12) 안정제(stabilizers)

안정제는 케이크 반죽의 점도를 상승시키고 저장성을 향상시키기 위해 사용된다. 감자, 찰옥수수 및 타피오카 전분 등의 증점제와 물에 분산되어 진한용액, 풀이나 젤리를 형성하는 콜로이드성 물질로 한천(agar), 젤라틴(gelatin), 알긴산나트륨(sodium alginate), CMC(carboxy methyl cellulose), 메뚜기콩검(locust bean gum), 트라가칸트검(tragacanth gum), 구아검(guar gum), 아라비아검(gum arabic), 카라기난(carrageenan), 펙틴 등이 있다.

4.2. 과자의 제조

식품공전에서 '과자류는 식물성 원료를 주원료로 하여 이에 다른 식품, 또는 식품첨가물을 가하여 가공 처리한 빵 또는 떡류, 건과류, 캔디류, 초콜릿류, 껌, 잼류 등'으로 분류하고 있다. 또한 한식과자, 양식과자, 일식과자로 구분하기도 한다.

4.2.1. 한식과자(韓菓)

한과는 과줄이라고도 하며 우리나라 전통과자를 말하는 것으로서 축하연의 큰상차림이나 제사상에 쓰이는 의례음식으로, 또는 기호식품으로 각광을 받았었다. 그러나 1900년대에 이르러 설탕이 수입되어 양과자가 제조, 판매되면서 쇠퇴하기 시작하였으며, 일본 강점기에 일본식 과자가 우리 생활에 들어옴으로써 한과의 소비는 크게 감소하였다가 근래 국민소득 증가와 생활수준의 향상으로 몸에 유익한 기호식품으로써 관심이 높아지게 되었다.

밀가루와 설탕을 주재료로 하여 대량 생산하는 양과에 비해 한과는 찹쌀, 밀가루, 곡물, 꿀, 종실을 재료로 하여 가내수공업적으로 제조되고 있는 실정이다.

전통적인 한과는 제조 방법에 따라 다음과 같이 분류한다.

① **기름에 지지는 과자(유밀과, 油蜜菓)** : 밀가루, 참기름, 꿀 등을 원료로 하여 반죽하고 판에 찍어 기름에 지진 다음 꿀에 담그어 종실(잣가루 등)을 표면에 뿌린 과자로 약과, 만두과, 매작과, 채소과, 중박계, 박계 등이 있다.

② **기름에 튀기는 과자(강정류, 산자류)** : 기름에 튀기는 유과는 찹쌀가루나 밀가루를 쪄서 말려서 기름에 튀기어 고물을 묻힌 것으로서 산자류에는 매화산자, 밥풀산자, 메밀산자, 연사과, 반사과 등이 있고 강정류에는 강정, 깨강정, 잣강정, 계피강정, 송화강정, 콩강정 등이 있다.

③ **판에 찍어 내는 과자(다식류)** : 곡물, 한약재, 꽃가루 등에 꿀과 물엿을 넣어 혼합하고 다식판에 넣어 여러 가지 모양으로 찍어 낸 것이다. 흑임자다식, 송화다식, 녹말다식, 쌀다식, 밤다식, 콩다식 등이 있다.

④ **졸이는 과자(전과류, 숙실과류, 과편류)** : 설탕용액이나 꿀 또는 물엿 등에 졸여 만드는 과자로 전과류에는 동아전과, 연근전과, 생강전과, 행인전과, 모과전과, 살구전과, 유자전과, 인삼전과 등 매우 다양하다. 숙실과류는 과실의 열매를 익혀 통째로 설탕액에 졸인 것이거나 과실 열매를 익힌 뒤 으깨어 설탕액에 졸여 만든 것이다. 과편류는 과일을 삶아 으깨서 여과하고 꿀과 설탕을 넣어 엉기게 한 것으로 앵두편, 모과편, 살구편, 생강편 등이 있다.

⑤ **엿에 버무리는 과자(엿강정류)** : 견과류나 곡식을 볶거나 그대로 물엿에 넣어 혼합하고 서로 붙게 하여 굳힌 다음 일정한 크기로 절단한 것으로서 표면에 묻힌 재료에 따라 쌀엿강정, 땅콩엿강정, 콩엿강정, 깨엿강정, 들깨엿강정, 흑임자엿강정, 잣엿강정, 계피강정 등이 있다.

1) 유 과

여러 종류의 한과 중에서 독특한 질감과 특성을 지닌 유과는 찹쌀을 주원료로 하여 기름에 튀긴 것으로 고려시대부터 애용하여 온 전통식품이다. 그 제조과정을 보면 다음과 같다.

원료 → 수침 → 분쇄 → 증자 → 이기기 → 성형 → 건조
→ 반대기 저장 → 1차 튀김 → 2차 튀김 → 집청 → 고명 → 저장

그림 4-2. 유과의 제조공정

(1) 수 침

유과의 원료인 찹쌀을 물에 불리는 공정으로 수침을 완료하여 흡수율이 40% 정도가 되려면 수온과 도정도에 따라 12℃에서 5~12시간 정도면 수침조작은 충분하지만 7일 정도 수침한다. 이는 유과 제조시에 단순한 흡수보다는 내부 물질의 변화를 유도하기 위한 것이다. 찹쌀 내부 전분의 호화를 위한 수침뿐만 아니라 성분의 용출, 분해 및 발효에 의하여 유과의 향미와 팽화력이 달라지므로 매우 중요한 공정이다.

(2) 분 쇄

수침한 찹쌀을 2~3회 수세한 후 물기를 충분히 제거하고 roller mill을 이용하여 80mesh 정도로 분쇄한다.

(3) 증 자

50% 정도의 수분이 함유된 찹쌀가루를 떡시루에 넣고 수증기로 45분간 증자하며, 이때 증자시간이 짧으면 팽화율이 낮아 품질이 열화되고 증자시간이 길어지면 유과의 팽화율이 높아진다.

(4) 꽈리치기(whipping)

증자한 찹쌀가루를 제빵용 반죽기를 이용하여 75 rpm에서 3분간 꽈리치기 한다. 이때 꽈리치기는 반죽의 증자시에 조직 내에 형성된 공기와 수분을 고루 분산시켜 균일한 조직과 부피를 갖는 데 중요한 역할을 한다. 꽈리치기 시간이 짧으면 거대기공이 형성되고 경도가 낮으며, 시간이 길어지면 팽화율은 낮아지며 조직의 경도는 높아지고 치밀도는 양호해진다. 이때 수분은 유과 제조시에 팽화되어 다공성 구조를 갖는데 팽화제 역할을 하는 것으로서 50% 정도가 적당하다.

(5) 반대기 성형

꽈리치기한 반죽이 성형기에 달라붙지 않도록 전분가루를 뿌려 반죽을 얇게 늘린 후 5mm × 8mm × 30mm 크기로 절단한다.

(6) 반대기 건조

성형한 반대기를 40～60℃에서 수분 함량이 12% 되도록 건조한다. 반대기 표면과 내부 수분이 평형수분 함량이 되도록 실온에서 1주일 정도 저장한다. 이때 수분 함량은 팽화율에 영향을 미치며 수분 11% 이하에서는 팽화율이 낮고, 15% 이상에서는 팽화율은 높으나 내부에 기공이 불균일하고 유탕 후 표면이 일그러진다.

(7) 튀 김(frying)

유과는 전통적으로 식용유에 튀기며 1차 튀김은 150℃에서 2분, 2차 튀김은 180℃에서 2분 튀긴다. 튀김으로써 팽화되어 유과 특유의 조직이 형성된다.

(8) 집청, 고명, 저장

튀긴 것을 유과 바탕이라 하고 여기에 생강이나 다른 향신료를 첨가한 물엿을 바르는 것을 집청이라 한다. 그 위에 찹쌀이나 멥쌀로 튀밥을 만들어 부수어 바르거나 참깨(흑임자), 땅콩으로 보기 좋고 맛있는 장식을 하는데 이것을 고명이라 한다. 장식은 곶감, 해태, 대추 등을 이용하기도 한다. 유과는 튀김 제품이므로 산패의 위험 때문에 산소 투과성이 낮은 적층 플라스틱 필름으로 포장하면 저장기간을 연장할 수 있고 상품성도 제고시킬 수 있다.

2) 강 정

강정은 찹쌀을 물에 담가 4～5일 동안 불려서 가루를 곱게 만들어 찹쌀가루 10에 설탕과 물을 각각 1/2의 비율로 섞어서 반죽한다. 시루의 채반에 물로 적신 보자기를 펴 놓고 반죽한 것을 넣고 김으로 쪄서 익힌 다음 양푼에 담고 방망이로 꽈리가 일 만큼 휘젓는다. 도마에 밀가루를 뿌리고 반죽한 것을 쏟아 놓고, 손으로 편편하게 펴서 두께가 1cm정도 되게 민 다음 길이 4cm, 너비 2cm 크기로 썰어서 말린다.

산자는 5mm두께로 밀어서 너비 4cm, 길이 5cm정도로 썰어서 말린다. 바싹 마른 것을 기름에 튀기는 데, 먼저 가열하지 않은 기름에 넣어 한참 불린 다음 따뜻한 기름을 그릇에 조금 떠서 불린 강정을 넣고 뒤적거려 조금 더 부풀게 한다. 기름에 튀겨내어 기름이 빠지게 두었다가 고물을 묻힌다.

3) 다 식(茶食)

다식은 밤가루, 송화가루, 콩가루, 녹말가루, 참깨 또는 볶아서 말린 멥쌀가루 등을 꿀에 반죽하여 다식판에 박아서 만든 것이다. 깨나 콩은 볶아서 가루로, 생밤은 삶아서 마른 밤은 쇠절구에 빻아서 꿀반죽을 하여 쓴다.

흑자임다식은 흑임자를 깨끗이 일어 건진 후 손바닥으로 싹싹 비벼가며 여러 번 헹구어 대강 껍질을 제거한 다음, 남비에 담고 불위에 얹어 주걱으로 저어가며 타지 않게 볶아서 분마기에 소금과 같이 넣고 빻아 가루를 만든다. 물엿, 시럽을 넣고 뭉쳐질 정도로 반죽하여 다식판(그림 4-3)에 흰 설탕을 뿌리고 꼭꼭 눌러 박아낸다.

그림 4-3. 다식판

4) 전 과(煎菓)

전과는 식물의 뿌리나 열매를 꿀, 물엿, 조청, 설탕 등으로 쫄깃쫄깃하고 달짝지근하게 졸인 과자로 생강정과, 연근정과, 당근정과, 매실정과, 인삼정과 등이 있다. 정과(正果)에는 끈적끈적하게 만드는 진정과와 설탕의 결정이 버석버석할 만큼 아주 마르게 만드는 건정과가 있다. 편강은 생강을 건정과로 만든 것이다.

진정과는 먼저 재료를 알맞은 크기로 썰어서 끓는 물에 잠깐 데쳐서 조직을 연하게 한 다음, 설탕물에 넣고 졸인다. 건정과는 먼저 설탕물을 철사 어레미에 쏟아 설탕과 꿀이 모두 흘러나오게 한 다음, 마른 설탕을 고루 묻히면 설탕이 수분을 빨아들여 정과가 빳빳해지면서 마르게 된다.

4.2.2. 양식과자

1) 케이크

케이크(cake)는 보존성이 낮고 취급이 어려운 제품으로 밀가루, 설탕, 계란, 유지 및 우유 등의 원료를 배합하여 반죽을 만들고 구워서 냉각한 제품이다. 종류에는 sponge cake, castella, pie, choux cream, doughnut, pound cake, mix cake 등이 있다.

케이크의 특징은 거품 중의 공기 팽창과 수분의 증발에 의한 스폰지상의 팽화이다. 거품막을 강하고 안정하게 하기 위해 난황과 난백에 보수성이 있는 설탕을 약간 첨가해 주면 거품의 생성을 도와주게 된다. 유동성이 큰 케이크 반죽(cake batter)은 설탕, 지방, 계란이 서로 혼합된 W/O형의 복합적인 거대 emulsion system으로 기공은 설탕시럽, 난백의 두 가지 성분의 필름에 의해서 둘러싸여 있다.

(1) 스펀지 케이크(sponge cake)

달걀과 설탕을 동량 섞어서 whipper를 사용하여 거품을 내고 밀가루와 우유를 첨가하여 섞은 다음, 반죽을 형틀(평철판, 원형팬)에 넣고 180~190℃로 굽는다. 계란을 많이 사용하는 제품이므로 굽기가 끝나면 팬에서 꺼내야 냉각 중 과도한 수축을 방지할 수 있다.

(2) 카스텔라(castella)

믹서볼에 계란을 넣고 거품기를 이용하여 흰자와 노른자가 잘 섞이도록 풀어준 후 설탕, 소금, 물엿을 넣고 혼합한다. 여기에 중력분, 정종, 물, 사라다 오일을 넣어 반죽을 한다. 이것을 나무로 만든 틀에 파라핀 종이를 깔고 반죽을 부어 180℃에서 1시간 정도 굽는다.

(3) 파 이(pie)

파이는 껍질(crust)과 그 속에 들어있는 충전물로 구성되며, 껍질을 미리 구운 후 충전물을 넣는 경우와 충전물을 넣은 후 굽기를 하는 경우가 있다. 파이 껍질의 재료로 밀가루 100, 유지 60, 물 30, 소금 1.5, 설탕 2, 탈지분유 2, 계란 4의 비율로 섞어 반죽하여 냉장온도에서 껍질이 마르지 않도록 조치하여 휴지(休止)를 시킨다. 이것을 덧가루를 뿌린 면포 위에서 밀어펴기를 한 후 파이 팬에 맞도록 잘라 팬에 올려놓고 바닥에 붙도록 한 후 가장자리 둘레에 물이나 계란을 칠한다. 냉각시킨 충전물을 같은 양으로 넣은 다음 위 껍질을 바닥 껍질과 잘 봉합하고 위 껍질에 구멍을 뚫어 수증기가 빠져나가도록 한다. 굽기 전에 위 껍질에 녹인 버터나 우유를 칠한 후 230℃ 전후의 오븐에 넣어 굽는다.

(4) 슈 크림(choux cream)

더운 물에 버터를 넣어 끓인 다음, 밀가루를 가하여 가열을 계속하면서 잘 이겨 냄비에 붙지 않게 되면 불에서 내린다. 이것을 60～65℃로 냉각시킨 다음 달걀을 소량씩 넣어 반죽에 완전히 흡수시켜 매끈한 반죽을 만들고 210～220℃의 오븐에 넣어 굽는다. 초기에는 윗불을 약하게 하여 껍질형성을 지연시키고, 표피가 거북이 등처럼 되고 밝은 갈색이 되면 밑불을 줄이고 윗불을 높여 굽는다. 표피가 황금갈색으로 되고 속이 반듯한 느낌이 나며 바삭바삭할 때 오븐에서 꺼낸다. 이와 같이 하여 구운 반달모양의 껍질을 끊어 속에 크림을 채운다.

(5) 도 넛(doughnut)

버터와 설탕으로 크림을 만들고 달걀을 나누어 넣는다. 여기에 소금, 향료, 우유를 차례로 혼합한 것에 박력분, baking powder의 혼합물을 가하여 반죽을 만들고 늘여서 도넛형으로 성형하여 165～170℃의 식용유에 튀긴다.

2) 비스킷

(1) 분 류

비스킷(biscuit)은 원료배합 및 제법에 따라 다음과 같이 분류한다.

① Hard biscuit : 설탕과 유지을 적게 넣고 강력분을 사용하여 장시간 이겨서 gluten을 충분히 생성시켜 만든 것으로 비교적 단단하고 광택이 나며 보통 바늘구멍이 있다. 원료 배합비는 밀가루 100, 물엿 4~10, 전분 0~20, 팽창제 1~2, 설탕 25~35, 소금 0~0.5, 유지 1~6 등이다.

② Soft biscuit : 설탕 및 유지를 hard biscuit보다 많이 넣고 박력분을 사용하여 만든 제품으로 가볍고 단맛이 강하다.

③ Fancy biscuit : 설탕과 달걀을 많이 넣은 것으로 모양을 의장(意匠)한 비스킷이다. 달걀을 거품을 일으켜서 사용하므로 연하고 단맛이 강하다.

(2) 제조공정

비스킷의 제조공정은 그림 4-4와 같다.

원료 → 혼합 및 반죽 → 성형 → 굽기 → 냉각 → 포장 → 제품

그림 4-4. 비스킷 제조공정

① **원료의 혼합과 반죽** : Hard biscuit은 설탕을 더운 물에 녹여서 Brix 65° 정도의 당액으로 식혀 둔 다음, 팽창제, 소금, 연유를 가하여 잘 섞고 밀가루와 함께 30~60분 반죽한다.

Soft biscuit은 밀가루에 팽창제를 섞어 체로 친 다음 설탕, 유지, 연유를 가하고 달걀은 거품을 일으켜서 넣은 다음 물을 붓고 충분히 교반하여 반죽한다.

② **성형(成型)** : Hard biscuit은 압연기로 일정한 두께로 만들어 조각성형을 하고, soft biscuit은 반죽이 유연하므로 바로 성형시킨다.

③ **굽기 및 식히기** : 대규모 공장에서는 conveyer를 사용하여 연속적으로 굽는데 오븐 터널의 온도는 입구가 180~200℃, 중간이 220~250℃, 출구는 120~150℃ 정도이며 팽창, 착색, 열의 내부침투 및 건조의 세단계로 구워지며 8~15분 정도 걸린다. 굽고 난 후 온도와 습도가 급하게 변화되지 않게 냉각시켜야 한다.

④ **제품** : 제품은 표면과 색깔이 고르며 비스킷 특유의 조화된 풍미가 있는 것이 좋다. 수분 함량이 10% 이하이므로 흡습되지 않도록 포장한다.

3) 크래커

크래커(cracker)는 설탕을 거의 사용하지 않고 밀가루(박력분, 80%)에 유지(10~20%), 소금, 전분, 효모, 팽창제 등을 혼합하여 반죽하고, 22~30℃에서 20시간 전후 발효시키고, 잡아늘이기, 눌러펴기, 성형한 후 소금을 가하여 260~300℃의 오븐에서 3~4분 구운 것으로 감미가 적고 특이한 조직감을 가지고 있다. 소다크래커와 치즈크래커 등이 있다.

4) 스 낵

스낵(snack)은 식품위생법에서 과자류(건과류)로 분류·허가하고 있으며 곡류, 감자, 고구마, 콩, 전분, 견과류 등의 식물성 원료를 주원료로 가공(팽화, 열처리, 비가열처리, 유탕처리 또는 유처리)한 것을 말한다.

스낵은 원료와 제조공정에 따라 종류가 다양하다. 원료에 따라 소맥스낵, 옥수수스낵, 감자스낵, 견과스낵, 쌀스낵 등이 있고, 제조공정에 따라 rolling스낵, extruded스낵 등이 있다.

Rolling(압연성형, 壓延成型) 스낵은 반죽의 물성에 따라 호화시킨 반죽을 이용한 것과 호화시키지 않은 반죽을 이용한 것이 있다. 원료를 혼합하여 반죽을 만들고 roller에서 sheet를 뽑아 원하는 형태로 절단한다. 이것을 일정한 수분이 되도록 건조한 후 볶거나 기름에 튀겨 팽창시킨 것으로 우리나라 스낵의 대부분 형태이다. Extruded(압출성형, 壓出成型)스낵은 압출성형기를 통해 혼합, 압축, 성형시킨 것이다.

스낵은 바삭거림성이 중요한데 제품이 수분을 흡수하여 바삭거림이 없어지면 상품적 가치를 잃게 된다(potato chip은 3% 이상, cracker은 3.5%이상). 또한 전분과 단백질이 형성하는 그물망 구조(matrix)가 스낵의 플라스틱성과 부드러움성에 영향을 미친다.

5) 캔 디

캔디(candy)는 설탕, 물엿을 주원료로 하고 여기에 전분, 유기산, 식용색소, 향료 등을 가하여 녹인 후 틀에 넣어 굳힌 과자이다. 첨가하는 재료, 설탕과 물엿의 배합비, 당액의 열처리 정도에 따라 연질(soft)과 경질(hard)로, 결정 특성에 따라 결정형 캔디와 무

정형 캔디로 구분한다. 또 결정 설탕을 함유하는 입자형 캔디(grained candy), 수분을 10% 이상 함유하는 소프트 캔디, 누가 등의 기포캔디(aerated candy)가 있다.

Hard candy는 드롭프스(drops) 등과 같이 단단하고 흡습성이 적은 것으로 당액을 고온처리한 것이다. 당류에 당 함량의 1/3 정도의 물을 넣고 가열한 후, 물엿을 넣고 다시 끓여 감압 하에서 진공 농축한다. 이것을 판으로 옮겨 유기산(구연산), 착색료, 향료 등을 넣어 압출, 성형한 후 냉각시켜 굳힌 다음 달라붙지 않게 분당을 뿌려 제품으로 한다(그림 4-5). 캔디에 사용하는 당류는 설탕, 전화당, 포도당, 맥아당, 유당, 덱스트린 등을 혼합하여 사용한다. 또한 감미조절, 부서짐성질 조절, 저온에서 갈라지는 것을 방지하기 위해 콘시럽을 사용하기도 한다.

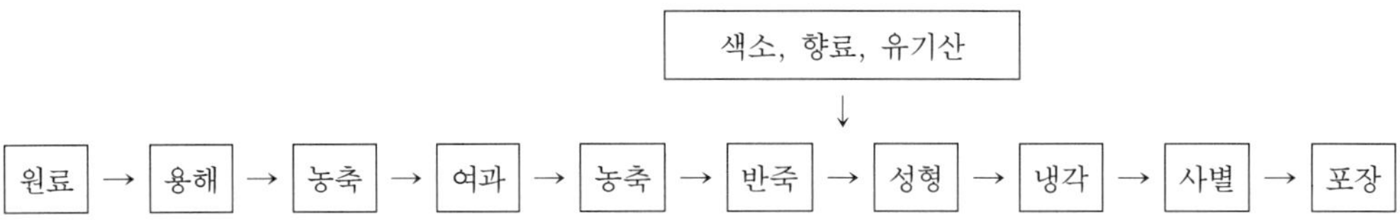

그림 4-5. Hard candy의 제조공정

Soft candy는 폰당(fondant), 캐러멜, 누가 등과 같이 당액을 저온 처리한 것이다. 폰당은 설탕을 물과 함께 일정한 온도까지 가열하여 만든 시럽을 저으면서 식히면 미세하고 많은 설탕의 결정을 가진 설탕시럽이 되는데 주로 초콜릿, 캔디의 센터로 많이 이용되고 있다. 캐러멜은 설탕 100, 물엿 80, 연유 30, 버터 7, 밀가루 12 비율로 농축기에 넣고 가열, 교반, 농축하여 만든다. 농축 정도는 찬물에 넣어 식혀서 손가락으로 집었을 때 묻지 않을 정도이면 적당하다. 농축 후 버터와 향료를 넣고 냉각하여 압출, 성형한다. 누가는 기포형 과자로 난백으로 거품을 낸 것에 112℃로 끓인 농축시럽을 조금씩 넣으면서 가열, 교반, 냉각하여 적당한 크기로 만든다.

6) 젤 리

젤리(jelly)는 과실을 그대로 또는 물을 넣어 조직이 없어질 정도로 충분히 가열하고 압착해서 얻은 즙액에 설탕을 넣어 졸인 다음 식혀서 응고시킨 것이다. 이 응고 현상은 설탕, pectin, 유기산이 일정한 비율로 들어 있을 때 pectin의 ester화 등 복잡한 화학변화에 의해 진행되는데 당도 60～65%, pectin 1～1.5%, 산 0.3% 이상이 요구된다. 응고제에는 젤라틴, 한천 등이 있다.

7) 초콜릿

초콜릿(chocolate)의 주원료인 카카오(cacao)는 카카오나무(학명 : *Theobroma cacao*)의 종실로부터 얻어지며 고온다습한 열대 아마존 밀림지역이 원산지다. 실제 야생의 카카오나무는 멕시코에서 페루에 이르는 지역에 분포되어 있다. 1876년 스위스의 Daniel peters가 milk chocolate을 제조한 이래 소비가 계속 증가하고 있다.

(1) 종 류

배합조성에 따라 분유를 배합한 milk chocolate, 설탕을 배합한 sweet chocolate 등으로 나눌 수 있는데, milk chocolate은 판(板)chocolate, shell chocolate에, sweet chocolate은 판chocolate, covering chocolate제조에 많이 사용된다. 또한 제조법 및 형태에 따라 판chocolate, shell chocolate, covering chocolate, chocolate covering goods, sugar coating chocolate, chocolate powder 등으로 나눈다.

(2) 제조법

초콜릿의 제조공정은 그림 4-6과 같다.

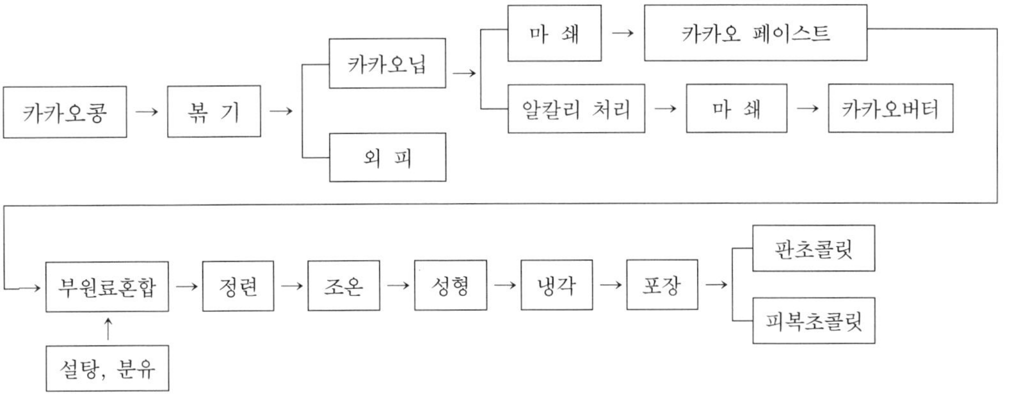

그림 4-6. 초콜릿 제조공정

① **원료처리** : Cacao콩에는 돌, 모래 등의 협잡물이 들어 있으므로 정선기를 사용하여 선별한다.

② **복기** : 배초기(焙炒機)로 100～150℃ 에서 25～50분 볶아서 수분 함량이 0.3～0.5%가 되도록 한다. 볶아 줌으로써 카카오콩의 외피와 배유의 분리용이, flavor의 발생, 탄닌 물질의 변화에 의한 고미의 경감, 수분과 휘발산의 제거, 배유의 미세화용이, 살균, 색상을 좋게 하는 등의 효과가 있다.

③ **외피의 분리** : 조쇄 roller로 부수어 체로 치고 바람을 불어서 외피를 제거한다.

④ **마쇄** : 조쇄한 배유는 grinder를 통과하면 압력과 마찰열로 vita chocolate (chocolate liquor, cacao paste)이 된다.

⑤ **혼합 및 미립화** : Cacao paste에 설탕, 분유 등을 넣어 혼합한다. 혼합이 끝난 chocolate dough는 5～7개의 roll을 가진 refiner에 의해 미립화되어 최종적으로 15～30μ까지 되어 매끄러운 상태가 된다. 이 공정에서 수분의 휘발, 성분의 산화, 향기성분의 반응도 일어난다.

⑥ **정련(精練)** : 미립화된 반죽은 정련기로 옮겨 cacao butter, lecithin을 넣어 50～70℃에서 24～72시간 정련시킨다. 이것은 chocolate에 독특한 향기가 나게 하고 설탕, 분유, 기타의 입자를 균일하게 하여 먹을 때 촉감을 좋게 하는 공정이다.

⑦ **조온(調溫, tempering)** : 조온공정은 cacao butter를 β형의 안정한 결정형으로 만들며 성형을 용이하게 한다.

⑧ **성형 및 냉각** : 정련된 chocolate는 일정한 모양의 형틀에 넣어 7～10℃의 온도에서 20분 정도 냉각터널을 통과시켜 냉각한다.

(3) 문제점

Chocolate은 습도 80%가 되면 표면의 설탕이 용해되고 온도가 낮아지면 설탕이 결정으로 나타나는 sugar blooming이 일어난다. 또한 고온에서는 cacao butter의 용해가 일어나며, 저온에서는 이것이 굳어져 chocolate 표면의 광택이 없어지는 fat blooming현상이 일어난다. 따라서 저온건조한 곳에 보관하여야 방지할 수 있다.

8) 껌

껌(chewing gum)은 16세기경 미대륙으로 이민 간 유럽 사람들이 sapodilla수지를 씹는 인디언으로부터 배워 19세기 말에 미국에서 기업화한 것이다. 껌은 입안에 gum상 물질이 남아 과자와는 다른 특징을 갖는다. 판껌, 풍선껌(bubble gum) 및 당의(糖衣)껌으로 나눌 수 있다.

(1) 원 료

① 껌 기초제(gum base)

a. Chicle gum : 치클검은 사포타(*Sapotaceae*)과에 속하는 sapodilla의 수액에서 채취한 것으로 멕시코 및 포르투갈이 세계적인 주산지이다. 치클의 주성분은 탄성이 있는 gutta(polyisoprene)와 가소성이 있는 resins(triterpene과 sterol류)이다.

b. **천연검류** : Jelutong, gutta percha, carnauba wax가 있다.

c. **혼합치클 기초제** : 전체 기초제 중 chicle은 약 15%이고 나머지는 jelutong과 같은 대용 치클이다.

d. **합성수지** : 초산비닐수지(polyvinyl acetate), polyisobutylene, ester gum, 미세결정왁스(microcrystalline wax)가 있다.

② 가소제

a. **Wax류** : Gum base를 유연하게 하고 가소성을 주기 위하여 candelilla wax, carnauba wax, 밀랍(蜜蠟) 등이 사용된다.

b. **기타 가소제** : dibutyl phthalate, butyl phthalyl butyl glycolate(BPBG) 등이 있다.

③ **충전제** : 미세한 가루의 탄산칼슘 또는 탈크(talc)분말을 첨가하여 gum base의 탄성을 적당히 조절하여 씹는 맛을 좋게 하고 gum base자체의 점착성을 방지한다.

④ **감미료** : 설탕, 포도당, 전분당 등의 미세한 분당을 사용한다.

⑤ **향료** : 향료의 비율은 판껌이 0.9~1.1%이고 풍선껌이 0.6~0.8%이며 peppermint, spearmint, 과일, 커피, 기타 양주 등이 있다.

⑥ **유화제** : 유화제를 넣어서 원료 성분이 고르게 잘 혼합되게 하고, 씹는 맛을 개선하며 껌덩어리가 접착되는 것을 방지한다.

⑦ **산화방지제** : 산화방지제에는 BHA, BHT, TBHQ 등이 쓰인다.

표 4-3. 산화방지제의 종류 및 사용량

BHA(butyl hydroxy anisole) BHT(dibutyl hydroxy toluene) TBHQ(tert butyl hydroquinone)	0.75g/kg 이하(병용할 때에는 BHA, BHT 및 TBHQ로 사용량의 합계가 0.75g/kg 이하)

(2) 제조법

제조법은 원료에 따라 다르며, 판껌의 제조공정은 그림 4-7과 같다.

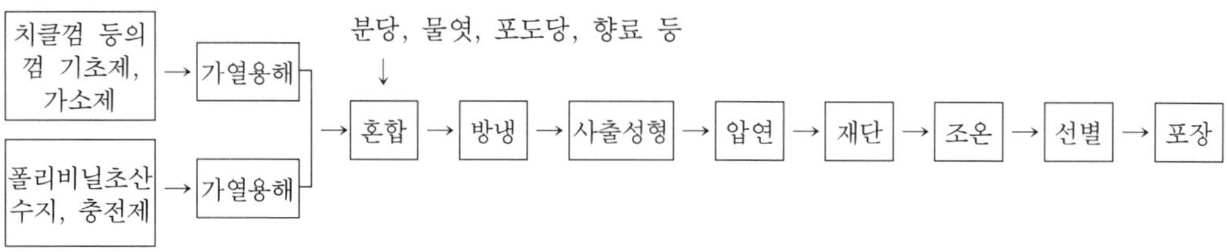

그림 4-7 판껌의 제조공정도

4.2.3. 일식과자

(1) 양 갱(羊羹)

양갱은 팥, 고구마, 밤 등의 앙금류에 설탕 및 한천 등을 넣고 가열, 농축, 냉각시켜 제조한다.

(2) 미 과(米菓)

미과에는 전병(煎餠, 센베이), 오꼬시, 아라레 등이 있다.

① **오꼬시** : 설탕과 물엿을 녹여 155℃에서 졸인 당액에 찹쌀을 쪄서 건조하여 부순 것을 섞어 틀에 넣어 굳힌 것이다.

② **아라레** : 찹쌀을 씻어 하룻밤 물에 담갔다가 물을 빼고, 증기로 15～25분간 찐 다음 떡을 만들어 저온에서 2～3일간 두어 적당하게 굳으면 일정한 모양으로 잘라 햇볕 또는 그늘에서 말려 수분을 고르게 한 다음 280～300℃ 정도에서 볶거나 기름에 튀긴다. 여기에 간장, 설탕, 소금 등을 조미하여 건조시켜 제품으로 한다.

4.3. 빵의 제조

4.3.1. 빵의 분류

빵은 밀가루와 물, 이스트, 소금을 주재료로 하고 제품에 따라서 부재료인 유제품, 당류, 계란, 유지, 향신료 등을 첨가하여 배합한 반죽을 발효시킨 다음 굽거나 찌거나 튀김으로써 익힌 것이다. 빵은 재료와 익히는 방법, 또는 사용하는 첨가물에 따라 다음과 같이 분류할 수 있다.

1) 식빵류

① 팬(pan)에 넣어 굽는 빵(전밀식빵, 호밀빵, 옥수수식빵, 보리식빵, 건포도식빵 등)
② 직접 굽는 빵(프랑스빵, 이탈리아빵, 독일빵 등)
③ 평철판에 넣고 굽는 빵(soft roll)

2) 과자빵류

① 일반적인 과자빵(팥앙금빵, soboro빵, 크림빵, 버터크림빵 등)
② 스위트(sweet)류(스위트 롤, 커피 케이크, 번즈(buns) 등)
③ 서양식 과자빵(크로와상(croissant), 브리오슈(brioche) 등)

3) 특수빵

① 튀기는 제품(빵도넛 등)
② 찌는 제품(찐빵 등)
③ 2번 굽는 제품(토스트 등)

4) 조리빵류

반죽에 조미재료를 첨가한 제품(샌드위치, 피자, 햄버거, 카레빵 등)

4.3.2. 제조 방법

1) 직접반죽법(straight dough method)

배합에 사용되는 모든 재료들을 한 번에 믹서기에 넣고 혼합하는 방법으로 일반 대규모 제빵 공장보다 소규모 제과점에서 주로 많이 사용하는 제법이다. 직접반죽법은 식빵과 호밀빵, 프랑스빵 등 모든 종류의 빵 생산에 사용할 수 있다. 제조공정은 그림 4-8과 같다.

계량 → 반죽 → 발효 → 둥글리기 → 중간발효 → 성형 및 패닝 → 2차 발효 → 굽기 → 냉각

그림 4-8. 직접반죽법의 공정

(1) 배합비율표 작성

배합비율기준을 정하고 각 재료를 배합하며 그 예는 표 4-4와 같다.

표 4-4. 식빵재료의 배합기준

재 료	사용 비율(%)
강 력 분	100
물	60～64
생 이 스 트	2～3
이스트 푸드	0.1～0.2
소 금	1.75～2.0
설 탕	4～8
유 지	3～4
탈 지 분 유	3～5
개 량 제	0.5～2.0

(2) 반 죽

반죽에 사용할 재료를 mixer bowl에 넣고 반죽하는 것을 말하며 mixer의 회전 속도에 따라 저속, 중속, 고속으로 구분되며 보통 저속으로 혼합하다가 중, 고속으로 한다. 반죽 온도가 27℃가 되도록 하며 반죽의 상태가 부드럽고 윤기가 나는 상태가 되도록 반죽량, 반죽온도, 믹서구조에 따라 12～25분간 혼합한다.

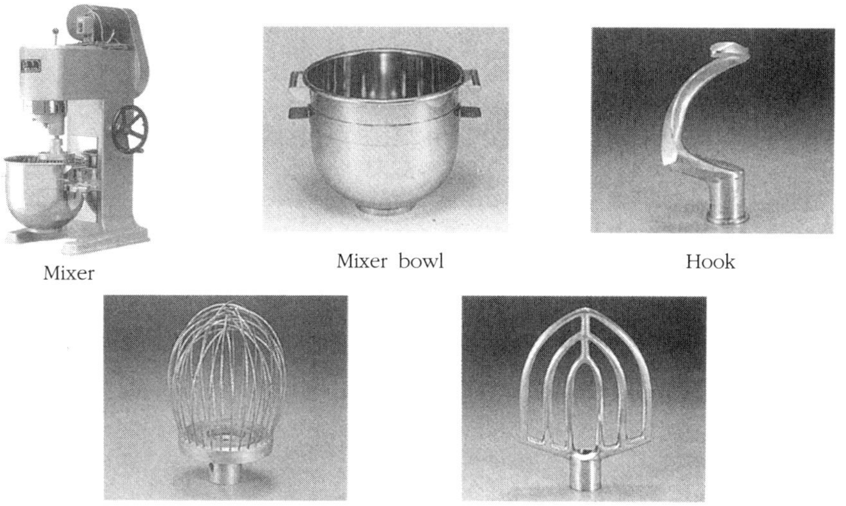

그림 4-9. 빵 제조용 밀가루 반죽 믹서

① **혼합의 목적** : 혼합의 목적은 밀가루와 물을 다른 재료들과 균일하게 섞고, 밀 단백질 중 불용성 단백질이 물과 결합하여 gluten을 형성시키며 밀가루 전분에 물을 흡수시키는 수화작용을 한다.

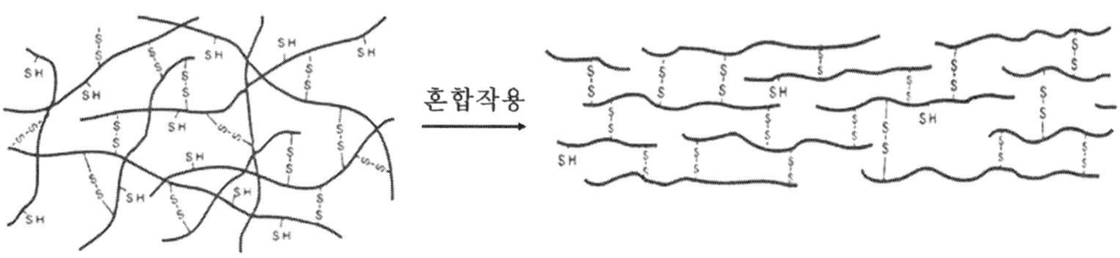

gluten이 형성되기 전 단백질 / gluten이 형성된 단백질

그림 4-10. 혼합작용에 의한 gluten 재정렬 상태

② **혼합단계**

a. **혼합단계**(pick up stage) : 유지를 제외한 모든 재료를 넣고 저속으로 1~2분 정도 돌리면 원료가 균일하게 혼합되고 글루텐의 구조가 형성되기 시작한다.

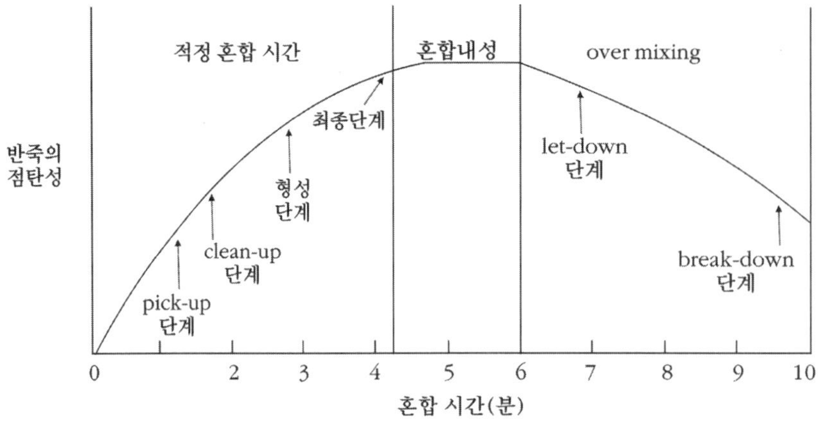

그림 4-11. 혼합시간의 경과에 따른 반죽의 점탄성 변화

b. **청결단계**(clean up stage) : 반죽이 한 덩어리로 뭉쳐 어느 정도 수화가 완료된 단계이며, 반죽이 약간 건조한 상태로 탄성을 갖기 시작하고 반죽이 응집력이 커지므로 mixer bowl 안쪽면이 깨끗해진다. 소금과 유지는 수화를 더디게 하여 글루텐의 발전을 방해하는 경향이 있으므로 반죽이 어느 정도 혼합된 후에 넣어야 혼합시간을 단축할 수 있다.

c. **형성단계**(development stage) : 반죽이 건조하며 매끈해지고 gluten이 60%이상 진행되어 탄력성이 강하다. 이때 mixer의 최대 에너지가 요구된다.

d. **최종단계**(final stage) : 탄력성과 신장성이 가장 좋으며 반죽이 부드럽고 윤이 난다. 반죽을 양손으로 넓게 펼쳐 보면 터지지 않는 얇은 막이 형성된다. 이 단계가 빵 반죽에서는 최적 상태로 보통 이 단계에서 반죽작업을 완료한다(식빵 반죽).

e. **지친단계**(let down stage) : gluten구조가 다소 파괴된 상태로 반죽이 처지고 탄력성을 잃게 되며 질게 보이고 끈적끈적 거리고 느슨하다(햄버거 반죽).

f. **파괴단계**(break down stage) : 글루텐이 완전히 파괴되어 탄력성과 신장성이 줄어들어 결합력이 없으며 빵을 만들기에 아주 부적합한 상태를 말한다.

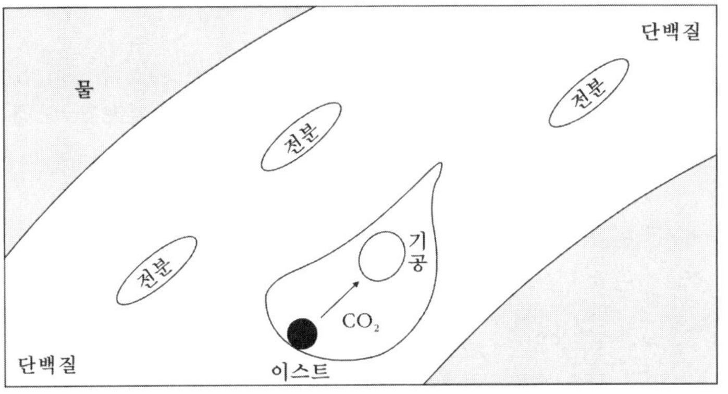

그림 4-12. 혼합 후 최적상태 반죽의 분포

(3) 1차 발효(first fermentation)

발효는 복합 유기물을 비교적 단순한 물질로 분해하는 화학 반응들 중에 yeast에 의해 당이 탄산가스와 알코올로 전환되는 것으로 이스트가 첨가 되면서부터 시작되며 굽기 과정 동안에 열에 의해 yeast가 사멸될 때까지 계속된다. 반죽이 완료된 후 정형과정에 들어가기 전까지의 발효과정을 1차 발효라 한다. 최종산물인 탄산가스와 알코올은 yeast에 의해 생성되는 반면 젖산과 초산은 세균에 의해 생성된다.

① **발효의 목적**

a. **반죽의 팽창작용** : 발효과정에서 발효성당이 yeast에 의하여 탄산가스와 알코올로 전환된다. 이 중 탄산가스의 일부가 반죽의 팽창에 관여한다. 1차 발효에 필요한 재료는 밀가루, yeast, 물이며 발효가 잘된 반죽은 부드러운 제품을 얻을 수 있고 노화도 느려진다. 이때 일어나는 반응식은 다음과 같다.

$$C_6H_{12}O_6 \rightarrow 2C_2H_5OH + 2CO_2 + 57kcal$$

b. **향 생성** : 발효과정에서 yeast의 작용과 혼합 중 공기 중의 일부 세균(젖산균)에 의하여 알코올, 유기산, 에스테르, 알데히드 같은 방향성 물질이 생성되어 빵의 특유한 향을 낸다.

c. **반죽의 숙성작용** : 발효과정에서 생성되는 유기산은 전체 반죽의 산도를 높여 pH는 낮아지게 되며, 글루텐을 강하게 하거나 반죽을 발전시켜서 가스의 포집과 보유능력을 개선하고, 신장성이 좋은 구조를 형성하여 성형할 때 취급을 용이하게 한다.

(4) 성 형

성형은 발효가 완료된 반죽을 미리 정한 크기로 나누어 최종제품 형태로 만드는 과정이다. 이 과정은 반죽을 자르는 분할, 분할된 반죽을 매끄럽게 하는 둥글리기, 약간의 반죽 숙성 시간을 주는 중간 발효, 밀대로 밀거나 말아 모양을 만드는 정형, 원하는 모양에 맞도록 팬에 반죽을 넣는 패닝 등으로 이루어지며, 반죽 안에서 증가하는 압력에 견디며 팽창할 수 있는 신장성과 저항력을 갖도록 글루텐의 성질을 개량하는 과정이다.

① **분할**(dividing) : 발효가 완료된 반죽의 분할은 손에 의한 분할과 기계에 의한 분할이 있다. 분할은 가능한 빠른 시간(식빵류는 15～20분, 과자빵류는 30분) 내에 하여야 한다. 왜냐하면 반죽은 분할하는 도중에도 계속해서 발효가 진행되어 먼저 분할한 반죽과 나중에 분할한 반죽과는 발효에 차이가 생기기 때문이다.

② **둥글리기**(rounding) : 분할시 빠져나간 가스의 회복과 분할된 반죽에 압력을 주면서 형태를 둥글게 하며 연속된 매끄러운 표피를 만들어 분할기에서도 계속되는 yeast의 작용에 의해 발생되는 가스를 보유할 수 있도록 반죽을 손이나 기계로 둥글게 공모양으로 만드는 과정이다. 분할기의 압축에 의해 기포의 일부가 없어진 반죽은 성형하기에 필요한 유연성이 부족하다. 따라서 표피가 생성된 반죽은 없어진 가스를 다시 얻을 수 있어 성형하기에 적당한 반죽상태가 된다.

그림 4-13. 환목기

둥글리기의 목적은 분할한 반죽의 gluten구조를 정돈하며 가스를 균일하게 분산하여 내부 상태를 균일하게 하고, 자른 면의 점착성을 감소시키며 표피를 형성하여 탄력을 유지시키고, 중간 발효를 하기 위한 적당한 상태로 만들며, 중간 발효에서 생기는 가스를 보유하도록 하는 데 있다.

③ **중간발효**(intermediate proof) : 둥글리기를 한 반죽을 정형공정에 들어가기 전까지 반죽이 휴식을 가지게 하는 과정으로 벤치타임(bench time)이라고도 한다. 중간발효의 목적은 분할, 둥글리기 과정에서 손상된 글루텐 구조를 재정돈하고, 가스 발생으로 반죽의 유연성을 회복시키며, 정형과정에서의 반죽 신장성을 증가시켜 밀어펴기를 쉽게 하고, 반죽이 눌어붙지 않게 얇은 피막을 형성시키는 데 있다.

중간발효는 온도 27～29℃, 상대습도 75% 전후의 조건에서 10～20분간 한다. 중간 발효실이 없는 경우, 겨울에는 반죽과 반죽을 붙여서 다소 길게 하며, 여름에는 반죽에 간격을 두어 짧게 한다. 또한 젖은 헝겊이나 비닐로 덮어서 반죽 표면이 마르는 것을 방지한다.

④ **정형** : 제품의 특성에 따라 모양을 만드는 과정으로 자동라인에서는 2~3개의 롤러를 통과하여 belt conveyor에 의하여 이동되면서 사슬망을 통과하여 원통형으로 말려진 다음 이음매가 봉해진다. 식빵류는 정형기의 롤러를 통과시키거나 밀대를 사용하여 가스빼기, 말기, 접기, 봉하기 등을 한다.

a. **가스빼기** : 중간 발효된 반죽을 밀대나 롤러로 밀어서 불규칙적이고 큰 기포를 빼내어 제품의 내부 기공을 균일하게 하는 과정으로 빵의 조직감과 내부색상에 영향을 미치며, 정형의 두께를 조절하게 된다. 이 과정에서 반죽의 두께를 조절하는 roller, 반죽을 원통형으로 감아주는 curling chain 및 원통형으로 말아진 반죽을 일정한 길이로 늘려주는 압축판으로 구성된 moulder가 사용된다. 과도한 가스빼기나 반죽끼리 붙는 것과 압축판에 붙는 것을 방지하기 위하여 과량의 덧가루를 사용하지 않도록 한다.

b. **둥글리기**(moulding) : 가스빼기를 한 반죽을 적당한 압력을 주면서 고르게 균형을 맞추어 말거나 접기를 하는데 무리하게 힘을 주어 터지지 않도록 한다.

c. **봉하기** : 말기를 한 반죽은 2차 발효 중 또는 굽는 과정에서 터지는 것을 방지하기 위해 원통형 반죽의 양 끝면을 단단히 봉한다.

⑤ **팬에 넣기**(panning) : 정형이 완료된 반죽을 팬(pan)이나 철판에 담는 과정으로 손으로 하거나 기계로 한다. 반죽을 팬에 넣기 전에 팬과 제품의 이형(離型)을 위하여 이형제를 사용하는데 실리콘이나 테프론으로 피복하면 이형제(유동파라핀)의 사용량을 줄일 수 있다.

Panning요령은 정형기를 통과한 반죽이나 손으로 정형한 반죽의 무게와 모양을 확인하고, 반죽을 봉합한 부분, 즉 이음매가 팬의 바닥에 닿도록 한다. 또한 팬이나 철판의 온도를 32℃로 맞추고, 팬의 크기와 부피에 알맞는 반죽량을 넣는다.

(5) 2차 발효(final proofing)

발효의 최종단계이다. 성형과정을 거친 반죽의 글루텐은 불안정하여 그대로 굽기를 하면 부피가 작고 기공이 조밀하여 제품의 비중이 무거우며, 조직이 거칠고 옆면과 윗면에 균열이 생기며 색이 진하게 된다. 이러한 결점을 보완하기 위해 반죽을 다시 부풀려 부드러움과 신장성이 생기도록 한다.

2차 발효의 목적은 성형공정을 거치면서 가스가 빠진 반죽을 다시 부풀리며, 빵의 향에 관계하는 알코올, 유기산 그 밖의 방향성 물질을 방출시키고, 발효산물 중 유기산과 알코올이 글루텐의 신장성과 탄력성을 높여 oven팽창이 잘 일어나도록 하며, 온도와 습도를 조절하여 yeast의 활력을 촉진시키기 위함이다. 2차 발효에 영향을 주는 인자는 온도, 상대습도, 발효시간이다.

① **온도** : 발효실의 온도는 33～54℃(보통 35～38℃)로 한다. 온도가 이보다 낮으면 2차 발효시간이 길어지고 제품의 겉면이 거칠고 기공벽이 두껍고 조직이 조밀하다. 발효실의 온도는 밀가루의 종류, 배합비율, 산화제, 반죽 개량제, 유지의 종류, 발효정도, 반죽과 성형 방법, 제품 종류 등에 따라 달라진다.

② **상대습도** : 상대습도는 2차 발효 동안에 표면이 마르는 것을 방지하기 위해 최소 75% 이상(보통 75～90%)을 유지해야 하며, 제품의 껍질 색에 큰 영향을 주게 된다. 상대습도가 75%보다 낮으면 반죽표피의 수분이 증발 되면서 겉껍질이 형성되어 굽는 과정에서 팽창을 저해하여 부피가 작으며 터짐현상이 발생한다. 반면에 습도가 높게 되면 반죽표피에 수분이 응축되어 껍질이 질겨지는 경향이 있다.

③ **발효시간** : 반죽의 가스발생 속도와 정도가 알맞게 이루어지는 과정으로 2차 발효시간이 짧을수록 기공은 더욱 조밀하게 된다. 2차 발효의 완료점은 발효시간, 완제품의 70～80%의 부피, 성형된 반죽의 3～4배 부피, 손가락으로 눌렀을 때 반죽의 저항성 등으로 확인하는 것이 좋다. 철판에 굽는 제품인 과자빵, 버터롤, 스위트롤 등은 반죽 팽창 등으로, 팬을 이용하는 식빵 등은 팬 용적에 대한 부피 증가로 판단한다.

(6) 굽 기(baking)

제빵의 최종 공정으로 반죽의 크기와 배합재료, 발효상태, 제품의 종류에 따라 온도와 시간을 조절하여 굽는데 일반적으로 190～230℃에서 15～40분간 굽는 것이 보통이다. 2차 발효가 완료된 반죽에 열이 가해짐으로 제품의 형태나 알맞은 색과 풍미를 가지게 된다. 이 과정에서 2차 발효까지 이어온 생물화학적 변화는 정지되고 미생물은 사멸되며 효소도 불활성화 된다. 굽기 과정 중의 변화는 다음과 같다.

① **반죽의 온도변화와 오븐 팽창**(oven spring) : 빵을 200℃정도의 오븐에서 구우면 빵 반죽의 내부온도는 이보다 낮은 온도에서 구워지게 된다. 굽는 과정 중의 빵 반죽의 온도변화를 보면 겉껍질에 비하여 빵의 내부나 중심부의 온도상승은 비교적 늦으며, 빵 속살의 내부온도는 99℃ 이상으로 상승되지 않는다.

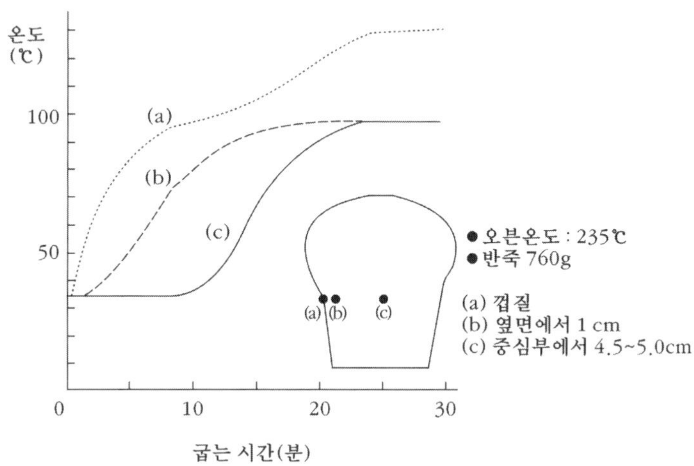

그림 4-14. 굽는 과정 중의 빵 반죽의 온도변화

빵 반죽의 온도가 49℃가 될 때까지는 반죽 중에 녹아 있는 이산화탄소가 열을 흡수하므로 서서히 상승하며, 54～58℃에서 직선적인 상승을 보이게 된다. 이 온도 이상에서는 전분의 호화가 시작되므로 다시 빵 반죽의 열 흡수성이 증가되어 온도상승은 완만하다가 전분의 호화가 끝나는 79℃ 정도가 되면 다시 온도가 크게 상승된다. 이후 온도 상승은 알코올과 수증기의 증발로 서서히 100℃ 근처에 도달하게 된다. 그리고 빵 반죽은 구워지면서 탄력성을 갖게 되는데, 빵 반죽의 탄력성이 작으면 오븐에서 꺼내자마자

수축하는 경향을 보인다.

반죽내 이산화탄소와 에탄올 등이 온도상승에 따라 기화하면서 기포 내부의 압력 형성에 의해 반죽내 기포벽이 위쪽으로 급격히 늘어나면서 부피가 팽창(처음 5~6분 동안에 크기의 1/3정도가 급격히 팽창)하는 현상을 oven spring이라 한다. 보통 2차 발효에서 전체 부피의 70~80%, 오븐에서 20~30%를 팽창시키는 것이 좋다.

Deck oven

Convection oven

그림 4-15. 오 븐

② **전분의 호화** : 밀가루 전분의 팽윤은 발효온도에서 30% 정도 되고, 굽기 과정 중 40℃ 정도가 되면 팽윤하기 시작하여 50~65℃ 정도가 되면 유동성이 떨어지면서 점도가 상승한다. 전분의 호화는 수분과 온도에 의하여 달라지는데 빵의 내부는 반죽의 유리수와 단백질과 결합한 물을 흡수하여 팽윤과 호화를 일으켜 구조를 형성한다. 빵의 외부 전분은 내부 전분보다 높은 온도에서 더 오래 노출되므로 호화가 더 많이 진행된다.

③ **단백질의 열변성** : Gluten은 반죽 총 흡수율의 약 31%의 물을 흡수한 상태로 전분의 작은 입자를 함유한 세포간질(matrix)을 만들어 빵 속의 온도가 60~70℃에 이르면 열변성을 일으켜 단백질의 물이 전분으로 이동하면서 전분의 호화에 관여한다. 이 과정에서 가스세포를 둘러싸고 있던 gluten matrix가 반고체 상태로 변화하나 gluten에 부착되어 있는 호화전분의 유연성과 가스의 팽창에 의하여 gluten의 막은 더욱 얇게 되어 전분과 같이 빵의 내부구조를 이룬다.

④ **효소의 활성** : Yeast의 생세포는 63℃에서 사멸하지만 amylase의 활성은 굽는 과

정에서 가속화 되며, 적정온도 범위에서는 10℃ 상승에 따라 약 2배의 활성을 보인다. 맥아 α-amylase의 경우 변성온도는 68～83℃이고, β-amylase 는 57～72℃이다. 굽는 온도는 전분분해, 빵 내부의 굳기, 빵의 무게 및 기공상태 등에 영향을 미치는데 196～229℃의 범위가 적당하다. 굽기가 완료되는 시점에서는 모든 미생물이 사멸하고 대부분의 효소도 불활성화 된다.

⑤ **내부구조의 형성** : 내부의 기공형성은 원재료 첨가시 공기가 들어가거나, 혼합되는 동안 공기가 반죽 속에 유입되거나, 이스트가 발효하는 동안에 생성된 이산화탄소에 의한다. 반죽을 발효하는 동안 반죽 안에 들어 있는 미세한 기공들은 이산화탄소에 의하여 팽창된다. Gluten이 충분히 숙성되지 않은 반죽은 gluten사이에 수분이동이 있어 수분층이 가스층을 싸고 있어서 세포벽이 두껍고 거칠며 기공수가 적다. 반면 발효가 지나친 반죽은 gluten사이의 수분이 적어 gluten끼리 붙어 있어 세포벽이 얇고 약하며 둥글고 부서질 우려가 있다. 그리고 제빵공정에서 좋은 조직을 형성하는 공정은 기포수가 가장 많이 증가하는 늘여펴기 공정이다.

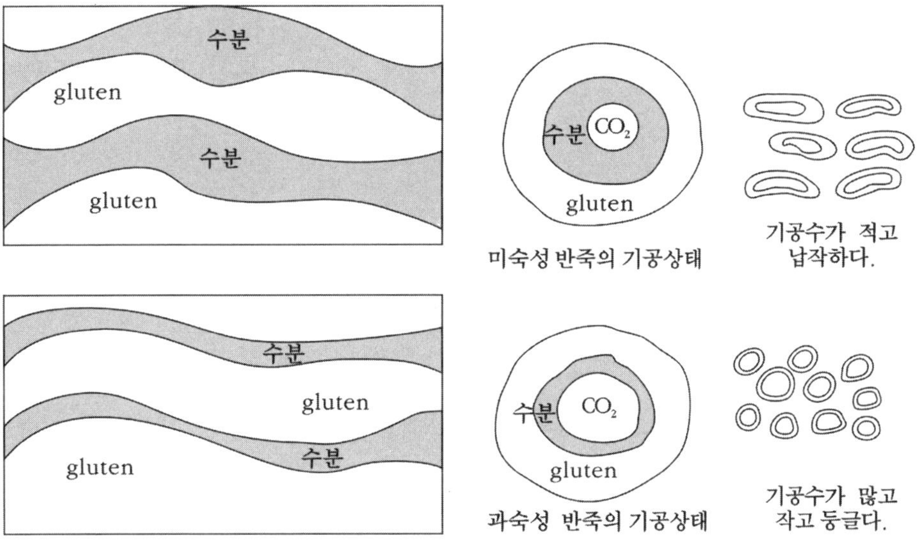

그림 4-16. 미숙성 반죽(위)과 과숙성 반죽(아래)의 gluten 팽윤과 물과 이산화탄소

⑥ **풍미의 생성** : 빵의 풍미는 겉껍질과 내부에 함유되어 있는 화학물질, 속살의 부드러움, 탄력성 등에 의해 결정된다. 빵의 방향성 물질은 영양물질의 열분해, 발효

에 의해 생성된 산과 알코올의 에스테르 형성, 발효과정에서 생성되는 발효부산물과 산화적인 변화(furfurals), 아미노산과 환원당에 의한 maillard 반응에 의해 생성된다.

⑦ **갈색화 반응** : 빵의 풍미성분은 굽는 과정에서의 캐러멜화 반응과 maillard 반응에 의하는데 온도별로 겉껍질의 생성물질은 그림 4-17과 같다.

100℃ —덱스트린→ 150℃ —가열산화물질→ 200℃

(melanoidine생성) (caramel 생성) (carbonyl compound 생성)

그림 4-17. 굽는 과정에서의 온도별 겉껍질의 생성물질

(7) 냉각과 포장

오븐에서 갓 구워 나온 뜨거운 빵의 온도를 식혀 포장하기 적당한 온도로 내리는 과정이다. 오븐에서 구워 나온 빵의 껍질에는 12%, 속에는 45%의 수분이 함유되어 있다. 냉각이 되는 동안 빵 속의 수분이 바깥쪽으로 이동하여 고른 수분분포를 나타나게 된다. 냉각은 빵 속의 온도를 35~40℃, 수분을 38%로 낮추는 것이다. 빵이 적절히 냉각되지 않으면 썰기를 할 때에 빵의 형태가 찌그러지게 되고, 높은 온도에서 포장하면 포장지 안에서 수분이 응축되어 곰팡이가 쉽게 발생한다.

(8) 빵의 노화

빵은 구워 나온 직후부터 수분이 증발하기 시작하여 제품의 맛과 향기의 변화가 생기며 딱딱해지는 현상이 나타나기 시작한다. 이러한 현상을 노화라 하며, 곰팡이나 세균과 같은 미생물에 의한 부패 또는 변질과는 구분이 된다.

신선한 빵의 껍질은 바삭바삭하며 특유한 방향을 가지나 시간이 경과함에 따라 외부에서 수분을 흡수하거나 내부에서 수분이 껍질로 이동하여 껍질이 부드러워지고 질겨지며 방향(芳香)을 상실한다. 또한 부드러운 빵 속이 건조하며 거칠게 되어 탄력성을 잃고 부스러지기 쉽고 신선한 풍미가 없어지며 노화된다.

노화의 원인은 전체 수분의 증발, 부위별 수분의 이동과 같이 물과 관계가 있으며, 물과는 별도로 전분 자체가 β-전분으로 변하는 데 있는 것으로 추정하고 있다. 노화를 지연시키기 위해서는 저장온도를 −18℃이하, 21~35℃로 하고, 유화제(mono-, di-glyceride)

를 사용하거나, 반죽에 α-amylase를 첨가하거나, 물의 양을 늘려 반죽 중의 수분 함량을 높이거나, 당류를 첨가하거나, 방습포장재료를 사용한다.

2) 스펀지법(sponge dough method)

스펀지법은 재료를 나누어 혼합과정을 두 번하는 방법으로 처음 반죽을 스펀지(sponge), 나중 반죽을 도우(dough)라 한다.

스펀지 반죽은 밀가루의 일부 또는 전부를 사용하고 물, 이스트, 이스트 푸드 등을 넣어 혼합한 후 3시간 내지 4시간 30분 정도 발효시킨다. 혼합은 글루텐이 형성되지 않게 저속으로 혼합하는데 이것은 스펀지 발효 중 생성되는 알코올과 산을 방출시키기 위해서이다.

도우(dough)는 스펀지 반죽에 사용된 나머지 재료인 일부 밀가루, 일부 물, 소금, 설탕, 쇼트닝, 분유 등을 스펀지 반죽과 섞어 직접 반죽법에서의 반죽상태가 되도록 혼합하는 것이다.

스펀지법은 직접반죽법에 비하여 발효시간이 길어 발효 손실이 크며, 혼합을 두 번 하여야 하므로 혼합, 스펀지 발효실 등의 시설과 노동력, 장소 등이 증가하는 단점이 있다. 그러나 장시간 발효로 밀가루의 수화가 잘 되고 반죽 피막이 얇게 되며 가스 보유력이 크므로 부피가 큰 제품을 얻을 수 있고 빵의 조직과 속결, 촉감도 부드럽다. 또한 스펀지 제조시 잘못된 공정을 조절할 수 있으며, 장시간 발효를 위하여 이스트의 사용량을 20% 정도 줄여 사용할 수 있는 장점도 있다. 스펀지법은 발효공정상 다른 제법보다 실패율이 적으며, 대규모 제빵 공장에서 사용된다.

(1) 배합비율표 작성

스펀지에 밀가루를 많이 사용하면 스펀지의 발효시간은 길어지고 본 반죽의 발효시간(floor time)은 짧아진다. 또한 반죽의 신장성이 좋아지고 부피가 크며, 기공막이 얇으며 조직이 부드러워 품질이 좋아지고 풍미가 강하게 된다. 스펀지에 사용되는 물은 밀가루의 55~60%를 사용하는데 이것은 밀가루의 비율이 변경되더라도 스펀지의 반죽되기를 일정하게 하기 위함이다. 본 반죽의 물의 양은 배합 전체의 물의 양을 표기한다. 또한 분유를 스펀지에 첨가하는 경우는 저단백질 또는 약한 밀가루를 사용할 때, amylase의 활성이 너무 지나칠 때, 혼합시 밀가루가 쉽게 처지는 경우이다.

표 4-5. 식빵 재료 배합 기준

Sponge		Dough	
재 료 명	비 율(%)	재 료 명	비 율(%)
밀 가 루	55~100	밀 가 루	45~0
물	55~60(밀가루)	물	전체 56~68
생 이 스 트	1~3	생 이 스 트	0~2
이스트 푸드	0~0.5	소 금	1.5~2.5
개 량 제	0~2.0	설 탕	0~8
		유 지	0~5
		탈 지 분 유	0~8

배합표에 따라 스펀지에 사용할 재료와 dough에 사용할 재료를 구분하여 정확하게 계량한다. 본 반죽에 사용하는 물은 dough 반죽 직전에 계량하여 물의 온도를 계산한 후에 맞추어 사용한다.

(2) 스펀지 혼합

계량한 스펀지용 재료를 모두 mixer bowl에 넣고 저속으로 4~6분 정도로 글루텐이 형성되지 않고 재료가 균일하게 섞이도록 혼합한다. 이때 형성된 스폰지 반죽 온도는 보통 24±2℃이다.

(3) 스펀지 발효

스펀지 혼합이 끝난 반죽을 발효실에서 발효시켜 처음 부피의 3.5~4배 정도 부풀리는 것을 말한다. 스펀지 발효의 목적은 밀가루 입자에 최대한 물을 많이 흡수시켜 노화속도를 더디게 하며 속결이 부드러운 제품을 만들기 위함이다. 스펀지 발효의 최적조건은 온도 27℃, 습도 75%이며 물의 양, 이스트의 양, 혼합시간, 스펀지 반죽 온도에 따라 발효는 2~6시간이 소요된다.

스펀지 발효의 완료상태는 스펀지 반죽이 4~5배 정도 부푼상태로, 전체 발효시간의 2/3 정도가 소요되면 반죽 중앙이 수축되어 오목하게 들어가는 drop 현상이 생긴다. 이때 반죽 표면이 우유 빛을 띠며 pH 4.8을 나타내게 된다.

그림 4-18. 발효기

(4) 본반죽

스펀지 발효가 끝난 반죽에 본 반죽용 재료를 넣고 8~12분 정도 혼합하는 단계로, 반죽의 온도는 27℃가 되도록 한다. 최종 반죽상태는 부드러우며 잘 늘어나고 약간 처지는 상태가 되어야 한다.

(5) Floor time

스폰지법의 발효과정으로 30분 정도 발효시킨다. 지나치게 혼합된 반죽은 반죽이 회복될 수 있도록 floor time이 길어야 하며, 혼합시간이 짧은 반죽은 짧아야 한다. Floor time을 주는 동안 이스트는 계속 발효을 하면서 반죽팽창을 위한 이산화탄소를 발생시키며 글루텐을 조절하여 안정한 구조를 형성시킨다. Floor time초기의 반죽상태는 부드럽고 신장성이 커서 잡아당기면 완전히 늘어나지만 최종적으로는 거칠게 끊어진다.

(6) 정형, 2차 발효, 굽기, 냉각

정형공정에서 냉각공정까지는 직접반죽법의 공정과 같다.

3) 기타 제빵법

(1) 액체 발효법(liquid fermentation method)

액체 발효법(액종법)은 반죽의 발효를 수용액상에서 실시하는 방법으로 스폰지 발효에서 생기는 결함을 없애기 위하여 미국 분유 연구소에서 분유의 완충작용을 이용하여 발효가 거칠게 일어나는 것을 안정시키기 위해 개발한 방법이다. 액체 발효법은 이스트, 설탕, 소금, 이스트푸드, 맥아에 물을 넣어 혼합하고 완충제로 탈지분유나 탄산칼슘을 넣어 약 2~3시간 발효시켜 액종을 만든다. 따라서 이스트를 미리 예비발효시켜 사용하므로 발효시간을 단축시킬 수 있고 대량생산이 가능하다.

(2) 연속식 제빵법(continuous dough mixing method)

연속식 제빵법은 액체 발효법을 더 진전시킨 방법이다. 연속 반죽기로 반죽하고 즉시 분할, 패닝 후 발효하여 오븐으로 자동 이동하여 만드는 방법으로 짧은 시간에 제품화할 수 있다. 작업을 하나의 제조라인을 통하여 이루어지도록 특수장비와 계량장치로 구성되어 있으며, 정형장치가 없고 최소 인원과 공간에서 생산이 이루어진다. 즉 믹서, 1차 발효실, 분할기, 환목기, 중간 발효기, 성형기 등의 설비가 감소되어 설비 공간과 노동력이 줄어들고, 발효 손실이 적은 장점이 있다.

(3) 노타임 반죽법(no time dough method)

표준 반죽시간보다 반죽시간이 길고 반죽온도는 높아 발효시간을 줄이는 방법으로 무발효 반죽법 또는 비상 반죽법이라고도 한다. 글루텐의 형성은 산화제와 환원제의 도움으로 기계적 혼합에 의해 이루어지며, 반죽이 완료된 후 40분 이내에 발효를 하므로 제조공정이 짧은 방법이다.

산화제에는 브롬산칼륨과 요오드칼륨이 사용되는데 산화가 부족하면 제품의 기공이 일정하지 않고 부피가 작으며 제품의 균형이 나빠지기 때문에 산화제를 반죽에 넣어 단백질의 S-H기를 S-S기로 변화시켜 단백질 구조를 강하게 하고, 가스 포집력을 증가시켜 반죽 다루기를 좋게 한다. 환원제에는 L-cysteine, sorbic acid 등이 있으며 단백질의 S-S기를 절단하여 글루텐을 약하게 하고 반죽시간을 25% 단축시키는 조절제로 20～40 ppm 정도 사용한다. 이 방법은 시간이 절약되고 반죽이 부드러우며 흡수율이 좋고 제품의 내상이 균일하다는 장점이 있다. 그러나 짧은 발효시간 때문에 제품에 광택이 없으며 식감 및 풍미가 좋지 않고 제품이 불안정하다는 단점이 있다.

(4) 냉동 반죽법(frozen dough method)

냉동 반죽법은 반죽이나 제품의 변패를 지연시킬 목적으로 이용된다. 다량의 반죽을 만들어 놓고 냉각시켜 발효를 일시적으로 정지시켜 놓은 다음, 성형속도에 맞추어 반죽을 꺼내어 사용함으로써 작업효율을 높이는 냉장법과는 반죽을 냉각시키는 점에서는 동일하지만, 반죽을 －40℃에서 급속냉동시킨 다음 －20℃에서 냉동 보관하여 품질을 보존하는 방법이다. 이것은 이스트의 활동을 잠정적으로 정지시키는 원리를 이용해 장기간 보존이 가능하다.

일반적으로 반죽이 쉽게 노화되는 10～-6℃의 온도대(노화존, stale zone)를 완만히 통과시키면 제품의 품질을 안전하게 보존한 상태로 냉동하기 어렵다. 특히 -5 ～-7℃의 빙결온도대에서 완만하게 냉동시키면 이스트보다 얼음결정이 크게 형성되어 이스트는 파괴되고 글루텐 막은 찢어지게 된다. 그러므로 노화온도대를 신속히 통과시켜야 고운입자의 얼음결정이 형성되어 반죽이 손상받지 않고 냉동된다.

따라서 냉동된 반죽의 내부 온도는 약 -4℃를 나타내며, 제품에 따라 다르지만 식빵을 기준으로 하면 내부 온도가 -4℃에 이르기까지는 약 40～70분이 소요된다. 일단 냉각된 제품은 폴리에틸렌 등으로 포장하여 -18～-23℃에서 8～12주 보관할 수 있다.

냉동반죽의 장점으로는 공장이나 제과점에서 수요의 변화에 따라 생산 및 공급의 조절이 용이하므로 계획생산이 가능하고, 시간의 효율적 운용으로 생산성이 향상되고 재고관리가 편리해지며, 반죽을 소비자가 원하는 시간에 신선한 제품으로 구워 낼 수 있어 다품종 소량 생산이 가능하다는 것이다.

냉동된 제품은 해동과정을 거쳐 서서히 이스트의 활성을 회복시킨다. 즉 5℃ 정도의 냉장고에서 16～24시간 동안 방치한 후에 실내 온도에서 30분간 꺼내 놓으며, 최종적으로는 온도 38～40℃, 상대습도 70～75%의 발효실에서 1～1.5시간 동안 발효시킨 후에 굽기를 한다.

제 5 장 콩류 가공

우리나라에서 재배되고 있는 두류는 콩(大豆), 팥(小豆), 녹두(綠豆), 동부, 완두(豌豆), 잠두(蠶豆) 등이 있으며 콩, 소두, 녹두가 주종을 이루고 이 중에서 콩은 식품가공 원료로 많이 이용되고 있다. 콩(Glycine max)은 동양에서는 쌀, 보리, 밀, 기장과 같이 5곡 중의 하나로 중요한 곡물로 여겨왔으며 중국이 원산지로 알려져 오고 있으나 한국이라는 설도 있다. 재배역사는 4,000~5,000년 전부터 이용하기 시작하여 현재는 미국, 중국, 브라질, 아르헨티나 등이 주생산국으로서 미국이 세계 생산량의 절반 이상을 생산하고 있다. 근래 콩의 영양적 우수성과 생리활성이 널리 알려지면서 콩의 생산량은 세계의 여러 나라에서 비약적으로 증가하고 있는 추세이다. 우리나라에서 생산되고 있는 연도별 콩류의 생산량을 보면 표 5-1과 같다.

표 5-1. 콩류의 연도별 생산량

(단위 : 천톤)

연 도	콩	팥	녹 두	낙화생
1966	161	19	4	3
1970	232	24	5	6
1975	311	27	6	5
1980	216	29	5	13
1985	234	24	6	16
1990	233	23	5	18
1995	159	18	2	17
2000	113	11	2	9
2001	117	11	3	10
2002	115	7	3	11

1960년대 이전 우리나라에서 콩의 소비량은 매우 적었으나 자급자족하였고 주로 식용이나 가공용으로 이용하여 왔다. 표 5-2에서와 같이 근래에는 식용, 가공용 이외에 사료로 이용되기 시작하면서 콩의 수입량은 매년 증가하고 있고 자급률은 7% 미만에 머무르고 있으며 가공용 콩은 대부분 수입에 의존하고 있다. 외국에서 수입되고 있는 콩의 절반은 제초제 내성, oleic acid 함량을 높이기 위한 유전자 조작을 한 유전자 재조합체, 유전자변형 생물(genetically modified organism, GMO) 이라고 할 수 있다.

표 5-2. 우리나라 콩의 용도별 사용량

(단위 : 천톤)

연 도	식 용	가공용	사료용	기 타	총수요량	수입량	자급도
1960	102(58.6%)	29(16.7%)	25(14.4%)	18(10.3%)	174	0	100%
1970	101(38.0)	114(42.9)	18(6.8)	33(12.3)	266	36	86.1
1980	95(13.0)	209(28.5)	333(45.4)	96(13.1)	783	417	35.1
1985	110(11.5)	226(23.5)	582(60.6)	42(4.4)	960	885	22.5
1990	102(8.3)	265(21.5)	830(67.4)	35(2.8)	1,232	1,092	20.1
1995			1,142		1,158	1,435	9.9
2000		314	1,254	13	1,781	1,567	6.4
2001	102	288	1,033	8	1,544	1,354	7.7

(자료 : 농림통계)

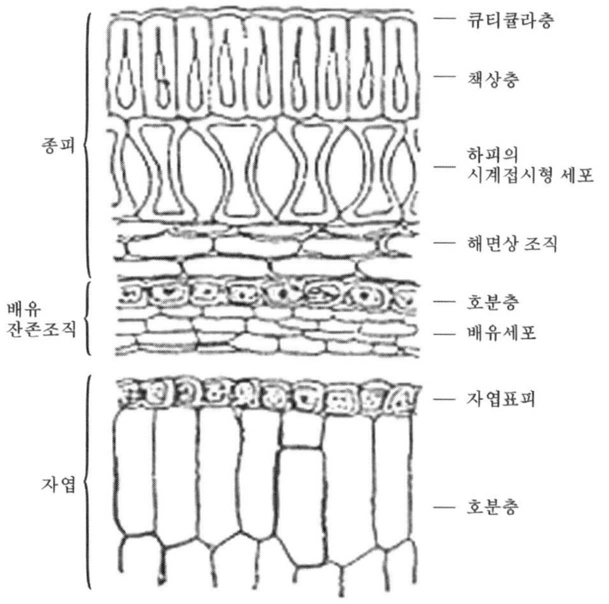

그림 5-1. 콩의 내부 구조

우리나라 콩의 100립 평균 중량은 32g이며 45g 이상의 것을 극대립, 35~45g을 대립, 25~35g을 중립, 15~25g을 소립, 15g 이하를 극소립이라 한다. 일반적으로 미국산 콩의 대부분은 소립으로 지방 함량이 높아 식용유 생산에 적당하고 우리나라, 중국, 일본산 콩은 대립종으로서 단백질 함량이 높아 두부나 장류 제조 원료에 적당하다. 콩 종자는 배아와 종피로 되어 있으며 배아는 자엽이 주를 이루고 있다. 콩의 종피 : 배 : 자엽의 평균비율은 8 : 2 : 90이고 종피의 색은 단색인 것과 2색인 것이 있으며, 색에 따라 흰콩, 누런 콩, 푸른 콩, 붉은 콩, 검은 콩, 얼룩 콩 등이 있고, 주로 우리나라 콩은 흰콩이나 누런 콩이다. 그림 5-1과 같이 종피는 주로 섬유소로 되어 있고 자엽은 단백질과 지방이 축적되어 있으며 단백질은 구상의 protein body 모양으로 모여 있고 그 사이에 지방이 과립상으로 존재한다.

5.1. 영양성분

콩류는 단백질과 지방 함량이 높고 탄수화물 함량이 낮은 콩, 땅콩류와 지방이 적고 탄수화물의 함량이 높은 팥, 완두 등으로 구분되며 일반 성분은 표 5-3과 같다.

표 5-3. 각종 콩류의 일반성분

(단위 : %)

품 목	수 분	단백질	지 방	당 질	섬유소	회 분
콩	9.2	41.3	17.6	22.6	3.5	5.8
팥	14.5	21.4	0.6	56.6	3.7	3.2
땅 콩	8.5	23.4	45.5	18.1	2.2	2.3
강낭콩	10.3	20.2	1.8	60.9	3.2	3.6
완 두	13.4	21.7	2.3	54.4	6.0	2.2
녹 두	15.6	21.2	1.0	54.9	3.5	3.8

콩은 단백질 40%, 지방 20%, 당질 20%, 조섬유, 4%, 회분 6% 정도 함유되어 있으며 전분은 거의 들어 있지 않고 비타민 B군의 함량은 높고 비타민 C는 존재하지 않으나 발아시키면 함량은 높아진다. 팥, 강낭콩, 녹두, 완두는 단백질 20%, 지방 1~2%, 당질 55~60% 정도 함유되어 있으며 땅콩은 지방 45% 정도로서 제유 원료로 쓰인다.

콩의 종피와 배유조직이 단단하여 소화율이 떨어지므로 조직을 연하게 하여 성분을 추출, 이용하는 두부나 두유가 있고 단백질을 효소나 미생물에 의하여 소화율을 높인 된장, 간장, 청국장 등이 있다.

콩을 유지원료로 이용할 때에는 착유하고 난 대두박은 단백질 원료용, 사료용으로 이용한다. 또한 콩이나 녹두를 발아시켜 기호에 맞는 콩나물이나 숙주나물로 이용하기도 한다. 팥, 녹두 등은 묵, 양갱이, 떡, 과자 등의 속 등에 이용한다.

콩의 영양성분의 특징은 품종이나 재배조건에 따라 다르지만 미국산 콩은 한국, 일본, 중국산 콩에 비하여 지방 함량이 높고 탄수화물 함량은 적으며 일반적인 콩의 영양성분을 보면 표 5-4와 같다.

표 5-4. 콩의 영양성분 및 phytochemical의 함량

(Dry matter basis)

성 분	단 위	평균함량	성 분	단 위	평균함량
Protein	%	40	Oil	%	20
Amino acid composition	g/100g seed		Fatty acid composition	% relative total oil	
Alanine		1.69	Palmitic acid		11
Arginine		2.90	Stearic acid		4
Aspartic acid		4.48	Oleic acid		25
Glutamic acid		7.26	Linoleic acid		53
Glycine		1.69	Linolenic acid		7
Cysteine		0.60	Carbohydrate	%	34
Proline		2.02	Sucrose		5.5
Serine		2.07	Raffinose		0.9
Histidine		1.04	Stachyose		3.5
Isoleucine		1.76	Ash	%	5.0
Leucine		3.03	Vitamins, Thiamine	μg/g	6.56
Lysine		2.58	Riboflavin	μg/g	1.06
Methionine		0.54	α-tocopherol	μg/g	19.7
Phenylalanine		1.95	γ-tocopherol	μg/g	170
Threonine		1.58	δ-tocopherol	μg/g	48.6
Tryptophan		0.49	Isoflavones	%	0.25
Tyrosine		1.43	Saponin	%	0.2
Valine		1.83	Phytate	%	1.1
Lectin		HU3.0	Phytosterol	mg/g	0.45

* HU = Hemaglutinin unit (자료 : Soybean, AOCS, 2004)

콩에는 약 40%의 단백질이 함유되어 있으며 탈지콩에는 약 50%에 달하며 식용 종자 중에서 단백질 함량이 가장 높다. 콩 중 대부분의 단백질은 protein body로 칭하는 5~10㎛ 정도의 소체 중에 함유되어 있으며 소체를 파괴하여 물로 추출하면 질소화합물의 90%가 용출되고 이에 산을 가하여 pH 4.3으로 조절하면 추출액 중에 단백질이 90% 침전한다. 이를 대두 globulin이라 부르며 glycinin(11S globulin)과 β-conglycinin(7S globulin)이 주를 이루고 있다. 이때 상징액에 남는 단백질의 대부분은 albumin으로서 각종 효소류, 생리활성 물질이 존재한다.

콩으로부터 단백질 용출률은 pH, 염류의 종류와 농도에 따라 다르고 glycinin은 물에 녹지 않으나 알칼리를 가하면 pH 7.0부근에서 녹게 된다. 콩 단백질의 용해성은 그림 5-2에서와 같이 강한 pH 의존성이라서 pH 4.3부근에서 추출률이 가장 낮고 pH가 낮아지면 추출률은 증가하여 pH 2.0 부근에서 최고에 달하고 더욱 pH가 낮아지면 다시 감소한다. 이 원리에 의하여 산업적으로 콩 단백질을 제조한다. 중성염에 의한 질소의 추출은 어떤 염류도 물보다 추출률이 저하하고 낮은 농도일 때 현저하다. 단백질 추출률

은 염의 종류와 농도에 의하여 다르며 Ca^{2+}에서 K^+, Na^+보다도 훨씬 낮다. $CaCl_2$의 경우 추출률은 0.017N에서 가장 낮지만 추출액으로부터 침전하는 단백질량은 이 농도에서 가장 많다. 콩 단백질은 원래 염용성이지만 탈지 콩가루로부터 물에 의하여 단백질이 용출되는 것은 콩 중의 potassium phosphate의 영향이라고 할 수 있다. 또한 콩 단백질은 일반 단백질과 같이 열에 의하여 변성된다. 즉 peptide 결합이 분해되는 일은 없지만 용해도가 감소하고 침전이 생성되어 물리적 성질이 변화하고 어떤 것은 효소분해능이 향상되어 화학적 변화가 인정된다. 탈지콩 제조시에 용제를 제거하기 위하여 행하는 증기처리가 탈지콩의 단백질 물 용해성을 현저하게 저하시킨다. 탈지콩 제조시 고비점(高沸點) 용제를 사용하는 것은 단백질의 용해도가 저하되어 탈지콩의 이용범위가 좁아지므로 주의하여야 하며 n-hexane과 같은 저비점(低沸點)용제를 주로 사용한다. 탈지콩를 20~40배의 물로 처리하여 용출된 단백질을 정량하여 원료 탈지콩 중의 단백질에 대한 %로 나타내는 것을 nitrogen solubility index(NSI)라고 하며 이는 원료콩과 탈지콩 중의 단백질 변성정도를 나타내는 척도로서 널리 이용하고 있다.

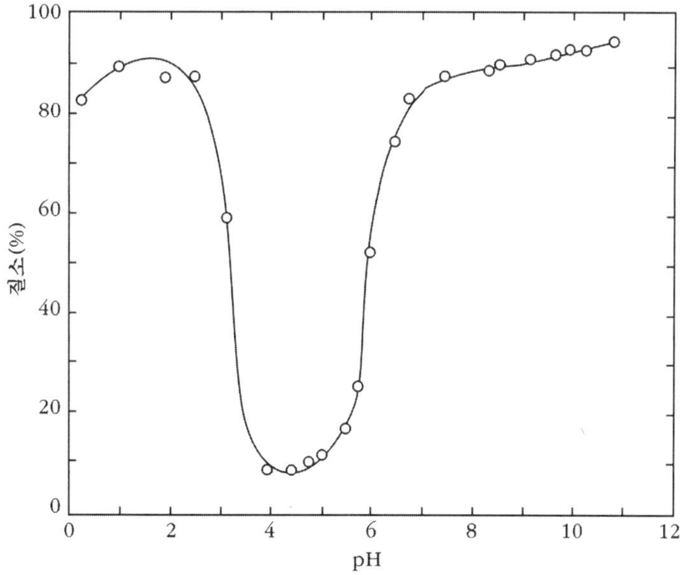

그림 5-2. 콩 단백질의 용해성

콩의 물추출 단백질을 초원심(ultracentrifuge)하면 2S, 7S, 11S, 15S로 나누어지며 성분 비율은 콩 품종에 따라 다르지만 일반적인 함량을 표시하면 표 5-5와 같다.

표 5-5. 콩 단백질의 초원심 침강성분과 단백질 종류

침 강 정 수 Sedimentation coefficient	%	분 자 량	단백질 종류
2S	22	15,000~30,000	Bowman-Birk trypsin inhibitor Kunitz trypsin inhibitor Cytochrome c
7S(conglycinin)	37	100,000~200,000	β-amylase, lipoxygenase Hemagglutinin
11S(glycinin)	31	350,000	대두 중 최다단백질 냉각(0~2℃) 침전단백질
15S	11	~600,000	산처리 투석시 먼저 침전

콩지방은 99% 이상의 triglyceride로 구성되어 있고 지방산 조성은 palmitic acid 11%, stearic acid 4%, oleic acid 25%, linoleic acid 53%, linolenic acid 7%로서 불포화지방산이 70% 정도 함유되어 있다. 이 때문에 산화를 받기 쉽고, 공기와 접촉이 많은 콩 제품에서는 지방의 산패에 유의할 필요가 있다. 콩 지방은 가공식품 중으로 이행되어져 영양과 풍미에 중요한 역할을 한다. 간장과 같은 콩 발효식품은 lipase에 의하여 지방이 가수분해를 받아 지방산과 글리세린으로 되며, 지방산은 압착 후 간장의 액면에 뜨게 된다. 장유 양조에 있어서 원료로서 탈지콩을 사용하는 것이 원료 중의 성분 이용률로 볼 때 합리적이라고 할 수 있다. 콩기름 중에 녹아 있는 인지질인 lecithin은 1~3% 정도 함유되어 있으며 지방산의 glyceride에 인과 아민이 결합한 것으로 콩기름을 degumming 할 때 얻어지는 부산물로서 유화작용을 하기 때문에 제과용, 의학용, 화장품용 등에 이용한다.

콩지방 중에 함유되어 있는 불검화물을 구성하고 있는 것 중에는 sterol류 이외에 carotenoid이나 chlorophyll과 같은 식물색소, tocopherol류가 포함되어 있다. Sterol류에는 stigmasterol. β-sitosterol, γ-sitosterol, campesterol 등으로 구성되어 있으며 콩기름 제조시에 정제공정에서 유재(油滓, foots)로 이행되기 때문에 쉽게 추출, 회수되고 난용성의 결정으로서 분리 정제가 쉽다. Sterol류의 용도는 성호르몬 합성 기질로서 중요하다.

Tocopherol류는 α, β, γ, δ 의 4종이 있으며 이들은 대두유 1g 중에 2mg로서 δ 30%, γ 60%, α 10% 정도로 구성되어 있고 이들은 비타민 E효과를 나타낸다. α형이 실

험동물의 불임방제 효과는 가장 강한 것으로 알려져 있다. β형은 α형의 약 1/3효력을 나타내지만 γ형과 δ형은 대단히 약하다. 또한 tocopherol류는 유지와 비타민 A에 대하여 항산화성을 나타내지만 이 효과는 생리활성 효과와는 달라서 δ형이 가장 강력하고 α형은 가장 약하다.

콩 중에는 약 25%의 탄수화물을 함유하고 있지만 쌀과 보리와는 달리 전분은 거의 존재하지 않는다. 대두의 탄수화물은 일반적으로 sucrose 4.5%, raffinose 1.1%, stachyose 3.7%로서 주로 구성되어 있고 미량의 glucose와 arabinose가 존재한다. 대두 과당류는 인체 내에 α-galactosidase가 존재하지 않기 때문에 소화가 어려워 고창증(flatulence)을 일으킬 뿐만 아니라 대장 내에서 장내세균의 영양원으로 되어 가스를 발생하여 문제가 되어왔으나 최근에는 대장 내에서 부패세균의 증식을 억제하고 bifidobacteria의 생육을 촉진하여 여러 가지 생리활성을 나타내는 과당류로 알려지고 있다.

콩의 무기물은 약 5% 정도 함유되어 있고 K 1.83%, P 0.78%, Mg 0.3%, Na, Ca, S는 각 각 0.2% 정도로서 K 함량이 가장 높아 알칼리도가 매우 높은 식품이다.

콩 isoflavone은 그림 5-3과 같은 구조를 가지며 담황색으로 물에 녹지 않고 가열에 대하여 매우 안정하다. 여성호르몬인 estrogen과 유사하여 estrogen 분비하는 물질로 phytoestrogen이라고도 하며, 여러 종류의 isomer가 존재하고 여러 가지 생리활성을 가져 최근에 많은 관심을 갖는 물질이다.

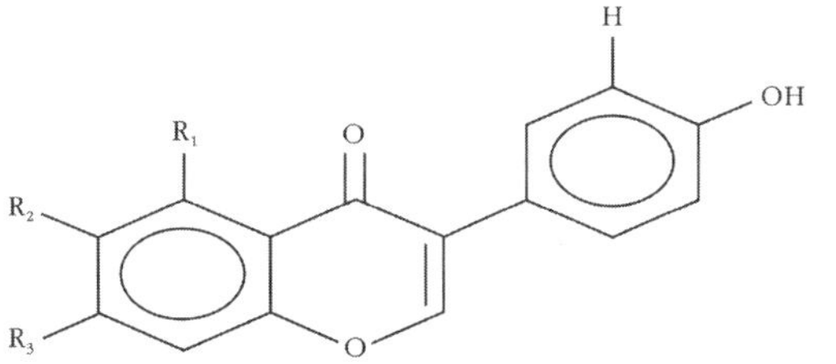

	R_1	R_2	R_3
Daidzein	H	H	OH
Genistein	OH	H	OH
Glycitein	H	OCH_3	OH
Daidzin	H	H	O-glucoside*
Genistin	OH	H	O-glucoside*
Glycitin	H	OCH_3	O-glucoside*

그림 5-3. 콩 isoflavone의 이성체 종류와 구조

Isoflavone은 콩 종자 중에 1.3~3.9 mg/g 함유되어 있으며 daidzin의 함량이 가장 높고 배축의 isoflavone 함량이 자엽보다 5~6배 높다. 표 5-6에서와 같이 품종에 따라 함량의 차이가 클 뿐만 아니라 재배지, 재배환경 등에 따라 그 함량은 큰 폭으로 변화하며 재배온도가 높을수록 함량은 감소한다. 또한 표 5-7에서와 같이 가공품에 따라 그 함량이 차이가 크다.

표 5-6. 콩 품종별 isoflavone의 함량

(mg/g whole soy flour, 10% w.b.)

콩 품종	Genistein	Daidzein
흑 콩	0.32	0.38
광 안	0.70	0.90
화 엄	0.25	0.21
단 엽	1.11	1.24
신 팔 달	1.11	0.67

(자료 : Food and Biotechnology, 1996)

표 5-7. 콩 가공품의 isoflavone의 함량

콩 가공품(단위)	Genistein	Daidzein	Glycitein
콩 (mg/g, fresh)	0.65	0.45	0.16
두유(μg/ml)	33	35	3
두부(mg/g, d.b.)	0.75	0.42	0.16
콩나물(mg/g, d.b.)	0.49	0.34	0.05
된장(mg/g, d.b.)	0.37	0.29	0.09
고추장(μg/g, d.b.)	13	12	2
막장(mg/g, d.b.)	0.37	0.30	0.08
청국장(mg/g, fresh)	0.29	0.22	0.08

(자료 : Food and Biotechnology, 1999)

5.2. 생리활성

콩 중에는 콩 단백질, oligosaccharide, isoflavone, saponin 등과 같은 생리활성 물질이 표 5-8에서와 같이 풍부하게 함유되어 있어 기능성 식품소재로서 각광을 받고 있을 뿐만 아니라 건강 기능성의 보고이고 영양적으로 매우 우수하여 폐기할 부분이 전혀 없는 식품 자원이라고 할 수 있다. 더욱이 청국장의 polyglutamic acid, urokinase나 된장 중의 peptide 같이 발효과정 중에 발현되는 기능성 인자도 있다. 대두단백질에는 단백질 소재로서 뛰어난 식품적 기능성이 있고 다양한 단백질 제품이 만들어 지고 있으며 가공과정 중에 성분이 변화하여 얻고자 하는 기능성 인자가 제품화 과정에서 없어지기도 하여 가공 방법을 검토하거나 제품에 첨가하는 방법을 강구할 필요가 있다. 표 5-9에서와 같이 콩 제품은 매우 다양하여 가공 방법에 따라 생리활성 물질의 함량도 다르다.

표 5-8. 콩의 생리활성 물질

성 분	생 리 활 성
대두단백질	Cholesterol저하, 암 예방, 혈압 강하작용, 비만방지 노화방지
대두 peptide	소화 흡수성 향상, 비만방지
Lectin	생체방어
Trypsin inhibitor	항암작용
식물섬유	지질대사 개선, 대장암 예방, 당뇨병 개선
대두과당류	정장작용, bifidus생육인자
Phytic acid	항암작용, cholesterol저하, mineral 흡수저해
Saponin	지질대사개선, 항산화작용
Isoflavone	Estrogen작용, 암 예방, 골다공증 예방
Linoleic acid	필수지방산, cholesterol대사 개선
Lecithin	지질대사 개선, 뇌신경계 개선, 유화제
Tocopherol	항산화작용, 순환기질환예방
Phytosterol	Cholesterol 저하작용
Vitamin K	혈액응고
Kalium, magnesium	혈압강하작용

(자료 : 대두단백질의 가공특성과 생리활성, 1999)

표 5-9. 콩 가공 중 기능성 인자의 변화

제 품	Phytic acid (g/100g. d.b.)	Saponin (g/100g. d.b.)	Isoflavone (mg/g)
콩	1.00~2.30	0.09~0.53	1.17~4.22
Soy protein isolate	0.97~2.00	0.81	0.62~0.99
두 유	1.68~1.83	0.26~0.39	
두 부	1.5~2.88	0.30~0.33	0.53
두부비지	0.5~12	0.10	
된 장		0.15	0.39~0.65
청 국 장		0.25	
Tempeh	0.69~0.96		0.87

(자료 : J. Nutrion, 125 supplement)

콩 중에 함유된 생리활성물질 중에 단백질은 혈청의 cholesterol 함량을 저하시키고 심장병 예방이나 암 예방에 효과가 있는 것으로 알려져 있으며, 이러한 효과는 콩 중에 함유된 여러 가지 성분이 복합적으로 작용하는 것으로 이해되고 있다. 혈청 cholesterol 농도 저하에 영향을 미치는 것은 콩 단백질 중에 강한 담즙산 결합능을 가진 peptide가 존재하기 때문이며, 또한 콩 단백질을 단백질 가수분해 효소로 작용시켜 세척을 반복하여 소화성분을 제거한 후 얻어지는 미소화성 획분은 다른 단백질에 비하여 현저하게 담즙산 결합능이 커서 담즙산이 장으로부터 흡수가 현저하게 저해되어 배설됨으로써 cholesterol의 농도가 저하되는 것이다. 콩 단백질은 암 예방 작용이 있을 뿐만 아니라 혈소판의 응집능 억제에 의한 혈전증의 예방, 고혈압 예방 등의 효과가 있으며, 뇌졸중 방지는 신장으로부터 Na배설촉진, 혈관강화작용 등의 기작에 의한 것으로 최근 알려지고 있다. 또한 콩 단백질은 발효와 가수분해와 같은 가공과정 중에 생리활성 pepetide가 만들어지며 적당한 효소로 소화시켜 얻어진 peptide 중에는 혈압상승에 관계가 있는 angiotensin converting enzyme(ACE)의 활성을 억제하는 4종의 peptide가 발견되어 이중 3종은 아미노산 배열이 7S conglycinin에 함유되어있고, 1종의 peptide는 11S glycinin에 함유되어 있으며 고혈압을 방지하는 작용을 한다.

콩 중에 천연적으로 존재하는 lùnasin은 탈지대두분에 0.3~0.95% 함유되어 있고 2S albumin 형태이며 43개의 아미노산이 결합한 peptide로서 강한 항암 활성이 있는 것으로 최근에 밝혀지고 있다.

콩 중에 존재하는 isoflavone은 항암작용 뿐만 아니라 심혈관 질환, 골다공증 예방, 갱년기 증상 예방, 항산화작용 등의 다양한 생리활성을 나타내고 있으며 작용 기작도 밝혀지고 있다. 암 예방지표 효소인 quinone reductase는 isoflavone 인 genistein에 의하여 유도되어지며, 농도에 비례적으로 효소활성이 증가하였고 daidzein은 quinone reductase의 유도능력이 없는 것으로 보고되었다. 특히 유방암, 대장암, 전립선암에 예방효과가 큰 것으로 나타났다. 암의 진행단계인 촉진단계 저해여부를 평가하는 방법은 ornithine decarboylase(ODC)의 저해활성을 측정하는 것이다. ODC는 ornithine으로부터 putrescine과 같은 polyamine을 합성하는 효소로 암세포가 분열하기 위해서는 이 효소의 활성이 필수적이다. Genistein은 ODC의 활성을 저해하여 발암 과정의 초기단계인 전암성 세포분열을 억제하고 분화를 촉진하여 암을 예방한다. 또한 전립선암의 발생과 혈중 dihydrotesterone(DHT)은 밀접한 관계가 있는 것으로 최근 밝혀진 바, genistein은 testerone으로부터 DHT로 전환하는 5-α-reductase를 저해하는 효과가 있는 것으로 보고되었다.

콩의 lectin은 약 분자량이 89,000～105,000의 albumin 형태의 당단백질로서 0.1% 함유되어 있고 가열에 의하여 쉽게 파괴되며 hemagglutinin이라고도 한다.. Lectin의 활성은 적혈구 응집활성, 혈소판의 응집, 임파구의 활성화 등이 알려져 있으며, 대두의 유해물질로 보고되어 왔으나 최근 항암활성 등의 생리활성이 밝혀지고 있어 주목을 받고 있다.

5.3. 가 공 품

단백질, 지방 등의 영양성분이 풍부한 콩은 쌀과 함께 섞어 밥을 지어 먹는 직접 이용형태와 여러 가지 처리 방법으로 가공처리하여 얻어지는 가공품이 있다. 콩은 그대로 식용으로 할 경우에는 소화율이 떨어져 가공하여 이용하는 것이 보통이다. 콩 가공품의 소화율을 보면 두유 96%, 비지 78.7%, 두부 95%, 된장 85%, 찐 콩 68%, 볶은 콩 60%, 유바 92.6% 와 같다. 콩 가공품에는 곰팡이나 세균을 이용하여 발효시켜 제조한 된장, 간장, 청국장, 고추장, 발효두유 등의 제품이 있고 두부, 두유, 콩 단백과 같은 비 발효 제품과 콩을 발아시켜 나물로 이용하는 형태가 있다. 또한 콩의 주요한 용도는 식용유를 착유하여 식용유지로 이용하고 부산물로 얻어지는 탈지 콩을 소, 돼지, 닭 등의 사료로 이용하여 식물성 단백질을 동물성 단백질로 전환하여 이용하는 것이다. 사료용을 제외한 콩의 용도를 보면 공급량의 23%는 가정에서 밥밑용, 국수, 장류제조에 사용하고 공급량의 77%는 두부, 두유, 공장생산 장류 등의 가공용으로 이용한다(표 5-10).

표 5-10. 콩의 식용 및 가공 비율

용 도	사용량(천톤)	비 율(%)
공급량총계	486	100.0
국내생산량	160	32.9
수 입 량	326	67.1
소비량총계	428	100.0
가 정 용	97	22.7
가 공 용	331	77.3
두 부	131	30.6
간장, 된장	82	19.2
두 유	24	5.6
군 용	7	1.6
콩 분 말	11	2.6
콩 나 물	61	14.2
기 타	15	3.5

(자료 : 농림통계, 2000)

5.3.1. 두 부

두부는 중국으로부터 통일신라 초기에 우리나라에 전래되어 애용되어온 식물성 단백질 식품일 뿐만 아니라 근래에는 건강식품으로 세계인들의 관심을 갖는 식품으로 부상하고 있다. 콩 단백질의 약 90%에 달하는 glycinin은 콩을 물과 함께 마쇄하고 가열하면 콩 속에 함유되어 있는 각종 염류에 의하여 단백질이 용출되어 교질 현탁액을 이루게 된다. 여기에 Ca, Mg, 등의 염, GDL과 같은 응고제를 첨가하여 단백질을 침전, 응고시켜 성형한 gel 상태의 식품이다. 두부는 보수력이 풍부하고 독특한 탄력을 갖추고 있어 쌀을 주식으로 할 때 잘 어울리는 기초식품으로 우리의 식생활 중에 중요한 비중을 차지하고 있다. 우리나라 시장에 유통되고 있는 두부는 일반두부, 연두부, 순두부, 유부 등이 있으며 수분 함량이 높아 부패하기 쉬운 단점을 가지고 있다. 우리나라 두부 시장 규모는 2004년 기준 3,000억원 달하고 있고 두부 생산은 전국적으로 몇 개의 공장을 제외하고는 시설이 매우 영세하고 지역별로 산재해 있는 1,200여개의 공장에서 생산되어지고 있다. 두부의 영양성분과 식품 규격을 보면 표 5-11, 5-12와 같다.

표 5-11. 두부의 일반성분

(가식부 100g 당)

두부 종류	에너지 (Kcal)	수 분 (%)	단백질 (g)	지 질 (g)	당 질 (g)	섬유소 (g)	회 분 (g)
보통두부	79	84.1	8.4	3.5	3.0	0.2	0.8
연 두 부	41	91.0	5.2	2.4	0.7	0.1	0.6
순 두 부	47	90.4	4.7	3.2	1.0	0.1	0.6
유 부	346	42.9	20.4	31.0	3.8	0.1	1.8
비 지	74	82.7	3.9	2.1	9.6	1.7	0.3

표 5-12. 두부의 성상 및 규격

항 목	규 격
성 상	고유의 색택, 이미, 이취가 없어야 함
고형분(%)	두부, 전두부 12% 이상, 포장두부 10% 이상, 연두부, 순두부 6% 이상, 경두부 22% 이상
수 분(%)	10% 이하(동결건조두부에 한함)
조단백질(%)	두부: 40% 이상(건물기준), 전두부: 36% 이상(건물기준)
조지방(%)	17% 이상(건물기준)
산 가	3.0 이하
과산화물가	30.0 이하(유뷰건조품에 한함)
중금속(mg/kg)	3.0 이하

국내에서 생산되고 있는 두부는 원료 콩을 대부분 수입에 의존하여 생산하고 있는 실정이다. 수입 콩은 국산 콩에 비하여 지방질이 많고 단백질과 탄수화물이 적은 착유용으로 두부 수율이 낮고 맛이 떨어진다는 문제점이 있어 두부제조에 알맞은 콩의 수입이 이루어져야 하겠다. 또한 한국시장 내에서 두부는 65% 이상이 비포장상태인 운반상자에

담겨져 판두부 형태로 유통되고 있어 미생물 등이 잔존하여 상온에서 유통할 경우 위생상 문제점으로 지적되고 있다. 점차 위생적으로 안전한 두부 제품을 소비자가 찾고 있어 포장두부로 전환되어 가고 있는 추세이다. 포장 두부는 두부제조 전, 후 미생물 오염 예방효과가 있고 제품의 이력관리가 쉽고 소비자 사용시 편리한 점이 있으며 설비 투자가 높게 되어 제품의 가격이 상승하고 10℃이하에서 유통시키고 있으므로 냉장을 위한 유통비가 증가하게 되는 단점이 있다. 한편 비포장두부는 설비투자가 적으므로 생산가격이 낮은 장점이 있으나 미생물 오염에 의한 품질 변화가 심하여 안전성에 문제가 있다. 일반두부는 수분이 80% 이상이고 살균한 것이 아니기 때문에 보존성이 떨어져 유통기한 확보가 어려운 점이 있다.

두부 중에 일반적으로 잔존하는 미생물로는 *Acinetobacter calcoaceticus* 80%, *Bacillus subtilis* 10% 등이 있는 것으로 알려져 있다.

1) 원 료

(1) 콩

콩에는 단백질 40%, 지방 20%, 탄수화물 25% 정도 함유되어 있는데 콩 고형분의 약 55%가 두부로 응고된다. 콩의 화학성분 중 지방과 단백질은 두부로 이행되고 과당류와 섬유소는 응고과정 중에 압착액으로 나가게 되므로 단백질과 지방 함량이 높은 콩이 원료로서 적당하며, 특히 수용성 단백질이 많을수록 두부수율이 높게 된다. 콩 속의 지방은 물에 용해되지 않지만 미세 지방구 형태로 두유 속으로 추출된다. 추출된 지방은 응고하지 않지만 단백질이 응고될 때 두부 gel속으로 들어가서 두부의 조직을 부드럽게 하고 고수한 맛을 나타내는 데 기여한다. 두부는 1965년 이전에는 국내산 콩으로 대부분 제조하였으나 콩의 수익률이 다른 작물에 비하여 떨어지다 보니 재배면적이 감소하여 점차 콩 생산량이 줄어들면서 많은 부분을 수입산 콩에 의존하고 있는 실정이다. 1983년 이전 한 때 식량자원 조달차원에서 콩을 수입하여 기름을 제조하고 난 탈지대두박을 서울, 부산 지역에 한 해 원료대두 30% 이상을 혼합하여 사용토록 한 바도 있으나 탈지콩을 이용하여 제조한 두부는 식미가 떨어지고 착유할 때 용매를 제거하기 위하여 60℃ 이상의 열처리를 받게 되면 콩 단백질이 변성하므로 두부를 만들기 어렵게 된다. 두부는 대부분 둥근 콩으로 제조하여 왔으나 근래에는 콩 초미세 분말(평균 입자크기

13㎛ 이하)을 이용하여 두부를 제조하는 곳도 있다.

우리나라 콩 재래종 콩 품종으로는 황금, 단엽, 부광, 광안, 은하 등이 있으며 용도에 따라 다음과 같이 분류하고 있다.

① **식용(풋콩, 밥밑)** : 다올, 단미, 신록, 선녹, 진율, 갈미, 흑청, 다올, 단미, 청자

② **장류용** : 장업, 황금, 새알, 백운, 보광, 단경, 태광, 대풍, 호장, 장원, 진미, 대황, 소담

③ **콩나물용** : 남해, 은하, 금강, 다원, 팔도, 소명, 안평, 서남, 다기, 다채, 새별, 소호, 풍산

우리나라에서 재배되고 있는 장려품종 콩의 일반 성분은 표 5-13과 같다.

표 5-13. 콩 품종별 일반성분

(단위 : %)

콩 품종	수 분	단백질	지 방	탄수화물	회 분
팔 달	10.8	38.8	16.4	29.6	4.4
단 엽	8.6	34.7	18.4	33.5	4.7
장 백	8.6	33.1	19.4	34.0	5.0
백 운	9.0	34.8	16.5	35.3	4.4
장 엽	8.7	36.6	18.3	31.8	4.6

(자료 : 한국 콩 연구회지, 1990)

(2) 응고제

오랜 옛날부터 두부제조에 응고제로 사용되어 왔던 간수(苦汁)는 바닷물을 증발시켜 소금을 분리하는 천일염 제조시에 소량의 무기물이 농축된 노란 액체상태의 것이거나 식염을 쌓아 놓았을 때 흘러내리는 액체상태의 것을 말한다. 이 간수 속에는 여러 종류의 염류, 즉 $MgCl_2$, $MgSO_4$, $CaCl_2$, $CaSO_4$ 등의 응고성분과 KCl, NaCl 등과 증미성분도 존재하며 해양오염에 의한 중금속과 세균들이 혼재되어 있으므로 위생상 문제가 되어 근래에는 사용하지 못하도록 되어있다. 식품첨가물로 허용하고 있는 두부 응고제로서는 $CaSO_4$, $CaCl_2$, $MgCl_2$, glucono-δ-lactone, Ca gluconate 등이 있다.

황산칼슘($CaSO_4 \cdot 2H_2O$)을 응고제로 하여 얻어진 두부는 부드럽고 수율이 높으나 다른 응고제에 비하여 맛이 떨어진다. 공업용 경석고의 주성분이 황산칼슘이라서 이미지 때문에 잘 사용하지 않는다. 또한 물에 거의 녹지 않으므로 콩물에 균일하게 뿌려주어

야 하며 응고시간이 길고 투입 적정온도는 85℃ 내외이고 콩중량의 2%를 사용한다.

염화마그네슘($MgCl_2 \cdot 6H_2O$)는 식염제조할 때 얻어지는 간수 속에 약 25% 정도 함유되어 있으며 무색결정으로 조해성이 강하고 물에 잘 녹는 특성을 가진다. 응고제로 사용할 때에는 두부 조직이 단단하고 맛이 좋으며 투입 적정온도는 75℃이고 대두중량의 2%을 사용한다.

염화칼슘($CaCl_2$)은 염화마그네슘과 같이 물에 잘 녹으며 조해성이다. 응고속도가 빠르고 염화마그네슘에 비하여 두부 조직이 단단하나 맛은 떨어지는 결점이 있다. 투입온도와 사용량은 염화마그네슘과 같다.

글루코노 델타 락톤(Glucono delta lactone, GDL)은 물에 녹으며 글루콘산으로 변화되어 두유속의 단백질을 응고시키는 성질을 이용하여 두부를 제조하는 것으로서 조직이 부드러운 연두부 제조에 이용하고 사용량을 초과하면 제품에 신맛이 나서 주의하여야 한다. 투입온도는 90℃가 적당하고 대두 중량의 1.8%을 사용한다. 응고제로 각기 장단점이 있으므로 두부공장에서는 수율, 조직, 맛의 향상을 위하여 이들 응고제를 혼합하여 사용하기도 한다.

글루콘산칼슘은 용해도가 $CaSO_4$보다 크고 $MgCl_2$보다 적어 적당한 속도로 단백질을 응고시키고 수율이 높으며 조직이 부드러운 특성이 있다.

(3) 소포제

콩 즙은 끓일 때 콩 중의 saponin 등이 많이 존재하므로 거품이 발생하여 작업에 어려움이 있다. 거품을 제거하기 위하여 공장에서는 소포제(defoaming agent)를 사용하며 대두 인지질, 규소수지, 지방산 에스테르 등이 있다. 소포제를 사용할 때에는 두부에 50 ppm 이하로 제한하고 있으며 사용하게 되면 제품에 품질을 저하시키므로 주의하여야 한다.

(4) 부산물 비지

두부와 두유제조시에 많은 양의 비지가 많이 발생하게 된다. 비지는 수분의 함량이 높고 단백질, isoflavone 등 영양성분이 많이 잔존하고 있어 보존성이 낮고 변질되기 쉬운 귀중한 유용자원이라 하겠으나 건조하여 사료로 이용하는 정도이다. 대규모 두유공장에서 다량의 비지가 부산물로 얻어지고 있으나 합리적인 활용법이 확립되어 있지 않아 앞으로 연구 검토가 필요하다.

2) 보통두부 제조공정

두부류의 제조공정은 원료 콩의 형태, 두부의 종류와 포장의 유무 등에 따라 약간씩 다르나 보통두부의 일반적인 과정은 그림 5-4와 같다.

전두부는 콩을 미세 분말화하여 물에 녹여 가열한 후 응고제를 가하여 그대로 응고시킨 것으로서 비지가 부산물로 발생하지 않으며 연두부는 보통두부를 제조할 때보다 가수량을 적게 하여 고형물의 함량이 높은 두유를 얻어 이를 용기에 넣고 응고제를 첨가하고, 가열하여 응고시켜 가볍게 눌러 굳힌 것이다.

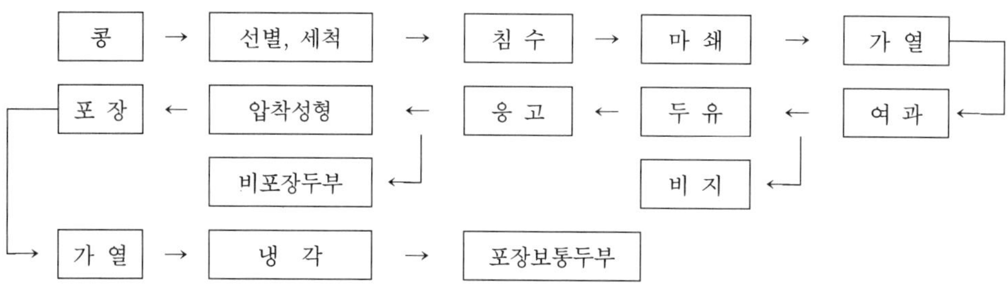

그림 5-4. 보통두부의 제조공정

유바(湯葉, yuba)는 중국에서 전래된 두부의 일종으로 일반적인 두부와 같은 방법으로 제조한 두유를 스테인레스 스틸 냄비(깊이 7～10cm)에 넣고 가열하여 80℃를 유지하면서 두유 표면에 피막이 생기면 적당한 시기에 피막을 대꽂이로 엮어 이중으로 한 다음 그대로 이용하거나 건조하여 제품으로 한다.

가공두부는 두부, 또는 전두부 제조할 때 다른 식품을 첨가하거나 두부, 또는 이에 다른 식품이나 식품첨가물을 가하여 가공한 것으로서 주원료가 50% 이상이어야 한다.

최근에는 두부의 맛을 좋게 하고 신선도를 높이기 위하여 두부 제조과정이 복잡하지 않고 신선한 두부를 소비자에게 즉석에서 직접 공급할 수 있는 소규모의 즉석 두부제조기가 쓰이기도 한다(그림 5-5).

그림 5-5. 즉석 두부제조기

(1) 선별(選別), 세척(洗滌)

콩에는 수확시에 잡초의 종자, 돌, 변질 콩 등의 협잡물이 혼입되므로 선별하여야 한다. 이물질이 혼입되면 품질이 저하하거나 마쇄과정 중에 돌이 들어오게 되면 마쇄기가 고장을 일으키기도 한다. 콩의 세척은 물속에 콩을 담그어 부유물을 제거하고 2~3회 정도 물을 갈아가면서 콩에 부착되어 있는 먼지, 흙, 내열성 미생물 등을 제거하여 한다. 이때 약간 변질된 콩이 혼입되어 두부가 만들어지면 맛과 저장성이 문제가 된다. 따라서 양질의 두부를 제조하려면 충분한 세척을 하여야 한다.

(2) 침 수(浸水)

콩의 조직을 부드럽게 하여 마쇄시에 콩 성분이 잘 추출되도록 하기 위하여 적당하게 물에 침지하여야 한다. 물에 담그는 시간은 수온과 밀접한 관계를 가지고 있어 수온이 5℃에서 24시간, 10℃에서 18시간, 27℃에서 8시간 정도가 적당하지만 대두의 상태에 따라 다소 가감하여야 한다. 침지는 콩의 자엽을 쪼개어 보았을 때 진한 부분이 없어질 때를 적당하다고 판단한다. 침지시간이 길게 되면 콩의 발아 준비를 하게 되어 성분이 변화하고 변패하여 품질저하 원인이 된다. 침지를 완료한 콩은 중량과 용적이 2.2~2.5배 증가된다.

(3) 마 쇄(磨碎)

침지 콩을 맷돌이나 마쇄기(grinder)를 이용하여 원료 콩의 7~8배 음용수를 가하면서 갈아서 고형물이 포함된 죽상태의 콩죽(豆糜, soybean slurry)을 만든다. 이때 콩이 거칠게 갈아지면 단백 추출률이 저하하고 지나치게 미쇄하게 갈아지면 여과가 어려워지고 미분이 두유 속으로 혼입되어 좋은 조직의 제품이 얻어지기 어려우므로 적당하게 마쇄하여야 한다.

(4) 가 열

두미에 열을 가하여 콩 중의 단백질, 지방, 기타 성분을 추출하고 콩에 부착되어 있는 미생물을 사멸시키고 trypsin inhibitor, lipoxygenase를 불활성화 시킨다. 가열조건은 100℃에서 3~5분간 가열하며 가급적 빠른 시간에 60℃ 이상으로 온도를 올려서 열처리하면 맛이 좋으며 보존성도 높다. 이때 가열 솥에 내용물이 타서 달라붙지 않도록 교반하여야 하고 거품이 심할 때에는 소포제를 사용하며 이때 소포제로 쓰이는 monoglyceride는 소포효과 뿐만 아니라 증량 및 품질개량효과가 있어 많이 이용하여 왔으나 근래 소비자들이 기피하는 경향이 있다.

(5) 여 과(濾過)

자루모양의 여과포(濾過布)를 이용하거나 원심분리하여 두유(豆乳, soy milk)와 비지를 분리한다.

(6) 응 고(凝固, coagulation)

얻어진 두유를 70~75℃로 가열하고 두유량의 0.3~0.5%의 응고제를 약 10배의 물에 현탁, 용해시켜 두유에 교반하면서 가하면 구름처럼 엉키는데 이를 순두부라 한다. 이때 교반이 충분하지 않으면 균일한 조직이 되지 못하고 반대로 교반이 과잉일 때에는 품질이 좋지 않으며 응고시간은 10분 정도 요하며 이때 두유속의 단백질은 약 85% 응고한다.

(7) 압착성형, 절단

면포(綿布)를 깐 그림 5-6과 같은 성형틀에 엉킨 순두부를 퍼서 담아 순물이 빠진 뒤에 20분~1시간 압착하여 성형하여 이때 압착시간은 누르는 물체의 무게와 원하는 두부 제품의 경도에 따라 다르게 한다.

성형틀 속의 두부를 약 20~30개의 적당한 크기(모두부)로 잘라 판매하며 이때 비포장 두부는 찬물에 담가 보존성을 높이고 여분의 응고제가 빠져나가도록 한다. 원료 콩 1kg에서 4kg의 두부와 1.3kg의 비지가 얻어진다.

(a) 두부 12모용 성형틀(35×45×20㎝)

(b) 성형틀 및 압착기

그림 5-6. 두부 성형틀 및 압착기

(8) 포 장

두부는 85~90%의 수분을 함유하고 있는 식품이기 때문에 부스러지기 쉬우며 두부의 보존성을 증진하고 취급하기에 편리하기 위하여 포장용기에 넣어 유통한다. 포장용기로서는 내열성이 있고 밀봉하기 쉽고 산소투과성이 적은 polypropylene, polystyrene을 소재로 한 적은 상자에 넣어 밀봉한다.

(9) 살균, 냉각

밀봉한 포장두부는 80~90℃에서 30분간 가열처리하여 냉수에 담그어 냉각하여 10℃ 이하에서 유통한다.

5.3.2. 두 유(soy milk)

두유는 기원 2세기 전부터 중국에서 이용되기 시작하였으며 우리나라에서는 콩국이라

하여 선조들이 많이 애용하여온 콩 가공식품의 하나이다. 두유는 콩 속의 단백질, 지질, 가용성당류, 무기질, 비타민 등 다량의 영양 및 기능성성분을 다량 함유하고 있으며, 포화지방이 적고 cholesterol이 없어 우수한 기능성 건강음료라고 할 수 있다. 두유의 조성은 원료 콩의 성분과 제조시에 가수량(加水量)에 따라 차이가 크지만 일반적으로 고형물의 함량이 적어 소비자들의 기호성이 떨어져 유지, 당류 등을 첨가하여 조제한 두유가 각광을 받고 있다. 원료의 10배를 가수하여 제조한 두유와 조제두유의 영양성분을 보면 표 5-14와 같다.

표 5-14. 두유의 영양성분

(단위 : %)

종 류	수 분	단백질	지 방	탄수화물	회 분
두 유(10배 가수)	93.8	2.9	1.3	1.6	0.4
조제두유	89.0	3.0	3.3	4.2	0.5

(자료 : 농촌진흥청, 식품성분표)

그러나 음료의 형태로 이용하기에는 두취(豆臭, beany flavor) 때문에 소비자들이 기피하여 왔으나 우리나라에서는 1970년대 들어서면서 음용하기 쉬운 제품이 개발되어 상품화됨으로써 음용되기 시작하였다. 근래에는 우유를 섭취할 수 없는 유당불내증(乳糖不耐症, lactose intolerance) 환자나 우유를 기피하는 성인들의 우유 대용품으로 그 이용이 증가되고 있다. 국내의 시장 규모는 2,000여억 원에 이르고 있고 대부분의 생산량이 현대식 시설을 갖춘 대규모 공장에서 생산되고 있다.

두유의 유형에는 대두 고형분이 7% 이상인 두유, 이에 각종의 첨가물을 가하여 대두 고형분 6% 이상인 두유, 두유에 과실 채소즙이나 우유, 곡류분말 등을 가하여 대두 고형분이 4% 이상인 조제두유, 두유 또는 조제두유를 건조하여 대두고형분이 50% 이상인 분말화제품 등이 있다. 근래 두유를 젖산발효시켜 얻어진 발효두유가 등장하고 있다.

두유 제조방법은 콩을 침지하여 물과 함께 마쇄 후 여과, 가열처리하는 생 추출법과 여과 전에 가열처리하는 가열추출법이 있다. 이 두 방법 중 가열추출법은 생추출법에 비하여 추출이 용이하고 수율이 높아지지만 가열할 때에 콩죽이 타기 쉽고 여과에 어려울뿐만 아니라, 에너지가 많이 소비되므로 단점이 되고 있다.

콩 속에 함유된 lipoxygenase가 콩 지방에 작용하여 n-hexanol, n-pentanal 등의 알

코올, aldehyde를 생성하므로 두취가 발생되고 맛과 수율이 낮아 두유의 제조에 문제점이 되고 있다. 이와 같은 문제점을 개선하기 위하여 끓는 물(80~100℃)로 마쇄하여 lipoxygenase를 불활성화 시켜 두취 생성을 감소시키고, 단백질 수율을 높이는 hot grinding방법(Cornell method), 콩을 끓는 물에 10분간 담그어 효소를 불활성화 하거나 0.25~0.50% $NaHCO_3$ 용액에 침지한 후 마쇄하여 얻어진 두유를 HCl로 중화시켜 두취를 제거하는 방법(Illinois method), 콩을 가루로 만들어 열수를 가하고 154℃의 스팀을 30초간 불어넣어 두취 생성을 억제하고 고형분과 단백질 수율을 높이는 신속수화 열수처리법(rapid hydration hydrothermal cooking method) 등이 있다. 현재 우리나라 대형 공장에서는 여러 가지 방법을 병용하여 행하고 있으며 두유의 일반적 제조공정은 다음과 같다(그림 5-7).

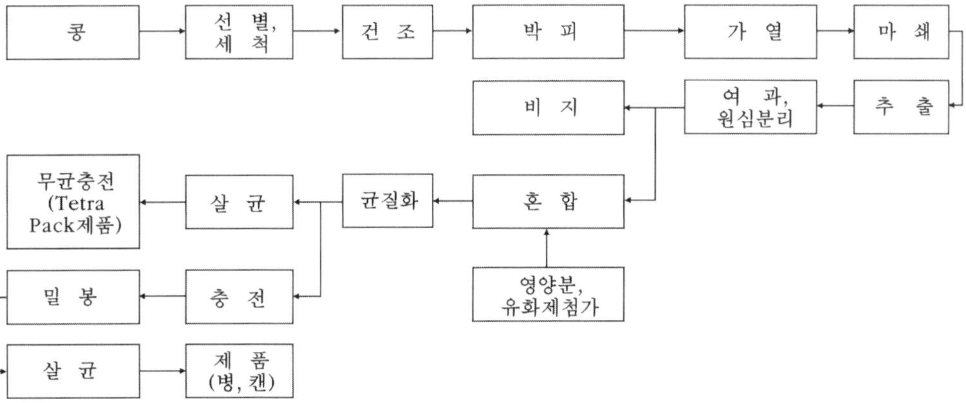

그림 5-7. 일반적인 두유 제조공정

1) 선별, 세척

두부 제조에서와 같이 원료로부터 불순물, 협잡물을 제거하고 95℃의 물로 3~5분간 처리하여 미생물을 사멸시키고 효소를 불활성화 한다.

2) 건 조

세척한 콩을 건조하고 박피를 용이하게 하기위하여 100℃의 열풍으로 5~10분간 처리한다.

3) 박 피

콩의 종피와 배축 중에는 saponin, isoflavonoid 등의 물질이 많이 포함되어 있기 때문에 고미나 수렴미의 원인이 되고, 효소 불활성화를 위한 가열시간이 길어짐은 물론 마쇄물 가열시 많은 거품이 일어나 작업에 어려움이 있어 이를 제거할 필요가 있다. 충격탈피기(entoleter)로 콩에 충격을 가하여 자엽과 종피, 배축을 분리하고 풍력을 이용하여 이를 제거한다.

4) 가 열

콩 자엽 중의 lipoxygenase와 trypsin inhibitor 등을 실활시키기 위하여 끓는 물속에서 5분간 처리한다.

5) 마 쇄

콩 원료와 물의 추출비율이 1 : 8～9 일 때에 수율이 가장 높으므로 열수를 가하면서 마쇄기(grinder)로 마쇄하여 콩죽을 얻어 20～30분간 교반하면서 추출한다(그림 5-8).

그림 5-8. 콩 마쇄기의 내부구조 및 외부모양

6) 여 과

콩 마쇄물을 연속식 원심분리기(screw decanter)로 두유와 비지를 분리한다.

7) 영양분 첨가

얻어진 두유는 고형물의 양이 적어 식미가 떨어지므로 유지, 당류, 유화제 등을 가하고 균질기(homogenizer)로 사용하여 안정한 콜로이드액(두유)를 만든다.

8) 균질화(homogenization)

얻어진 두유를 200～350 Bar의 고압으로 미세한 구멍을 통과시켜 두유를 균질화하여 안정화 한다.

9) 살균, 무균충전

유를 135~140℃에서 30~40초간 초고온살균(ultra high temperature sterilization)하여 무균탱크에 저장하고 미리 살균한 용기에 무균적포장(aseptic filling)하여 상온 또는 저온에서 유통시킨다. 두유의 살균시간은 우유보다 긴 시간이 요하게 되며, 이는 콩 중에 내열성 포자 형성균인 *Bac. subtilis*, *Bac. stearothermophilus* 등이 많이 부착되어 있으므로 충분한 살균이 이루어지도록 하여야 한다.

10) 밀봉, 살균

두유를 병, 통조림하고자 할 때에는 두유를 병입하거나 캔에 충전하고 밀봉한 다음 121℃에서 15분간 살균하여 제품으로 한다.

5.3.3. 콩나물

콩나물의 재배역사는 정확하지는 않지만 고려시대 초기로 알려지고 있다. 콩나물은 채소류의 재배가 어려울 때 채소의 공급수단으로 재배되기 시작하였고 단백질과 비타민, 섬유소 등이 다량 함유되어 있어 기호성이 높은 기초식품이다. 옛날에는 가정에서 콩을 물에 담그어 시루에 넣고 그늘에서 물을 주어가면서 재배하였으나 근래에는 생육환경을 자동으로 조절하는 소규모 공장에서 생산되어 판매되고 있다.

콩나물은 원료 콩을 하룻밤 침지하여 물을 충분히 흡수시켜 작은 구멍이 나있는 상자나 시루 속에 넣어 암소에서 25℃, 6~10일 정도 재배하며 콩의 품종, 온도, 재배과정 중 물 주는 회수에 따라 성장속도는 달라진다. 재배온도가 높으면 생장속도는 빠르지만 부패하기 쉽고 수분이 부족하면 잔뿌리가 많아 유경(幼莖, 몸통) 발육이 불량하여 상품적 가치가 떨어진다. 생장초기에는 물주는 회수가 적어도 되지만 후기에는 1일 4회 정도 물을 주어야 한다. 콩나물 재배과정 중에 부패가 자주 일어나므로 법적으로 금하고 있는 carbendazim과 같은 살균제를 사용하거나 잔뿌리를 적게 하고 몸통의 굵기를 크게 하여 상품성을 높이기 위하여 2,4-D, α-naphthylacetic acid(NAA), indoleacetic acid(IAA), gibberellin 등과 같은 생장조절제를 처리하여 때때로 문제를 일으키기도 한다.

콩으로부터 콩나물이 되어가는 과정 중 중량, 건물량(乾物量), 경장(莖長)을 보면 표 5-15와 같으며, 재배상 속에서 6일간 배양하였을 때 모양을 보면 그림 5-9와 같다.

표 5-15. 콩나물 재배과정 중 변화

재배일수	중 량(g)	건물량(g)	경 장(cm)
원료종자	100	86.2	
수침 콩	230	82.0	
1 일 째	240	82.7	0.9~1.5
3 일 째	340	80.7	3.0~8.0
4 일 째	413	75.9	10.0~17.0
5 일 째	510	74.0	12.0~24.0
6 일 째	590	71.6	13.0~27.0

(자료 : 콩의 과학, 1999)

그림 5-9. 재배과정 중의 콩나물

콩은 발아 후 초기에는 성장이 늦지만 4~5일째에는 성장이 매우 빨라 5~6일이 되면 식용하기에 적당하다. 콩의 중량은 재배 6일째가 되면 6배까지 증가하나 건물량은 재배일수가 경과함에 따라 30% 정도 감소한다.

콩은 재배과정 중 체내대사가 왕성하게 일어나므로 영양성분이 크게 변화한다. 원료콩과 콩나물의 영양성분을 비교하면 표 5-16과 같으며, 재배과정 중에 지방은 현저하게 감소하고 섬유소는 증가하며, 비타민 A, C는 많은 양 증가하고 소화율이 높아지며 가스 발생인자는 감소하는 것으로 알려져 있다.

표 5-16. 원료 콩과 콩나물의 영양성분

(단위 : 100g)

성 분	원료콩	콩나물
수 분(g)	6.2	90.2
단백질(g)	41.3(44.0)	4.2(42.9)
지 방(g)	17.6(18.8)	1.0(10.2)
당 분(g)	21.6(23.0)	0.5(5.1)
섬유소(g)	3.5(3.7)	2.9(29.6)
회 분(g)	5.8(6.2)	0.8(8.2)
Ca (mg)	127(135)	32(327)
P (mg)	490(522)	49(500)
Fe (mg)	7.6(8.1)	0.8(8.2)
비타민 A(I.U)	10(11)	175(1786)
β-carotene(μg)	6(6.1)	105(1071)
Thiamine(mg)	1.0(1.1)	0.15(1.5)
Riboflavin(mg)	0.3(0.3)	0.1(1.3)
Niacin(mg)	3.2(3.4)	0.8(0.2)
비타민 C(mg)	0	16(163)

* ( )은 건물량

(자료 : 김길환, 1982)

콩나물 재배과정 중 아미노산의 함량은 2일째까지는 변화가 없다가 4일 이후에는 급격히 감소하며 아미노산 중 methionine이 제한아미노산이고, aspartic acid가 가장 많이 증가하며 glutamic acid는 현저하게 감소한다. 특히 간에 독성물질인 acetaldehyde을 분해시키므로 숙취에 효능이 있다고 알려져 있는 asparagine은 콩나물 100g당 1.6g정도 들어 있는 것으로 알려져 있다.

5.3.4. 콩 단백질 분리제품

콩 단백질 분리제품은 단백질의 함량에 따라 3종류로 분류하며 단백질 함량은 40~

90% 이다. 전지콩가루(full fat soy flour)를 제외한 3종류의 콩 단백질 분리제품은 탈지콩을 원료로 제조한 것으로써 콩가루(soy flour, soy grits), 콩 농축단백질(soy protein concentrate), 콩 분리단백질(soy protein isolate)이 있으며, 콩 단백질분리제품의 성분을 보면 표 5-17과 같다. 콩 농축단백질이나 콩 분리단백질을 제조하는 경우 단백질을 추출할 때 콩 냄새의 원인물질인 aldehyde류는 단백질과 강하게 결합하여 분리단백질 제품에 콩 냄새가 잔존하므로 단백질 이용에 어렵게 된다. 단백질제품의 aldehyde류는 ethanol 처리에 의하여 제거할 수 있지만 이 처리로서 단백질이 변성되어 대두 단백질의 품질이 저하된다. 그밖에 protease, aldehyde oxidase 등을 이용한 탈취법도 있지만 탈취처리하기 이전에 냄새 물질의 생성을 억제하는 수단이 강구되어야 한다. 예를 들면 lipoxygenase 활성이 없는 콩 품종의 개발, 추출시 lipoxygenase 반응 억제, 냄새의 기질이 되는 지질의 제거 등이 있다.

표 5-17. 콩 단백분리제품의 성분

(단위 : %)

단백질제품	수 분	단백질	지 방	섬유소	회 분
전지콩가루	5.0	40.8	22.1	2.9	4.4
탈지콩가루	7.0	56.0	0.9	3.3	5.6
콩 농축단백질(알코올법)	6.7	70.9	0.3	3.5	5.6
콩 분리단백질	7.0	96.0	0.1	0.1	3.3

1) 콩가루(soy flour, soy grits)

콩가루는 전지, 탈지콩가루가 있으며 전지 콩가루에는 콩 속의 lipoxygenase의 활성을 그대로 갖고 있는 전지콩가루와 증기로 열처리하여 효소활성이 없는 전지콩가루가 있다. 전지콩가루는 정선된 콩을 탈피한 후 자엽(cotyledon)만을 모아 100mesh 정도로 분쇄하여 제품으로 하며 두취가 심하여 제한사용하고 있으며, 저장과정 중 유지의 산화가 빨리 일어나므로 보관에 주의하여야 한다. 탈지콩가루는 콩을 탈지한 후 같은 방법으로 분쇄한 것으로서 단백질 함량은 50～65%로서 제과, 제빵, 제면의 첨가 부재료로 이용하고 있다.

2) 콩 농축단백질(soy protein concentrate)

콩 농축단백질은 탈지한 콩가루나 박편으로부터 가용성 당질을 제거하고 단백질과 불용성의 다당류를 주성분으로 하며 단백질 함량은 약 70%이다. 제조 방법은 탈지 콩을 50~70% ethanol로 당류, 회분 등을 제거하고 분쇄하는 ethanol 세정법, 콩 단백질은 pH 4.5에서 용해하지 않으므로 콩 분말을 물에 분산시키고 묽은 산으로 pH 4.5로 조정하여 가용성분을 제거한 후 세정, 중화하고, 건조하여 분쇄하는 방법, 묽은 칼슘염류용액으로 가용성분을 제거한 후 세정하고 분쇄하는 방법이 있다.

3) 콩 분리단백질(soy protein isolate)

콩 분리단백질은 가장 정제된 제품으로 단백질 함량은 90% 이상이다. 제조 방법은 탈지한 콩 박편을 묽은 알칼리용액(pH 8.0~9.0)으로 추출하고, 원심분리하여 불용성 성분을 제거하고, 추출액을 콩 단백질의 등전점인 pH 4.5으로 조정하여 단백질을 침전시킨다. 침전물을 수세하여 원심분리 현탁하고, 분무건조하여 제품으로 한다. 식품가공시에 단백질 보강제, 소시지의 지방분리 방지제, 설탕시럽의 기포제(起泡劑), 생크림의 대용품 등 다양한 용도로 쓰인다.

4) 섬유상 콩 단백질(fibrous soy protein)

양질의 콩 분리단백질을 원료로 하여 인조섬유와 같은 사상(絲狀)의 콩 단백질을 말하며 제조 방법은 분리단백질을 10～30%의 알칼리용액으로 용해하여 pH 9~13.5 조정한 방사액(紡絲液)을 만들어 수천 개의 세공(細孔, dies)을 통하여 식염이 함유된 초산용액으로 압출하면 단백질이 응고, 석출되어 사상으로 된다. 사상의 단백질을 묶음으로 하여 지방, 첨가물 등을 가하여 맛을 내면 고기 조직과 유사한 콩 단백질 식품을 제조할 수 있고 양질의 제품을 제조하려면 원료에 탄수화물이나 지방이 함유되어서는 안 되며 원료의 순도가 떨어지면 조직의 구조가 약하게 된다. 이것을 소시지 혼용소재로서 이용하면 결착성이 증진되고 물과 지방의 분리를 방지할 수 있다.

5.3.5. 장 류

장류는 기본적으로 콩을 주원료로 하여 제조하는 발효식품으로 오랫동안 애용되어온 된장, 간장, 고추장, 청국장 등의 전통식품이다. 여러 종류의 장류는 발효과정 중 제국과정에서 생성된 세균과 곰팡이가 생성하는 protease, amylase 등의 효소작용으로 아미노산, 당분 등이 생성되어 식염의 짠맛과 조화를 이루는 향미가 독특한 발효식품이다.

우리나라에서 소비되고 있는 장류의 잠재시장 규모는 약 1조원(2005년 기준)으로 추정하고 있으며 옛날에는 자가제조하여 이용하여 왔으나 근래 생활환경의 변화, 식생활의 향상, 여성의 사회참여 확대 등으로 공장에서 생산되는 제품이 2005년 기준 간장 53.4%, 된장 54.4%, 고추장 74.8%로 공장산 공급률은 점차 증가하는 추세를 보이고 있다. 우리나라에서 생산되고 있는 장류의 생산량을 보면 표 5-18과 같으며 주요 장류의 추정 소요량과 공장생산 상품화 비율은 표 5-19와 같다. 또한 장류산업은 대부분 가정이나 중소기업에서 생산되어 왔으나 점차 조미식품이 차지하는 비중이 높아지고 중요성이 재인식되면서 일부는 대기업에서도 생산되고 있다.

표 5-18. 연도별 장류생산 및 출하실적

(생산량 : M/T, 출하액 : 백만원)

구	분	2000년	2002년	2003년	2004년	계
산분해간장	생산량	28,217	54,452	29,291	41,457	153,417
	출하액	9,981	19,367	12,444	17,739	59,533
효소분해간장	생산량	30	-	-	408	438
	출하액	144	-	-	349	493
한 식 간 장	생산량	2,503	5,089	8,228	1,722	17,542
	출하액	3,618	5,749	10,225	2,935	22,530
된 장	생산량	65,842	77,579	79,033	94,064	316,518
	출하액	62,745	75,358	87,966	94,414	320,484
고 추 장	생산량	111,695	120,258	101,578	150,681	484,212
	출하액	204,462	188,656	228,214	266,101	887,434
춘 장	생산량	15,192	14,978	16,908	18,055	65,133
	출하액	10,887	11,954	18,312	15,216	56,370
청 국 장	생산량	2,630	3,980	3,998	7,183	17,791
	출하액	3,982	5,059	7,744	22,491	39,278
혼 합 장	생산량	26,223	43,841	40,460	51,254	161,778
	출하액	41,258	61,545	69,960	80,864	253,629
계	생산량	252,332	320,177	279,496	364,824	1,216,829
	출하액	337,080	367,693	434,868	500,113	1,639,755

(자료 : 식품유통저장학회, 2006)

표 5-19. 주요장류의 추정 소요량(M/T)과 상품화 비율(%)

연 도	간 장			된 장			고 추 장		
	추정 소요량	공장 공급	비율 (%)	추정 소요량	공장 공급	비율 (%)	추정 소요량	공장 공급	비율 (%)
1980	39,754	108,765	27.4	274,375	53,995	19.7	131,317	35,750	27.2
1985	404,602	107,890	26.7	275,638	46,270	16.8	141,724	32,548	23
1990	416,700	167,040	40.1	278,450	59,300	21.3	148,600	43,890	29.5
1995	414,300	178,818	43.2	280,200	94,444	33.7	160,100	77,058	48.1
2000	352,400	178,239	50.9	266,300	133,476	50.1	165,700	113,976	68.8
2001	348,500	348,500	54.2	276,400	151,060	54.7	168,700	122,485	72.6
2003	344,734	209,848	60.9	283,000	149,359	52.8	176,692	136,572	77.3
2004	345,000	184,220	53.4	285,000	155,000	54.4	195,000	145,800	74.8

(자료 : 식품유통저장학회, 2006)

또한 장류는 주요한 조미료로서 영양소의 공급원일 뿐만 아니라 생리활성으로는 항돌연변이성, 항암성, 고혈압방지효과, 혈전용해능이 있는 것으로 알려져 있으며 이와 같은 기능은 원료 콩에서 유래한 protease inhibitor, isoflavone, phytic acid 등의 것과 발효과정에서 분해되거나 생성되는 여러 종류의 peptide에 의하여 나타나는 것으로 보고되고 있다. 재래식 된장은 자연환경 하에서 발효하기 때문에 주된 메주 곰팡이인 *Aspergillus oryzae*와 형태적으로 비슷한 *Aspergillus flavus*가 발생하여 aflatoxin에 의한 발암원인 물질로 의심의 대상이 되기도 하였다. 비록 aflatoxin을 생성하는 균이 발효 중에 오염된다 하더라도 메주에 존재하는 여러 종류의 미생물의 작용과 여러 인자에 의하여 파괴되는 것으로 알려져 있다. 간장, 된장 등 대두발효식품과 가수분해물인 peptide들은 암세포의 생육억제 효과를 나타냄으로써 항종양활성을 가지며 angiotensin전환효소의 저해제로 작용하여 혈압 강하활성과 혈청콜레스테롤 감소효과를 나타낸다. 청국장 발효 중에 생성되는 polyglutamic acid(PGA), fructan, neurokinase 등은 항암활성과 혈전용해능이 있는 것으로 나타나고 있다. 또한 고추장의 주원료인 고추 중 capsaicin은 항암효과와 체지방 분해능이 있다고 근래 밝혀지고 있다.

우리나라 전통 발효식품인 장류는 단백질 원료나 전분질원료를 증자하여 자연발효시켜 얻어진 메주를 주원료로 하여 제조하는 전통식 장류와 대두, 밀가루, 쌀가루 등에 *Aspergillus oryzae*를 접종, 배양하여 코오지(麴)를 만들어 효소를 생성시켜 제조하는 개량식 장류가 있다. 재래식 장류는 주로 가정에서 만들어 이용되고 있으나 개량식 장류는 공장에서 대량으로 제조하여 판매하고 있다. 따라서 본 장에서는 개량식 방법을 위

주로 간장, 된장, 고추장, 청국장 등의 제조법을 소개하고자 한다.

1) 간 장

간장은 쌀을 주식으로 하는 동양인들에게 오래전부터 가장 중요한 조미료로서 가정에서 직접 제조하여 애용되어 왔다. 그러나 생활환경의 변화에 따라 1930년경부터 아미노산 간장을 주축으로 공업적인 간장생산이 시작되었으며, 6.25 사변이 일어나면서 군수용으로 수요가 증대되었다. 1960년대 이후 산업화에 따른 경제발전과 더불어 자가제조 보다는 공장에서 생산하는 간장을 주로 이용하게 되었다. 간장은 메주를 주원료로 하여 식염수를 섞어 발효시킨 후 여액을 가공한 전통식간장(재래한식간장)과 대두, 탈지대두와 같은 단백질 원료와 소맥, 밀기울, 쌀 등과 같은 전분질 원료에 발효미생물을 접종하여 식염과 함께 발효시킨 양조간장, 단백질 또는 탄수화물을 함유한 원료를 산으로 가수분해한 후 그 여액을 가공한 산분해간장 등으로 나눌 수 있다. 산 분해간장은 제조기간이 짧고 생산원가가 낮으며 소비자들의 기호에 맛 들여져 있어 아직도 선호하고 있는 추세이고 전체 간장 소비량 중에서 산분해간장이 3/4을 차지하고 있는 실정이다. 산 분해간장은 제조과정 중에 MCPD(mono chloro-1,3-propanediol : CH_2OH-CH-$ClCH_2OH$)와 DCP(1,3-dichloro propanol : CH_2Cl-CHOH-CH_2Cl) 같은 유해물질이 생성될 수도 있어 안전성에 문제가 있으므로 점차 소비패턴이 양조간장으로 변화되는 것이 바람직하다. 우리나라에서 생산, 소비되고 있는 간장의 품질 규격은 표 5-20과 같다.

표 5-20. 간장의 품질 규격

구 분	양조간장, 혼합간장 산 분해간장, 효소분해간장	한식간장
성 상	고유의 색택과 향미를 가지며 이미, 이취가 없어야 함	양조간장과 같은 성상
pH	4.0~5.5	4.0~6.8
총질소(w/v%)	0.8이상	0.7이상
순추출물(w/v%)	9.0이상	6.0이상
타르색소	검출되어서는 아니 된다.	검출되어서는 아니 된다.
보존료(g/ℓ) (안식향산 및 그 염류)	0.6이하(안식향산으로서)	0.6이하(안식향산으로서)
	0.25이하 (파라옥시안식향산으로서)	0.25이하 (파라옥시안식향산으로서)

(1) 전통식 간장

옛날부터 자가제조하여 온 전통식 간장제조 방법은 그림 5-10과 같다. 콩을 세척하고 침지한 후 삶아 잘 무르게 삶는다. 잘 무른 콩을 마쇄하여 덩어리 형태의 메주를 만들고 건조시킨다. 건조과정 중 메주의 외부는 건조되지만 내부에는 습기가 남아 있게 되고, 또한 공중 부양균이 침착하게 된다. 겉만 건조된 메주는 품온을 따뜻하게 하여 건조 중 침착된 균의 생육을 활발하게 하여 발효시킨다. 발효기간은 약 1～2개월 동안 이루어지며 발효가 끝난 메주는 짚으로 묶어 매달아 다시 건조시킨다. 이렇게 제조된 메주를 이용하여 염수에 담가 햇빛을 쪼이면서 약 1～2개월 숙성시킨다. 숙성시킨 후 메주덩이는 건져내어 된장을 만들고 그 담금액을 간장으로 한다. 전통식 간장제조시 사용되는 메주에는 여러 가지 세균과 곰팡이가 번식하기 때문에 간장의 냄새와 맛을 떨어뜨리는 경우가 있다. 따라서 최근에는 단백질과 전분 분해력이 높은 황국균을 접종하여 메주를 발효시키는 방법 등을 이용하여 간장의 품질을 향상시키는 방법이 개발되고 있다.

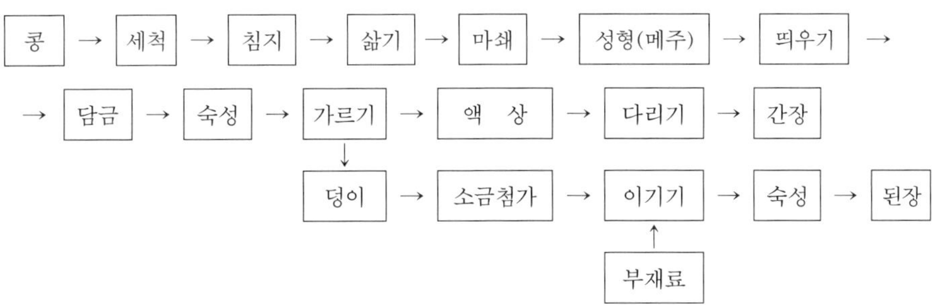

그림 5-10. 전통식 간장제조 방법

(2) 양조간장

최근 장류는 가정에서 제조하는 양보다 대규모로 산업화되어 판매되고 있는 양이 더 많아지고 있다. 최근에 제조되고 있는 공장식 양조간장은 삶은 콩, 볶은 밀가루와 황국균을 순수배양하여 만든 코지곰팡이를 섞어서 제국한 것을 섞어 염수에 담가 숙성시켜 압착하여 얻은 액을 달여 간장으로 만든 것으로 제조 방법은 그림 5-11과 같다.

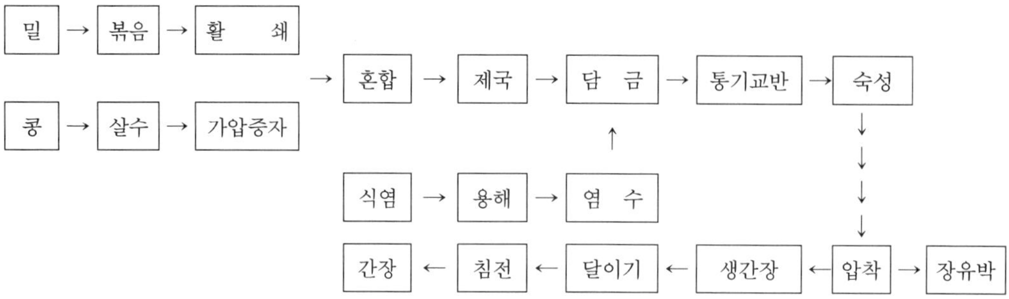

그림 5-11. 공장식 양조간장 제조 방법

① **원료 및 원료의 처리** : 간장제조를 위한 원료로는 대표적으로 콩과 밀을 들 수 있다. 우선 원료 콩에는 토사, 먼지 등의 이물이 혼합되어 있는 경우가 많으므로 회전관식 선별기나 진동식 선별기를 이용하여 이물을 제거하는 정선작업을 실시한다. 정선된 대두는 콩의 중량 대비 2.25배 크기의 용기에 약 2.15배의 용수를 가하여 침지한다. 침지시간은 여름철에는 6시간, 춘추에는 8~12시간, 겨울철에는 18시간 내외가 적당하며 대두의 침지수온과 시관과의 관계는 표 5-21과 같다. 50℃ 이상의 고온 침지에는 성분의 용실량이 많기 때문에 가급적 피해야 한다.

표 5-21. 콩의 침지온도와 시간과의 관계

침지온도(℃)	침시시산(시간:분)	침지온도(℃)	침지시간(시간:분)
21	8:40	38	3:20
24	6:40	42	2:50
28	5:10	46	2:30
32	4:10		

침지가 끝난 콩은 증자과정을 거치게 되는데 증자 목적은 koji균의 단백분해효소에 의한 콩 단백질의 분해를 촉진시키고, 증자상태에 따라 콩에 함유된 질소의 이용률을 높이는데 있다. 간장양조에 있어서 원료 콩의 증자가 부족하면 제품간장에 peptide태 질소가 많아지고 향미성분도 좋지 않게 된다. 콩 증자 방법에는 상압법과 가압법이 있으나 대규모 생산공장에서는 회전증자관(그림 5-12)을 이용한 가압법으로 증자한다. 회전증자관의 경우 가열증기를 가하여 관 내의 압력이 13~15 lb에 달하면 그대로 압력을 유지하여 1시간 내외로 콩을 가열한다. 증자 후의 콩은 엷은 갈색을 나타내며 손으로 누를 때 부드럽게 부셔지면 잘 증자된 것으로 판별한다. 증자가 끝나면 빠르게 냉각시킨다.

그림 5-12. NK식 회전증자관

밀은 정선 후 평량하여 맥초기(볶음기)를 이용하여 볶아서 사용한다. 밀을 볶는 목적은 수분이 고열에 의하여 급격이 팽창하여 할쇄를 용이하게 하고, 전분을 α화해서 효소작용을 알맞게 하고, 수분이 많은 증자 탈지대두와 혼합할 때 수분을 조절할 수 있으며, 적당한 착색과 향기를 부여하기 위해서이다. 볶는 정도는 날것과 검게 탄 것이 없고 특유의 향기를 가질 때 까지 볶는 것이 좋고 물에 넣었을 때 가라 앉는다면 덜 볶아진 것이다. 볶은 밀은 roll 분쇄기를 이용하여 조쇄(粗碎)한다. 조쇄의 목적은 국균의 번식 표면적을 증가시키고, 효소작용을 잘 받도록 함과 동시에 증자대두의 표면에 부착하여 수분을 조절하여 제국을 용이하게 하는 데 있다. 조쇄의 정도는 3~5조각으로 나누는 것이 적당하며 어느 정도 분말이 혼재되어 있어야 한다.

② **제국**

a. **국균(麴菌)의 특성** : 제국은 단백분해효소를 생성하는 koji 균체의 조성에 있다. 장류국(麴)에 사용하는 국균은 주로 *Aspergillus oryzae*와 *Aspergillus sojae*에 속하며 다수의 변종이 있다. 국균의 생육적온은 33~38℃ 이며 이러한 국균들은 균사 내부에서 생겨난 효소를 균체 외로 분비하는데, 특히 포자를 착생할 무렵에 많이 분비한다. 국균이 분비하는 효소로는 탄수화물분해효소로서 amylase, maltase, invertase, inulinase, cellulase 등이 있고, 단백질 분해효소로는 pepsin, trypsin, peptidase 등이 있고, 지방분해효소로서는 lipase가 있다. 국균의 단백분해효소 생성은 저온(25℃)이 좋고 탄수화물분해효소 생성에는 35℃ 정도가 좋으

므로 두 가지 온도조건을 병행한 제국법도 좋은 방법이라 할 수 있다. 형태학적으로는 균사의 길이가 긴 장모균은 당화력이 강하고 간장 덧의 향기가 좋으나 착색이 양호하지 않으며, 반면에 균사의 길이가 짧은 단모균은 단백질 분해력이 강해서 맛과 착색이 양호하며 숙성이 빠르고 수율은 많으나 향기가 부족한 면이 있다.

b. **종국** : 선택된 국균은 가급적 순수배양을 하여 다수의 건전한 포자를 형성시켜 종국으로 사용한다. 종국의 원료로는 쌀, 보리쌀, 좁쌀 등이 사용되며, 포자의 형성을 많게 하기 위해서 원료수분의 발산을 최대한으로 저지하고 국균의 생육 최적온도를 중심으로 약 100시간 전후에 걸쳐서 포자를 착생시킨다. 배양된 종국을 저온건조시켜서 수분을 5~8%로 만든다. 간장용 종국은 보통 3×10^9/g의 포자를 함유하고 있는데 그 중 80~85%가 생활세포로 있지 않으면 안 된다. 종국은 흡습하지 않게 하고 저온에서 보존하면 15개월 정도 저장해도 포자의 사멸은 30% 이하이다.

c. **제국(Koji 제조)** : 제국은 탈지콩과 조쇄한 밀에 대량으로 종국을 번식시켜 숙성에 필요한 효소들을 생산하는 공정으로서 간장 및 발효식품 제조에 중요한 공정이다. 제국실은 온도의 유지 및 조절을 간단하게 그리고 완전하게 할 수 있어야 하고 환기를 자유로이 또한 신속히 하여야 하며, 습도의 조절이 편리하고 항상 청결하게 유지할 수 있어야 하며, 조작이 편리하고 살균을 완전히 할 수 있는 구조이어야 한다.

제국 방법은 증자한 콩과 조쇄한 밀의 배합률은 대개 원료용량으로 5:5 또는 6:4의 비율로 혼합한다. 혼합한 원료의 품온이 40℃ 정도가 되면 종국을 가한다. 첨가량은 일정하지는 않으나 원료 125kg에 대하여 포자수 20×10^8/g 의 종국 70~80g 정도를 균일하게 혼합한다. 보통 제국 중에는 원료의 품온이 상승하게 되는데 때에 따라서는 40℃ 전후의 고온에 이르게 된다. 따라서 이때 제국원료를 뒤집어서 과도한 품온의 상승을 예방하여야 하며 보통 하루에 2번 정도 뒤집기를 실시한다. 이와 같이 해서 입국 후 대략 72시간 만에 출국하게 된다. 일반적인 제국조건으로 온도는 35~37℃, 습도는 90~95%이다. 제국법에는 회전드럼식, 강제통풍식, 표면통풍식 등의 방법이 있다.

d. **Koji 중의 미생물** : 제국과정 중 발육된 koji 중에는 다수의 *Bacillus* 속과 호기성 및 염기성 세균이 존재하여 간장의 품질에 영향을 미친다. 또한 효모는

Saccharomyces rouxii, *Saccharomyces rosei*, *Saccharomyces fermentati* 등이 있으며 간장의 숙성에 관여하게 된다. 제국 중에 생육하는 이들 효모는 식염농도 0～10 %에서는 잘 생육하나 15～18%에서는 생육이 거의 억제된다.

③ **담금** : 간장 koji를 양조용기 내에서 식염수와 혼합해서 간장덧을 만드는 조작을 담금이라 한다. 담금 탱크는 공장 규모에 따라 목통, 철근 콘크리트 탱크, 수지(樹脂)를 바른 철 탱크 등이 있다. 담금 비율은 사용원료 1kg(콩 550g, 밀 250g, 밀기울 200g 의 비율)에 대하여 Be' 18.93°(순식염 22.72g / 100 ㎖ 함유) 식염수 1.22kℓ의 비율로 담금하며 이러한 비율을 12.2수라 부른다. 11수나 12수와 같이 급수가 많은 경우에는 간장 덧의 발효가 순조롭고, 9수나 10수와 같이 급수가 적으면 농후한 간장을 얻을 수 있으나 수득률이 적다. 담금할 때는 탱크에 필요한 양의 염수를 한꺼번에 넣어 놓고 나중에 koji를 며칠에 걸쳐서 투입한다. 이 기간이 3～4일 이상 되면 좋지 못하므로 제국능력과 탱크의 크기를 고려해야 한다.

④ **숙성** : 원료를 제국하므로 인하여 각종 효소가 생산되어 국 중에 함유되게 되고 식염수를 가해서 담금하면 이들 효소는 원료국의 성분에 작용하고, 또 담금 후 간장 덧 중의 효모, 세균 등이 분비하는 효소가 작용하여 분해, 발효, 기타 복잡한 변화를 거쳐 숙성된다.

a. **간장 덧의 교반** : 담금 직후에는 koji가 상부에 두꺼운 층을 형성하므로 퍼붓기법으로 교반하고, 숙성 후기에는 공기교반을 행한다. 덧의 교반은 효소를 용출해서 그 농도를 덧 전체에 균등하게 하여 숙성을 빠르게 하고 부분 발효를 막으며 간장 덧에 공기를 공급하고, 또 이산화탄소 가스 등을 배제해서 효모, 세균 등 유해균의 발육을 억제하며 간장 덧의 온도를 균일하게 하는 데 목적이 있다.

또한 담금기간에 따라 교반하는 방법은 조금씩 다르게 조정해야 한다. 담금 초기에는 1일 1회로 하되 담금 후 며칠간은 퍼붓기법으로 하고 그 다음은 휘저어 공기교반을 행한다. 덧이 혼합되면 격일 1회 또는 3일 1회로 교반하는데, 교반 시 공기의 압력은 6～10 lb로 가급적 단시간 행한다. 겨울철에는 휘저어 공기교반만 하거나 스팀을 불어넣어 온도를 20～25℃로 유지하여 발효종료 후의 덧은 겨울에는 월 1～2회 여름에는 산막의 형성을 억제하는 정도로 한다.

b. **숙성 중의 미생물** : 국균은 제국과정 중에 생성된 효소에 의하여 대두나 소맥 중의 단백질과 전분질을 분해하여 가용성이 되게 해주고 있으나 간장 덧 중에는 포자의 상태로 일정기간 동안 남아 있을 뿐이다. 효모는 덧에 생육하면서 당류

를 발효하여 알코올과 기타의 향기성분을 만들고 유산균도 덧 중에 생육하면서 유산을 생성하여 간장에 적당한 pH를 갖게 하고, 또 산과 알코올은 ester를 형성하여 간장의 향기성분을 만들어 준다. 제국과정 중에 생성된 효모 중 대부분 담금기간이 경과함에 따라 도태되고 대부분 내염성 효모만이 생육하게 되며, 담금기간별 생육효모의 종류는 표 5-22와 같다. 효모 중에는 산막성 유해효모인 *Zygosaccharomyces salsus, Zygosaccharomyces japonicus*가 존재한다. 이들은 내염성을 가지고 있으며 호기적으로 간장덧이나 제품표면에 산막을 형성하면서 번식하여 외관뿐만 아니라 실제적으로 악영향을 미치게 된다. 완제품일 때는 가열하거나 보존료로서 이를 막을 수 있으나 간장덧의 경우는 한번 생기면 좀처럼 없어지지 않는다. 적절히 교반하여 이들 균을 덧 중에 침하시키도록 해야 한다. 미생물로서는 *Bacterium soya, Bacillus subtilis, Bacillus mesentericus, Bacillus acidi lactici, Micrococcus aurantiacus, Sarcina, Pediococcus sojae* 등이 존재하며 덧 중에 생육하면서 유산을 생성하여 적당한 pH를 갖게 한다.

표 5-22. 숙성 기간별 간장덧의 효모 분포

담금 직후	1개월 후	3개월 후	6개월 후	2년 후
Saccharomyces rouxii	*Pichia polymorpha*	*Saccharomyces rouxii*	*Saccharomyces rouxii*	*Saccharomyces rouxii*
Saccharomyces marxianus	*Hansenula saturnus*	*Saccharomyces rosei*	*Saccharomyces mellis*	*Saccharomyces mellis*
Saccharomyces rosei	*Hansenula suaveolens*	*Saccharomyces fermentati*	*Saccharomyces acidifaciens*	*Nadsonia fulvescens*
Pichia polymorpha	*Nadsonia fulvescens*	*Saccharomyces mellis*	*Debaryomyces hansenii*	*Debaryomyces kansenii*
Debaryomyces hansenii	*Debaryomyces hansenii*	*Saccharomyces pastori*		*Debaryomyces kloeckeri*
Torulopsis sake	*Debaryomyces nicotianae*	*Hansenula anomala*		*Torulopsis sake*
Candida pelliculosa				*Torulopsis holmii*

(자료 : 농촌진흥청, 2002)

⑤ **압착** : 간장덧이 숙성되면 압착기(그림 5-13)로 압착하여 간장을 생산한다. 간장덧은 점조성의 콜로이드 물질이 다량 존재하기 때문에 보통의 여과법으로는 액과 박을 분리하기가 곤란하다. 따라서 다량의 액을 얻기 위해서는 가압(60kg/㎠)조건에서 장기간(약 5일)의 압착을 요한다. 간장 덧을 포대에 넣은 후에 하루 동안은

그대로 두어 자연여과를 시키고 점차 압력을 가하면서 5일간 압착한다. 이때 박(찌거기)의 수분은 25~30%의 범위가 되게 한다.

그림 5-13. 간장 자동화 압착시설

⑥ 제품화

a. **생간장의 저장** : 압착된 생간장은 침전물을 제거하고 품질을 일정하게 하기 위하여 저장탱크에 옮겨진다. 이 저장기간 중 냉각하면 잔존효소에 의해서 품질이 향상된다. 저장 중 산막효모를 방지하기 위해서 저장탱크 가득 저장하거나 자외선 조사법, 폴리에틸렌포를 밀착시키는 방법 등을 이용한다.

b. **간장 달임** : 간장 달임은 생 간장 중의 잔존효소를 파괴하고 미생물을 살균하는 동시에 향기와 풍미를 조화시키고 청징하게 하여 품질의 안전성을 얻는데 목적이 있다. 달임 조건은 80~90℃에서 30분간 달임하고, 품온이 80℃에 도달하면 보존료를 용해 투입하여 열교환기로 50℃까지 급격히 냉각 시킨다. 달임 방법으로 공장에서는 밀폐식 연속달임 장치를 사용하는데 사관식과 plate 열교환식이 있다. 밀폐연속식의 장점은 대량의 간장을 단시간에 처리할 수 있고, 효율적으로 열을 이용할 수 있으며 위생적이고 휘발성의 향기를 보존할 수 있다는 것이다.
달임에 의한 간장의 변화로는 색도가 짙어지고(냉각이 빠를수록 색도가 옅어짐) 보존성이 향상되며, 열교환기로 50℃까지 급냉한 간장은 1일 동안에 대부분의 침전물이 침강되고 3~4일 만에 침전물이 완전히 가라앉는다. 침강이 빨라지는 이유는 생간장 중에 분해되지 않고 용해된 단백질을 응고, 융합시켜 비중을 크게 하기 때문이다.

간장을 방치하면 백색의 산막효모가 발생한다. 완제품 간장에 이들의 발생을 막기위해 사용되는 보존료는 p-hydroxybenzoic acid(POBA) ester류(0.25g/ℓ 이하)와 안식향산과 안식향산 Na염(0.6g /ℓ 이하) 등이 이용된다. POBA ester류 중에는 p-hydroxybenzoate butyl(POBB)가 가장 유효하나 물에 불용이기 때문에 1N NaOH 용액에 용해한 다음 물로 희석해서 간장에 첨가한다.

c. **포장** : 달임과 보존료 첨가가 끝난 제품은 낱개로 포장되어 판매한다. 이렇게 제조된 간장은 고형분 12% 이상, 염분 16%이상, 총질소 1% 이상의 일반성분을 갖게 된다.

3) 아미노산 간장(산분해 간장)

양조간장은 제조단가가 높고 시간이 오래 걸리는 단점이 있어 이러한 불편을 해결하기 위해 단백질 원료를 산으로 가수분해하면 단백질 원료가 아미노산으로 분해되어 맛이 좋은 간장원료가 만들어진다. 즉 단백질 원료에 염산을 가하여 분해한 후 가성소다나 탄산나트륨으로 중화하여 얻은 아미노산 원액과 소금이 혼합된 것을 아미노산 간장 또는 산분해 간장이라 부른다. 그러나 아미노산 간장은 글루탐산염이 많이 함유되어 있어 조미료로서 이용가치가 높으나 아미노산 특유의 냄새를 갖는 단점이 있다.

① **원료** : 아미노산 간장을 만드는 원료는 식물성 원료와 동물성 원료가 있다. 동물성 원료로는 주로 어류박이나 누에번데기를 이용하는데 염기성 아미노산의 함량이 높아 맛이 다소 떨어지는 단점이 있으나 생산수율이 높은 장점이 있으며, 식물성 원료로는 콩깻묵, 면실박, 탈지대두, 글루텐 단백질 등이 이용된다. 대부분 기름을 짜고 남은 탈지대두 단백질이나 밀에서 전분을 추출하고 남은 글루텐의 수율이 훨씬 높다.

② **산분해제 및 중화제** : 산분해제로는 주로 염산이 이용되며, 중화제는 가성소다와 탄산소다를 쓰는데 가성소다는 물에 녹여서, 탄산소다는 분말 그대로를 사용한다. 염산은 반응성이 강한 물질이므로 산분해시에는 내산성이 강한 재질로 제작된 분해장치를 이용하여 분해하여야 한다. 이때 분해를 촉진시키기 위해 가열, 가압 등의 방법이 병행되므로 내열성 및 내압성도 구비해야 한다. 산분해 방법에는 상압

법과 가압법이 사용되며 각각의 특징은 표 5-23과 같다. 일반적으로 상압법이 가압법보다 좋은 품질을 얻을 수 있다.

표. 5-23. 산분해 방법의 분류 및 특징

상압법	직접 가열법 간접 가열법 간접 증기 가열법 직접 증기 가열법	설비는 간단하나 과열되기 쉬움 이중솥 사이에 모래, 기름, 염화칼슘 등을 넣어 가열함 파이프를 설치하고 증기를 통과시켜 가열함 분해관 속에 직접 증기를 불어넣음
가압법	직접 증기 가압법	대규모 공장에서 행하는데 약품과 원료면에서 경제적임
	고압솥법	설비가 복잡하고 비경제적임

③ **제조법** : 아미노산 간장은 단백질 원료의 분해와 중화 및 여과과정을 거쳐 제조하게 되며 그림 5-14와 같다.

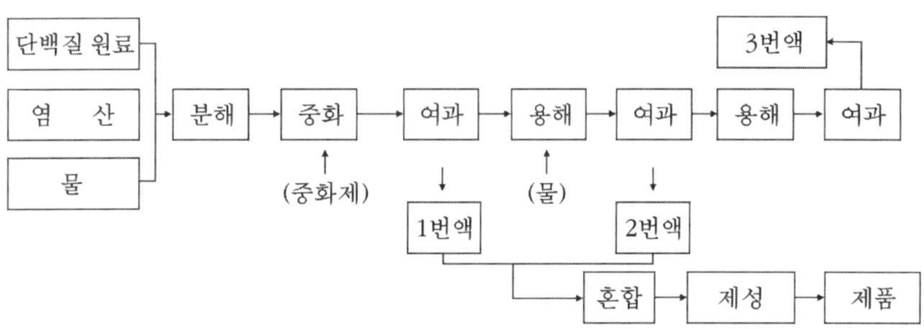

그림 5-14. 아미노산 간장의 제조공정

a. **분해** : 분해시에 사용되는 염산은 시판염산(35.4%)을 18% 정도로 희석해서 사용한다.

$$\text{순염산 소요량} = \frac{\text{원료 중의 질소함량}(\%)/100 \times \text{원료량}(k\ell) \times 36.5 \times 1.2}{14 \times 0.354}$$

조제된 염산을 분해조에 넣고 가열하며, 가열은 보통 끓을 때까지 행한다. 분해 방법에는 고온분해법과 저온분해법이 있다. 고온분해는 110~115℃에서 10~13시간정도, 저온분해는 70～80℃에서 48～72시간 정도 분해시킨다. 고온분해시에는 분해시간은 줄어드나 원료 이용률이 저온분해시보다 낮고 탄냄새가 나는 단점도 있다. 반면에 저온분해를 행하면 질소이용률, 아미노태 질소 함량, 당분의 산출량 등이 높고 향기가 좋아지며 압착박이 줄어드는 장점이 있으나 시간과 연료가 많이 소요되는 단점이 있다. 최근에는 장시간 저온분해를 선호하고 있다. 또한 고온분해는 최근 발암물질로서 많은 문제가 되고 있는 MCPD가 생성되는 단점이 있다. MCPD는 생쥐에 50~160mg/kg, 쥐에 160mg/kg의 양으로 암을 유발시키고, DCP는 쥐에 110mg/kg의 양에서 불임유발, 생식기능 장애 등을 발생시킨다. 따라서 국제가수분해단백위원회(intenational hydrolyzed protein council)에서는 가수분해건조물에 대하여 3-MCPD 최대허용치를 2.5ppm으로 권장(간장은 아님)하고 있고, 독일에서는 MCPD는 1 ppm 이하, DCP 0.005 ppm 이하로 규정하고 있으며, WHO에서는 MCPD 2 ppm 이하, DCP 0.02 ppm 이하로 간장류의 규격은 아니지만 단백질 가수분해물에 대한 규제사항으로 되어있다. 우리나라에서는 국내 시판 간장에 대하여 발암성이 의심되는 MCPD와 DCP를 검사한바 MCPD는 최고 40ppm, DCP는 1.2ppm이 검출되어 외국의 관리기준을 훨씬 초과하고 있어 식품안전에 문제가 있다고 발표하여 2002년부터 MCPD의 잠정허용기준은 0.3ppm 이하로 규정하고 있다.

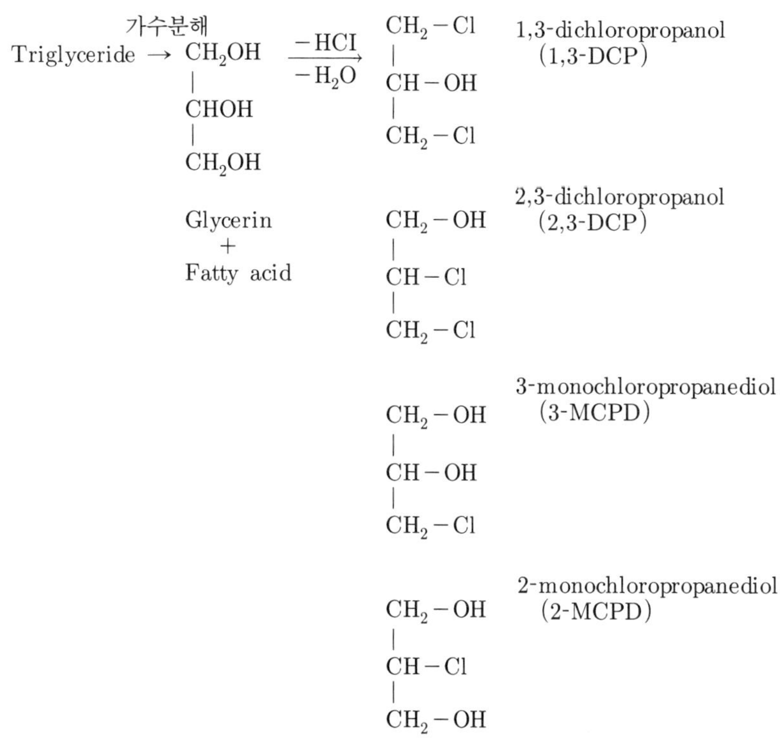

그림 5-15. MCPD 및 DCP 반응기전

이 물질들의 생성기전은 산분해간장의 원료로 사용되는 탈지대두 등을 염산으로 가수분해시 단백질은 아미노산으로 분해되는데 이때 잔존하는 지방은 가수분해되어 지방산과 글리세린으로 분해되며 분해된 글리세린은 염산과 반응하여 염소 화합물이 생성될 수 있는 것으로 알려져 있고 각각의 이성체를 포함하여 모두 4종류의 화합물이 생성될 수 있다(그림 5-15). 이러한 MCPD는 저온분해를 하고, 염산을 한 번에 투입하는 것 보다 두 번으로 나누어 투입하고 중화공정도 두 번을 거쳐서 할 경우 0.05ppm 수준까지 낮출 수 있다.

b. **중화** : 분해가 완료되면 중화조로 옮겨 50～60℃까지 냉각시킨 다음 중화제를 투입한다. 탄산소다를 사용할 경우 가루를 뿌리면서 가스가 생기지 않을 때까지 교반을 계속한다. 중화시 온도가 높으면 쓴 맛이 생기므로 반드시 60℃ 이하에서 조작한다. 중화의 최적 PH는 4.5인데 humin 물질의 등전점이 약 pH 4.5 이므로 이때가 침전량이 많아 제품의 빛깔이 좋은 맑은 액을 얻을 수 있다. 탄산소다를 사용할 경우 사용 염산 1ℓ에 708g 정도를 사용하며 이때 소금이 761g 생긴다.

$$Na_2CO_3 + 2HCl \rightarrow 2NaCl + H_2O + CO_2$$

c. **여과** : 중화가 끝난 분해액은 유압기, 또는 필터프레스를 써서 여과한다. 1차 여과 후 박 중에 아미노산이 많이 남아 있으므로 물에 녹여 2~3차 여과하기도 한다.

d. **제품화** : 여과 아미노산액은 아미노산 특유의 냄새가 있어 정제하여야 하는데 활성탄 1%를 첨가하여 교반한 후 가온한 다음 정치시킨 후 여과하면 탈취 및 탈색이 이루어진다. 제품화는 대개의 경우 양조간장과 일정비율로 혼합하는데 이때 색도, 맛, 향기 등을 조정하여 준다.

2) 된 장

된장이 만들어진 시기는 콩이 재배되기 시작한 시기와 유사한 것으로 알려져 있는데 콩의 재배역사가 삼국시대 초부터인 것과 삼국사기에 고(鼓)를 제조했다는 기록을 보아 이미 삼국시대 때부터 제조되기 시작한 것을 알 수 있다. 식품위생법에 의하면 된장은 "콩을 주원료로 하여 식염, 누룩을 섞어 발효하여 숙성시킨 것 또는 간장을 담근 다음

짜낸 나머지 부분을 말한다." 라고 정의 하고 있다. 된장은 제조 방법에 따라 전통식 된장과 공장식 된장으로 구분된다.

(1) 전통식 된장

자연 발효된 메주를 사용하며 제조 방법은 그림 5-16에 나타난 바와 같다. 콩을 증자하여 메주를 제조하여 담금을 하는 방법과 증자된 콩 낱알에 균을 접종하여 담금을 하는 방법으로 제조된다. 된장은 우리나라의 장류인 간장이나 고추장에 비해 저장 중 갈변이나 제품의 변질, 제품의 균질화가 이루어지지 않았다는 점, 그리고 소비자 기호도를 만족시키지 못하고 있다는 점들이 최근 소규모의 전통식 된장 산업을 부흥시키게 하였다. 그러나 전통식 된장제조 방법이 소비자들의 기호성에는 접근하였으나 역시 저장 중 갈변이나 제품의 변질 및 된장 제품의 균질화 등의 문제점을 안고 있어 앞으로 이런 문제를 해결할 수 있는 된장이 개발되기를 기대해 본다.

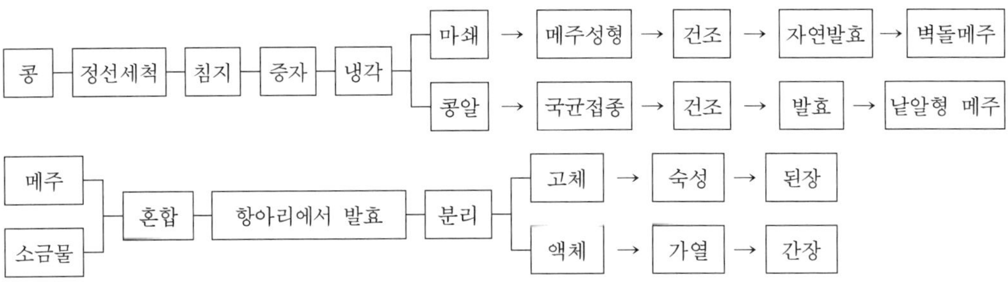

그림 5-16. 메주 및 전통식 된장 제조 방법

(2) 양조 된장

제국과정을 통하여 얻어진 곡자와 증자된 전분질 원료, 단백질원료, 소금 등을 혼합하여 발효시킨 것으로 원료의 종류에 따라 크게 쌀된장, 보리된장, 콩된장 등 세 가지로 구분될 수 있다(표 5-24). 어떤 방법이던지 콩과 소금을 사용하는 공통점이 있으나 전분질 원료의 양이나 소금의 양에 따라 성분 및 향미에 차이가 있게 된다. 양조 된장은 제국된 국자를 혼합, 숙성하게 되는 과정을 거치게 되고 제조과정은 그림 5-17과 같으며, 된장에 대한 식품공전상의 규격은 표 5-25와 같다.

표 5-24. 원료의 종류에 따른 양조 된장의 분류

종 류	제조 방법
쌀 된 장	찐쌀로 코오지를 만들어 찐콩과 소금을 섞어 일정시간 발효시켜 제조
보리된장	찐보리쌀로 코오지를 만들어 찐콩과 소금을 섞어 일정시간 발효시켜 제조
콩 된 장	찐콩으로 코오지를 만들어 찐콩과 소금을 섞어 일정시간 발효시켜 제조

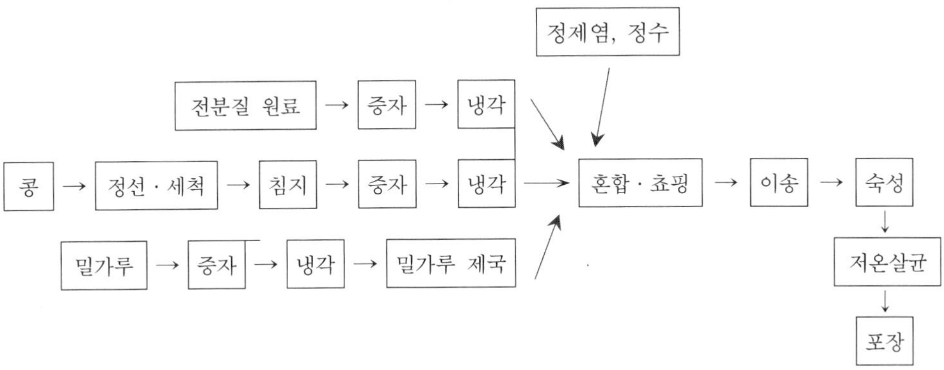

그림 5-17. 양조 된장 제조과정

표 5-25. 된장의 품질규격

항 목	규 격
성 상	고유의 색택과 향미를 가지고 이미 · 이취가 없어야 한다.
조단백질	8.0% 이상
조지방	2.0% 이상
타르색소	검출되어서는 아니 된다.
보존료	1.0g/kg 이하(소르빈산으로서)

① **원료** : 된장제조에 있어서 주원료는 콩과 전분질 원료이며, 전분질 원료로는 쌀, 보리쌀, 밀쌀, 밀 등이 사용되고, 때에 따라서는 밀가루, 인조미, 옥수수, 감자 등도 이용될 수 있다.

쌀은 전 국민이 일반적인 주식으로 이용하고, 다른 원료에 비하여 가격이 비싸기 때문에 된장의 원료로 사용하는 경우는 제한되어 있으나 몇몇 특수한 제품의 경우에 이용하고 있다. 그러나 최근 WTO 협정 이후 우리나라의 쌀 수입이 증가하면서 이의 활용방안 측면에서 쌀을 적극적으로 활용할 수 있는 방법의 모색이 필요하다.

밀가루는 종국의 증식이 잘되며, 입국시 작업의 편의성 등으로 인하여 제국용 원료로 가장 많이 이용된다.

밀쌀은 간장의 원료로 많이 이용되나, 전분질 원료가 풍부하므로 된장의 원료로도 이용된다.

소금은 장류에 짠맛을 주는 동시에 담금 중의 부패를 방지할 뿐만 아니라 제품에 보존성을 부여해 준다. 보통소금은 NaCl 이외에 소량의 $MgCl_2$ 및 그 밖의 불순물을 함유하고 있으므로 일반적으로 천일 정제염을 사용한다.

② **원료의 처리**

a. **세척** : 원료에 부착된 겨, 먼지, 토사를 제거하기 위한 것이며 직접 식료로 하는 것이기 때문에 토사의 제거는 완전무결해야 하나 지나치게 세척할 필요는 없다.

b. **침지** : 쌀, 보리, 밀쌀 등은 어느 정도 수분을 흡수하면 더 이상 수분을 흡수하지 않기 때문에 작업편의상 오후 작업종료 전에 침지하였다가 다음날 아침 작업개시 전에 물을 빼고 증자한다. 수분흡수량은 원료대비 22~27% 정도이다.

c. **증자** : 물을 뺀 원료는 15 lb로 40분정도 증자한 후 원료의 온도가 너무 높은 생태에서 담금을 하게 되면 국원료에 배양된 효소와 미생물들이 사멸되기 때문에 냉각시킨다.

③ **제국** : 제국은 주로 밀가루를 이용하여 종국을 배양한다. 제국실은 온도의 유지 및 조절을 간단하게 그리고 완전하게 할 수 있어야 하고 환기를 자유로이 또한 신속히 하여야 하며, 습도의 조절이 편리하고 항상 청결하게 유지할 수 있어야 하고 조작이 편리하고 살균을 완전히 할 수 있는 구조이어야 한다. 일반적인 제국실의 온도는 35～37℃, 습도는 90～95%를 유지해 주어야 한다.

제국 방법은 밀가루를 연속식 증자기(그림 5-18)로 증자하여 수분이 30% 정도 함유되도록 한다. 이때 증자된 밀가루 개개의 입자는 서로 분리되나 손으로 주물렀을 때는 약간 뭉쳐지는 정도가 적당하다. 종국은 *Aspergillus oryzae*를 이용하며 포자수 20×10^8/g 의 종국을 원료대비 1.5～2%를 제국실 안에 있는 증자된 밀가루에 고르게 살포하고 스큐류 혼합기를 이용하여 고르게 여러 번 혼합시킨다. 보통 제국 중에는 원료의 품온이 상승하게 되는데 때에 따라서는 40℃ 전후의 고온에 이르게 된다. 따라서 이때 제국원료를 뒤집어서 과도한 품온의 상승을 예방하여야 하며 보통 하루에 2번 정도 뒤집기를 실시한다. 이와 같이 해서 입국 후 대략 72시간 만에 출국하게 된다. 제국법에는 회전드럼식, 강제통풍식, 표면통풍식 등의 방법이 있다.

그림 5-18. 연속식 소맥분 증자기

④ **담금** : 제국과 증숙이 끝난 원료를 식염과 혼합하는 공정이다. 된장에는 원료배합의 차이, 식염의 차이 등에 따라 맛과 풍미가 다른 많은 종류의 된장이 있다. 전분질 원료인 쌀, 보리, 밀쌀, 밀가루의 양을 증가시키면 된장에 당분이 많아지는 것은 물론 향기성분도 많아지고 숙성이 비교적 빠르며 점도가 감소되고 향기가 담백해진다. 이에 반하여 대두 및 탈지대두와 같은 단백질 원료를 많이 가하면 감칠맛이 증가하나 감미, 향기가 적고 숙성을 위해 장기간이 소요된다. 이상과 같은 방법에 의해 제조된 된장은 종류와 질에 따라, 또 각 공장에 따라서 배합비율이 일정하지 않으나 보통 전분질 원료의 사용량은 단백질 원료 사용량의 40~50% 정도가 가장 일반적이다. 따라서 담금할 때의 실제적인 배합비는 단백질 원료 36%, 전분질 원료 22%, Koji 14%, 소금 10%, 정제수 18%가 일반적이라 할 수 있으며, 제품의 특성에 따라 상기원료 배합비를 약간씩 변경하여 특성이 다양한 된장을 제조할 수 있다. 담금 순서는 모든 투입되는 원료의 균일한 혼합이 중요하므로 담금 원료 각각의 양을 계산하여 동일 비율로 담금 되도록 조정하여 이송 스큐류상에서 혼합한다. 그리고 숙성탱크에 투입하기 전에 마쇄기를 통과시켜 대두가 1/3은 완전히 마쇄되고 2/3는 2~3개로 분할 되도록 마쇄하여 숙성탱크에 투입한다.

⑤ **숙성** : 담금이 끝난 것은 국균이나 효모 및 세균 등의 각종 효소에 의하여 복잡한 변화를 거쳐 점차 숙성이 완료된다. 즉 원료 콩 및 기타 원료의 단백질은 단백질 분해효소에 의하여 peptide를 거쳐 아미노산으로 되며 peptide나 아미노산이 된장

의 특유한 맛을 내게 한다. 쌀 또는 기타 전분질 원료의 탄수화물은 당화효소에 의하여 당분으로 변화하며 생성된 당분은 효모에 의하여 알코올과 탄산가스를 생성한다. 당과 단백질은 숙성 중 세균에 의해서 산발효를 일으켜서 각종의 유기산류를 생성하고 이들 산은 알코올과 결합해서 ester로 되어 된장 특유의 향기를 형성하게 된다. 된장 중에는 제국과정에서 접종한 종균인 *Aspergillus oryzae* 이외에 효모와 세균류도 존재하게 된다. 유포자 효모로서 *Saccharomyces, Hansenula, Pichia, Debaryomyces* 등이 존재하며, 무포자 효모로서 *Torulopsis* 등이 존재한다. 세균도 된장 숙성과정 중에 중요한 역할을 하게 되는데 *Bacillus subtilis, Bacillus mesentericus, Bacillus megatherium* 등이 존재하게 된다. 된장은 숙성기간 중 교반을 할 수 없으므로 담금 한 후 그대로 방치하는 수가 많다. 그러나 그대로 방치하면 숙성이 진행됨에 따라 상하 좌우의 품질과 숙성이 불균일하게 되므로 숙성기간 중 1～2회 정도 다른 탱크로 이송하여 숙성시키게 된다. 이렇게 함으로써 숙성된장이 균일하게 혼합되게 하여 균일한 품질을 얻을 수 있다.

⑥ **제품화** : 숙성이 끝난 반제품은 제성공정을 거쳐 최종 제품화 한다. 담금 후 3～5개월이 지나면 된장은 숙성되어 특유의 향기와 맛을 갖게 된다. 숙성된 된장은 이송펌프를 이용하여 마쇄기로 옮겨 더욱 곱게 마쇄하고 당화솥(그림 5-19)으로 옮겨 살균을 하게 된다. 살균조건은 60～65℃에서 30분정도 하게 되며 이때에 상황에 따라 첨가물이나 소금 등을 보정하기도 하고, 방부제 등을 첨가하여 제품화 한다.

그림 5-19. 당화솥

a. **조미 및 배합** : 된장은 반제품 자체를 최종 제품화 할 수 있으나 향미를 증진시키거나 보존성을 높이기 위해 조미료를 넣거나 보존료 등을 첨가한다. 또 이 과정에서 산도를 조절하고 적정수분을 맞추어 주어야 한다. 향미를 증진시키기 위해 MSG를 주로 투입하였으나 최근에 유해성 논란이 있어 고기 추출물이나 향신료 등을 넣기도 하며, 대두에 부족한 cystine, Vitamin B_1, B_2, A, 칼슘 등을 보강하기도 한다. 보존성을 높이기 위하여는 솔빈산이나 솔빈산칼륨을 사용하기도 한다. 솔빈산은 물에 잘 녹지 않으므로 대부분 그 염인 솔빈산칼륨을 쓰는데 허용량은 솔빈산으로 1kg 당 1g 이하이다. 된장의 최종수분은 45~50%가 적합하다.

b. **살균** : 된장에는 각종의 미생물이 혼재하고 있어 이들을 곧바로 제품화할 경우 후 발효를 일으켜 제품의 품질을 변화시키고 각종의 효소가 후숙을 일으킬 가능성이 있으므로 가열로 이런 요인을 제거해야 한다.
가열온도는 60~65℃가 적당한데 곰팡이, 효모의 경우 60℃에서 30분정도면 대부분 사멸하나 곰팡이나 세균의 포자 등은 완전히 박멸할 수 없다. 효소의 경우 40~50℃ 정도면 변성되기 시작하여 60℃ 부근에서는 거의 실활된다. 살균이 충분하지 못할 경우 Clostridium 등에 의한 가스 생성과 곰팡이 포자의 발육에 의한 곰팡이 발아 등을 유발하나, 살균시간이나 온도가 지나칠 경우 살균은 비교적 소기의 성과를 거둘 수 있으나 갈변 등으로 인하여 전체적인 품질 저하를 일으킬 수 있다.

c. **냉각** : 가열 살균한 된장은 급냉하지 않으면 갈변현상을 일으키는데, 그 기작은 메일라드 반응으로 유추하고 있으나 정확하지는 못하다. 근래에는 조미 배합 후 살균과 냉각을 동시에 행하는 경우가 많은데 가장 간단한 경우로 연관식을 들 수 있다.

d. **쵸핑**(chopping) : 된장은 소비자의 기호에 따라 파쇄공정을 거치지 않을 수도 있으나 대개 5~1.5mm의 망을 이용하여 쵸핑한다. 파쇄공정은 제성공정의 처음이나 마지막에 올 수 있는데 처음에 파쇄하는 것이 배합시 혼합률이 좋고 가열 냉각시 열전도가 높으며 곧바로 서비스탱크로 이송할 수 있어 2차 오염을 줄일 수 있다.

3) 청국장

청국장은 홍만선의 "산림경제" 중의 조선 두장법에서 "전국장"이라 하여 단기간에 제조가 가능한 전시 별식으로 사용한 내용이 발견되었으며, 당시 청나라와의 전쟁이 있었던 것으로 보아 청나라에서 유래된 의미의 청국장이란 이름이 붙여진 것으로 알려져 있다. 청국장은 찐콩에 *Bacillus subtilis*를 접종하여 발효시킨 후 여기에 소금, 마늘, 고춧가루 등의 양념을 넣어 절구로 찧어 만드는 특수한 풍미를 가지는 조미식품으로, 주로 가정에서 소량으로 만들어졌으나 최근에 청국장의 기능성이 알려지면서 소규모 공장 규모로 청국장이 제조되며 건조청국장 가루 등 가공품이 개발되고 있다.

(1) 제 조

청국장은 찐콩에 *Bacillus subtilis*를 번식시켜 납두를 만드는 공정과 납두에 여러 가지 조미료와 향신료를 섞어 담그는 두 가지 공정으로 나눌 수 있다. 납두의 제조공정은 *Bacillus subtilis*균을 자연접종 되게 하는 재래식과 *Bacillus subtilis*균을 순수배양하여 인공적으로 접종시키는 개량식의 두 가지 방식이 있다.

콩 → 세척・침지 → 증자 → 접종 → 발효 → 조미・마쇄 → 냉장 → 제품

그림 5-20. 청국장 제조공정도

① **재래식** : 세척하여 10～20 시간 물에 담갔던 콩을 5～6시간 삶거나 찐 다음 식기 전에 그릇에 담아 온돌방의 아랫목에 이불을 씌어서 2～3일 놓아두거나 또는 식기 전에 삶은 콩을 짚으로 만든 포에 일정량씩 싸서 보온실에서 40℃로 30～35시간 두어 *Bacillus subtilis*균을 번식시키는 동시에 발효시킨다. 이와 같이 자연접종하는 것에도 전자의 경우는 공기 중의 낙하균을 이용하는 방법이고, 후자는 짚 속에 있는 *Bacillus subtilis*균을 이용하는 방법이다. 발효가 끝나면 콩의 표면에 흰빛의 점질물이 생겨 납두가 된다.

② **개량식** : 이 방법은 양호한 재래식 납두에서 분리한 *Bacillus subtilis*균을 순수배양하여 인공접종하는 것이다. 재래식과 같이 증자한 콩을 식기 전에 넓은 그릇에 담고 순수 배양한 균액을 붓고 보온실로 옮겨 놓는데, 40～42℃의 온도에서 20시간 정도 지나면 발효가 끝나 끈기가 있는 납두가 된다. 이때 보온실의 습기는 포화에

가까울 정도로 하는 것이 좋다. 발효가 끝난 제품은 원료 콩의 약 2배가 되는데, 점질물이 많고 고유의 향기를 가진 것이 좋은 것이다.

(2) 배합 및 담기

큰 용기에 납두 80%, 소금 16%, 마늘 1.6%, 고춧가루 2.4% 정도 배합하여 잘 혼합한 다음 쵸퍼로 마쇄하거나 또는 절구에 찧어서 이것을 독에 담아 둔다.

(3) 숙성 및 제품

담은 청국장 덧은 30℃ 이하 되는 온도에서 방치 숙성시켜 숙성이 완료되면 제품으로 한다.

4) 고추장

고추장은 우리나라 특유의 발효식품으로써 고추가 우리나라에 1613년경 일본에 의해 전래되고 그 후 30~40년부터 고추장이 제조되었다고 한다. 고추장은 각 가정에서 주부들의 손에 의하여 제조되어 왔으며 근래에는 고추장을 공업적으로 생산하여 시판하고 있다. 고추를 주원료로 한 고추장은 조미료임과 동시에 기호품으로써 우리 식생활에 있어서 중요한 위치를 차지하고 있다. 고추장은 전분질과 단백질 등이 여러 효소에 의하여 분해되어 얻어지는 단맛, 구수한 맛, 고추의 매운맛, 소금의 짠맛 등이 조화된 조미식품으로써 독특한 발효식품이라 할 수 있다. 고추장은 사용하는 원료의 종류에 따라 쌀고추장, 보리고추장, 밀고추장 등 여러 가지 이름을 붙여서 제조 판매되고 있다. 원래 고추장은 찹쌀이나 보리쌀을 질게 지은 밥, 이들 가루를 이용해 되게 쑨 죽에 메주가루, 고춧가루 및 소금을 첨가하여 일정기간 숙성시킨 장류로 고추장의 품질규격은 표 5-26과 같다. 제조법에 따라서는 전통식 고추장과 공장식 양조고추장으로 구분할 수 있다.

표 5-26. 고추장의 품질규격

항 목	규 격
성 상	고유의 색택과 향미를 가지고 이미·이취가 없어야 한다.
조단백질	4.0% 이상
타르색소	검출되어서는 아니 된다.
보 존 료	1.0g/kg이하(소르빈산으로서)

(1) 전통식 고추장

전통식 고추장은 콩과 찹쌀을 이용하여 고추장메주를 만든 후 이를 곱게 마쇄하여 찹쌀밥과 물을 이용하여 반죽한 후 당화시킨다. 당화과정 중 찹쌀의 전분들은 분해되어 당이 형성되고 당화 후 고춧가루 소금 및 기타 재료를 혼합하여 숙성하는 방법이다(그림 5-21).

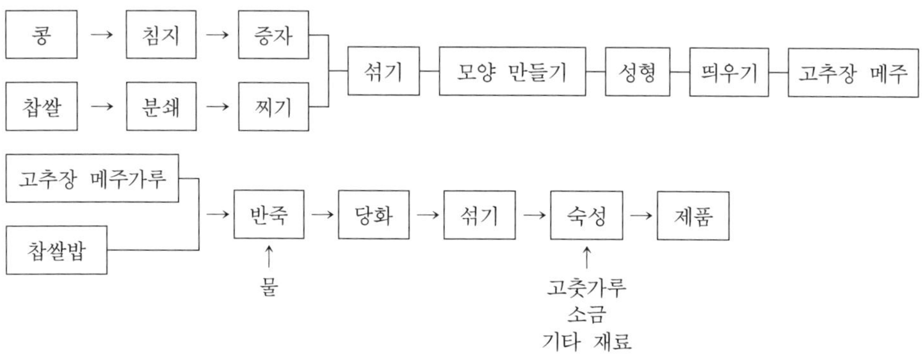

그림 5-21. 고추장메주 및 전통식 고추장 제조방법

(2) 공장식 고추장의 제조

공장식 고추장은 전통식 고추장의 메주제조 방법을 밀가루를 이용하여 koji를 제조하고 메주가루를 만드는 작업을 하지 않는다는 것이 특징이며, 최근 대규모 제조업에서 이용하고 있는 방법이다(그림 5-22). 고추장의 특징은 고춧가루를 이용한 장류로 고춧가루의 특징은 매운 맛과 고운 붉은색이 고추장의 품질을 결정하는 중요한 요소가 된다. 따라서 과거에는 주로 고춧가루를 숙성 전에 첨가하는 방식(선첨식)을 선택하였는데 최근에는 숙성 후에 첨가하는 방식(후첨식)을 선택하여 고춧가루의 색과 맛을 유지하도록 하고 있다.

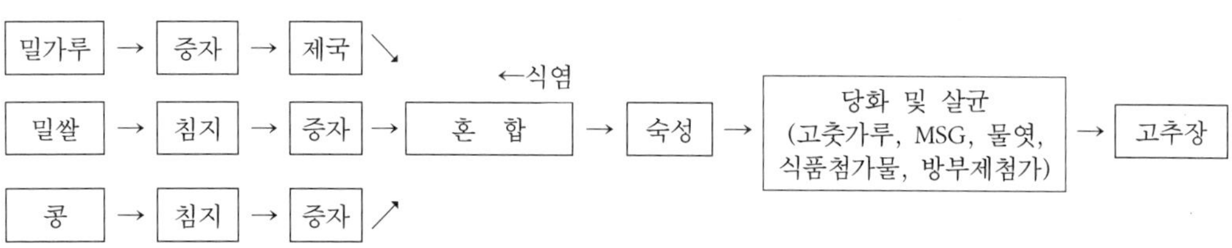

그림 5-22. 공장식 고추장의 일반적인 제조방법

① **원료의 처리** : 원료의 처리는 된장 제조법에 준하여 처리한다.

② **제국** : 제국실의 조건, 사용균주 및 원료는 된장제조와 같은 방법으로 한다.

③ **담금(당화물)** : 재래식 고추장에서는 고춧가루를 비롯한 모든 원료를 담금시에 한번에 배합하여 투여하는 방법을 사용하였으나 고춧가루의 경우에는 숙성 중에 탈색 및 색소의 파괴 등으로 고유의 빨간색을 유지하기가 어렵다. 따라서 개량식 방법에서는 고춧가루를 제외한 단백질 원료, 전분질 원료, 소금, 정제수 등을 혼합하여 수분 함량이 50~55% 정도가 되도록 하여 담금한다. 담금시에는 된장과 달리 단백질 원료를 된장의 절반정도만 배합하고 나머지는 전분질 원료로 대체하여 담금한다. 따라서 단백질 원료 18%, 전분질 원료 37%, Koji 14%, 소금 13%, 정제수 18%의 비율로 담금한다.

④ **숙성** : 숙성 중의 변화는 된장과 유사하나 단백질 원료보다는 전분질 원료가 많기 때문에 전분분해효소의 활성이 강하여 당의 생성이 많아진다.

⑤ **제성** : 제성은 최종제품을 만드는 단계로서 당화물, 고춧가루, 물엿 및 첨가물 등을 첨가하여 60～70℃에서 살균 및 배합하는 공정이다. 제품의 특성이나 제조사의 환경에 따라 배합비는 다르지만 일반적으로 담금 당화물 54% 내외, 고추분 20% 내외 그 외에 물엿 및 각종 첨가물을 첨가하여 제조한다.

a. **혼합** : 숙성이 끝난 후 발효물을 펌프를 이용하여 당화솥으로 옮기고 물엿과 함께 혼합한다. 물엿은 제품량의 15～30%정도를 사용하는데, 그 목적은 고추장에 감미를 부여하고, 고춧가루의 색택을 좋게 하며 고추장의 물성을 부드럽게 하고, 가열 당화시 당화의 기질로 사용하는 데 있다. 물엿은 엷은 황색을 띠고 투명하여 이상한 맛과 냄새가 없고 수분이 18% 이내, 포도당이 35% 이상, 덱스트린이 45% 내외, 염분이 0.05% 이하, 회분이 0.15% 이하여야 한다.

b. **가열당화** : 당화는 숙성시 대부분 이루어지는 것으로 볼 수 있으나 최종적으로 가열에 의한 효소의 실활 직전에 최종당화가 이루어지는 것으로 볼 수 있다. 가열온도는 65℃가 적당한데 그 이상 온도가 상승하면 갈변이 심해져 고추장의 색도가 퇴색되어 검붉은 색으로 변색되므로 시각적 가치가 떨어진다. 따라서 되도록이면 공정을 신속히 진행하여 60～70℃의 온도에 도달한 후 30분 이상 초과되지 않는 것이 좋다.

c. **살균** : 된장제조와 같은 방법으로 한다.

d. **고춧가루 혼합** : 고추장이 우리나라 특유의 발효식품인 까닭은 고춧가루를 사용하는데 있다. 분쇄한 고추는 30～40 mesh 정도의 체로 선별하여 미분만을 사용하여야 고추장의 질감을 좋게 할 수가 있다. 일반적으로 고춧가루는 8～15% 정도를 혼합한다.

e. **첨가물 혼합** : 고추장 제성시에는 고추분 외에도 조미료를 넣고, 보존성 향상을 위해 주정을 넣는다. 가열 제성이 완료된 후 냉각 전 수분조절을 행한다.

⑥ **제품화** : 제성된 제품은 쵸파기로 이송하여 입자가 균일하도록 파쇄한 후에 충전기로 이송하여 일정량씩 충전·포장하여 판매한다.

제 6 장 감자류와 전분의 가공

감자류(薯類)에는 감자, 고구마, 참마, 토란, 곤약, cassava 등이 있으며 전분, 물엿, 포도당, 이성화당, 분지당 및 식이음료, 과자, 당면, 풀, 주정제조 및 기타 공업용 등으로 널리 이용되고 있다.

우리나라의 감자 생산량은 고구마(sweet potato)의 2배 정도이며, 생산비가 높아 감소하다가 최근에 다시 증가하는 추세이다(표 6-1).

표 6-1. 감자 및 고구마 생산량

(단위 : 천ha, 천t)

연 도	감 자		고 구 마	
	면 적	생산량	면 적	생산량
1970	54	605	127	2,136
1975	52	660	95	1,953
1980	37	446	55	1,103
1985	31	575	33	787
1990	21	371	19	432
1995	25	592	15	305
2000	29	705	16	345
2001	25	604	13	273
2002	25	666	15	317
2003	20	498	14	269
2004	25	643	17	345

(자료 : 국립농산물품질관리원, 2005)

6.1. 감자류의 가공

6.1.1 원 료

1) 감 자

감자의 단위면적당 전분 생산량은 고구마보다는 떨어지며, 괴경(塊莖) 중에 전분을 많이 함유하고 있다. 감자는 생육기간이 3개월 정도로 짧으며 기온이 10～20℃ 범위로 우리나라의 고냉지에서는 일년에 1회, 그 이외의 지역에서는 연 2회 재배가 가능하다. 우리나라 감자 장려품종 및 용도(표 6-2)와 성분조성(표 6-3)은 다음과 같다.

표 6-2. 우리나라 감자 장려품종 및 용도

품 종	육성년도	숙 기	용 도
남 작	1960	조 생	식 용
수 미	1978	조 생	식 용
대 지	1978	중 만 생	식용 2기작용
세 풍	1988	중 생	후렌치후라이 가공용
조 풍	1988	조 생	식 용
남 서	1995	조 생	식 용
대 서	1995	중 생	칩가공용
가 원	1999	조 생	칩가공용
자 심	1999	만 생	식용 유색감자
추 백	1999	조 생	식용 2기작용
조 원	2000	조 생	식 용
자 서	2000	조 생	식용 자주감자

(자료 : 농촌진흥청, 2003)

표 6-3. 감자의 일반 성분조성

(단위 : %)

품 종	수 분	조단백질	탄수화물		지 질	회 분
			당 질	섬유소		
남 작	78.8	1.4	18.2	0.3	0.1	1.2
대 지	81.5	1.6	15.5	0.4	0.1	0.9

(자료 : 농촌진흥청 식품성분표, 1991)

감자는 수분 함량이 75% 정도로 감자류 중에서 가장 많으며 탄수화물은 20% 정도로 거의 대부분이 전분이다. 단백질은 2% 정도로 주로 globulin(tuberin)이고 지질은 0.5% 정도이다. 감자 100g에는 비타민 B_1 0.1mg, B_2 0.03mg, C 10～30mg이 함유되어 있다. 무기질은 K가 많이 함유되어 있기 때문에 알칼리성 식품이다.

감자에는 배당체인 solanine($C_{45}H_{73}O_{15}N$)이 존재하며, 발아기에는 100g당 50mg에 달하는 것도 있다. 효소에는 amylase, maltase, tyrosinase, catalase, phosphatase 등이 함유되어 있다. 감자는 저온(1～3℃)에 저장하며, 저장 중 초기에는 변화가 없으나 발아하면 전분이 감소한다. 감자는 보통 식용 및 전분제조에 주로 이용되며, 전분은 물엿, 포도당, 과자, 풀, 주정제조 및 기타 공업용으로 널리 쓰인다.

2) 고구마

고구마는 대부분 식용으로 소비되어 왔지만 근래에는 전분 및 주정원료로 쓰인다. 우리나라에서 재배되고 있는 주요 품종의 특성(표 6-4)과 용도별 소비실적(표 6-5) 그리고 화학성분(표 6-6)은 다음과 같다.

표 6-4. 우리나라 주요 재배 고구마 품종의 특성

품종명	육성년도	잎모양	줄기색	고구마 모양	껍질색	육 색	육 질	식 미	수량 (kg/10a)	전분가 (%)	용 도
신천미	1999	결각	녹	방 추	농홍	황	고분질	상	2,379	26.9	식 용
진홍미	1998	심장	녹	방 추	농홍	황	고분질	중상	3,147	25.2	식용 및 전분용
자 미	1998	신장+결각	녹자	방 추	자	자	점 질	하	2,142	18.8	가공용
신황미	1998	심장	녹	장방추	홍	주황	점 질	중상	2,979	18.1	가공 및 생식용
연 미	1997	심장	자	방 추	담홍	황+담홍	분 질	상	2,328	24.2	식 용
건 미	1995	심장	녹	단방추	홍	담황	중간질	중상	2,548	20.4	식용 및 가공용
증 미	1994	심장	자	장방추	농홍	황	분 질	상	2,252	25.2	식용 및 가공용
신율미	1991	심장	자	장방추	농홍	황	고분질	상	2,243	24.5	식 용
율 미	1990	심장	녹	방 추	홍	담황	분 질	상	2,138	23.2	식 용
진 미	1984	심장	녹	방 추	담황	담황+주황	점 질	상	4,457	17.0	공업용
홍 미	1975	파상심장	녹	방 추	담홍	담황백	점 질	중	4,080	18.3	공업용

(자료 : 작물과학원, 2003)

표 6-5. 고구마 생산, 수매 및 용도별 소비실적

연 도	생산량 (천t)	수매실적 (천t)	수매비율 (%)	수매가격 (생서기준) (원/kg)	가공용 소비실적		
					계	주 정	전 분
1970	2,136	258	12.1	5.87	258	173	85
1975	1,953	559	28.6	19.96	559	491	68
1980	1,103	315	28.5	44.36	315	302	13
1985	787	247	31.4	60.00	247	247	-
1990	432	147	33.9	102.85	238	147	91
1995	305	23	7.5	137.00	136	23	113
2000	345	10	2.9	172.75	107	10	97
2001	273	16	5.9	236.89	82	16	66
2002	317	13	4.1	241.45	70	13	57
2003	269	10	3.7	264.70	57	10	47
2004	345	8	2.3	310.01	54	8	46

(자료 : 농림부, 2005)

고구마는 수확시기인 가을에 전분 함량이 가장 많고, 저장하는 동안 전분이 당분으로 약간 분해되므로 시기에 따라 성분이 달라지며, 분해속도가 품종에 따라 다르다. 전분제조 원료로는 전분 함량이 많고 외형이 고르며 패인 부분에 토사(土砂)가 없는 것이 좋다. 또한 전분의 순도와 품질을 저하시키는 수용성 당분, 수용성 단백질, polyphenol 물질, 섬유질의 함량은 적은 것이 좋다.

고구마의 주성분은 당질로 그 대부분이 전분이며 그 외에 dextrin, 설탕, 포도당, 과당, pentosan을 함유하고 있다. 당분 함량이 높기 때문에 감미가 강하며 섬유소도 많이 함유하고 있다.

저장 중 전분은 분해되어 감소하는 반면, 당분이 증가한다. 섬유소가 많으므로 소화기관의 운동을 자극하여 변통을 도와주나 너무 지나치면 장내 미생물에 의한 발효로 가스가 발생한다.

고구마 단백질은 globulin(ipomein)으로 아미노산 조성은 lysine, threonine이 많고 methionine, cystine 등의 함황아미노산은 적게 함유되어 있다. 지질의 함량은 0.2%이하이고 무기질은 대분분 K이고 Ca, P, Mg 등도 들어 있다. 고구마의 절단면에서 나오는 백색 유액은 jalapin이며 미숙한 것에 많다.

표 6-6. 고구마 품종의 화학성분

품 종	수 분	전 분	조전분수율	환원당	자 당	가용성전당	전단백질	수용성단백질
충승100호	68.23	19.00	17.62	0.73	3.45	4.18	1.27	1.08
수원147호	67.25	20.66	19.03	0.95	2.53	3.43	1.55	1.15

고구마는 provitamin A인 carotene을 많이 함유하고, 그 중 90%가 β-carotene이다. 그 밖에 비타민 B_1, B_2, niacin 및 비타민 C를 함유하고 있으며, 고구마 중의 비타민 C는 안정하여 삶은 후에도 70～80%가 잔존한다.

고구마에는 효소로 β-amylase, catalase, peroxidase, polyphenol oxidase 등이 함유되어 있다. 고구마의 선도가 약간 저하되면 단맛이 증가하는데 이것은 β-amylase의 작용으로 전분의 일부가 maltose로 변하기 때문이다. 또 고구마의 껍질은 벗겨두면 갈변되는데 이는 polyphenol oxidase 등의 효소에 의하여 산화되기 때문이다.

6.1.2. 감자류의 가공식품

1) 감자의 가공

감자의 가공으로는 식생활의 서구화, 다양화에 따라 potato chip, potato french fry, mashed potato flake 등의 snack제품이 다양하게 생산되고 있다.

(1) Potato chip

감자를 얇게 절단하여 기름에 튀긴 것이다. 감자칩에는 감자를 직접 이용하는 보통 감자칩과 으깬 감자를 이용하는 성형 감자칩이 있다. 성형 감자칩(fabricated potato chip)은 감자가루 또는 으깬 감자로 반죽하여 압연하거나 압출성형기로 성형한 후 압연하여 기름에 튀겨 제품화 한다. 성형 감자칩은 모양과 두께가 일정하고 갈변 문제가 없으나 texture는 감자칩 보다 떨어진다.

원료로는 전분이 많고 환원당 함량이 적은 것이 좋다. 환원당은 튀기는 과정에서 갈변을 일으키므로 갈변을 최소화 하기 위하여 저온에서 저장한 감자는 가공하기 전에 높은 온도(10~20℃ 정도)로 처리하여 호흡을 증가시켜 환원당 함량을 0.4% 이하로 감소시켜야 한다. 장기간 처리하면 수축되기 때문에 1~2 주가 적당하다.

세척 → 박피 → 절단 → 수세 → 건조 → 튀기기 → 식염첨가 → 냉각 → 포장

그림 6-1. Potato chip 제조공정

박피는 습식 알칼리법으로 한다. 즉 가열한 알칼리용액(15~20% NaOH, 80~90℃)에 2~5분 동안 침지하여 표피조직을 연화시켜 제거하고 2% 구연산 용액으로 중화시킨다. 이외에도 건식 알칼리법, steam법 등이 있다.

절단은 0.8~1.6mm 두께로 하며 두께가 불균일 할 경우 튀김의 착색 정도에 차이가 나서 품질이 저하된다. 튀기는 과정에서 세절한 감자가 서로 엉켜 부착되지 않도록 절단면의 전분을 물로 씻고, 묽은 소금물에 1~2시간 침지하여 갈변 원인물질인 환원당을 용출시킨다. 그러나 장시간 침지는 제품의 맛을 좋지 않게 한다. 튀김을 용이하게 하기 위하여 원심분리하여 탈수하고, 가열공기를 불어넣어 튀김 처리 직전에 세절한 감자표면

을 건조시킨다.

튀김기름은 정제가 잘되고 탈색한 옥수수기름, 명씨기름, 땅콩기름 등을 사용하며 탈취한 경화식물유 및 항산화제를 가한 lard를 사용하기도 한다. Stainless steel제의 연속식 chip frier로 176～190℃에서 튀긴다. 식용유를 높은 온도에서 장시간 가열하면 열산화가 진행되어 튀김유의 품질은 떨어지게 된다. 튀김 후 1～2% 정도의 소금을 진동시키면서 뿌린 다음 포장한다.

(2) 냉동 french fry 감자

감자를 절단기(cutter)를 사용하여 일정한 크기로 각지고 길게 절단하고 절편면의 전분을 씻어 제거한다. 제품의 변색을 방지하기 위하여 60～80℃에서 데치기를 실시한다. 그리고 절편을 건조 후 170～180℃에서 1분간 튀김 처리하여 냉동(－35～－40℃, 약 12분)한 것이다. 튀김감자에 부착된 기름은 진동체를 통과시켜 제거한 후 laminated film을 사용하여 포장한다.

(3) Potato flake

감자를 수세하고 박피한 후 절단기로 12～13mm 두께로 윤절(輪切)하여 가열, 냉각을 균일하게 한다. 절단면의 전분을 물로 씻어 제거하고 71～77℃의 물에 약 20분간 침지(precooking)하여 조직을 연화하고 전분은 호화시킨다. 호화전분의 노화와 절편면의 점성 때문에 냉수에 침지하여 23℃ 정도까지 냉각한 후 증자한다.

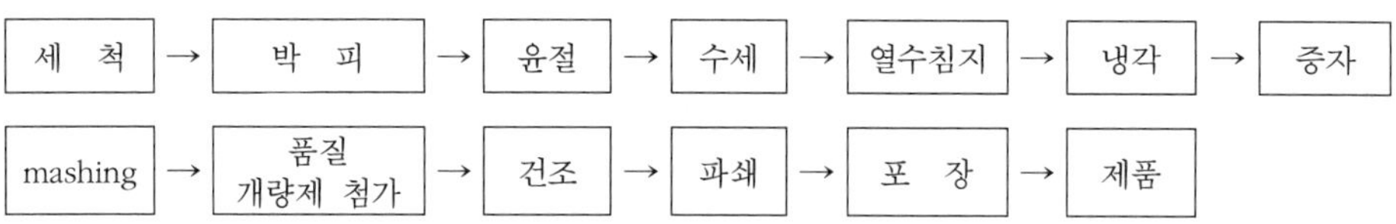

그림 6-2. Potato flake 제조공정

증자한 후 mashing 처리한다. 소규모의 경우는 stainless steel제의 체(screen)를 사용하고 대규모의 경우는 slicer masher에 옮겨 부순다. Mashing 중에 품질개량제(탈지분유), 식감개선제(monoglyceride 등), 유화제, 아황산염(변색방지), 산성피로인산나트륨(색조 열화방지), 항산화제(BHA, BHT) 등을 첨가한다.

단식원통식 건조기로 건조한다. 원통주위에 반대방향으로 회전하고 있는 가열하지 않은 작은 roller가 있고, 반 정도 건조된 것 위에 새 메시가 들어가 sheet의 간격을 채워 두꺼운 sheet를 이룬다. Flake는 방습성이 좋은 재료로 완전 밀봉하는데 광선에 의한 산화나 flake의 분말화가 더 생기지 않도록 상자포장도 해야 한다.

(4) Potato granule

온수를 가하면 mash potato가 되는 건조 감자가루이다. 수세한 감자를 박피한 후 1.6~1.7㎝의 두께로 절단하고 상압증기로 30~40분 정도 찐 다음 으깬다. 이때 이미 건조된 제품을 일부 섞어 수분을 적게 하여 쉽게 마르게 한다. 온도가 16~27℃가 되도록 냉각시킨 후 1시간 방치하여 70mesh의 체를 통과시켜 flash dryer를 사용하여 건조시킨다.

2) 고구마의 가공

생고구마는 저장시 연부병, 흑반병 등으로 부패하거나 냉해를 받기 쉽고, 쌓아 놓으면 호흡으로 인한 발열과 미생물에 의해 부패되므로 수확한 후 절간고구마나 전분 등으로 가공 처리한다.

(1) 생절간(生切干)

생절간의 원료는 흑반병 등 병에 걸린 것을 골라 낸 다음 0.2~0.5cm의 두께로 절간기를 사용하여 세절한다. 절단한 고구마를 물에 1~2시간 침지하여 표면에 노출된 전분을 씻어내고 천일건조 한다. 70~80℃ 온탕에 20~30분 침지하여 효소를 불활성화 시키고 탈수시킨 후 4~5일 건조하면 수분 함량이 12~13% 정도 되는 제품을 얻을 수 있다. 절간고구마는 식용 외에 알코올의 제조 원료로도 많이 쓰인다.

(2) 증절간(蒸切干)

증절간의 원료는 점질이 많고, 찔 때 전분이 당분으로 변하기 쉬운 것이 좋다. 저장 중 amylase에 의하여 전분의 일부가 수용성 당분으로 된 저장고구마를 이용한다. 잘 씻은 고구마를 솥에 넣고 약 1시간 반 정도 찐 다음 불을 약하게 하고 20~30분 동안 그대로 놓아두었다가 물을 뿌린 후 10분쯤 지나 완전히 식기 전에 껍질을 벗기고 5~

6mm 두께로 썬 다음 건조시킨다. 첫날에는 직사광선을 피하고 다음 날부터 햇볕에 수일 동안 건조시킨다.

3) 식용 곤약(菎蒻)

식용 곤약(konjak)은 곤약감자의 근경을 원료로 만든 식품으로 저칼로리 다이어트 식품으로 많이 이용되고 있다. 곤약감자의 껍질을 벗기고 절단한 후 건조하고 조쇄하여 전분과 분리하고, 분쇄하고 체질하여 glucomannan가루를 얻는다.

더운 물 4.5~5.4ℓ에 곤약가루 150g을 녹여 1~2시간동안 방치하여 충분히 물을 흡수시킨다. Glucomannan이 완전히 팽창해서 풀 모양으로 되면 생석회 4g을 30㎖의 물에 녹인 석회수를 가해서 잘 젓는다.

응고한 곤약은 나무상자에 담고 일정시간 방치하여 굳게 한 후 뜨거운 물에 넣고 끓인다. 이때 생석회를 물 18ℓ에 약 7g의 비율로 넣고 끓이면 단단한 곤약이 되는데 냉수 중에 침지하여 잡맛을 제거하고 제품으로 한다.

6.2. 전분의 제조

전분은 감자, 고구마, 옥수수 등을 원료로 제조되며 전분입자의 모양과 크기는 종류에 따라 다르며, 물에 녹지 않고 침전되므로 전분 이외의 성분과 쉽게 분리할 수 있다.

6.2.1. 고구마 전분

고구마는 식용, 당면, 전분 또는 주정원료로 이용되고 있으나 저장성이 떨어지고 원료의 값이 비싸 전분원료로의 소비량은 감소하고 있다.

원료고구마는 전분 함량이 많고 전분입자가 고르며 분리하기 쉽고 잘 당화되지 않는 것이 좋다.

전분의 순도와 품질에 영향을 주는 수용성 당분, 수용성 단백질, polyphenol물질, 섬유질, 수지의 함량이 낮은 것이 좋다. 고구마 전분의 제조공정은 그림 6-3과 같다.

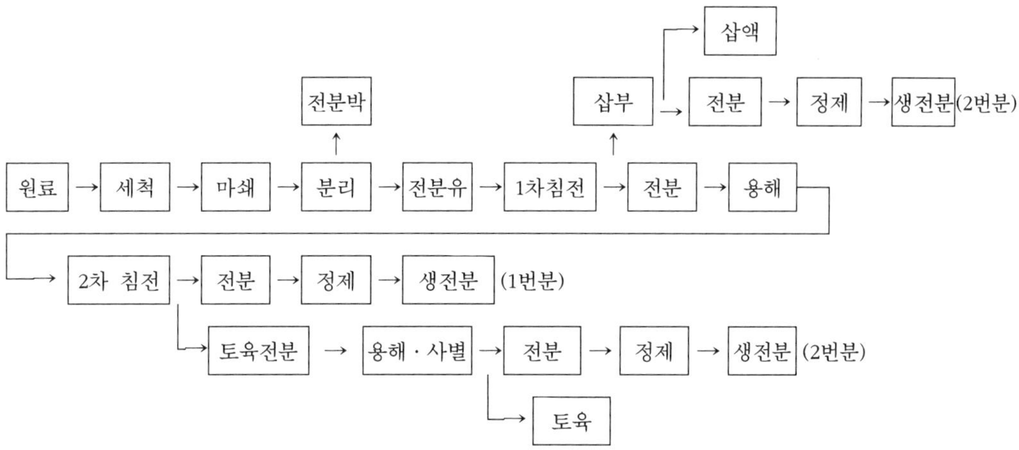

그림 6-3. 고구마 전분 제조공정

1) 마 쇄

고구마를 세척한 후 세포 속의 전분입자를 노출시키기 위하여 빠른 속도로 회전하는 마쇄 roller로 미세하게 마쇄하여 녹말죽을 만든다.

2) 사 별(篩別)

마쇄 roller에서 나온 마쇄물은 체를 사용하여 전분유와 전분박으로 분리한다. 마쇄물은 pectin질과 단백질 등이 함유된 점성의 pulp상으로 사별조작을 방해하고 전분의 침전을 지연시킨다. 이때 석회수를 처리하여 pH 7.5～8.0으로 조절시키면 펙틴이 석회와 결합하여 펙틴산석회로 변하여 점성이 없어지므로 사별이 촉진되어 전분의 수율이 높아진다. 또한 전분의 polyphenol 흡착으로 인한 착색도 방지되어 전분의 백도(白度)가 높아져 전분의 품질을 좋게 하며, 단백질, 섬유 등 불순물의 혼입을 방지할 수 있다. 진동식 평체를 이용하여 처음에는 33～50 mesh의 거친체를 통과시켜 전분박을 분리하고, 여액을 120～130 mesh의 고운체로 불순물을 제거한다.

3) 전분의 분리

사별한 전분유에는 미세섬유, 단백질 및 기타 협잡물이 들어 있으므로 비중 차이를 이용하여 탱크침전법, 테이블법 및 원심분리법으로 분리 제거한다.

(1) 침전법

옆면에 위아래로 여러 개의 마개가 있는 침전통에 전분유를 넣고 잘 저어 8～12시간 동안 가만히 놓아두면 밑바닥에는 굵은 전분, 흙, 모래 등이 가라앉고, 그 위에는 질이 좋은 녹말이 침전되며, 맨 위에는 미세한 녹말, 섬유, 단백질 등이 황갈색의 흙탕모양의 삽부(澁部)를 형성한다. 위의 액은 옆면의 마개를 위에서 차례로 뽑아 나가게 한다.

침전법은 장시간이 소요되고, 물의 온도가 높으면 혐기성 세균이 번식하여 제품의 품질이 저하된다. 전분유는 마쇄할 때는 pH가 5～6이나 tank에 들어가 5～6시간 경과하여 pH 5가 되면 삽부가 급격히 증가하고, pH 4가 되면 삽부가 가장 많이 발생한다. 이것은 고구마 단백질인 ipomein의 등전점이 pH 4이기 때문이다. 삽부는 단백질과 수지로 구성되어 있어 산에는 침전되고 알칼리에 용해되는 200mesh의 체를 통과하는 미세한 물질이다. 따라서 가성소다나 소석회를 넣어 pH 5.5～6.5로 하면 전분이 잘 회수된다.

(2) 테이블(tabling)법

테이블법은 입자 자체의 중력에 따라 가라앉는 것을 이용하는 것으로 탱크침전법과 원리는 동일하다. 전분분리에는 보통 폭 60～95cm, 길이 30～36m의 목재나 콘크리트 테이블이 쓰인다. 전분유를 경사구배가 1/200～1/500되는 경사면에 흘려 보내면 전분입자와 모래와 같은 무거운 입자는 앞쪽에 가라앉고, 중간 부분에는 비교적 순수한 전분, 기장 아랫부분에는 섬유가 가라앉게 되어 전분과 불순물을 분리할 수 있다. 이때 물의 일정량을 연속적으로 일정시간 공급해야 한다.

(3) 원심분리법

원심분리기를 이용하여 짧은 시간 내에 전분입자를 분리할 수 있고, 전분과 불순물과의 접촉시간을 짧게 하는 장점이 있다. 전분제조에 이용되는 원심분리기는 nozzle형과 decanter형이 있다. 어느 것이나 회전체로 원심력을 이용하여 고형물과 수용액, 가벼운 고형물과 무거운 고형물로 분리하는 것이다.

(4) 정제 및 건조

1차 침전을 마친 조전분을 물을 넣은 용해조에서 교반 · 침전 · 정제(토육분리)하는 공정이다.

전분유(Bé 18°)를 만들어 2차 침전 탱크에 보내어 30~50시간 방치하여 전분과 불순물을 분리한다. 침전의 가장 아래쪽에 흙이나 모래 등이 섞인 전분층, 그 위에 전분층, 그리고 가장 위층에 토육층이 형성된다. 토육은 완성사를 통과하여 나온 미세한 섬유, 불용성 단백질 및 polyphenol의 중합물에 미세한 전분입자가 섞여 있는 것을 말한다. 따라서 토육을 정제통에 넣고 약 3배의 물을 부어 저어두면 전분은 위에 뜨게 되므로 침전통에 보내어 전분을 침전시켜 2번분으로 한다.

1차 침전에서 발생한 삽액을 침전통에 넣고 적은양의 물과 석회유를 넣어 저어두면 전분이 가라 앉는다. 그 윗물을 빼낸 다음 물을 넣고 저어 하루밤 놓아 두었다가 물을 빼는 작업을 되풀이하여 2번분을 얻는다.

6.2.2. 감자 전분

전분제조용 원료감자는 전분 함량이 많고 수용성 단백질 함량이 적어 마쇄할 때 거품 발생이 적으며 전분입자가 고르고 분리가 용이한 것이 좋다. 감자 전분의 생산은 원료가격이 비싸기 때문에 감자 snack 등의 특수 목적으로 일부 생산되고 있다.

6.2.3. 옥수수 전분

전분원료의 90% 이상을 차지하는 옥수수는 사료용과 전분생산 수요의 확대에 따라 2003년에는 70천톤에 불과하던 것이 2004년에는 78천톤으로 증가하였다. 옥수수전분의 제조공정은 그림 6-4와 같다.

표 6-7. 옥수수 생산, 수매 및 용도별 소비실적

연 도	생산량 (천t)	수매량 (천t)	수매 비율 (%)	수매가격 (원/75kg)	수입량 (천t)	용도별 소비실적			
						천t	사료용	옥분용	전분용
1970	68	12	17.3	2,625	284	-	-	-	-
1975	54	6	10.9	6,995	532	589	393	110	86
1980	154	63	40.6	15,300	2,234	2,401	2,028	43	330
1985	132	68	51.5	20,288	3,035	3,199	2,389	108	702
1990	120	66	55.4	31,050	6,198	6,415	4,949	191	1,275
1995	74	15	20.3	34,125	8,879	7,955	6,290	224	1,441
2000	64	5	7.8	41,850	8,830	8,582	6,561	219	1,802
2001	57	5	8.8	43,500	8,688	8,607	6,430	198	1,886
2002	73	3	4.1	43,500	8,552	8,830	6,661	199	1,918
2003	70	4	5.7	43,500	9,063	8,793	6,673	195	1,925
2004	78	2	3.1	43,500	8,671	8,586	6,566	154	1,866

(자료 : 농림부, 2005)

1) 아황산침지

옥수수전분을 제조하는 방법에는 건식법(dry milling)과 아황산침지에 의한 습식법(wet milling)이 있으며, 습식법이 많이 이용되고 있다. 습식법으로 옥수수에서 전분과 corn oil, gluten meal, gluten feed 등이 얻어진다.

아황산 침지(浸漬, steeping)는 옥수수를 연화시켜 마쇄공정을 쉽게 하고, 단백질과 가용성 성분을 추출하여 전분분리를 쉽게 하는 데 있다. 정선한 옥수수를 침지조에 넣고 적은 양의 이산화황을 함유하는 50～55℃의 물이 24～48시간 동안 순환한다. 이산화황과 물 사이의 상호작용으로 묽은 아황산이 생겨서($SO_2+H_2O \rightarrow H_2SO_3$) 발효를 조절하고, 전분과 단백질의 분리를 도와준다. 이때 침지온도가 높으면 옥수수는 빨리 유연해지나 효소작용으로 변질될 우려가 있다. 또한 아황산액은 환원제로서 수용액 중에 해리되어 sulfide 이온을 생성, 단백질의 S-S결합과 반응하여 단백질 분자를 절단하여 가용화시킨다.

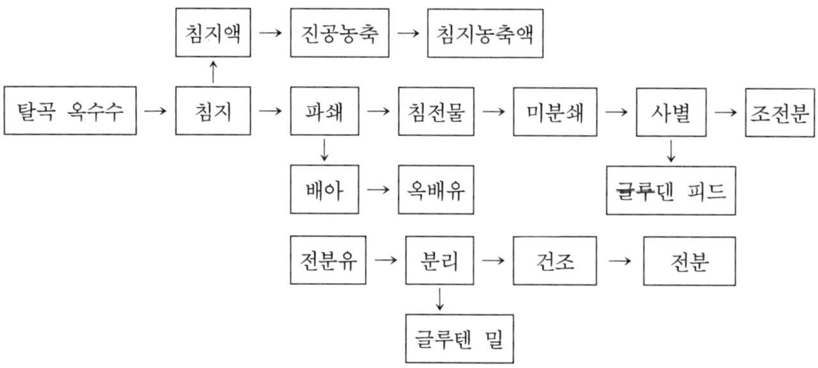

그림 6-4. 옥수수 전분의 제조공정

침지 중 젖산균에 의하여 생성된 젖산과 젖산균의 단백질 분해효소에 의하여 단백질의 분해가 더욱 촉진된다. 따라서 아황산 농도를 조절하여 젖산발효가 잘 일어나도록 해야 한다. 아황산침지액 중에는 옥수수로부터 용출된 가용성 단백질, peptide, 가용성 당질, 비타민류, 무기성분 등을 함유하게 된다. 이 침출액을 진공증발관에서 농축한 것이 옥수수 침지농축액(corn steep liquor, CSL)으로 각종 항생제(penicillin, streptomycin), 효소, 기타 발효제품의 생산에서 미생물의 영양분으로 이용된다.

2) 전분의 분리

침지하여 부드러워진 옥수수 낟알은 소량의 물과 함께 마찰형 파쇄기를 거치면 부서지고 섬유질이 벗겨지며 배유에서 배아가 분리된다. 비중의 차이를 이용하여 떠오르는 배아는 유지의 원료로 하고, 침전하는 전분을 분리한다. 분리된 전분에는 gluten과 섬유소 등이 혼입되어 있어 파쇄기로 미분쇄한 후, 진동체(50~75μ)로 사별하여 전분과 gluten은 통과시키고 섬유소는 체 위에서 분리한다. 이때 분리된 섬유질을 건조시켜 탄산칼슘 등의 무기질을 첨가한 gluten feed는 동물의 배합사료로 이용된다.

체에서 분리된 조전분유는 gluten을 함유하므로 원심분리기 또는 테이블에서 분리한다. 즉 Bé 6~7°의 전분유를 파이프로 테이블 위에 일정속도로 유하시켜 테이블상의 전분층 두께가 8~9인치 되면 유하를 중지하고 소량의 단백질을 함유한 전분을 얻는다. 이 전분을 Bé 18°정도의 전분유를 만들어 다단식 cyclone으로 보내 단백질을 제거하고 여러 차례 수세하여 가용성 물질을 제거한 다음 탈수 건조하여 정제전분을 얻는다.

6.3. 전분의 특성 및 이용

6.3.1. 전분의 특성

전분에 물을 넣고 가열하여 전분의 호화온도에 도달하면 전분입자는 팽윤(swelling)되어 붕괴되면서 가용성 성분이 현저히 증가하게 되고 점성이 강한 풀이 되는데 이와 같은 물리적 상태의 변화를 호화(gelatinization)라 한다.

호화전분은 분자 배열이 무질서하고 결합은 점차 약해져 수분과 효소의 침투가 용이한 상태가 되므로 소화성도 향상된다. 이것은 전분분자의 수소결합이 열에 의하여 끊어지기 때문에 micelle이 풀려서 micelle 내에 공간이 생기고 그 사이에 물 분자가 들어가 활발히 움직이기 때문이다. 즉 α-전분으로 된 식품은 생전분(β-전분)보다 전분 분해효소의 작용을 받기 쉬우므로 소화가 잘된다.

호화온도는 전분 종류에 따라 다르며(표 6-8), 전분 풀의 점도도 전분의 종류와 성분에 따라 차이가 있다.

점도는 amylopectin의 입자크기, 가열시간에 따라서 다르다. 일반적으로 전분입자가 큰 것은 점도가 크고 곡류전분과 같이 입자가 작은 것은 점도가 작다. 또 전분 풀을 강하게 교반하면 점도가 저하된다. 생전분이 호화전분으로 되는 데 걸리는 시간은 온도에 따라 다른데, 온도가 높을수록 호화시간은 단축된다(65℃에서는 10시간, 90℃에서는 3시간, 100℃에서는 20분).

α화된 전분을 실온으로 방치하여 두면 점차 투명해지고 경우에 따라 침전이 생긴다. 전분의 구조가 변하고 gel화가 일어나며 부분적으로 결정화가 일어나고 미각이 나빠지게 된다. 이러한 변화를 전분의 노화(retrogradation) 또는 α-전분이 β-전분으로 되돌아가는 현상이므로 β화라 한다. 노화하면 생전분과 비슷하여 효소의 작용을 받기 어렵게 되므로 소화되기 어렵다.

전분의 노화에 영향을 주는 인자로는 온도, 수분 함량, 전분분자의 크기와 형태, pH 등을 들 수 있다. 호화전분의 노화는 50～60℃ 이하에서 진행되고 0～4℃일 때 가장 잘 일어나며, 60℃ 이상에서는 잘 일어나지 않고 -10℃～-20℃의 냉동상태에서는 물 분자간의 수소결합이 안정화되어 전분분자의 자유로운 이동이 억제되어 노화속도가 늦어진다고 알려져 있다. 호화전분의 노화는 수분 함량이 30～60%일 때 노화가 가장 잘 일어난다. 그러므로 건조밥, 비스킷, 인스턴트면, 국수 등과 같이 급속히 탈수시켜 수분을 10～15% 이하로 유지하여야 β-전분으로 되는 것을 지연, 방지할 수 있다.

표 6-8. 각종 전분입자의 크기(㎛), 모양 및 호화온도(℃)

전분원료	크 기	평균크기	모 양	호화개시온도
쌀	2～8	4	다면형,	63.6
옥수수	6～21	16	다면형,	86.2
밀	5～40	20	볼록렌즈모양,	87.3
고구마	2～40	18	다면형, 종모양,	72.5
감자	5～100	50	달걀모양,	64.5
타피오카	4～35	17	다면형, 종모양,	65.6

그 밖에도 설탕을 넣든가 monoglycerides, diglycerides, sodium lactate 등을 첨가하면 전분의 노화를 방지할 수 있다.

6.3.2. 전분의 이용

전분의 이용분야는 직접이용, 가공이용 및 가수분해물의 이용 등이 있다. 직접이용은 호화전분의 고분자 특성인 점성, 접착성을 이용한 것이고, 가공이용은 α화전분, 산화전분, dextrin 및 전분유도체인 화공전분을 만들어 이용하는 것이며, 가수분해 가공이용은 물엿, 포도당 및 이성화당을 만들어 이용하는 것이다.

전분을 직접 이용하는 경우에는 백도, 순도 및 점성이 전분의 품질로서 중요하다. 즉 옥수수, 밀 등의 곡물전분은 장시간 가열하여도 점도의 변화가 적어 섬유나 제지공업에 이용된다. 화공전분으로 이용할 때는 가용성 전분, 덱스트린 원료로서 감자, 고구마 등의 지하전분이 적당하다. 가수분해 가공이용은 전분의 종류에 큰 영향을 받지는 않지만 원료의 값이 가장 영향을 주는 요소이며, 이런 점에서 고구마 전분이 유리하다. 전분의 용도는 표 6-9와 같이 전분의 특성에 따라 다양하다.

표 6-9. 전분의 용도

물 엿	산당화엿 ⓢ 엿기름엿 ⓢⓟ 분말물엿 ⓢ	캐러멜, 드롭스, 캔디, 양갱 캐러멜, 과자류, 의약, 색 물감기질 술, 아이스크림, 과자류, 소시지, 간장, 유아식
포도당	정제포도당 결정포도당 고형 또는 분말포도당	빵, 통조림, 과자류, 음료(주스, 젖산음료), 잼류, marmalade, 수산연제품, 가정용 감미료, 주류 과자, 음료, 냉과, 통조림, 주류, 의약(주사용, 비타민 C, 정제증량부형제), 화학공업원료(글루탐산소다, 계면활성제, 유기산) 주류, 빵, 과자류, 수산연제품, 가죽다루기
식료품제조	직접식료품 식료품공업 과자제조공업 ⓒⓟ	조리재료 ⓒⓟ 수산연제품 ⓟⓦⓢ 비스킷, 건빵, 아이스크림, 오블레이트, 팽창제
화공전분	맥 주 ⓢ 가용성전분 ⓟⓢ 덱스트린 ⓟⓢ 알칼리전분	섬유용 풀, 정제부형제 섬유용 풀, 정제부형제, 우표풀, 제지 제본, 인쇄잉크, 접착풀, 테이프 풀 베니아판 접착제, 안료, 사이징용
풀재료 접착제	보통풀 풀 ⓟⓦⓒ 공업용	사무용풀 ⓦⓟ 제지, 제사, 제본ⓒⓦ, 염색ⓒⓦ, 베니아판 염색 ⓒⓦ
의약제품 ⓟ	정제의 모형분제의 증량제, 부형제 오블 레이트, 항생물질의 배양기	
기타 공업	화장품 원형점고용(原型粘固用) 점결용 점착방지용 기 타	치약, 화장분 주물형, 인형, 장난감 성냥, 장난감 고무제품(수술장갑 등) 건전지충전용, 폭약, 부유선광용

(원료 : ⓢ 고구마, ⓦ 밀, ⓟ 감자, ⓒ 옥수수)

6.3.3. 전분의 가공

1) 전분의 1차 가공품

(1) 당 면

당면(唐麵, 凍麵, starch vermicelli)의 주원료는 고구마 전분으로 gluten이 없어서 엉기는 성질이 없으므로 묽은 반죽을 실가닥 모양으로 뽑아 끓는 물에 삶아 내어 동결시킨다. 동결법에는 자연동결법과 인공동결법이 있다. 얼린 국수를 서서히 녹여서 물기를 뺀 다음 통풍이 잘 되는 곳에서 건조시켜 제품으로 한다.

(2) 묵(starch gel)

메밀, 녹두 및 도토리의 녹말을 호화시켰다가 식혀서 굳힌 것을 묵이라 하며 원료에 따라 메밀묵, 도토리묵 등이 있다. 메밀묵은 껍질을 벗긴 메밀을 하루 동안 물에 담갔다가 마쇄하여 처음에는 굵은 체로, 다음은 가는 체로 걸러서 전분유를 만든 다음, 물을 붓고 솥에서 눌지 않도록 계속 저으면서 끓이면 풀처럼 호화되어 엉긴다. 불을 약하게 하여 수분을 천천히 증발시키고 성형틀에 담고 식혀서 일정한 크기로 잘라 제품으로 한다.

(3) Amylose film

Amylose는 cellulose와 비슷한 구조를 가지고 있어 film을 만들 수 있으나 amylopectin은 분지상 분자로 되어 있어 적합하지 못하다. 따라서 전분에서 amylose를 분리하여 film으로 만든 것이 amylose film이다. Amylose film은 무색투명하며 냄새나 맛이 없고, 물에 녹지 않으나 변성시켜 가용성으로 만들 수도 있다. 따라서 캐러멜, 젤리, 캔디 등의 점착방지, 치즈, 버터 등의 내유피복, 냉동식품의 보존성 향상을 위한 포장용 등으로 이용된다.

(4) 오블레이트(oblate)

오브레이트는 전분풀을 판에 바른 다음, 100℃이상의 고온에서 건조한 α 전분 필름으로 과자, 엿, 약품 등의 포장용으로서 널리 이용된다.

오블레이트 원료로 감자, 고구마, tapioca 등의 전분은 풀로 만들었을 때 점도나 전성

(展性)이 커서 적합하다. 오블레이트는 매우 얇은 막으로 큰 장력을 필요로 한다. 제조공정은 Bé 18～20의 전분유에 한천(전분량의 0.3～0.5%), 곤약분(5%) 등의 증점제를 보강하고, roller에서 쉽게 벗겨지게 하기 위하여 레시틴(전분량의 0.2%)과 식용유를 첨가한다. 전분유에 수증기를 불어넣으며 교반하여 호화시킨 후 전분 풀을 건조기에 도포하여 건조(103～108℃, 70～110초)하고 roller로 감는다. 오블레이트는 투명하고 광택이 있으며 유연하고 두께가 균일하며 pin hole이 적고 불순물이 포함되지 않아야 하며 제품의 수분은 13% 내외이어야 한다. 식용색소로 착색한 착색 오블레이트, 인공감미료를 첨가한 감미 오블레이트 등이 있다.

2) 변성전분

변성전분(modified starch)은 화공전분이라고도 하며 천연전분의 결점을 보완하기 위해 적당하게 화학처리하여 천연전분의 일부 특성을 변화시킨 것이다. 즉 천연전분은 가열하면 높은 점성으로 취급이 어렵고, 낮은 온도에서는 빨리 겔화되므로 사용하기 어려워 전분을 적당하게 개량한 것이다. 산처리 전분, 산화전분, 덱스트린, 전분유도체 등이 있다.

(1) 산처리 전분

산처리 전분(acid modified starch)은 전분입자 내의 결합이 파괴되어 입자구조가 약해지고 분자 크기가 감소되므로 천연전분에 비하여 점도가 낮고 노화가 쉽게 일어난다. 낮은 온도에서는 딱딱하고 강한 gel을 형성하므로 주로 제과용 원료로 쓰인다.

(2) 산화전분

산화전분(oxidized starch)은 표백전분(bleached starch)이라고도 하며 전분을 sodium hypochlorite로 처리하면 carboxyl기(-COOH)나 carbonyl기(-CHO)에 산화를 일으켜 한정된 수의 hydroxy기(-OH)를 만들어 인접한 glycoside결합의 파열을 가져오는 결과가 된다. 산화전분은 생전분보다 호화온도가 낮고 노화가 늦으므로 전분 죽(paste)의 안정성과 전분의 분산성이 향상된다. 전분을 많이 쓰면서 낮은 점도를 유지하고자 하는 제품에 적당하다.

(3) 가용성 전분

가용성 전분(soluble starch)은 전분과 비슷하나 뜨거운 물에 호화되지 않는다. 정제전분을 온수로 용해하여 유액을 만들고, 표백분의 상등액을 가해서 교반한 후 염산을 가하여 충분히 혼합하여 가용화시킨다. NaOH로 중화 후 수세하고 건조하여 제품으로 한다.

(4) 덱스트린

덱스트린(dextrin)은 전분을 분해하는 과정에서 생기는 여러 가지 분해물의 혼합물로 amylodextrin, erythrodextrin, achrodextrin이 있다. 덱스트린은 점도가 낮고 냉수에 잘 녹으며 침투성과 접착력이 강하나, 피막이 약하고 gel화 경향은 없으며 노화도 잘 일어나지 않는다. 주로 추잉껌, 초콜릿과자의 코팅, 축산가공식품 및 접착제나 직물의 완성조작에 호료로 사용된다.

제조 방법에는 효소를 이용한 diastase법, 산가수분해 및 배소법 등이 있는데, diastase법은 syrup상의 덱스트린 제조에 적합하다. 배소법은 전분 분말을 160～220℃로 배소(roasting)하는 직접배소법과 묽은 염산용액을 혼합하여 말린 다음에 100～120℃로 배소하는 가산배소법이 있다. 가산배소법은 원료의 40%에 해당하는 3% 염산용액을 넣고 잘 섞은 다음 50℃이하로 가열하고 저으면서 수분을 증발시킨 후 배소기에 넣어 저으면서 온도를 천천히 올려 100～120℃로 유지하면서 덱스트린을 얻는다.

(5) Maltodextrin

Maltodextrin은 산이나 효소 가수분해 중에 생기는 말토올리고당보다 크고, 전분보다 작은 분해산물로 분해 방법에 따라 크기와 구조가 다르다. DE가 10～20의 저당화 액당으로 화공덱스트린과 구분되며 주로 효소 가수분해법으로 제조한다.

Maltodextrin은 흡습성이 크고, 감미가 거의 없으며 용해성이 좋고 적당한 점성을 갖는다. 또 내열성이 있고 갈변이 잘 일어나지 않으며 소화흡수성이 좋다. 뿐만 아니라 결정성이 있는 당의 석출을 방지하는 효과 등의 특성을 가지고 있어 과즙, 수프, 커피 등의 분말부형제, 냉동식품, 스낵식품, 캔디류, 장류, 유아식, 커피용 크림류, 껌제품 등에 널리 사용되고 있다.

(6) 전분유도체

전분유도체에는 가교전분, ester전분, ether전분 등이 있다. 가교(架橋)전분(cross

linked starch)은 전분입자의 OH기와 반응할 수 있는 시약(가교제, phosphorus oxychloride, sodium trimetaphosphate)을 작용시켜 가교화시킨 전분으로 가교정도에 따라 물리적 성질이 다르다. 가교전분은 천연전분에 비해 점성이 크고 고온에 대한 저항성이 강한 편이며, 가교결합수가 많을수록 전분입자의 수화가 되지 않아 점도가 낮아진다. 따라서 가교 전분은 호화가 크게 억제되며 노화성이 거의 없고, 냉동과 해동에 대한 안정성이 높다.

Ester전분에는 아세테이트 전분과 인산전분이 있다. 에스테르화는 pH 7.5 이상으로 조절한 전분현탁액에 무수아세트산, 무수말레산, 아세트산 비닐모노머를 가하여 반응시키고 중화, 수세, 건조하여 제조한다. 아세테이트 전분은 용해도, 투명도, 냉동 및 해동에 대한 안정도가 높아 파이, 샐러드드레싱 등에 사용된다. 인산 전분은 점도가 높고 노화에 대한 안정성과 투명도가 좋고, 냉수에 용해되는 장점이 있어 식품용 증점제 등에 사용된다.

Ether전분은 40～45% 전분현탁액에 3.6% 정도의 소금을 첨가하고 팽윤을 억제하면서 0.6% NaOH를 가하여 알칼리성으로 조절한 다음 40℃ 이하에서 ethyleneoxide나 propyleneoxide를 녹여서 반응시켜 제조한다. Ether 전분은 pH에 대한 안정성이 강하고, 호화가 용이하며, 투명한 전분 풀을 만들고 겔화 경향은 적고, film성이 향상된다.

(7) α -전분

α-전분(instant starch)은 전분을 호화시킨 다음 건조한 것이다. 8.5% 이하의 수분에서는 노화되지 않는 점을 이용하여 만든 것으로, 전분이 α상태로 고정되어 있어 물을 부으면 소화성이 높은 즉석식품이 된다. 전분유나 전분 원료를 증자하여 호화시킨 후 drum dryer로 연속적으로 탈수, 건조하여 제조한다. Soup와 조미료 등의 점조제, 안정제 및 조리식품, 냉동식품, 각종 제과원료에 직접 배합하여 사용한다.

3) 전분당

(1) 효소 당화 포도당

전분의 glycoside결합은 효소의 작용으로 쉽게 분해된다. 포도당 제조는 먼저 내열성 α-amylase로 전분을 DE 10～15정도가 되도록 액화시키고 gluco-amylase로 포도당 함량이 95～96%정도 되도록 당화시킨다.

제조 방법에는 전분을 100% 분해하는 *Rhizopus delemor*형(완전형)과 80～90% 정도로 분해하는 *Aspergillus niger*형(한계형)이 있다.

35～40% 전분유의 pH를 6.0～6.5로 조절하고 세균 α-amylase로 85～88℃에서 5～10분간 액화하고, 95℃에서 1～2시간 유지하여 DE 10～15인 가수 분해물을 얻는다. 액화된 전분은 고형물 28～30% 정도로 희석하고 60～63℃로 냉각한 후 pH를 4.0～4.5로 조절한 다음 gluco-amylase를 첨가하여 24～96시간 동안 당화시킨다.

당화가 끝나면 원심분리 또는 여과하여 불용성의 지방, 단백질, 전분 등을 제거하고 활성탄으로 탈색한 후 이온교환수지로 처리하여 정제한 다음 고형분이 50～55% 되도록 농축하여 포도당을 얻는다. 당액은 무수결정 포도당, 함수결정 포도당, 액체 포도당 또는 이성화당 등으로 가공할 수 있다.

액체포도당은 정제된 포도당액(95～96%)을 70～78%로 농축한 것이고, 정제포도당은 이것을 다시 결정조에서 46℃로 냉각 후 결정 seed와 함께 20～30℃로 서서히 냉각, 교반하면 포도당이 석출되어 굳어지게 된다. 이것을 절삭기로 깎아 80℃의 열풍으로 건조한 것을 20 mesh체로 쳐서 제품으로 한 것이다. 함수결정 포도당은 정제 포도당을 원심분리기로 분밀한 다음 소량의 물을 뿌려 결정에 붙어있는 밀을 제거한 후 수분 함량이 8.5%되게 건조시켜 얻는다. 무수결정 포도당은 함수결정포도당을 녹인 다음 진공농축기를 이용하여 60～65℃에서 수분을 1%이하로 결정화시킨 것이다.

(2) 효소 당화 물엿

전분당(starch sugar)은 당질계 감미료로 전분을 가수분해하여 얻어지는 탄수화물로 세균, 곰팡이, 맥아 등에서 얻은 α-amylase, β-amylase, glucoamylase 등이 이용된다. 효소당화법은 산당화법에서 가수분해 되어 생긴 포도당의 일부가 다시 결합하여 생긴 역합성 물질과 포도당이 산으로 분해되어 생긴 착색물질이 생성되지 않아 당액의 순도가 높고 쓴맛이 없으며 고열처리를 필요로 하지 않는다.

효소당화법은 산당화법에 비하여 당화액 중의 전분당의 순도가 높고, 수량이 많으며, 당화액이 쓴맛을 가지지 않고, 당화액 전부를 제품으로 할 수 있으며, 전분유를 높은 농도로 사입할 수 있는 등의 장점이 있다.

① **액화(液化, liquefaction)** : 액화의 목적은 많은 포도당 분자가 결합하여 이루어진 녹말분자를 고르게 끊어서 당화효소가 잘 작용하게 하는 것이다. 액화는 세균 amylase를 사용하는 경우와 산을 사용하는 경우가 있다.

전분의 α-1,4 glycoside결합을 무작위(random)로 끊는 액화효소(α-amylase)는 두 종류가 있는데 하나는 곰팡이 등이 생산하는 것으로 효소의 최적온도가 저온(60℃ 부근)인 액화효소이고, 다른 하나는 세균 등이 생산하는 내열성(85~90℃) 액화효소이다(표 6-10).

전분의 액화에는 내열성 액화효소를 많이 이용하는데 전분유를 가급적 높은 농도로 액화시키는 *Bacillus subtilis*가 생산하는 α-amylase가 가장 많이 사용된다. 전분유(Bé 15~20°)에 α-amylase를 0.2~0.25% 되도록 가하고 70~80℃에서 액화시킨다. 액화속도는 효소의 종류, 녹말의 종류, 효소 및 전분유의 농도, 교반속도 등에 따라 다르다. 액화는 요오드 반응이 근적색을 나타낼 때 끝내며 일단 가열하여 액화 amylase를 불활성화 시켜야 다음 공정인 당화가 잘 일어난다.

표 6-10. 전분 가수분해효소의 특성

효 소 명	작용부위	출 처	열안정성(℃)	최적 pH	분해산물
α-amylase	α-1,4	*Bacillus subtilis* *Aspergillus oryzae*	85~90 55~60	5.5~7.0 5.0~5.5	dextrin dextrin
glucoamylase	α-1,4 및 α-1,6	*Aspergillus niger*	58~62	4.0~4.5	glucose
β-amylase	α-1,4	보 리(맥아)	55~60	5.0~5.5	maltose

② **당화(糖化, saccharification)** : 당화공정은 전분에서 포도당을 만드는 주된 반응이며 당화조건에 따라 제품의 당화율과 성상이 달라진다. 액화가 끝난 것을 60~63℃로 냉각시키고 pH를 5.5~5.8로 조절한 다음 건조 맥아분말을 0.3~0.5% 되도록 첨가해서 5~8시간 당화시킨다. 당화율은 전분의 순도, 당화효소의 활성도 및 사용량에 따라서 다르나 97% 정도이다. 당화시킨 후 30분간 끓여서 단백질 등 불순물을 제거하고 탈색한 후 수분 함량이 14~16% 되도록 농축한 것을 고맥아당 시럽(high maltose syrup)이라 한다.

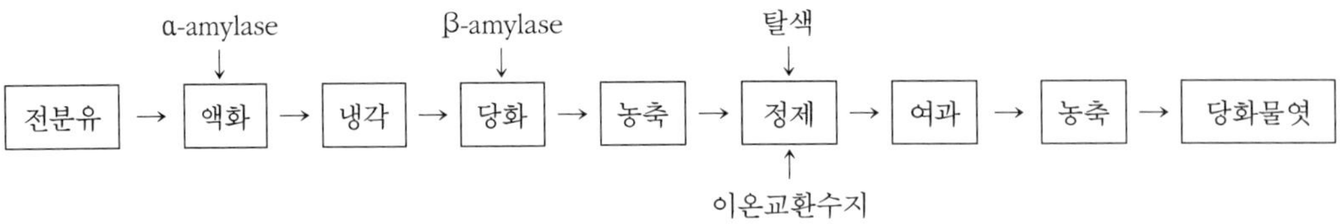

그림 6-5. 효소 당화 물엿의 제조공정

Maltose syrup의 조성은 maltose 50~60%, dextrin 10~20% 및 수분 16~18%로 특유한 풍미가 있으며 캐러멜 원료로 많이 사용된다. 우수한 품질의 맥아엿은 맥아당/덱스트린 비가 2~3정도이다. 일반적으로 물엿은 DE가 20 이상이어야 하므로 최근에는 효소 또는 산으로 액화한 후 효소로 당화하는 병용법 등으로 투명하고 점성이 높은 물엿(D.E. 10~20)을 생산하고 있다.

표 6-11. 우리 나라의 물엿과 맥아 물엿의 규격

구 분	물 엿*	맥아 물엿
성 상	고유의 색택과 감미를 가지고 점조성이 있어야 한다.	
수 분(%)	-	-
pH	4.5~7.0	4.5~7.0
환원당(%)	-	(맥아당)25이상
포도당 당량(D.E.)	20.0이상	-
인공감미료	검출되어서는 안된다.	검출되어서는 안된다.
납(mg/kg)	1.0이하	1.0 이하

* 물엿은 전분을 산 또는 전분분해효소로 가수분해시켜 여과 농축한 것임.

(3) 산가수분해 포도당

전분분자는 묽은 산과 함께 가열하면 쉽게 가수분해 된다. 가수분해는 산이 가지는 수소이온이 촉매작용을 하므로 전분의 농도와 수소이온 농도가 높거나 반응온도가 높을수록 빠르게 일어난다.

산에 의한 가수분해는 다음 식과 같이 100g의 무수전분에서 약 111g의 무수 D-glucose가 얻어진다. 전분의 가수분해가 진행되려면 산의 수소이온이 전분분자와 작용할 때 반드시 물 분자가 같이 있어야 한다. 그러나 실제로 전분유를 묽게 하여도 전분입자가 micelle을 이루고 있어 가수분해 할 때 저항을 갖는 부분이 생긴다.

$$\underset{\text{전분}}{(C_6H_{10}O_5)n} \xrightarrow{1+X(H_2O)} \underset{\text{포도당}}{(1+X)(C_6H_{12}O_6)}$$

산 가수분해로 포도당은 탈수되어 hydroxy methyl furfural(HMF)를 거쳐 분해되어 levulinic acid와 formic acid을 생성하거나 중합되어 착색물질이 된다. 또한 포도당의 역합성으로 gentiobiose, isomaltose, panose, maltotriose 등이 생기므로 가수분해가 100% 진행되지 않는다. 전분유의 농도가 높을수록 역합성 당의 생성은 많아진다.

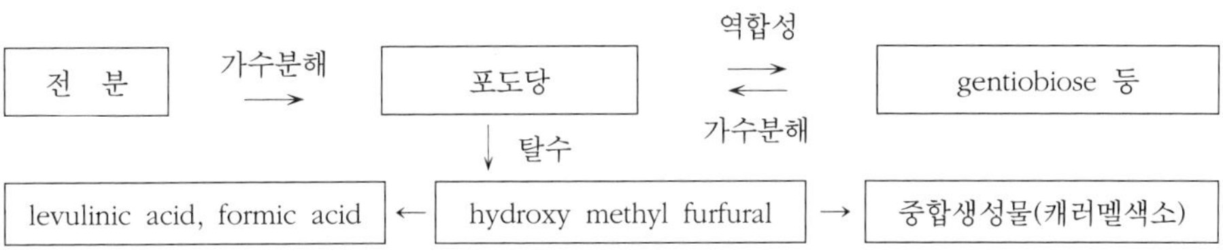

그림 6-6. 산가수분해 포도당 제조시 품질열화

당화에는 가압당화관을 사용하는 불연속당화방식과 연속당화방식이 있다. 불연속당화방식은 상압법과 가압법이 있으나 보통 가압법이 사용된다. 가압당화는 당화관에 전분유와 산을 넣고 가압당화시키는 것이다. 연속당화방식은 특수한 당화장치를 사용하여 연속적으로 당화시키는 방식이다. 이 방식은 당화가 고르게 진행되어 부반응이 적고, 제품의 품질이 일정하며 수율이 높고, 높은 전분농도로 사입이 가능하며 연속적이라는 장점이 있다.

(4) 산분해 물엿

산당화엿의 원료전분 순도는 제품에 크게 영향을 미치므로 잘 정제하여 사용한다. 정제 전분을 더운 물에 녹여 Bé 20°정도의 전분유를 만들어 당화관에 넣고 녹말을 무수물로 환산한 양에 대하여 분해제로 염산이면 0.18～0.2%, 황산이면 0.4～0.5%, 수산이면 0.3～0.6%되도록 산을 가한 후 2.5기압에서 20～30분간 가열해서 당화시킨 후 80℃ 정도로 냉각한다. 물엿의 당화종점은 당화관에서 당화액을 빼내어 식힌 다음 70～80%의 알코올을 첨가하여 침전이 생기는 상태로 판정하거나 요오드 반응으로 적갈색이 되는 점으로 한다.

전분 → 전분유 → 분해 (← 산) → 중화 (← 알칼리) → 냉각 → 여과 → 농축 → 정제 (← 탈색, ← 이온교환수지) → 농축 → 제품

그림 6-7. 산 분해 물엿 제조공정

당화가 끝난 것을 중화조에 넣어 온도가 70～80℃로 내려가면 중화제로 pH 5.6이 되도록 중화시킨다. 중화제로 염산을 사용했을 때는 수산화나트륨이나 탄산나트륨, 수산 또는 황산을 사용했을 경우는 탄산칼슘으로 중화시키는데 이때 당화액의 온도가 너무 높으면 착색되고 너무 낮으면 중화 후 여과능률이 떨어진다. 중화된 당액 속에 생긴 침전물을 압착여과기로 여과한 후 감압법으로 Bé 24～28°까지 농축한다.

탈색은 여과하여 저장탱크에 넣기 전에 하기도 하지만 보통 증발시킨 후 탈색한다. 즉 증발시켜 졸인 액을 탈색조에 넣고 70～80℃로 가열한 다음 교반하면서 0.5～1%정도의 활성탄을 넣고 30～60분 경과 후 여과기로 보내어 여과한다. 최근에는 활성탄으로 탈색한 다음에 이온교환수지로 정제하기도 한다. 탈색, 여과한 당액은 진공 농축관에서 Bé 42～43°까지 농축한다. 농축된 당액은 식으면 통에 넣어 저장한다. 제품의 성분조성은 포도당 35～45%, 덱스트린 35～45%, 수분 14～17%로 캐러멜, drops, 캔디, 잼, 기타 각종 과자의 제조 원료에 사용된다.

4) 신소재 전분당

신소재 전분당은 포도당을 이성화시킨 이성화당과 과당, 전이효소에 의해 α-1,6 결합을 생성시킨 분지올리고당과 cyclodextrin이 있다.

(1) 이성화당

이성화당은 전분을 액화하고 당화한 정제포도당에 이성화효소(glucose isomerase)를 처리하여 얻는다. 제조공정은 전분을 액화하고 당화한 후 이성화(pH 8.0, 60℃, 1시간) 시키면 과당 42%(high fructose corn syrup, HFCS), 포도당 52%, 기타 6%의 당액을 얻는다. 이것을 강산성 양이온교환수지가 충전된 분리탑에 통과시키면 과당은 강산성 양이온교환수지에 흡착되는데 이것을 물로 분리하면 과당의 함량이 85% 이상이 되는 syrup

을 얻을 수 있다.

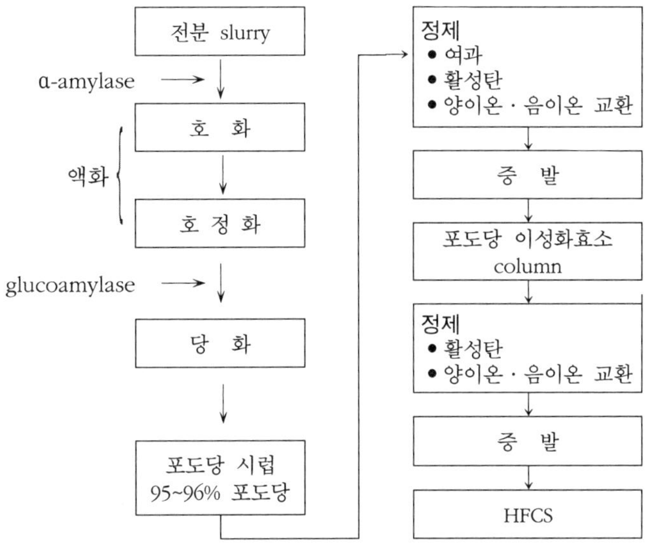

그림 6-8. High fructose corn syrup(HFCS)제조

이성화당은 상쾌하고 조화된 감미를 가지며 용해도가 높고 분자량이 작으므로 삼투압이 높으며, 온도가 낮을수록 감미가 증가한다. 따라서 이성화당은 설탕 대용으로 사용되며 삼투압이 설탕보다 높기 때문에 미생물에 대한 안정성과 점도가 낮으므로 고농도 작업이 용이하다. 음료류, 빵류, 유제품, 잼, 젤리, 샐러드드레싱, 케첩 및 제약(비타민제, 영양제 등)의 저장성 향상 등을 위한 목적으로 사용할 수 있다.

(2) 올리고당

올리고당은 당질원료를 주원료로 하여 효소를 이용하거나 압출하여 얻은 당액을 가공한 것으로 직쇄 및 분지 올리고당으로 나눌 수 있다. 직쇄올리고당에는 malto-oligosaccharide, 분지올리고당에는 isomalto-oligosaccharide, fructo-oligosaccharide, galactooligosaccharide, panose 등이 있다.

Malto-oligosaccharide는 포도당분자가 α-1,4 결합을 하여 3~10단위로 구성된 올리고당으로 malto-triose 또는 malto-tetrose가 50% 이상이다. 목적에 따라 특수 amylase를 사용하여 제조한다. 감미도는 설탕의 약 30% 정도이며 보습성이 좋고 결정화방지 효과가 있어 과자류, 아이스크림류 등의 저감미료로 이용된다.

(3) 분지올리고당

분지올리고당은 glucose가 α-1,4 결합으로 연결된 직쇄올리고당 외에 α-1,6 결합을 가진 올리고당을 말한다. 분지올리고당은 효모에 의해 이용되지 않는 비발효성 올리고당으로 간장, 된장, 청주 등에 소량 함유되어 있다. 그러나 최근에 분지올리고당의 저감미, 보습성, 전분식품의 노화방지효과, 충치방지, 우수한 물성, *Bifidus* 생육인자효과 등이 알려지면서 건강지향적 식품소재로 각광을 받고 있다. 따라서 이에 대한 연구가 활발해지고 산업적으로 대량 생산하기 시작하였다. 분지올리고당에는 isomaltose, isomaltotriose 및 panose 등이 있으며, isomaltose는 α-glucosidase를 이용하여 분지당인 isomaltose 함량을 높인 시럽이다. 저감미, 보습성이 높고 장내 유용세균인 *Bifidus*의 생육을 선택적으로 활성화하는 것으로 알려진 성분이다.

① **제조 방법** : 소당류를 β-amylase로 가수분해한 후 transglucosidase를 작용시켜 분지올리고당을 제조하는데 합성되는 반응은 다음과 같다.

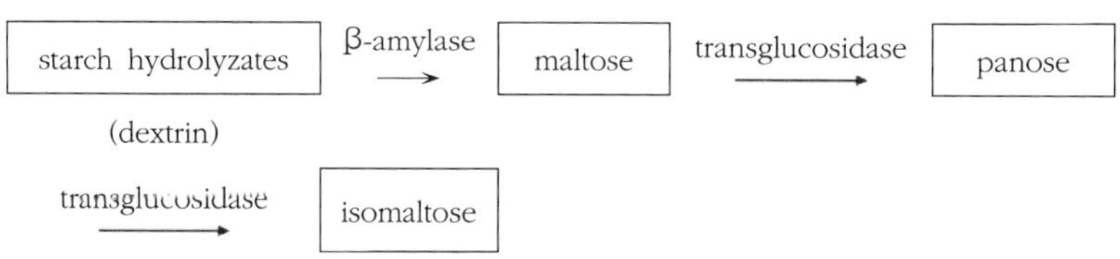

그림 6-9. Isomaltose 제조공정

② **물리화학적 특성** : 분지올리고당의 물리화학적 특성을 보면 감미와 점도가 낮고, 낮은 수분활성도를 보이며, 흡습성이 크고, *Bifidus*균의 생육인자로 작용하며, 충치 예방 및 전분질식품의 노화방지에 효과가 있다는 것이다.

Isomaltose는 감미가 설탕의 1/2～1/4이며, isomaltose, panose 등의 점도는 maltose에 비하여 낮으므로 설탕 대용품으로 쓸 수 있다. 그리고 분지올리고당 혼합물은 설탕(Aw=0.85)이나 다른 당류에 비하여 낮은 수분활성도(약 0.75)를 보이며 세균, 효모 및 곰팡이의 생육 최저 수분활성도보다 낮은 값을 가지므로 식품가공 중에 미생물의 발육을 억제하는 효과가 기대된다. 또한 흡습성이 매우 커서 다른 당류의 결정화 방지에 효과를 보이며, 장내 유용균인 *Bifidus*균의 증식인자로 작용한다. 아울러 설탕을 함유하는 식품은 충치발생의 원인이 되나 분지올리고당과 polydextrose 등은 미생물에 의해 분해되기 어려워 glucan이 생성되지 않으므로 충치발생을 억제한다. 그리고 분지올리고당은 α-1,6 결합을 가지고 있어 전분 내의 수소결합생성을 억제하여 전분의 노화를 방지하는 효과가 있다.

따라서 올리고당류는 식품의 물성개선, *Bifidus*균 증식인자, 저칼로리 및 저충치성 등의 여러 기능성을 가지고 있고 이를 이용한 제품이 계속적으로 생산되고 있다.

(4) 시클로덱스트린(cyclodextrin, CD)

시클로덱스트린은 전분에 cyclodextrin glucanotransferase(CGTase)를 작용시켜 포도당 분자가 환상으로 6~8개 결합된 것으로 도넛 모양의 분자구조로 내부공간이 비어 다른 유기분자나 유기분자의 일부와 결합할 수 있는 특징이 있다. 분자 내부는 소수성, 외부는 친수성으로 계면활성적 성질을 가지므로 내부에 향기성분 등의 소수화합물을 포접할 수 있다. 열에 안정하고 비흡습성이며 강산에 의해서 분해되고 물에는 녹지 않는다.

Cyclodextrin은 휘발성물질의 포접(향료, 향신료, 정유물질 등의 휘발방지와 안정화), 산화 및 광분해물질의 안정화(지방산, 지용성 비타민류, 천연색소 등의 안정화), 물성의 개선(용해성, 흡습성, 풍미, 색조, 조직 등의 개선), 기포성의 향상(난백, 알부민 등의 기포성 향상), 유동성 개선(마요네즈, 마가린, 쇼트닝), 식품의 분말화(기초제, 보조제) 등에 이용된다.

표 6-12. Cyclodextrin의 특성

	α-Cyclodextrin	β-Cyclodextrin	γ-Cyclodextrin
분자구조	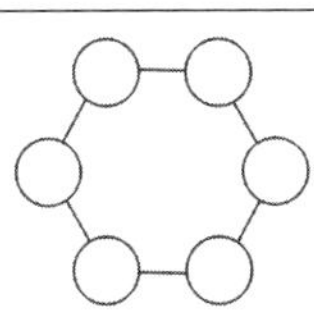	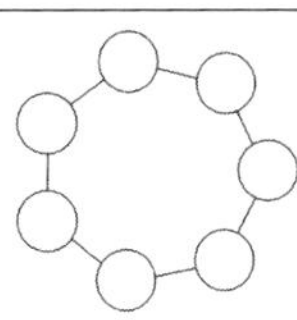	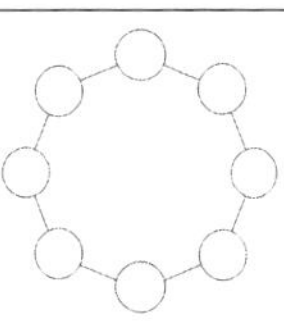
glucose	6	7	8
분자량	973	1,135	1,297
내경(Å)	5~6	7~8	9~10
용해도 25℃ (g/100mℓ)	14.5	18.5	23.2

5) 식이섬유(dietary fiber)

식이섬유는 식품 중 난소화성 성분인 섬유를 이용하여 칼로리를 저하시키는 식품소재로 비만증 환자 등에 유용하다. 식이섬유에는 천연식이섬유와 변형식이섬유가 있다. 최근에는 천연물에서 추출한 식이섬유의 요구가 증가되어 이 방면의 연구가 활발히 진행되고 있다.

Polydextrose는 천연에 존재하는 소재를 가열하여 제조한 것으로 포도당과 sorbitol과 구연산을 89:10:1의 비율로 혼합한 후 고온 진공 하에서 반응시켜 얻은 다당류로 포도당이 다양한 방식으로 결합하고 있다. 평균 분자량은 약 1,500 정도이며 단맛이 전혀 없고 흡습성이 크고 냉수에도 잘 녹는 특성을 가지고 있다. 소장에서는 가수분해 되지 않고 대장 내에서는 일부가 장내 세균에 의해 분해 발효된다. 따라서 polydextrose는 1g당 1kcal의 에너지를 발생하여 탄수화물 1g당 4kcal에 비하여 저칼로리 소재이며 물성개선 및 변비 등에 유효한 식품소재로 이용률이 계속 높아질 것으로 보인다.

제 7 장 과실 · 채소의 저장 및 가공

과실 및 채소는 구성성분상 90% 내외의 수분을 함유하고 있으며 에너지원으로서의 영양원으로보다는 각종 비타민류, 무기질 및 섬유질 등이 타 식품보다 많이 함유하고 있어 알칼리성 식품의 보고라 할 수 있으며, 또 이러한 특성 때문에 가공식품 보다는 신선한 상태로 식용하는 것이 더 바람직한 식품이라고 볼 수 있다. 그러나 과실 및 채소의 종류나 품종상 재배적 특성과 저장성이 다르므로 연중 신선식품으로 먹을 수 없는 것들이 있게 된다. 따라서 이러한 과실 및 채소들을 연중 이용할 수 있으려면 적절한 가공이 필요하다. 따라서 과실 및 채소를 이용해서 가공품을 만들 필요가 있으며, 또한 적절한 가공품생산으로 신선식품보다 더 기능성이 높아지는 가공품들이 개발되어 때에 따라서는 신선식품보다 가공식품의 수요가 더 많아지는 가공품들이 나오고 있다.

7.1. 수확 후 생리와 저장

과실, 채소는 육류, 어패류 등과 달라서 생식 및 가공을 하고자 할 때에 어느 단계까지는 생명을 유지하고 있기 때문에 생리(生理)현상을 이해하는 것은 대단히 중요한 것이다. 과실과 채소를 수확하고 나서 저장하는 과정에서 일어나는 생리현상인 발아(發芽), 추숙(追熟, ripening), 노화(aging) 등은 호흡작용(呼吸作用) 및 증산작용(蒸散作用)과 밀접한 관계를 가지고 있다.

7.1.1. 호흡작용

수확 후에 청과물(靑果物)은 생물체로서 생존에 필요로 하는 에너지를 호흡에 의하여 얻고 있다. 주로 탄수화물을 호흡기질로 하여 O_2를 취하여 CO_2와 물로 분해되는 과정은 50 종류 이상의 효소가 촉매로 작용하며, 이를 유기호흡(有氣呼吸, aerobic respiration)이라 한다.

이에 대하여 O_2가 공급되지 않는 상태에서는 pyruvic acid가 역으로 환원되어져 acetaldehyde, ethanol 등을 생성하여 이상(異常)생리를 일으켜 변질, 부패의 원인이 되며 이를 무기호흡(無氣呼吸, anaerobic respiration), 또는 발효(醱酵, fermentation)라고 한다. 포도당이 호흡에 사용되어질 경우 양 호흡의 발생 에너지는 다음 식과 같이 나타낼 수 있다.

$$\text{Aerobic respiration}: C_6H_{12}O_6 + 6O_2 \rightarrow 6CO_2 + 6H_2O + 674\text{cal}$$

$$\text{Anaerobic respiration}: C_6H_{12}O_6 \rightarrow 2C_2H_5OH + 2CO_2 + 25\text{cal}$$

1) 호흡량과 온도계수

호흡속도, 호흡강도라고도 말하는 호흡량(呼吸量, respiratory rate)은 생리상태를 나타내는 지표로서 청과물의 종류와 수확시에 숙성도에 따라서 차이가 있으며 환경온도에 의한 차이가 크다. 일반적으로 호흡량이 많은 청과물은 저장성이 나쁘다. 청과물의 환경온도를 저하시키면 호흡량은 저하하지만 대사이상(代謝異常)이 일어나지 않고 정상으로 유지된다.

이때 호흡은 효소를 촉매로 한 일종의 화학반응으로 온도가 10℃ 상승하였을 경우 반응속도를 나타내는 온도계수(thermal coefficient)를 Q_{10}이라 한다. 청과물의 Q_{10}은 2～3이고, 청과물의 종류와 온도에 따라 Q_{10}이 다르며 Q_{10}이 큰 청과물일수록 냉장효과가 크다.

표 7-1에서와 같이 25℃에서 시금치의 호흡량은 높지만 0℃에시 저장하넌 1/8로 저하되어 선도가 유지된다. 이 때문에 선도유지에는 저온을 유지하는 것이 좋고 일반적으로 빙결점의 1~2℃ 위의 온도가 적당하나, 저온에서 호흡저해에 의한 생리장해를 일으키고, 품질저하나 부패를 일으키는 청과물(바나나, 고구마, 오이 등)이 있기 때문에 주의를 요한다.

표 7-1. 주요 청과물의 호흡량과 온도계수(Q_{10})

청 과 물	호 흡 량* CO_2mg/kg/h	온도계수(Q_{10})	
		0.5～10℃	10～24℃
시금치	269.8	3.2	2.6
상치	154.6	1.6	2.0
오이	128.1	4.2	1.9
토마토	48.0	2.0	2.3
딸기	96.2	3.4	2.2
감자	13.9	2.1	2.2
당근	100.5	3.3	1.9

* 호흡량은 25℃에서 緒方 등이 측정

2) 호흡상(呼吸商)

호흡에 의하여 생기는 CO_2와 흡수된 O_2의 용적 또는 mole수의 비 CO_2/O_2을 호흡상(respiratory quotient, RQ)라고 한다. 호흡기질로서는 포도당이 이용되지만 이외의 물질도 호흡기질로 사용되어진다. 호흡기질 중에 O_2의 함유비가 높은 것은 대기 중의 O_2의 흡수량이 적더라도 완전히 분해되며, O_2의 함유비가 낮으면 역으로 된다. 대표적인 예를 나타내면 다음과 같다.

$C_6H_{12}O_6$(포도당) $+ 6O_2 \rightarrow 6CO_2 + 6H_2O$	$CO_2/O_2 = 6/6 = 1$	$RQ = 1$
$C_{18}H_{36}O_2$(stearic acid) $+ 26O_2 \rightarrow 18CO_2 + 18H_2O$,	$CO_2/O_2 = 18/26 = 0.69$	$RQ < 1$
$C_4H_6O_5$(malic acid) $+ 3O_2 \rightarrow 4CO_2 + 3H_2O$	$CO_2/O_2 = 4/3 = 1.33$	$RQ > 1$
$C_6H_{12}O_6 \rightarrow 2C_2H_5OH + 2CO_2$		$RQ = \infty$

3) 호흡작용과 O_2와 CO_2 농도

청과물이 생명체로서 정상적인 대사를 유지하는 데는 산소가 1～5% 존재하면 충분하나 대기 중에는 21%의 산소가 존재하여 호흡량이 높아지기 때문에 산소량을 감소시키면 호흡량이 억제되어 저장성이 증가한다. 또한 공기 중의 0.03% 탄산가스는 호흡작용에 영향을 미치지 않지만 농도를 3% 이상으로 높이면 호흡을 감소시키는 작용이 있다. 그러나 고농도로 되면 가스장해와 무기호흡을 일으켜 변질, 부패의 원인이 된다. 다른 이용법으로서 90% 탄산가스를 감의 탈삽(脫澁)에 쓰이고 있고 산소와 탄산가스의 농도를 잘 조절하여 가스저장에 쓰이고 있다.

4) 습도와 호흡작용

습도는 호흡작용에 큰 영향을 미치지 않지만 일반적으로 약한 건조상태에서는 습한 상태에서 보다 호흡을 억제한다. 감귤류는 과습(過濕)상태에서 호흡이 촉진되기 때문에 건조한 상태에서 저장하고 있으나 고구마는 습도가 높게 되면 호흡이 감소한다. 또한 습도는 증산작용에 크게 영향을 미치므로 저장에 대단히 중요하다.

7.1.2. 추 숙(追熟, ripening)

과실 중에는 약간 미숙한 때에 수확하더라도 추숙이 진행되어 착색, 착향, 연화 등의 외관적 변화와 더불어 내부에서는 전분이 당으로 변화하는 등의 성분변화를 일으켜 생식에 적당하게 되는 종류가 있으며 바나나, 아보카도, 토마토 등이 알려져 있다. 미숙과실은 비교적 단단하여 손상이 적기 때문에 수송에 편리하다. 그러나 감귤류, 포도, 배 등은 추숙이 일어나지 않기 때문에 나무에서 성숙시켜 식용 적기에 수확하여 이용하는 과실도 많다.

1) 추숙생리

추숙은 과실의 비대 성장이 끝난 시기로부터 급격히 시작되는 생리현상으로, 호흡이 상승하고 ethylene가스 등과 더불어 효소활성이 왕성하게 되고 여러 가지의 성분변화를 일으켜 추숙이 진행되며 호흡과 밀접한 관계를 가지고 있다. 추숙에 앞서 먼저 나타나는 호흡상승을 climacteric rise라고 부르고 추숙이 일어나지 않는 과실은 이 현상이 나타나지 않는다. 이러한 현상을 기준으로 하여 climacteric 과실과 non-climacteric 과실, 중간형의 과실로 분류한다(그림 7-1, 7-3).

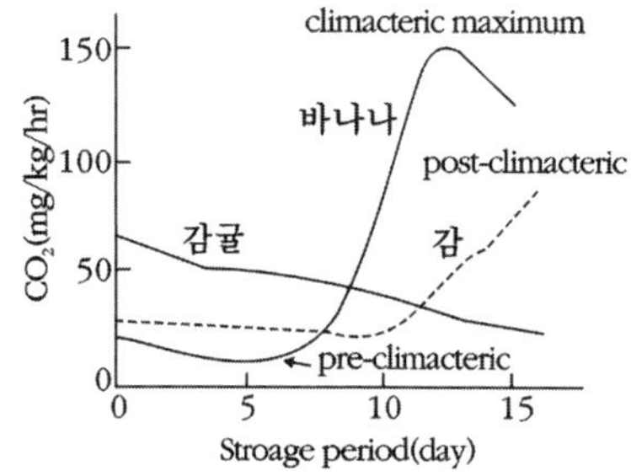

그림 7-1. 수확 후 과실의 호흡형 (岩田 등, 1969)

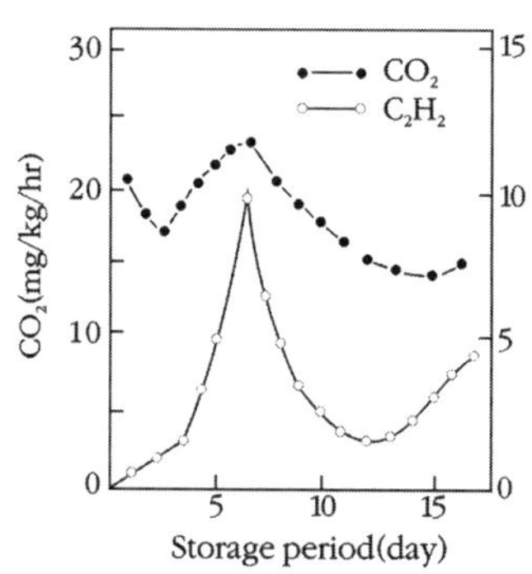

그림 7-2. 토마토 추숙에 따른 호흡상승과 (ethylene의 배출, 小倉 등)

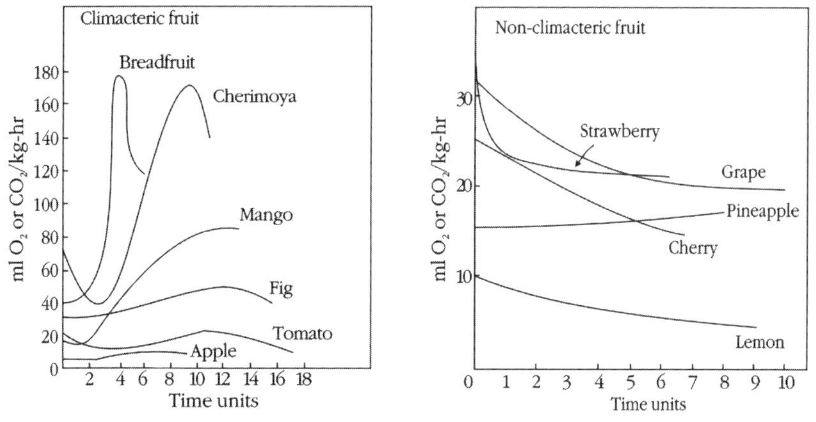

그림 7-3. 과실의 호흡형 (자료 : Biochemistry of fruit ripening, 1993)

토마토는 climacteric 과실로서 호흡상승이 일어나는 조금 전이거나 동시에 ethylene이 배출되고 ethylene이 대사전환의 고리를 푸는 물질로 알려져 있다(그림 7-2). 바나나에 ethylene을 처리하면 호흡상승이 일어남과 동시에 황색으로 착색되어 추숙이 진행된다. 추숙이 일어나지 않는 감귤류도 ethylene을 처리하면 호흡상승과 추숙이 나타난다.

2) Ethylene 생합성과 작용

Ethylene(C_2H_4)은 식물조직의 노화(senescence), 과실의 추숙, 낙엽, 낙과, 꽃의 시들음, 효소의 유도 등 다양한 생리작용을 나타내는 물질로서 일종의 식물 호르몬이며, 선도유지의 방해요인으로 작용하기도 한다. 식물자신이 ethylene을 배출하지만 그의 생합성과정과 조절 기구는 복잡하며, methionine으로부터 생합성 되는 것으로 알려져 있다.

3) 추숙과 환경조건

수확 후에 토마토가 적색으로 변화하고 바나나가 황변(黃變), 연화(軟化)하는 추숙현상은 당연한 것으로 생각되지만 적온의 범위 안에서만 진행하는 형상이다. 토마토와 바나나는 10℃ 이하의 저온에서는 추숙은 진행되지 않으며 30℃ 이상의 온도에서는 토마토 과실의 chlorophyll 분해는 일어나지만 lycopene이 생성되지 않고 과실은 황색으로 변화한다. 또한 연화에 작용하는 polygalacturonase의 활성은 추숙에 의하여 증가하지만 저온, 고온에서는 억제되어 추숙은 정상적으로 진행되지 않는다(그림 7-4). 또한 CO_2는 호흡을 억제하며 CO_2의 농도가 높아지면 추숙을 억제하는 효과가 높아지고 ethylene의 생합성을 저해하는 것으로 알려지고 있어 추숙에는 적절한 환경조건이 필요하다.

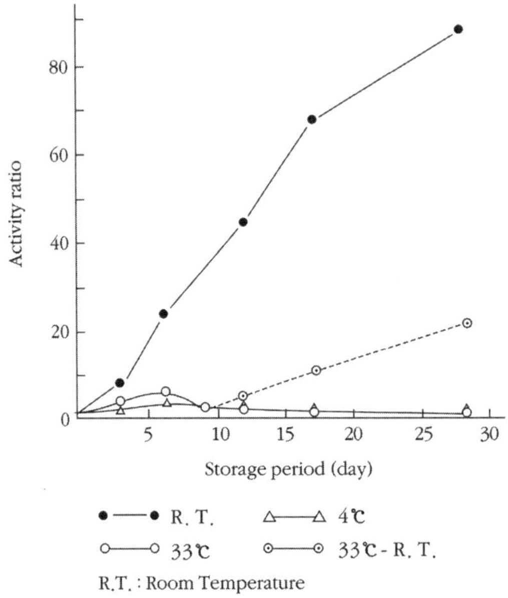

그림 7-4. Polygalacturonase의 활성에 미치는 온도의 영향(小倉 등)

7.1.3. 증 산(蒸散, transpiration)

과실, 채소의 증산작용은 호흡작용과 더불어 중요한 생리작용으로서 수확 전의 증산은 생리상 중요한 기능을 하지만 수확 후에는 생리적 의의는 없지만, 저장 중에 증산작용의 정도는 신선도 및 감량으로써 상품적 가치를 좌우한다. 또한 청과물은 수확시 중량에 대하여 5% 정도 감량이 일어나면 신선도가 떨어지고 광택이 없어지며 주름이 나타나기도 한다. 일반적으로 과도한 증산은 과실, 채소를 시들게 하고, 방향이 없어져 품질이 저하되지만 저장고 습도를 높이면 증산이 억제되고 병충해의 피해가 일어나기 쉬우며 과실, 채소에 생리장해를 일으키는 원인이 되기도 한다. 과실, 채소의 증산은 일반 식물과 같이 표피증산과 기공(氣孔)증산이 있으며, 일반적으로 과실의 표면은 cuticle층을 가지고 있어서 수분이 빠져나가기가 어려워 표피증산은 미미하며, 대부분의 증산은 기공을 통하여 일어나고 있다. 일반적으로 크기가 작은 과실은 큰 과실에 비하여 동일 중량에 대한 과피 면적의 비율이 크기 때문에 증산량도 많아지게 된다. 과실, 채소의 증산작용에 미치는 요인으로는 ① 저장고의 습도, ② 저장고 내의 공기 흐름, ③ 온도, ④ 기압, ⑤ 화학물질 등이 있으며, 주요 인자로는 온도와 습도가 있고 이 중에서 습도가 가장 많은 영향을 미친다. 과실, 채소의 저장에 있어서 증산을 억제하는 데에는 저온과 고습이 효과적이지만 필요에 따라 wax, plastic처리를 하기도 한다.

7.1.4. 휴 면

식물은 주위의 나쁜 환경에 견디어 냄으로써 자기 종을 보존하도록 되어 있으며 그 대표적인 것이 휴면(休眠)이다. 휴면 기작은 분명이 밝혀져 있지 않지만 생리 촉진물질과 억제물질의 양적관계에 의하여 일어나는 것이라고 알려져 왔다. 근년, 휴면을 촉진하는 물질은 abscisic acid이며, 생리를 촉진시켜 휴면을 각성시키는 물질로 gibberellin을 들 수 있다. 양파, 감자 등은 저장과정 중에 발아(發芽), 발근(發根)을 일으켜 식품적 가치를 저하시켜 상품성이 떨어지기 때문에 장기저장을 하고자 할 때 휴면상태를 어느 정도 오래 동안 계속시키는 것이 필요하다. 휴면을 하는 채소는 저장을 위하여 수확한 것을 잘 표면 건조한 후 가능한 한 빨리 0℃로 냉장하지 않으면 안 된다. 휴면에 들어간 것을 냉장하면 역으로 저온에서 자극되어 발아하게 된다.

7.1.5. 유통과 저장 방법

1) 유통의 전처리

수확한 청과물은 선별, 포장 등을 거쳐서 유통경로에 따라서 소비자에게 도달한다. 유통은 여러 단계의 과정을 거치게 되어 시간이 많이 소요되므로 선도가 저하하고 품질이 저하한다. 이를 방지하기 위하여 여러 가지 조작을 하고 있다. 품질이 좋은 청과물을 유통시키기에는 적기에 수확하여야 하며, 수확적기를 판정하는 것은 어렵기 때문에 일반적으로 외관, 착색도, 비중 및 당분 함량에 의하여 판정하지만 최근에는 과실을 파괴하지 아니하고 과실 내부의 색도 및 당 함량을 측정하는 분석기술도 이용하고 있다.

2) 예　냉(豫冷, precooling)

수확한 청과물의 품온(品溫)을 가능한 한 빨리 떨어뜨려 호흡과 증산량을 저하시켜 선도를 유지하는 것은 대단히 중요한 일이다. 수송 및 저장 전에 수확하는 즉시 품온을 저하시키는 조작을 예냉이라 한다. 기온이 높은 여름에 수확된 청과물은 호흡이 왕성하여 호흡열에 의한 품온이 상승함으로써 선도와 품질이 급속히 저하한다. 여름에 수확한 상추나 옥수수 등은 진공 예냉시키면 예냉효과가 매우 크다. 예냉 방법은 강제통풍냉각, 차압 통풍냉각, 진공냉각(vacuum cooling), 냉수냉각(hydro cooling) 등이 있다.

3) 저장 방법

청과물을 신선한 상태로 유지하는 일은 생식용이나 가공용 소재로서 대단히 중요하며 청과물 자신이 가지고 있는 유전적 성질도 있고 비교적 저장성이 높은 것과 저장성이 낮은 것 등 종류가 다양하다. 저장은 품질저하에 관련되어 있는 생리작용을 억제하여 성분의 소모를 적게 하고 미생물 오염에 의한 부패를 방지하는 것이다. 그러나 청과물에 일어나는 악변현상은 여러 가지 원인이 중첩되어 일어나는 것이 보통이다. 따라서 각각의 청과물에 대하여 적당한 저장 방법이 있다.

(1) 저온저장(cold storage)

저온에서는 청과물의 호흡과 증산이 억제되어 성분의 소모가 적어지고 미생물의 활동도 억제되기 때문에 냉장(冷藏)을 이용하면 저장효과가 상승한다. 냉장조건은 청과물에 따라 다르며 주요한 과실, 채소의 일반적인 저장조건과 저장기간을 나타내면 표 3-6과 같다. 보통은 빙결점보다 1～2℃ 높은 온도에서 최적조건을 가지고 있는 청과물이 많지만 10℃ 이상에서 최적조건을 가지고 있는 것도 있다. 이러한 청과물은 적온보다 저온에서 저장하면 pitting, 내부갈변, 수침상 연화(水浸狀 軟化), 부패 등의 현상이 나타나 현저하게 품질이 저하하는데 이는 호흡대사 이상에 의한 독성물질의 축적, 생체막의 변성에 의한 막투과성의 변화 등에 의한 것이라고 알려져 있다.

표 7-2. 과실의 최적저장조건 및 저장기간

과 실	저장온도(℃)	상대습도(%)	저장기간	평균동결온도(℃)
사 과	-1.1~-0.6	85~90	6~12개월	-2.0
배	-1.7~-0.6	88~92	2~7개월	-1.9
복숭아	-0.6~0	85~90	2~4주일	-1.4
포 도	-1.1~-0.6	88~92	3~6개월	-3.9
감	-1.1	85~90	1~2개월	-2.1
앵 두	-0.6~0	85~90	1~2주일	-2.2
딸 기	-0.6~0	85~90	7~10일	-1.2
오렌지	3~4	85~90	8~10주일	-2.2~-2.6

표 7-3. 채소의 최적저장조건 및 저장기간

채 소	빙결점	냉각냉장		
		온 도(℃)	습 도(%)	기 간
아스파라거스	-0.9	0	90~95	3~4주일
양배추	-1.0	0	90~95	3~4주일
당 근	-1.8	0	90~95	10~14주일
셀러리	-0.6	-0.6~0	90~95	2~4주일
오 이	-0.8	7~10	90~95	10~14일
가 지	-0.9	7~10	85~90	10~12일
파	-0.9	0	90~95	1~3월
버 섯	-1.1	0~1.7	85~90	3~ 5월
양 파	-1.1	0	70~75	6~ 8월
그린피스	-1.1	0	85~90	1~2주일
감 자	-1.2	1~4	80~90	4~5월
호 박	-0.9	0~4	85~90	10~14일
시금치	-0.4	0	90~95	10~14일
고구마	-1.5	13~16	90~95	4~6월
토마토(미숙)	-0.9	13~21	90~95	2~5주일
토마토(완숙)	-0.9	13~21	85~90	7~9일

(2) 가스저장(controlled atmosphere storage, CA저장)

대기조성은 질소 78%, 산소 21%, 탄산가스 0.03%로 구성되어 있으나 공기와 다른 가스조성을 인위적으로 조절하여 가스 중에서 청과물을 저온저장하는 방법을 CA저장이라고 한다. 가스조성은 저산소(3~5%), 고탄산가스(2~5%)을 이용하지만 청과물의 종류, 품종, 숙도에 따라 가스조성은 다르게 된다. 산소는 1~2%이면 좋다고 인정하고 있지만 결핍되면 무기호흡을 일으켜 변패한다. 고농도의 탄산가스는 청과물의 효소작용을 억제하여 대사에 장해가 발생되어 변패한다. 주요 과실, 채소의 CA 저장조건을 나타내면 표 7-4와 같다. 이 방법은 저온저장으로만 한 것보다 고품질을 유지할 수 있고 저장기간을 연장할 수 있다. CA저장은 이론적으로는 우수한 저장 방법이지만 가스조성의 조절이 어렵고 비교적 큰 설비를 하여야 하기 때문에 실용화가 광범위하게 이루어지지 않고 있으나 사과 및 밤 저장에 일부 이용되어 있다.

PE film으로 청과물을 포장하여 냉장하면 호흡에 의하여 포장 내에 공기의 산소가 감소하고 탄산가스가 증가하지만 film의 가스투과성의 성질에 의해서 산소 및 탄산가스농도가 청과물 저장에 적당한 농도에서 평형을 이루어 CA 저장과 같은 환경조건을 만들어 주는 modified atmosphere(MA)저장을 간편하게 이용하기도 한다.

표 7-4. 과실, 채소의 가스저장조건

종류 · 품종		온 도(℃)	탄산가스(%)	산 소(%)
사과	(욱)	3.5	2.5	3
	(홍옥)	0	5	3
	(홍옥)	4.5	6	3
	(델리셔스)	0~1	1~2	2~3
	(델리셔스)	0~1	1	3
	(골덴델리셔스)	−1~0	1~2	2~3
	(골덴델리셔스)	1.5~2	5	3
배	(바아렛)	0	7~8	4~5
	(바아렛)	0	5	0.5~1
	(코미스)	0.1~1.5	5	5
	(파스크라산)	5	9~13	2~3
	(이십세기)	0	4	5
	(국수, 신홍)	0	13이하	6~10이상
감	(부유)	0	8	2
	(팽화무)	0	3~6	3~5
복숭아	(대구보)	0~2	7~9	3~5
매실		0	3~5	2~3
밤	(축파)	0	6	3
바나나		12~14	5~10	5~10
귤	(온주)	3	0~2	10
딸기		0	5~10	10
토마토		6~8	5~9	3~10
노지멜론		3	3	0~10
시금치		0	10	10

(3) 기타 방법

감압저장법(reduced pressure storage)은 청과물을 100~200 mmHg의 감압 하에서 저장하면 저장성이 높아지며, 특히 추숙이 일어나는 과실 저장에 적당하다. 감압에 의해서 과실 내외의 ethylene이 제거됨과 동시에 산소분압이 감소하여 일종의 CA저장이 되는 셈이며 실용화에는 어려운 점이 있다.

방사선조사(gamma irradiation)는 열처리하지 아니하고 살균, 살충, 생육저해 등의 효과가 인정되기 때문에 식품저장에 아주 유효한 방법이다. 그러나 조사시에 부반응에 의한 변질과 안전성이 문제점으로 남아 있고 제한된 범위에서 사용이 허용되고 있다. 청과물에서는 저선량(低線量)으로 살균, 살충에 의한 저장기간을 연장할 목적과 감자나 양파의 발아방지에 사용하고 있다.

Curing은 고구마의 저장에 쓰이는 방법의 하나이다. 고구마는 저온장해를 일으키기 때문에 13~15℃에서 겨울에 저장하고 있으나 이러한 온도에서는 미생물의 활동을 억제할 수 없으므로 땅에서 캐어낼 때 생긴 상처부위에 오염되어져 부패하기 쉽다. 상처 치유 목적으로 32~35℃, 습도 90% 이상의 고온 다습한 곳에서 3~5일간 저장할 필요가 있다. 이를 curing이라하며 이러한 처리를 하는 동안에 cork층이 발달하여 상처를 막히게 하면 미생물 및 저온에 대한 저항성이 높아져 저장효과를 높인다.

7.2. 과실가공

7.2.1. 과실의 가공학적 특성

과실은 일반적으로 수분을 많이 함유하고 있고 포도당, 과당 및 설탕 등의 당분과 sorbitol과 같은 당알코올을 많이 함유하고 있어 저장성이 낮지만 오히려 많은 수분 함량과 당분을 이용해 주스와 같은 가공품을 생산할 수 있는 장점을 가지고 있다. 또한 citric acid와 같은 유기산과 ester를 포함한 각종 방향성분을 많이 가지고 있어 당분과 함께 조화된 상쾌한 맛을 준다. 또 잘 익은 과실에는 anthocyanin계 색소, carotenoid계 색소, flavonoid계 색소 등 저마다 특유의 색소를 함유하고 있어 기호성을 돋구기도 하며 각종 비타민과 무기질이 풍부할 뿐만 아니라 과실에 따라서는 pectin을 많이 함유하고 있어 주스 가공에는 품질을 떨어뜨리는 원인 물질이기도 하지만 잼 및 젤리 가공에도 꼭 필요한 성분이기도 하다. 이외에 과실에는 비교적 적게 들어있는 단백질과 tannin과 같은 성분은 가공시 품질을 떨어뜨리는 원인 물질이기도 하다. 따라서 과실을 이용한 가공품 제조시 장점이 되는 성분의 물질을 잘 이용한다면 좋은 가공품이 만들어질 수 있다.

1) 원 료

우리나라에서 주로 재배, 생산되는 과실류는 사과, 배를 비롯하여 포도, 복숭아, 감, 감귤, 자두, 매실 및 살구를 들 수 있으며 표 7-5와 같이 2004년 통계자료에 의하면 생산량으로는 감귤이 584천톤으로 가장 많았고 배, 포도, 사과 그리고 복숭아 순으로 생산되었으며, 생산면적으로 볼 때는 사과재배면적이 27천ha로 가장 높았고 기타 배, 포도, 복숭아는 비슷한 수준이었으며 과실류의 1인당 연간 소비량으로 볼 때 감귤이 15.2 kg으로 가장 많았고 배, 포도, 사과, 복숭아 및 단감의 순으로 소비량이 많았다. 2003년도 가공실적으로 볼 때 감귤이 122.1천톤으로 가장 높았으며 사과, 포도, 복숭아 및 배의 순서로 가공에 사용되어졌다. 이 외에 매실이 우수한 기능성을 가지고 있어 해마다 우리나라에서 재배 생산되는 양이 급격히 증가하고 있는 추세이다.

표 7-5. 과실의 생산, 가공실적 및 연간소비 현황

연도	사 과			배			포 도			감 귤			복숭아		
	생산량 (천톤)	1인당 소비량 (kg)	가공 실적 (천톤)	생산량 (천톤)	1인당 소비량 (kg)	가공 실적 (천톤)	생산량 (천톤)	1인당 소비량 (kg)	가공 실적 (천톤)	생산량 (천톤)	1인당 소비량 (kg)	가공 실적 (천톤)	생산량 (천톤)	1인당 소비량 (kg)	가공 실적 (천톤)
1980	410	10.8	3.8	60	1.5	-	57	1.5	18.3	161	4.2	23.8	89	,2.3	10.9
1985	533	13.0	8.3	128	3.1	-	150	3.7	13.4	371	9.1	71.2	132	3.2	12.4
1990	629	14.5	28.0	159	3.6	-	131	3.1	27.0	493	11.5	149.5	115	2.7	25.6
1995	716	15.8	142.4	178	3.9	0.7	316	7.0	29.5	615	14.0	32.3	130	2.9	16.9
1996	651	14.2	61.5	219	4.7	26.4	357	7.9	25.1	514	11.7	21.2	128	2.8	15.2
1997	652	14.1	60.4	260	5.6	29.3	393	8.8	16.7	649	14.9	6.3	147	3.2	7.4
1998	459	9.8	32.3	260	5.5	6.6	398	8.6	18.3	512	11.8	10.1	151	3.3	7.7
1999	490	10.5	23.0	259	5.5	4.0	470	10.2	9.0	624	13.9	45.0	157	3.4	15.0
2000	489	10.4	38.0	324	6.7	4.0	476	10.3	7.7	563	14.0	30.1	170	3.6	10.3
2001	404	8.4	33.9	417	8.6	4.5	454	9.7	14.8	645	15.5	49.6	166	3.5	9.9
2002	433	9.0	43.0	386	7.8	4.4	422	9.0	10.6	643	15.5	163.6	188	4.0	8.8
2003	365	7.5	36.3	317	6.3	4.3	376	8.1	8.8	632	16.0	122.1	189	4.0	8.2

(자료 : 농림부, 통계청, 2004)

과실류는 당분, 유기산, 비타민 및 각종 무기질이 풍부하게 함유하고 있어 생식으로 이용되는 것이 가장 바람직하지만 저장성이 매우 높은 사과, 배를 제외하고는 대부분 저장성이 낮아 연간 생식하기가 어렵다. 따라서 과실에 따라 적절한 방법을 이용해서 가공품을 만들 필요가 있게 된다.

일반적으로 과실을 이용해서 만드는 가공품으로는 주스류가 생산량이 가장 높고 이외에 과실에 따라 잼 및 젤리류, 마아말레이드류, 통조림, 건과류 등을 들 수 있으며 현대에 와서는 각종 건강에 좋은 식품을 섭취하고자 하는 목적으로 과실을 이용한 추출물, 가열 농축한 즙액 등이 가공되어지고 있다. 또한 과실을 이용한 침출주 및 발효주와 같은 주류 생산, 식초와 같은 발효식품 가공도 이루어지고 있다.

과실에 따라 주된 특성 및 가공제품을 소개하면 다음과 같다.

(1) 사 과

사과는 세계적인 과실 중의 하나로 사과나무의 원산지는 발칸반도로 알려져 있으며 북미, 캐나다, 북유럽 등지가 세계 산지이고 우리나라에서는 예산, 대구, 충주 등이 주산지이다. 우리나라에 처음 도입되어 재배된 품종은 국광과 홍옥이었으며 70년대까지는 이 품종이 주를 이루었으나 현재에는 후지(부사)가 주된 품종으로 자리 잡고 있다. 그러나 후지는 만생종이므로 추석 때 요구되는 사과로는 저장성과 맛은 좀 낮지만 쓰가루와 홍로도 일부 재배되고 있다. 사과의 무게는 후지가 약 300g정도이고 쓰가루는 250～300g, 홍로는 350g 정도이며, 당도는 모두 13°Brix 이상이 나오며 품종에 따라 유기산 함량에 차이를 보이고 있어 0.3～0.8%정도로 사과산과 구연산이 주이며, 비타민 C가 2～5mg%를 함유하고 있고 주된 방향성분으로는 caproic acid의 amylester와 알코올 및 aldehyde류 등이 서로 결합하여 방향을 낸다. 또한 사과는 여러 기능성 물질을 많이 함유하고 있어 영양적인 가치보다는 기능적인 측면에서 더 섭취가 요구되어지는 과실이다. 즉 다른 과실에 비하여 pectin 함량이 0.03～0.3%정도로 풍부히 들어있어 정장작용 및 변비 예방, 콜레스테롤 저하, 당뇨병 및 대장암예방 등의 기능성을 주며 진해, 진정작용이 있는 amygdalin을 함유하고 있고 각종 폴리페놀 성분이 다량 함유되어 있어 강한 활성산소의 발생을 억제함으로써 발암억제, 생체면역기능 강화, 동맥경화 예방 등의 기능성을 가지고 있다. 이러한 사과의 용도는 주로 생식용이지만 가공으로는 주로 주스, 잼, 젤리, 식초, 술, 건사과 및 당절임사과 등으로 이용되고 있다.

(2) 배

배는 현재 생식용으로 재배되고 있는 배속식물로는 동양계 중 남방형인 일본배, 북방형인 중국배 및 유럽계인 서양배로 나뉘며 우리나라에서 재배되어지고 있는 품종으로는 기후 상으로 일본배 재배가 주를 이루고 있어 신고를 비롯하여 원황, 풍수, 장십랑, 황금배, 영산배, 화산배, 감천 및 추황 등이 있지만 저장성과 맛이 우수한 신고배가 약

80%이상을 재배되고 있으며, 이외에 황금과 원앙이 재배되고 있다. 또한 주된 재배단지는 전남이고 충남, 경기, 경북 순으로 재배 생산되고 있다. 배의 영양가치로는 칼륨, 칼슘, 나트륨 및 마그네슘 등의 무기질이 다른 과실에 비하여 높아서 강한 알칼리성 식품으로 들어간다. 또한 배는 과육 속에 식물성 protease가 함유되어 있어서 소화를 도울 뿐만 아니라 고기의 연육제로도 이용되는 과실류이다. 또한 과실육이나 과피에 소화효소 및 tannin 성분이 다량 함유하고 있어서 한방에서는 천식, 숙취 및 백일해 등에 효과 있는 약재로도 쓰이고 있다. 이러한 배의 용도로는 주로 생식용이지만 과실가공품으로도 이용되는데 우리나라에서 주된 제품으로는 주스류가 가공되어지고 있고 구미각국에서는 통조림도 생산되어지고 있다. 최근 들어 배를 130℃의 고온에서 4시간 이상 장시간 가열하여 착즙한 배즙이 폴리페놀성 물질과 flavonoid 물질의 함량증가 및 5-hydroxymethyl-2-furfuraldehyde(5-HMF)증가 등으로 항산화효과 및 항암효과가 증가하는 등 여러 기능적인 측면에서 우수한 기능성 결과가 보고됨으로써 소비자들의 배즙에 대한 기호도가 증가하고 있는 실정으로 2004년도 이후 배를 이용한 배즙 생산량이 급격히 증가하는 추세이다.

(3) 포 도

포도는 주로 유럽종과 미국종 및 그들 상호간의 교배종 등 세 종류로 나누어지는데 전 세계적으로 재배되는 포도 중 90%이상이 유럽종 포도이다. 우리나라에서 포도재배는 하우스재배로 많이 생산되어지고 있는데 주품종은 Campbell Early, Delaware, Niagara, Black Hamburg, Mascut Bailey A 등이며, 이 품종이 전체 시설재배면적의 80%이상을 차지하고 있다. 포도의 영양가치로는 당분이 15～20%, 주석산이 주로 함유된 유기산이 0.3～1.0%, alanine을 포함한 10여종의 아미노산과 무기질, 비타민 C와 B군이 풍부히 들어있어 피로회복에 좋은 열량이 높은 과실 중의 하나이다. 특히 포도껍질에는 anthocyanin계 색소가 상당량 함유되어 있어서 이를 섭취하면 혈관벽 강화작용을 하는 효과도 주며, 특히 포도 및 포도를 발효시켜 적포도주를 만들게 되면 resveratol이라는 항산화성이 높은 물질이 다량 증가되어지는데 이 성분은 체내에서 지질대사를 촉진시켜 주고 혈소판 응집을 예방하여 동맥경화 및 뇌졸중에 의한 병을 예방할 수 있는 물질이기도 하다. 또한 최근 포도를 이용한 주스 가공 시 부산물로 얻어지는 포도 씨에 항산화 및 항암예방 물질이 함유되어있다는 보고에 의해 포도씨를 이용한 식용유 및 각종 정제품도 만들어지고 있다. 포도의 주 용도는 총생산량의 85%이상이 포도주 양조에 이용되어지며, 생식용으로는 10%에 해당되고 이외에 주스, 잼, 건포도 등으로 가공되어지고 있다.

(4) 감 귤

감귤은 연 평균 기온이 15℃이상이 되어야 재배할 수 있는 준인과류에 속하는 아열대성 상록과수로 동남아시아 각지에 자생하고 있으며 우리나라는 제주도 남해지방에 국한되어 재배되고 있다. 감귤류는 귤속, 금귤속 및 탱자속으로 구분되며, 우리나라에서 재배되는 주요 품종은 온주밀감, 여름밀감, 와싱턴, navel orange, lemon 및 금감 등이 있다. 영양적인 가치로는 당분이 8~12%, 구연산이 1~2%, pectin이 풍부하고 비타민 C가 20~50mg%로 많이 들어있다. 특히 감귤의 과피에는 비타민 P가 2%정도 많이 함유하고 있으며 hesperidin, naringin, citrin 등이 함유되어 있어 쓴맛을 주기도 하나 최근 이들 성분이 각종 기능성이 인정되어지고 있는 바 감귤 가공시 부산물로 얻어지고 있는 과피를 이용한 각종 기능성 식품 및 약제가 생산되어지고 있다. 감귤의 주 용도는 생식용 외에 주스류, 잼, 젤리 및 마아말레이드류, 과자류 및 술 등의 가공에 이용되고 있고, 또한 구연산과 같은 제품생산에 감귤이 이용되기도 한다.

(5) 복숭아

복숭아는 장미과 자두속 *amygdalus* 아속에 속하는 낙엽 교목성 나무로 중국이 원산지이며 실크로드를 통하여 서양으로 전파되었다. 현재 주요 생산국은 중국, 미국, 이탈리아, 스페인 등이다. 복숭아는 과육이 흰 백도와 노란 황도로 나뉘기도 하고 이핵종과 점핵종으로 나누어지기도 한다. 이 핵종은 씨가 과육과 잘 분리되지만 씨가 떨어져 나간 과육부분에 anthocyanin색소가 함유되어 있는 것으로 주로 생식용으로 사용되고 점핵종은 씨가 과육에서 잘 분리되지 않는 종으로 과육부분에 anthocyanin색소가 없으며 주로 가공용으로 이용되어진다. 우리나라에서 재배되고 있는 주요 품종으로는 창방조생, 백미조생, 월봉조생, 백도, 유명, 유백 및 장호원 황도 등이 있다. 복숭아의 영양적 가치로는 비타민 A, C가 많이 들어있고 pectin질, 유기산과 무기질이 풍부하며 다량의 단백질과 아미노산이 함유되어 있어 영양적으로 가치가 높은 과실에 속한다. 또한 기능적인 측면에서 각종 폴리페놀성 물질이 함유되어 있어 항산화, 항암, 혈중 cholesterol저하, 항균작용 등의 기능성이 있으며 amygdalin, campferol, β-carotene 등이 함유되어 있어 한방에서 기침해소, 신경안정작용 및 이뇨작용 등의 치료약으로도 이용한다. 복숭아의 주 용도는 생식용이지만 가공식품의 대표적인 제품으로는 과육이 단단한 황도를 이용하여 만든 통조림을 들 수 있으며 이외에 주스, 잼, 건과류 및 술 등의 가공제품에 이용되고 있다.

(6) 감

감은 동아시아 특유의 과수로서 한국, 중국, 일본이 원산지이다. 감은 크게 단감과 떫은 감으로 대별되며 우리나라에서 재배되는 주된 단감품종으로는 만생종인 부유, 중생종인 차랑 그리고 조생종인 서촌조생과 대안단감이 있으며, 떫은 감으로는 사곡시, 청도반시 및 일본의 오래된 재래품종인 갑주백목이 있다. 감의 영양적인 가치로서는 유기산 함량이 낮은 반면, 당 함량이 높아 감미가 높으며 tannin 함량이 높아 떫은 맛을 내지만 carotene 성분과 함께 고혈압예방, 혈중 알코올농도 저하 등의 좋은 기능성을 나타내기도 한다. 특히 어린 감잎에는 비타민 C가 0.5%나 함유되어 있어 감기예방, 당뇨병, 신장염에 의한 부종예방, 순환기질환 및 위궤양 등의 병에 특효약으로 쓰인다. 감의 주 용도로는 단감은 주로 생과로 이용되고 떫은 감은 탈삽과 연시, 건시(곶감), 식초 및 술 등에 주로 이용되고, 이외에도 감 장아찌 같은 종류들의 가공에 이용되기도 하며 최근 감은 건조 분말로 만들어 각종 장류식품의 첨가제로도 사용되어지고 있다.

(7) 매 실

매실은 장미과에 속하는 낙엽교목으로 원산지는 중국의 사천성과 호북성의 산간지로 알려져 있다. 그 이용형태에 따라 꽃을 관상으로 하는 화매와 과실을 이용하는 실매로 대별되고 개화기의 조만에 따라 조, 중 및 만생종으로 분류하며, 실매의 경우 크기에 따라 대, 중, 소매라 하고, 산미의 정도에 따라 산매와 감매, 숙기에 따라 청매와 황매(숙매)로 분류하기도 한다. 매실은 과실 중에 당 함량이 가장 낮고 4～5%의 함량을 가진 유기산 함량이 가장 높은 과실로 주로 생식으로 이용되기 보다는 가공품 생산에 주력하고 있는 과실이다. 우리나라에서 재배되고 있는 매실의 주품종은 고성, 옥영, 앵숙, 매향, 화향실, 백가하, 풍후 및 남고 등이 주를 이루고 있다. 매실은 과육이 약 80%을 차지하는 것으로 그 영양적인 가치로는 구연산을 비롯한 유기산 함량이 풍부하고 칼슘, 칼륨 등의 무기질과 catechic acid, pectin, tannin 등이 함유되어 있어 강한 알칼리성 식품에 들어간다. 또한 한방에서의 매실은 강한 항균작용과 정장작용을 가지고 있어 위장강화, 배탈, 지혈, 해독 및 구충제로 쓰인다고 한다. 매실의 주 용도로는 생식용보다는 주로 매실주, 매실발효액, 매실시럽, 매실절임 및 장아찌 등의 가공에 이용되어지고 있다.

2) 가공원료의 수확과 처리

(1) 수확 및 선택

우선 과실을 가지고 어떤 가공품을 만드느냐에 따라 과실의 수확적기를 파악하고 이에 맞는 적합한 원료가 선택되어져야 한다. 즉 생식용 과실로서는 적당하다고 하더라도 가공에는 적합성이 떨어질 수 있기 때문이다. 또한 가공제품에는 색깔, 향기 및 품질에 영향이 크므로 수확한 원료가 품질이 일정할 필요가 있으며 수확한 원료는 가급적 빨리 전 처리하여 이용하는 것이 좋다.

(2) 원료처리

수확한 원료는 가공하기 이전에 고르기, 씻기, 데치기, 핵 빼기, 겹질 벗기기 및 파쇄 등의 처리를 과실에 따라 거칠 필요가 있다.

① **고르기** : 수확한 원료를 잘 고르면 제품의 품질을 일정하게 유지하는 데 도움을 줄 뿐만 아니라 제품의 가치를 높일 수 있고 제조상의 기술적 조작을 표준화시키고 작업능률을 올릴 수 있으므로 원료를 잘 고를 필요가 있다. 과실 고르기의 기준으로는 품질, 숙도, 불완전과실, 크기 및 색깔에 의해 주로 고르기를 행한다. 때에 따라서는 생산지의 재배 방법이나 화학적 성분을 기준으로 고르는 경우도 있다. 최근에는 간이용 당도계나 색도계 등이 많이 이용되고 있어서 원료를 고르는 데 많은 도움을 주고 있다(그림 7-5).

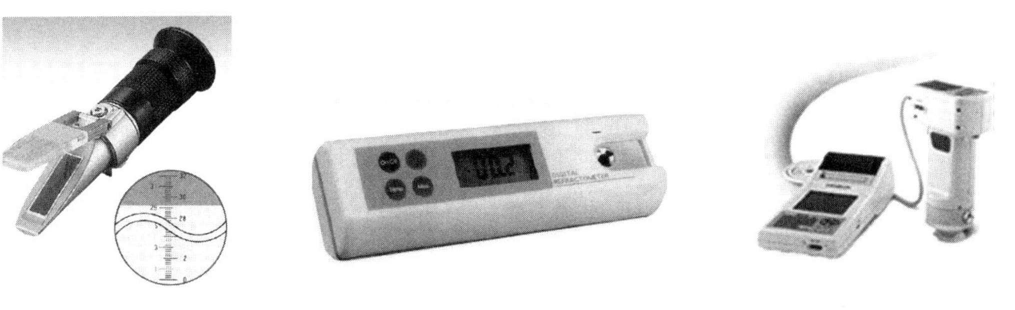

그림 7-5. 간이용 당도계, 디지털 당도계 및 염도계, 간이용 색차계

② **씻기** : 원료에 따라서 흙, 모래나 먼지, 약제 및 미생물 등이 부착되어 있다. 이들은 가공시 혼입될 경우 품질저하 원인이 되므로 세척공정을 반드시 거쳐야 한다. 씻는 방법에는 침지세척법, 교반세척법 및 살수세척법 등이 있는데 각 원료에 따라 적당한 방법을 사용하는 것이 좋다. 그러나 대부분의 세척법이 이들 방법 하나로만은 세척이 충분하지가 않기 때문에 대부분 공장에서는 침지와 교반을 병행하던지 침지와 살수를 병행하여 세척하는 방법을 이용하고 있다. 일반적으로 과육이 연한 과실은 교반을 하게 되면 과육이 부서질 염려가 있으므로 침지 후 살수하여 세척을 하게 된다. 이때도 살수시 세척수의 압력, 물줄기의 크기 및 세척물과의 거리를 적당히 조절하여 세척의 효율을 높일 필요가 있게 된다. 또한 교반세척은 물을 이용하여 교반하거나 펌프를 사용하여 프로펠러를 장치하여 물과 원료를 교반하여 세척하는 방법이 있다.

③ **데치기(blanching)** : 과실류를 뜨거운 물에 담그거나 증기로 처리하는 조작을 데치기라고 하는데, 보통 통조림을 하기 전에 하며 건조 및 냉동채소저장에 빼놓을 수 없는 조작이다. 데치기의 목적은 가장 먼저 과실 중에 함유되어 있는 산화효소를 파괴하여 가공 중에 일어나는 변색 및 변질을 방지하기 위한 것이며 원료 중의 특수성분에 의하여 통조림 및 건조 중에 일어나는 외관, 맛의 변화를 방지하고 원료의 조직을 부드럽게 하여 통조림 등을 할 때 담는 조작을 쉽게 하고 살균 가열할 때 부피가 줄어드는 것을 방지하기 위한 것이며, 또한 박피 및 원료를 깨끗이 하는 데도 도움을 주기 위한 것이다. 데치기를 하는 정도는 식품의 종류 및 사용목적에 따라 다르나 대부분 중심온도가 70～75℃가 되게 가열하는 것이 적당하다.

④ **핵 빼기 및 껍질 벗기기** : 가공목적에 따라 제핵과 박피를 행하게 되는데 사과, 배, 복숭아 및 살구 등의 인과류나 핵과류는 핵과 심을 제거할 필요가 있다. 제핵은 보통 제핵기를 이용하며 박피는 소규모의 공장에서는 칼을 이용하여 직접 벗기는 방법이 있지만 이 방법은 작업능률이 낮고 외관이 좋지 않고 원료의 손실량이 많으므로 그다지 애용되지 못하고 대부분 증기나 열탕처리박피법, 약제박피법 및 기계박피법을 이용하고 있다.

a. **증기 및 열탕처리 박피법** : 이 방법은 원료를 열탕에 담그거나 증기로 처리하여 껍질을 제거하는 방법이다. 또한 이 방법은 주로 복숭아와 토마토에 많이 이용

하는 방법으로 원료를 2~3분간 증기를 작용시키거나 열탕 속에 1분간 담갔다가 냉각 후 껍질을 손으로 벗기는 방법이다.

b. **약제박피법** : 산, 알칼리 등의 약제를 사용하는 방법으로 알칼리 박피법, 산 박피법 및 산, 알칼리 병용박피법이 있다. 알칼리 박피법은 90~95℃로 가온한 1~2%의 수산화나트륨, 또는 수산화나트륨과 탄산나트륨의 혼합액에 20~120초 담갔다가 바로 수세하여 박피하는 방법이다. 이때 알칼리농도는 원료의 종류나 숙도에 따라 가감할 필요가 있다. 이 방법은 효율은 좋으나 과실 중에 함유되어 있는 비타민 C의 손실이 크다는 것이 단점이다. 산 박피법은 염산이나 황산용액에 침지하여 박피하는 방법인데 이때 사용되는 산의 농도는 보통 15%의 용액을 이용하며 온도는 80℃이상으로 가온시킨 후 원료를 1분간 담근 후 서서히 교반하여 박피하면 된다. 대부분의 과실 박피에 이 방법을 많이 사용한다. 또한 산, 알칼리 병용법은 1~2%의 염산용액에 침지한 것을 냉수로 세척하고 다시 3% 정도의 수산화나트륨용액 중에 담가서 껍질을 벗기는 방법으로 감귤류 박피에 주로 사용된다.

c. **기계박피법** : 박피기를 이용하여 기계적으로 껍질을 벗기는 방법으로 밤, 감 등에 주로 쓰는 방법이다.

⑤ **담그기** : 껍질을 벗긴 다음 원료의 종류에 따라 혹은 약제박피법을 이용하여 박피하였을 경우 남아있는 약제를 제거할 필요가 있게 된다. 이때 물에 담가서 약제를 제거하거나 통조림이나 주스를 제조했을 때 품질을 저하시킬 수 있는 pectin, tannin 및 alkaloid 물질 등을 제거해야 한다. 이때는 가급적 짧은 시간 내에 처리함으로써 과실 중에 필요한 성분이 용출되는 것을 막을 필요가 있다.

7.2.2. 가공품

과실의 가공은 주로 주스, 잼, 젤리, 마아말레이드, 통조림이 주를 이루고 있고 이외에 술, 식초 등이 가공되며 최근 가열농축즙액 및 건과실 등을 들 수 있다.

1) 주 스

주스는 크게 천연 과실주스(straight juice), 농축주스(concentrated juice), 냉동 과실주스(frozen juice), 과즙첨가 청량음료(soft drinks beverage), 넥타 및 분말주스 등으로 분류된다. 천연 과실주스는 원래 과실을 그대로 착즙한 것으로 원료과즙의 조성과 향기를 살린 제품이라고 할 수 있으며, 과실의 pectin을 그대로 함유하고 있는 혼탁주스와 pectin분해효소를 이용하여 과즙을 투명하게 처리한 청징주스(clarified juice)가 있으며, 농축주스는 자체 그대로 제조되어 시판되기 보다는 환원주스(reconstituted juice : 농축과즙을 가지고 희석하여 만든 주스)를 만들기 위하여 공장규모에서 seed주스로 50%이상 농축하여 만들어 놓는 것으로 보면 된다. 또한 냉동주스는 주스를 냉동보존하기 위해 만든 것이며, 과즙의 일부만 첨가하여 만든 과즙첨가 청량음료는 과즙이 50%이상 첨가된 음료를 과육음료라 하고, 10～50%미만의 과즙이 첨가된 것을 과즙혼합 청량음료라고 한다. 또한 과육을 퓌레식으로 만들어 과즙에다 과육을 20～50%첨가하여 가미한 과육음료를 특히 넥타라고 하며, 대표적인 넥타로는 복숭아, 살구, 오렌지 및 배 등의 음료가 있다. 또한 최근에는 배와 같이 특별히 과실 향은 없으나 기능성이 있는 과실을 기본으로 하고, 각종 한약재를 첨가하여 고온 고압처리하여 얻어지는 과즙형태의 주스가 개발되어 상품화되고 있다.

(1) 천연과즙의 일반적인 제조

일반적으로 천연과즙의 제조는 그림 7-6과 같다.

원료 → 선과 → 세척 → 박피 → 착즙 → 사별, 여과 →
조합 → 탈기, 탈유 → 살균 → 충전 → 냉각 → 제품

그림 7-6. 천연과즙의 일반적인 제조공정

① **선과, 세척** : 원료 과실은 일반적으로 생식용의 적기와 거의 같은 시기에 수확하는 신선한 완숙과가 바람직하고 낙과, 미숙과, 현저한 상해과, 부패과는 제외한다. 세척은 과실의 특성에 맞도록 하여 이물질이 주스 제조시 혼입되지 않도록 한다.

② **박피 및 착즙** : 박피를 필요로 하는 과실일 경우는 위에 언급한 박피법을 이용하여 적당한 방법으로 원료과실을 박피한 후 착즙을 행한다. 일반적으로 사과, 포도

등은 박피공정이 필요 없으며 복숭아나 감귤은 박피공정을 행한다. 복숭아주스의 경우 박피는 주로 알칼리 박피법을 이용한다. 착즙은 사과, 포도, 토마토 등과 같은 과실은 전과를 파쇄시켜 과즙분을 분리하는 것이 있고 감귤류는 과피의 고미성분이나 정유성분의 혼입 및 과피에 의한 과즙의 흡착 손실을 피하기 위하여 직접 과육 부분에서 착즙하는 방법이 있다. 또 딸기 및 포도는 일단 예비 가열을 하여 자루에 넣어 수압기로 짜게 되는데, 가열하게 되면 다소 풍미가 떨어지기는 하지만 점성이 낮아져 추출이 잘 될 뿐만 아니라 색소도 많이 용출된다. 이와 같은 착즙 장치로는 고속으로 회전하는 권상의 reaming head에 반재(半裁)시킨 과실의 과육부를 압착시켜 과육을 파쇄, 분리하는 reamer 착즙기나 다수의 구멍을 갖는 선단이 나이프모양의 원통을 갖춘 착즙 컵에 과실을 투입하고 위에서 가압하여 과즙을 원통을 통하여 착즙하는 연속식의 유압식 착즙기 등이 사용된다. 사과, 복숭아 등 착즙 중에 산화효소에 의해 급속히 갈변을 일으키는 과실은 ascorbic acid나 식염을 첨가함으로써 변색을 방지하면서 신속히 파쇄, 착즙을 실시한다.

③ **사별, 여과** : 얻어진 과즙은 사별이나 여과를 하여 종자, 과피편 과잉의 펄프를 제거하고 원심분리하거나 homogenizer로 균일 분산을 시킨다. 사별시, 원심분리식 착즙기, 펄퍼(pulper), 또는 피니셔(finisher)로 착즙한 것은 별도로 사별할 필요가 없으며 사별장치로는 평면진동기, 원통회전체, 피니셔 등을 사용한다. 청징주스를 제조할 경우, 효소처리를 하여 청징화한다. 일반적으로 시판 pectinase 제재를 사용하여 pectin을 분해, 원심분리 등으로 펄프를 제거할 수 있다.

④ **조합** : 과즙의 보당은 필요에 따라 실시하는데 첨가 설탕량은 S=w(b-a)/100-b식으로 계산한다(S: 설탕량, w: 과즙량, a: 원 과즙의 당도, b: 목표당도). 일반적으로 사과주스의 경우 당도 12 °Brix, 산도 0.35～0.45%가 되도록 조합한다.

그림 7-7. 착즙기 및 피니셔

⑤ **탈기, 탈유** : 효소에 의한 과즙성분의 산화를 방지하기 위하여 이상의 조작은 저온에서 실시하고 공기와의 접촉이나 거품발생을 피하여야 하며 더욱이 용존산소를 제거하기 위하여 과즙을 진공 중에 박층상, 또는 분무상으로 불어 탈기하는 진공처리기가 있어야 한다. 일반적으로 공장에서 착즙한 오렌지주스의 1 ℓ 중에는 33~35㎖의 공기가 들어 있는데 그 중에서 과실주스의 품질에 나쁜 영향을 미치는 산소가 2.4~4.7㎖ 들어 있게 된다. 이와 같은 산소를 함유하고 있으면 과즙 중에 함유되어 있는 비타민 C의 손실을 유발, 휘발성 방향성분 및 과실주스 중의 지질 및 유용성분을 변화시켜 풍미저하, 산화에 의한 색도저하, 미생물, 특히 호기성균의 번식 우려, 제품 중의 펄프 등의 현탁물질이 위쪽으로 떠올라 병입을 막거나 또는 외관을 나쁘게 하기도 하며, 순간살균을 할 때, 또는 용기에 담을 때 거품이 유발되기도 하고 통조림 주스를 만들었을 때 주석의 용해량 및 용해속도를 적게 하여 수소가 팽창되기도 한다. 따라서 탈기조작이 반드시 필요하다. 그러나 과실주스 중에 들어 있는 공기를 완전히 없애는 것은 어려우며, 90% 이상의 탈기를

사과 → 세척 → 파쇄 → 착즙 → 순간살균 → 청징 → 원심분리 →
조합 → 탈기 → 순간살균 → 충전 → 밀봉 → 냉각 → 청징주스

(a)

사과 → 세척 → 파쇄 → 착즙 → 균질 → 조합 → 탈기 →
살균 → 충전 → 밀봉 → 냉각 → 혼탁주스

(b)

포도 → 세척 → 제경 → 가열처리 → 착즙 → 청징 → 원심분리 →
주석제거 → 조합 → 탈기 → 살균 → 충전 → 밀봉 → 냉각 → 포도주스

(c)

복숭아 → 세척 → 반절나누기 → 제핵 → 박피 → 가열 및 착즙 → 원심분리 →
균질 → 조합 → 탈기 → 살균 → 충전 및 밀봉 → 냉각 → 복숭아주스

(d)

그림 7-8. 주스 제조공정

(a) 사과 청징주스, (b) 사과 혼탁주스, (c) 포도주스, (d) 복숭아주스

하면 2~3%의 수분 및 향기성분이 손실을 초래하므로 이를 조정하여 탈기조작을 해야 할 필요가 있게 된다.

⑥ **살균** : 살균은 비교적 저온인 70~75℃에서 15~20분 동안 가열하는 저온살균법과 95℃ 전후의 고온에서 20초~1분간 살균 처리하는 고온순간살균법이 있다. 저온살균법은 과실주스의 풍미, 빛깔 및 신선미를 손상시키는 결점이 있으므로 손실이 적은 고온순간살균법을 많이 이용하고 있다. 미생물의 사멸과 동시에 pectinase 등의 효소의 불활성화도 되도록 고온순간살균기로 처리한다.

⑧ **충전 및 냉각** : 미리 살균시켜 놓은 용기에 살균되어진 주스를 충전한 후 40℃의 온도로 냉각한다.

(2) 투명과실주스와 불투명과실주스

감귤 및 토마토의 색소는 물에 녹지 않는 carotene색소가 juice sac, 또는 액포 중에 있는 색소체에 들어 있을 뿐만 아니라 이 과실주스의 향기 및 풍미의 대부분도 색소체 속에 있는 정유(精油) 등에 있으므로 여과하여 투명과실주스를 만들면 이러한 원료의 주스에 대한 특징이 상실된다. 그러나 사과, 딸기, 포도 등의 색소는 수용성의 anthocyan계 색소이므로 이 과실은 현재까지 투명과실주스를 만들고 있다. 사과 또는 어떤 종류의 포도는 여과하여 청징을 하더라도 색소에는 큰 관계가 없을 뿐만 아니라 오히려 외관이 좋아지므로 보통 압착여과기 등으로 펄프를 여과하여 투명과실주스를 만든다. 대부분의 주스는 pectin 그 밖의 점질물을 함유하고 있어 여과가 어려운 것이 있을 뿐만 아니라 여과만으로는 투명한 과실주스를 얻기 어려운 것이 있어 부유물의 침전보조물질을 첨가하거나 또는 혼탁의 원인이 되는 물질을 분해하는 방법으로 청징을 하는데 청징의 방법으로는 열처리법, 난백을 사용하는 법, casein을 사용하는 법, gelatin 및 tannin을 사용하는 법, 규조토를 사용하는 법, 효소를 사용하는 법 등이 있다.

① **과즙의 청징화** : 소비자들의 기호에 맞게 청징주스(clarified juice)를 만들 필요가 있다. 과즙의 혼탁은 대부분 과육 속에 pectin물질과 단백질 및 미세한 과육이 교질상태로 혼합되어 있어서 나타나는 현상이다. 따라서 pectin 분해효소처리 및 기타 pectin이 불용성으로 되게 하기 위한 화학처리를 하든가 혹은 여과보조제를 이용한 미세여과기를 이용하는 등 병행처리를 행하여 청징하게 된다. 청징 방법에는 다음과 같다.

a. **열처리법** : 과즙 중에 단백질이나 고무질에 의한 혼탁을 제거하기 위해서는 80℃로 가열시켜 응고시킨 후 침전 분리하여 투명하게 한다.

b. **난백법** : 난백을 따뜻한 물에 용해하여 2～3% 정도의 용액을 만들어 과즙 10ℓ당 흰자액 200～300㎖를 넣어 교반한 다음 75℃로 가열하면 흰자가 과즙 안에 용해되어 있는 단백질, pectin, gum질 및 점질물을 흡착하여 응고 침전한다. 응고물을 완전히 침전시킨 다음 여과하면 맑은 과즙을 얻을 수 있다.

c. **효소를 쓰는 법** : Pectin분해효소에는 pectin lyase(PL), pectin methylesterase (PME), polymethylgalacturonase(PMG)와 polygalacturonase(PG) 등 pectinase를 이용하는 방법으로 과즙 중에 함유된 pectin을 용해시켜 혼탁물과 함께 침전 응고시키는 방법이다. 이들 효소에 의하여 분해된 pectin류의 입자가 음전하를 띠고 이때 과즙에 존재하는 단백질의 양전하와 응집반응이 일어나 침전을 유도해야 하기 때문에 효소 처리시 즙액의 산도가 산성이어야 한다. 또한 이 효소들은 pH 3～5, 40～45℃에서 잘 작용하므로 주스에 사용이 편리하며 이들 효소를 미생물에서 분리하여 복합 제조된 상업적 pectin분해효소가 나오고 있는데 사용량은 0.1% 정도면 충분하다.

d. **역삼투막 투과법** : 역삼투압을 이용하여 투명도를 증가시킬 수 있다. 이는 과즙 온도나 즙의 유량속도에는 크게 관여하지 않은 방법이므로 과즙의 향을 살리기 위해서는 압력을 증가시켜 회수율을 높이게 된다.

e. **카제인법** : 카제인이 산용액에서 응고되는 원리를 이용하는 것으로 카제인을 4～5배로 희석한 암모니아액에 녹이고 가열하여 암모니아를 발산시킨 다음 다시 2배로 희석해서 사용한다. 이것을 과실주스에 넣고 교반하면 과실주스 중의 산에 의하여 카제인이 침전되어 과실주스가 맑아진다. 침전은 1～2일 걸리며 과실주스의 색을 약간 표백하는 성질이 있으므로 무색 과실주스에는 적당치 않다.

f. **Gelatin 및 tannin법** : 과실주스 100ℓ에 100g의 tannin을 넣고 여기에 과실주스 100ℓ당 120～130g의 2% gelatin용액을 넣으면서 저으면 20시간 정도로 완전히 침전되어 투명해진다.

g. **규조토법** : 규조토(diatom)는 diatomite, diatom earth, diatomaceous earth 또는 kieselgure라고 불리우며, 규조라고 하는 단세포조류가 바다나 강에 오랜 세월에 걸쳐 침적하고, 체내의 원형질이 분해한 후 규산(SiO_2)을 주체로 한 유각이 쌓여

지층을 형성한 일종의 화석을 1,250℃정도의 고온에서 소성시켜 무균, 무독, 무미, 무취의 성질을 이용하여 독특한 제조공정을 거쳐 만들어진 규조토 여과조제로서 hyancell(규조토)는 그림 7-9에서 보는 것처럼 무수한 다공질로 형성되어 있다. 또한 각 입자가 대단히 불규칙한 형상으로 되어있어 filter cake를 형성했을 때 80～95%의 공극률을 이루며 독특한 hyancell입자로 인해 생긴 많은 모세관상을 통해 여과용도의 주류, 제당, 물엿, 제약, 수영장, 오폐수처리 등 화학공업에서는 여과속도가 빠르며 미크론 이하의 초미립자도 제거되므로 각종 음료의 청징에도 이용되어진다. 즉 과실주스 1ℓ에 대하여 7～8g의 규조토를 넣고 교반하면 불순물을 흡착하여 가라앉으므로 과실주스에 많이 이용한다. 그러나 과실주스에서는 이 방법에 의하면 pectin외에 색소, 비타민 등도 함께 흡착되므로 향기가 나빠지는 결점을 갖고 있기도 하지만 최근 규조토의 다공질구조를 여러 층으로 만들어 품질이 저하되는 것을 많이 보충할 수 있다고 한다.

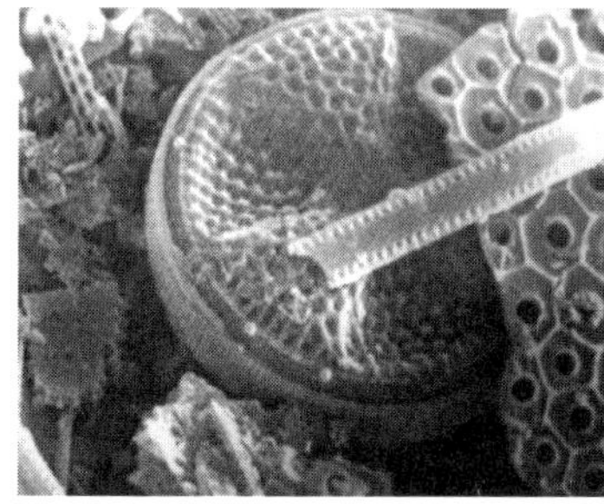

그림 7-9. 규조토현미경사진

② **색도 향상법** : 과실은 종류에 따라 과실 자체가 가지는 색도를 잘 보존하여 품질을 향상시킬 필요가 있다. 밀감주스는 자체가 가지는 색소가 carotene색소로서 비교적 안정한 편이고 비타민 C도 적당량 함유하여서 색도유지에 크게 신경이 가지 않아도 된다. 그러나 과실에 따라 anthocyanin과 같은 색소는 공기 중이나 열에 불안정하여 주스 제조시 색소의 손실이 많아지기도 하고, 또 과실 중에 함유되어 있는 polyphenoloxidase와 같은 갈변화 효소의 존재로 자체 색의 갈변을 초래하기도 한다. 따라서 과실의 특성에 맞게 색도의 변화를 막을 필요가 있게 되는 것이다. 이는 과실 색소변화원인을 파악하여 가장 적당한 변색 방법을 이용하면 되는 것으로 일반적인 방법은 다음과 같다.

a. **열처리 방법** : 과실 중에 각종 산화효소가 많이 들어있는 과실가공에 적당한 방법이다. 즉 과실 가공처리 전에 90℃에서 30초간 가열하여 효소의 반응을 억제시키는 방법이다.

b. **비타민 C를 첨가하는 방법** : 대부분 과즙에 50mg%이상의 비타민 C를 첨가하게 되면 색소가 안정하게 된다. 특히 딸기, 복분자 등에 함유되어 있는 anthocyanin

색소는 pH와 열에 매우 불안정하기 때문에 열처리 방법보다는 비타민 C를 첨가하는 방법을 행하면 매우 효과적이다.

c. **식염을 첨가하는 방법** : 과즙에 100mg%정도 첨가하게 되면 색소가 안정적이다. 이는 갈변화 효소의 억제법으로 많이 사용되는 방법이다.

d. **열처리 및 비타민 C, 식염첨가 혼용법** : 90℃에서 30초간 가열한 후 비타민 C를 50mg%이상 첨가하는 방법, 또는 과즙에 식염을 100mg%, 비타민 C를 5mg% 동시에 첨가하는 방법 등으로 색도를 유지할 수 있다.

(3) 농축과실주스

천연과실주스의 성분 중 수분을 일부 제거하여 농축물을 저장하여 두었다가 필요에 따라 물을 타서 천연과실주스의 농도로 만들기 위하여 만들어진 것이 농축과실주스이다. 이 주스는 원료과실의 품종 및 생산시기에 따라 과실주스의 성분이 일정치 않다는 단점이 있으나, 일단 농축하면 일정한 규격의 과실주스를 쉽게 만들 수 있다는 점과 부피가 작아져서 수송, 저장이 편리하다는 점, 당 농도가 높아져서 저장성이 향상된다는 점 등의 장점을 가지고 있고, 특히 이 주스는 냉동과실주스로 하기에 적당하다. 따라서 이 주스의 제조시 가장 중요한 점은 과실주스를 농축할 때 색깔, 향기, 맛, 비타민 등의 품질이 크게 영향이 없어야 하므로 진공농축법 및 동결농축법 등이 사용되고 있다. 또한 농축주스 제조시, 특히 진공농축시에는 과실 중의 향기성분이 많이 소실되어 품질이 저하되므로 사과, 포도 등과 같은 휘발하기 쉬운 에스테르 성분과 같은 향기성분이 많은 과실주스 제조시에는 농축시 휘발되기 쉬운 향기성분을 분리하여 채취하여 두었다가 농축이 끝난 후에 과실주스에 다시 넣는 방법을 쓰고 있으며, 동결농축법은 진공저온농축시 flavor나 색의 손실을 최대한 줄이기 위한 것으로 과즙을 교반하면서 냉각시켜 수분을 빙결시키면 sherbet상으로 되는데 이를 원심분리함으로써 과즙성분을 농축하는 것으로서 이것을 5~6회 반복하여 신선한 향미를 그대로 보존시켜 3~4배까지 농축한다. 이 sherbet상의 농축과즙을 통에 밀봉하여 냉동 보관시킨 냉동과즙은 장기보존에 견디고 음용시에 물로 희석하면 신선한 과즙으로 복원된다.

① **농축법**

a. **진공농축법** : 진공농축장치는 농축관, 진공장치 및 응축기로 이루어져 있다. 농축관은 과실주스를 가열하여 수분을 증발시켜서 과실주스를 분리하는 것으로서

과실주스는 얇은 막이나 거품모양으로 하여 자연적, 또는 강제적으로 순환시키는 방법과 얇은 막으로 내려지게 하는 등 여러 가지 형식이 있다. 진공장치로는 로터리 펌프와 물이나 증기를 사출시킴으로써 진공상태로 하는 ejector가 사용된다. 응축기는 과실주스에서 발생되는 증발기체를 응결시키는 것으로 증발기체가 냉수에 직접 접촉하는 jet condenser, 증발기체의 도관을 외부에서 냉각시켜 응결시키는 surface condenser 등의 형식이 있다.

b. **동결농축법** : 과실주스의 수분을 고형체인 얼음으로 분리하여 농축시키는 방법으로서 휘발성분의 손실이 적을 뿐 아니라 가열에 의한 영양성분의 변화가 일어나지 않으므로 과실주스의 농축효과는 좋다. 그러나 이 방법은 비용이 많이 드는 단점을 가지고 있다.

4) 농축냉동주스(frozen concentrated juice)

농축과실주스의 단점을 살리기 위한 주스로 농축냉동주스를 만들고 있다. 즉 농축과실주스는 저장동안 풍미가 저하될 우려가 있고, 또 가열 살균함으로써 품질이 떨어질 수 있다. 따라서 신선과실의 풍미를 가해주기 위하여 농축과실주스에 신선과실주스를 첨가하는 방식인 컷-백(cut-back)법을 사용하게 되는데 이 컷-백법으로 제조된 농축주스를 그대로 냉동저장주스로 만들기도 한다. 이 방법은 회전드럼식 급속동결기에 넣어서 −10∼−15℃로 냉각시킨 다음 강한 피스톤식 충전기를 사용하여 담은 후 진공밀봉하고 이를 급속동결시켜 −18∼−20℃로 보존하는 방법이다. 이는 급속동결시킴으로써 미생물의 번식이 억제되는 동시에 내용물의 화학적 변화가 거의 일어나지 않게 되므로 풍미가 변하지 않고 통 내면의 부식이나 주석의 용출량도 적어져 좋은 품질이 유지 될 수 있다.

(5) 넥 타(nectar)

넥타는 특히 유럽지방에서 선호하는 주스로 주로 복숭아, 살구, 바나나 등과 같은 펄프질이 많아서 주스가 잘 분리되지 않는 과실을 원료로 사용한다. 제조법은 원료과실을 부숴서 사별하여 펄프질이 많은 퓌레 모양의 과실주스를 만들어 여기에 당액 등을 조합한 것이다. 우리나라에서는 살구넥타가 상품으로 많이 나와 있는데 살구의 경우 원료를 세척하여 60℃로 가열한 다음 연속식 주스추출기를 사용하여 퓌레를 만들어 homogenizer로 충분히 균질화를 시킨다. 이렇게 만들어진 퓌레를 시럽을 이용하여 적정 Brix

농도로 만들어 혼합 제조하여 만든다.

(6) 분말주스

일반적으로 분말주스라 함은 당, 색소 및 산 등을 가루유화향료에 적절히 배합하여 만든 인공분말주스가 상품화되어왔다. 특히 우리나라에서는 과실을 이용한 분말주스는 그동안 상품화되어지지 않았으나 오디, 복분자 및 산수유와 같은 과실의 특성상 주스제조시 과실천연색소의 소실이 커서 품질이 떨어지는 단점을 가지고 있어서 최근 이러한 과실들을 추출 혹은 착즙하여 농축하고 이를 분말화하여 분말주스의 제조를 행하고 있다. 분말하는 방법으로는 주스액을 분무 건조하는 방법, 박막증발관법, 진공건조법, 동결건조법, 거품건조법 등이 있으며, 최근 주스를 최대로 농축시켜 포도당이나 유당가루를 이용하여 손쉽게 분말화 하는 방법도 있다.

① **분무건조법** : 농축과실주스를 미립자상태로 분무하면서 가열하여 단시간 내에 수분을 증발시키는 것으로 상압에서 하는 방법과 진공 속에서 하는 방법이 있다. 이 방법은 과실주스가 대부분 점질물이고 흡수성이 강하여 녹기 쉬우므로 기구에 잘 달라붙는 단점을 가지고 있다. 이러한 점을 보완하기 위하여 미리 과실주스에 고온의 시럽을 첨가하여 건조하면 효과적으로 행할 수 있다.

② **박막증발관법** : 농축과실주스를 박막증발기 중에서 얇은 막으로 하여 가열시켜 단시간에 건조하는 방법이다. 증발관은 증발 재킷을 가지는 속이 빈 실린더로서 내부에 수직의 날개를 가진 교반기가 거의 벽에 닿을 정도로 돌아가는 방식으로 되어있다. 예열기로 가열된 농축과실주스는 증발관의 윗부분에서 들어가 회전날개로 실린더벽에 얇은 막이 되어 회전되면서 내려가는 사이에 완전히 고농축되고 다시 증발관에서 배출되어 바로 농축된 에센스와 혼합한 후 회전 냉각롤러에 보내져서 flake상태로 건조된다.

③ **진공건조법** : 농축과실주스를 얇은 층으로 하여 진공 중에서 비교적 저온으로 건조하는 방법이다. 과실주스는 건조 중 발생하는 수증기와 과실주스의 점조가 증가함에 따라서 얇은 막의 거품이 겹쳐 생긴다. 이와 같은 다공질의 상태가 되면 수면과 증발면과의 간격이 좁아져서 증발저항은 대단히 작아져서 잘 건조된다. 이와 같이 과실주스가 거품이 일어나게 하는 공정을 puffing이라 하며 이것이 불충분하면 잘 건조되지 않는다. 건조기에는 선반식, 회전드럼식, 이동벨트식 등이 있으나

주의할 점은 진공도가 낮으면 puffing이 안되므로 진공도가 다소 높은 건조기를 이용할 필요가 있다.

④ **동결건조법** : 농축과실주스를 미리 냉동시켜 진공관에서 수분을 직접 제거하는 승화의 원리로 동결시키는 방법으로 이 방법은 0.5~0.01mmHg의 높은 진공이 필요하다. 보통 진공건조할 때도 진공도에 따라서는 건조 중에 얼게 되므로 동결건조와 같은 결과가 된다. 이 방법에 의하면 건조 중에 화학적 변화는 거의 일어나지 않고 색깔, 향기 및 맛 등의 변화도 적은 동시에 물에 녹기 쉬우므로 변질되기 쉬운 과실주스의 건조에는 진공건조 이상의 효과가 있다.

⑤ **거품(foam mat)건조법** : 미국에서 개발된 방법으로 과실주스의 분말화에 많이 이용되고 있다. 건조원료에 monoglyceride, methylcellulose 및 가공단백질 등을 섞은 기포제를 가하여 질소가스의 불활성 기체를 채워 거품을 일으켜서 건조면적을 확대시켜 수분을 쉽게 확산되게 하여 건조하는 것이다.

(7) 고온 고압처리 과즙

예전에는 과실을 이용한 주스는 상기에 설명한 바와 같이 파쇄, 착즙 및 여과에 의한 주스만 가공하였으며 과실을 고온, 고압으로 가열하게 되면 각종 비타민이나 향 및 영양소가 파괴되어지는 것으로 고온 처리하는 과즙은 만들 생각을 하지 못했다. 그러나 최근 각종 한약재를 이용한 다림농축액이 제조되어 애용되어짐으로써 일부 과실도 이러한 제품이 만들어지게 되었으며, 대표적으로 사용되어지는 과실이 배이다. 제조초기에는 수확기 전에 자연재해에 일부 발생되는 낙과나 파과 등만을 이용하였는데 고온 고압처리를 잘 하게 되면 맛도 향상되고 기능성도 높아지는 사실이 보고되어지고 있어 현재에는 기능성을 높인 배즙이 시중에서 상당량 제조 판매되어 지고 있다. 이 과즙제조에는 고온고압 처리하는 과정이 있어야 하므로 고압이 걸려지는 추출관과 여과관만 있으면 가능하다. 현재에는 고온 처리한 배즙이 대부분 생산되어지는데 이렇게 나온 과즙은 대부분 파우치포장을 행한다. 따라서 가열농축 후 냉각시키지 않은 상태에서 바로 포장을 실시하므로 별도의 살균공정이 필요 없게 된다. 일부 업체에서는 포장하기 좋은 조건을 행하기 위하여 원료를 가열추출작업을 행하기 전에 여과작업을 줄이고자 여과포에다 원료를 넣어 추출작업을 행하기도 한다. 이렇게 만들어진 배즙이 생리기능성이 향상된다고 보고된 바 그림 7-10에서 보는 바와 같이 그 기능성은 ① 항산화력 증가한다. 즉

2,2-diphenyl-1-picrylhydraxyl(DPPH)assay에 의한 electron donating ability(EDA)의 IC50(%)을 측정한 결과 130℃정도의 고온에서 얻어진 배즙이 고온처리하지 않은 배즙이나 그 이상의 온도 처리한 배즙에 비하여 상당량 증가하는 것으로 나타났다. 대부분 항산화력에 관여하는 물질이 polyphenol성 물질이나 flavonoid물질인데 고온처리에 의하여 또한 가열시간을 최대한 4시간 가열시킴으로써 그 이하의 가열시간 처리시보다 이러한 물질들이 무처리구에 비해 3배에서 12배 이상까지 높아지는 결과를 보여주어 항산화력이 인정되는 것으로 보인다. ② 5-hydroxy methyl furfural(HMF) 함량 증가한다. 즉 고온 및 가열시간 증가에 따라 5-HMF 함량이 증가하는 것을 볼 수 있다. ③ polycyclic aromatic hydrocarbon(PAHs)대사 및 암예방효과가 있다. 즉 열처리 배즙의 면역계에 미치는 영향을 마우스를 이용해 실험해 본 결과 무처리 배즙보다 효과적인 것으로 나타났다.

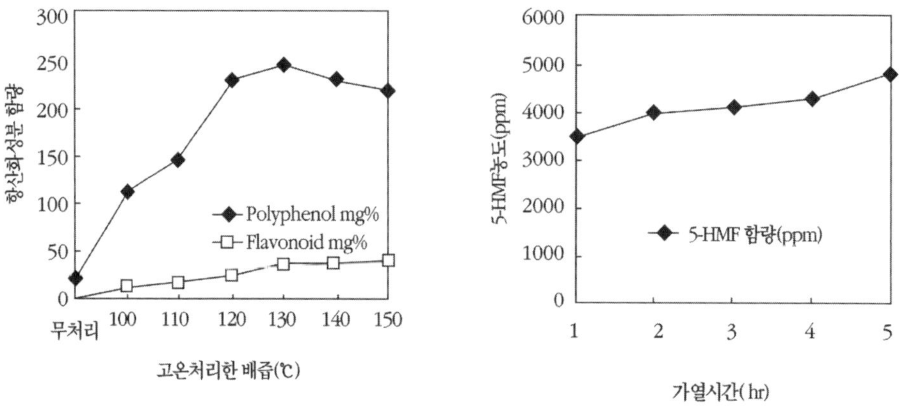

그림 7-10. 고온처리한 배즙의 항산화성분 함량(좌)와 HMF함량(우)

2) 잼 및 젤리

산 및 pectin이 풍부히 함유되어 있는 과실이나 채소로 만들 수 있는 대표적인 가공품이 바로 잼, 젤리 및 마아말레이드이다. 이들은 과실주스 또는 과육에 설탕을 넣어 농축하게 되면 과육 중에 있는 pectin과 산이 당과 함께 gel을 형성하여 응고하는 원리를 이용한 것들이며 잼, 젤리 및 마아말레이드의 차이점을 보면 잼은 과실의 과육에 설탕을 넣어 적당한 농도로 농축시킨 것으로 과육자체가 부서져서 혼탁되어 있는 것이 보통이고, 젤리는 과실의 액만을 이용하는 것으로 과육을 착즙하거나 물을 가하고 가열하여 얻은 과즙에 설탕을 넣어 농축시킨 것으로 제품 자체가 투명하게 되며 일정한 형태로 모양을 만들어 낼 수가 있는 것이 특징이다. 또한 마아말레이드는 젤리 속에 과실의 과육이나 과피를 조각내어 섞은 것으로 젤리와는 달리 과실 고형물이 들어있다는 것이 다르고 마아말레이드로 만들어지는 대표적인 과실이 오렌지 마아말레이드이다.

(1) 젤리화의 원리

잼, 젤리 및 마아말레이드류는 모두 젤리화의 원리를 가지고 만들어진 것이다. 젤리화에는 pectin, 산 및 당 등의 세 가지 성분이 필요하며 이들이 각각 일정한 농도와 비율로 되었을 때 젤리화가 일어나는 것이다.

① 젤리화의 3요소

a. Pectin질 : 과실이나 채소 중에 들어있는 pectin질은 cellulose와 함께 세포간막을 채우는 물질로 채소나 과실의 견고도에 관여하는 물질이다. 이 pectin질은 과실이 숙성함에 따라 그 분자구조가 달라진다. 즉 덜 익은 과실에는 물에 녹지 않는 protopectin으로 존재하나 과실이 익어감에 따라 수용성 pectin으로 변하고 과실이 과숙하게 되면 젤리화가 잘 일어나지 않는 구조인 pectic acid로 변하게 된다. 이들을 통틀어 pectin질이라고 한다. Pectin질은 고분자 탄수화물로서 galacturonic acid가 uronic aid간의 결합은 α-1,4 결합을 하고 분자량은 5만～20만 정도의 직쇄 다당류로 되어있는 쇄상분자가 pectic acid이다. 젤리화에 관여하는 pectin은 pectic acid 내의 carboxyl기가 methyl ester화된 것으로 methyl ester화 된 정도에 따라 젤리형성 기구가 달라진다. Polygalacturonic acid에 methyl기가 완전히 ester화 된 것의 methoxyl 함량은 16.32%인데 펙틴구조상 메틸화 정도가 9～11%정도로서 7%이하 정도인 펙틴은 low methoxyl pectin(LM pectin), 7%를 넘게 되면 high methoxyl pectin(HM pectin)이라고 하며, 과실이 과숙하게 되면 탈 methyl화가 일어나서 불용성의 pectic acid가 되어 과실이 연화하게 된다. 이때 methoxyl화 된 정도에 따라 젤리화되는 성질이 다르게 나타난다. 일반적으로 당농도가 높은 잼류는 high methoxyl pectin이 관여하고 있으며 다른 요소의 성분이 적당량 함유할 경우 0.5～1.0%의 pectin으로 젤리화가 가능하다.

b. **산** : 과실에 들어있는 산은 과실종류 및 숙성정도에 따라 그 함량이 변화하는데 일반적으로 덜 익은 과실에 많이 들어있고 과실이 익을수록 그 양은 적어진다. 과실에 들어있는 산은 원료에 따라 citric acid, malic acid, tartaric acid 등이 함유되어있지만 젤리화가 이루어질 때는 유기산의 종류에는 관계없이 제품의 완성점에서의 pH에 관여한다. 젤리화에 가장 적당한 pH는 3.2전후이며 pH가 2.8이하로 내려가면 저장 중에 pectin이 변하여 젤리화 성질이 떨어질 뿐 아니라 수분이 분리되는 현상이 일어나기도 한다.

c. **당** : 과실 중에 들어있는 당도는 대부분 10～15%전후로서 젤리화에 필요한 당도는 완성점에서 62～65%의 당도를 가지게 되므로 젤리제조시 당분을 더 넣을 필요가 있다. 당분은 설탕, 포도당 및 과당 등 어느 것이나 가능하나 포도당의 경우는 용해도가 50%정도로 설탕보다 낮아서 포도당만을 사용할 경우 잼 제조 후 포도당이 석출될 우려가 있다. 따라서 사용 설탕의 20%만 포도당으로 대치하여 제조하면 제품의 향기가 좋아지고 과육에 대한 당의 침투가 빨라져서 제품 중의 당의 결정화가 방지되어 제품의 색깔을 좋게 유지하는 데 효과가 있다.

② **젤리의 형성기구** : 젤리의 형성 및 강도에 관여하는 인자로는 pectin의 농도, 분자량 및 ester화 정도, 당의 농도, pH 및 함께 들어있는 염의 종류 등을 들 수 있다. Pectin의 젤리화 경향은 어느 한도 내에서 pectin의 농도가 높을수록 커지며, pectin의 중합도가 같으면 ester화가 약 7～8%정도의 적은 methoxyl 함량을 갖는 pectin이 젤리화가 잘 된다. 그러나 당 농도가 65%정도의 높은 당 농도에서는 methoxyl 함량이 8%이하로 떨어지면 중합도가 적어지고 pectin이 침전되므로 젤리화가 약해지며 methoxyl 함량이 4.5%이하인 pectin을 사용할 경우는 젤리의 탄성이 없어지고 점착성이 높아져서 품질이 나빠진다. 또한 pectin은 음성의 고분자전해질로 되어있으므로 점탄성은 pH의 영향을 많이 받게 된다. 이때 methoxyl화 된 정도에 따라 젤리화 되는 성질이 다르게 나타난다. 즉 HM pectin은 pH가 2.8～3.5 부근에서 당 함량이 60%이상일 때 점탄성이 가장 강해지고 LM pectin일 경우는 겔 형성시 pH의 영향보다는 Ca과 같은 다가이온이 교상이온결합에 관여하므로 인위적으로 0.01～0.1%정도의 Ca이온이 첨가될 수 있도록 $CaCl_2$를 가해주어야 젤리화를 얻을 수 있게 된다. 이때는 당 농도가 50%이하에서도 겔화가 일어나게 되는데 당 농도가 감소함에 따라 Ca이온 첨가량도 극소량 더 첨가해야 하며 Ca이온

첨가시에는 pH 4.0부근에서 오히려 젤리강도가 가장 낮아진다. 따라서 젤리제조시 관여하는 것은 당, 산 및 펙틴의 함량이 적당할 때 젤리가 형성하는 것이다. 근래에 와서는 잼의 당도가 너무 높아 고당도 식이를 피하는 소비자들을 겨냥하여 저당도 잼을 제조하게 되는데 이때 LM pectin을 이용하여 가당량을 줄이거나 설탕 대신 올리고당을 이용하여 당에 의한 염려를 낮추어서 다룬 잼 제품들이 만들어지고 있다.

표 7-6. 산과 pectin량에 의한 과실의 종류

구 분	과 실
산과 pectin이 많은 것	귤, 귤, 포도(미국종), 개살구, 약간 덜익은 사과
산이 적고 pectin이 많은 것	복숭아, 무화과, sweet cherry
산이 많고 pectin이 적은 것	살구, 딸기
산과 pectin이 중간정도인 것	잘 익은 사과, 비파, 포도(유럽종)
산과 pectin이 적은 것	잘 익은 복숭아, 서양배, 과숙과실

(2) 잼 제조

잼은 생과실로 직접 만드는 방법과 과실 생산지에서 보일드, 또는 펄프의 중간제품을 만들어 이것을 다시 가공하는 방법으로 일반적인 공정은 그림 7-11과 같다.

사 과 → 세 척 → 절 단 → 찌 기 → 박피 및 제핵 →

가 당 → 농 축 → 담 기 → 밀 봉 → 살 균 → 제 품

그림 7-11. 잼의 일반적인 제조공정도

① **원료배합** : 원료의 배합비율은 원료과실의 pectin함량, 젤리화의 강약, 산과 당분의 함량 등에 따라 원료배합비율이 달라지며, 또한 첨가당량 및 농축률도 달라진다. 예를 들면 13%의 당도를 가진 사과(A)를 가지고 당도가 65%인 잼을 80%로 농축하여 100 kg의 제품을 제조할 경우 다음과 같은 식으로 계산하여 가당량(S)을 준비하면 된다.

$$\underline{A + S} = \underline{100/80} = \underline{125}$$

(원료총량) (제품량) (농축률)

$$\underline{(125-S) \times 0.13} + \underline{S \times 0.999} = \underline{100 \times 0.65}$$

(사과에 함유된 당분량) (사용설탕 중의 당분) (제품의 당분)

이때 젤리 강도의 강약을 가감하기 위해서는 농축률을 조절하면 되지만 농축도가 높아지면 가열하는 데 걸리는 시간이 길어지고 이에 따라 과실의 풍미가 떨어지게 되므로 분말 pectin을 첨가하여 젤리강도를 높일 수도 있다. 근래에 와서는 잼 제조를 위한 이중솥의 기능이 다양해져서 가열농축시 가당작업 전에 미리 압력을 조절하여 미리 원료자체에서 단시간 내에 농축하여 가당함으로써 과실잼의 색도를 증진시킬 수가 있게 되었다. 이때 가당량은 상기에 언급한 바와 같이 과즙의 pectin량과 관계하므로 원료로 사용하는 과실이 어느 정도의 pectin을 함유하고 있는지 판정해 볼 필요가 있다. 그리고 젤리화에 필요한 산은 대부분의 과실에 적당량의 유기산을 함유하고 있으므로 일반적으로 유기산 첨가공정을 생략할 수 있지만 혹시 사용원료의 산이 부족하거나 과잉으로 존재할 경우에는 인위적으로 가감할 필요가 있게 되며, 원료과실의 산 함량이 낮을 경우 citric acid를 첨가하든지 아니면 산이 많은 과실의 과즙을 혼합하여 조절하면 된다.

a. **Pectin량의 간이측정법** : 과실의 pectin량을 간단하게 측정하는 방법으로는 pectin이 알코올에 의하여 응고 침전되는 성질을 이용하는 것으로 시험관에 일정량의 과즙을 넣고 95% ethanol을 동량 넣은 다음 잘 흔들어서 두면 과즙에 함유되어 있는 pectin량에 따라 침전도가 달라진다.

b. **Pectin액의 추출** : 젤리를 만들기 위해서는 때에 따라서 pectin액을 추출하여 사용할 필요가 있다. Pectin액을 추출하는 방법에는 여러 가지가 있으나 일반적으로 가장 많이 사용하는 방법은 다음과 같다. 일단 착즙박과 찌꺼기 껍질을 상온에서 0.3～0.5%의 염산액에 하룻밤 담가 두어 쓴맛성분을 분해시키는 동시에 pectin질을 가용성으로 한다. 다음날 흐르는 물속에 30분 정도 담가두어 염산분과 점성이 있는 성분을 흘려보낸다. 이때 충분히 물로 씻어 내지 않으면 제품으로 만들었을 때 젤리가 투명해지지 않는다. 세척한 후 물을 빼내고 난 침전물 10kg에 대하여 약 15kg의 0.1～0.3%의 citric acid액을 넣어 조용히 20～40분간 끓인 다음 식기 전에 자루에 넣어 압착기로 짜서 pectin추출액을 얻는다.

② **가당 및 농축** : 가당은 원료과실의 무게로 80～90%되는 설탕을 한꺼번에 처음부터 넣지 말고 세 번 정도로 나누어 넣어서 교반, 농축한다. 이때 처음부터 설탕을 한꺼번에 넣으면 과육이 오그라들면서 당액이 잘 침투가 일어나지 않을 경우가 있

다. 따라서 순차적으로 가당 처리를 하여 당액이 잘 침투하도록 하여 젤리점에 도달시킨다. 또한 가열농축시 진공상태에서 하게 되면 80℃정도의 온도에서도 농축이 잘 되어 색의 변화를 최대한 막을 수 있게 되기도 한다. 특히 사과잼 제조시 사과는 사과품종에 따라 갈변되는 정도가 심한 경우가 있어 잼 제조시 색도가 저하되는 경우가 발생한다. 따라서 위 공정에서 찌는 과정을 통해 사과의 갈변을 막기도 하고, 또 인위적으로 일정량의 비타민 C를 첨가하여 갈변을 억제하여 색도가 좋은 잼을 제조할 수 있다. 따라서 농축시 가장 주의할 점은 가열시간을 되도록이면 단시간 내에 행하는 것이 색깔 측면에서 품질을 향상시킬 수 있다.

표 7-7. 알코올 응고도에 따른 pectin함량 판별

Pectin 함량	알코올에 의한 과즙의 변화
많이 들어 있다.	젤리모양으로 응고하거나 또는 큰 덩어리가 된다.
보통 정도 들어 있다.	여러 개의 젤리모양의 덩어리로 만든다.
조금 들어 있다.	소수의 작은 덩어리가 생기거나 또는 덩어리가 생기지 않는다.

③ **젤리점 도달 판별법**

a. **컵(cup)법** : 찬물을 넣은 컵 속에 가열 농축한 액을 소량 떨어뜨려 밑바닥까지 흐트러지지 않고 떨어지면 적당히 농축된 것이고 흐트러지면 아직 젤리점에 도달하지 못한 것이다.

b. **스푼(spoon)법** : 나무로 만든 주걱으로 농축액을 떠서 흘러내리게 하고 그 상태를 보아 결정하는 방법이다. 액이 묽은 상태로 떨어지는 것은 불충분한 것이고 주걱에 일부가 붙어 얇게 펴지고 끝이 젤리모양으로 굳은 정도로 떨어지면 적당한 것이다.

c. **온도에 의한 법** : 끓고 있는 농축액에 온도계를 넣어 그 온도가 104～105℃가 되면 젤리점에 도달한 것이다.

d. **당도계를 이용하는 방법** : 굴절당도계를 이용하여 농축액의 당도를 측정하여 65° Brix정도가 되면 된다. 당도계는 온도에 따라 약간 차이가 나는데 뜨거울 때 측정한 것은 상온에서 측정한 것보다 2～3% 낮은 값을 나타내므로 주의하여야 한다.

④ **담기, 밀봉 및 살균** : 젤리점에 잘 도달한 농축액은 미리 잘 세척하여 살균한 용

기에 식기 전에 거품이 나지 않게 주의하여 담아 밀봉하면 가열살균하지 않아도 된다. 그러나 안전을 기하기 위해서는 80～90℃의 온도에서 약 10～20분간 살균하면 좋다.

(3) 기능성 잼

현대에 와서는 건강식품의 개발로 사과잼의 기호도와 건강을 증진시키기 위해 사과잼 제조시 각종 생약제가 되는 물질을 이용하여 추출 농축한 것을 사과잼에 일부 첨가하여 기능성 사과잼을 개발 제조하기도 한다. 특히 백년초나 쑥 등의 추출 농축물을 이용하면 색도와 맛을 변형시키고 기능성을 향상시킨 색다른 사과잼이 만들어지고 있다.

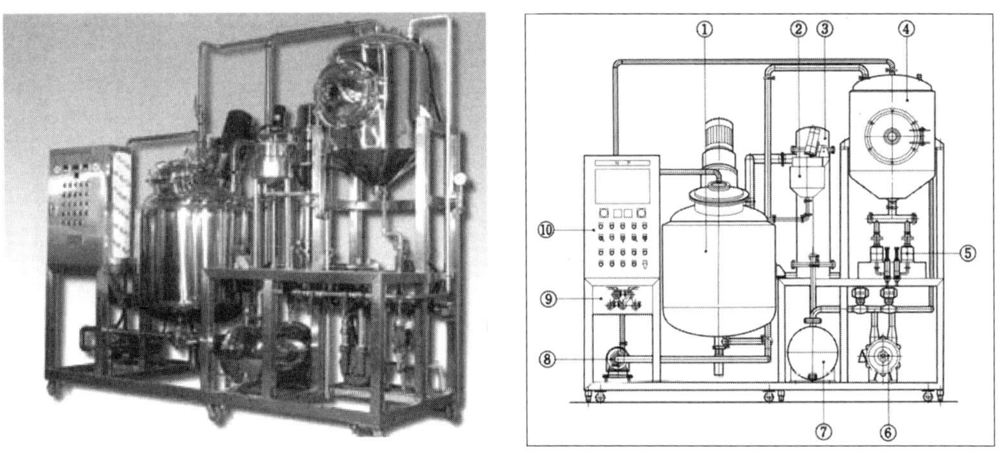

그림 7-12. 감압농축 잼제조기 및 내부원리

① 진공농축기, ② Pectin용해탱크, ③ 냉각기, ④ 충전보조탱크, ⑤ 충전기
⑥ 진공펌프, ⑦ 농축탱크, ⑧ C.I.P 펌프, ⑨ 복합회로조절기판, ⑩ 조절기

(4) 젤리 제조

젤리는 과실을 착즙하거나 가열 추출하여 즙액만을 이용하여 젤리화를 만드는 것이므로 젤리 완성제품은 잼에 비하여 투명한 제품을 얻을 수가 있게 된다. 또한 젤리는 응고제를 어떤 것을 사용하느냐에 따라서 분류할 수가 있으며 젤리의 강도에 따라 디저트(dessert)용 젤리와 탄력성과 씹힘성 있는 질감을 가지는 제과용(confectionery) 젤리가 있으며, 이때 사용되는 응고제가 구분되어 제조되어지는데 응고제를 pectin을 주로 쓰게 되면 펙틴젤리, 한천을 이용하여 만들면 한천젤리라고 하게 된다. 과실즙을 이용한 젤리

제조시에 응고제를 어떤 것을 선택하느냐는 과실즙의 당도, 유기산 함량 등이 관여하며 대부분 젤리는 저당도 제품을 원하게 되므로 젤리형성시 Ca이온 등의 양이온의 적정 농도가 필요하게 된다.

원 료 → 세 척 → 박 피 → 파쇄 및 착즙 → 일정농도로 농축 →
당류혼합 → 응고제 첨가 → 가열농축 → 성 형 → 냉 각 → 제 품

그림 7-13. 젤리 제조공정

① **디저트(dessert)용 젤리** : 일반적으로 디저트용 젤리는 맑고 투명하며 부드러운 조직감을 가지게 되는 것으로 일반적으로 응고제를 carrageenan, LM pectin 및 gellan gum 등을 이용하여 만든다. 이때 사용하는 LM pectin을 사용할 경우는 굳어지는 과정에서 칼슘이온을 꼭 필요로 한다. 따라서 이때 젤리제품의 0.3M $CaCl_2$를 완성점에서 가하여 젤리점을 도달하게 만들어야 하며, 젤라틴을 이용할 경우는 완성점의 용액의 pH를 4.0의 범위에 맞추어야 된다. 이때 trisodium citrate를 사용하거나 50% citric acid액을 완성점에서 일정량 가하여 응고시키면 된다.

② **제과(confectionary)용 젤리** : 일반적으로 젤리는 투명하게 만들지만 응고성, 견고성 및 검성을 부여하는 제과용 젤리는 부드러운 조직감보다는 씹히는 조직감을 가지는 것으로 일반적으로 응고제를 한천이나 petin 등을 이용하여 만든다. Pectin이나 한천으로 제과용 젤리를 만들 경우는 이용하는 과즙의 농도를 60°Brix이상이 되도록 농축한 후 첨가용으로 이용하면 좋다. 과실의 원료 중에 함유되어 있는 hemicellulose가 Ca-pectate gel형성에 미치는 영향을 보면, 고분자보다 저분자 쪽이, 그리고 오탄당보다 6탄당과 uronic acid의 함량이 높은 쪽의 hemicellulose를 첨가하였을 경우 견고성(hardness), 부착성(adhesiveness) 및 씹힘성(gumminess)이 증가하는 것으로 제과용 젤리를 만들 경우에는 hemicellulose의 구조를 잘 파악해서 이용해 볼 필요가 있다.

③ **기능성 젤리** : 최근에는 과즙을 이용한 젤리제품 외에 원료 자체에 pectin이나 유기산 성분이 없어도 각종 한약재의 추출물을 이용한 제품들, 즉 인삼이나 홍삼젤리, 어성초나 녹차잎을 이용한 젤리 및 도라지젤리 등 젤리원리를 잘 이용한 각각의 기능성을 살린 젤리제품들이 나오고 있다.

3) 과실통조림

통조림은 원료를 주석관에 넣고 밀봉하여 가열살균한 것이다. 내용물에 따라서 미리 조리해서 담는 경우와 생긴 그대로 담는 경우가 있으며, 원료를 충전할 때 액을 보충하는데 과실 통조림은 대부분 일정 농도의 당액을 조제하여 주입하게 된다. 주입 후 통조림은 고온에서 가열살균 과정을 행하므로 미생물을 사멸시켜 부패 및 변질을 막는 가공 및 저장 방법 중의 하나이다. 과실 통조림은 사용되는 과실이 많으나 대부분 저장성이 낮아서 오랫동안 보관하여 두고 먹을 수 없는 단점을 가진 과실들을 가지고 많이 만들어져 왔다. 또한 과실을 2종류이상 혼합하여 만들어지는 것이 있는데 이를 혼합통조림이라 하고, 4종류이상 혼합하여 만든 통조림을 후르츠칵테일이라고 한다. 제조법은 과실의 종류에 따라 다르지만 일반적인 제조공정은 원료의 전처리(선별, 세정, 절단, 제핵, 박피, 정형 등) 후, 과실 내에 존재하는 각종 효소의 불활성화, 과육조직의 탈기, 데치기를 한 뒤에 캔에 정형된 과육을 채우고 충전액을 주입한다. 채우기를 한 후 캔 내의 공기를 제거하기 위해서 탈기를 하고 밀봉기로 밀봉한다. 캔 내의 진공도는 진공측정기로 측정하며, 이를 토대로 통조림의 적합성을 판단하게 된다. 밀봉된 캔 내에 잔존하는 미생물을 살균하기 위해서 가열살균을 하지만 살균조건은 과실의 종류에 따라 다르며, 살균이 끝난 통조림은 유수, 또는 냉수 속에서 급속냉각하여 과열에 의한 품질열화를 막을 필요가 있다. 이러한 대표적인 과실로 파인애플, 복숭아, 밀감, 깐포도, 딸기, 살구 통조림 등이 있는데 우리나라에서 통조림으로 가장 많이 애용되어왔던 것이 복숭아통조림이다.

(1) 제조원리 및 방법

통조림 제조의 일반적인 공정은 그림 7-14와 같다.

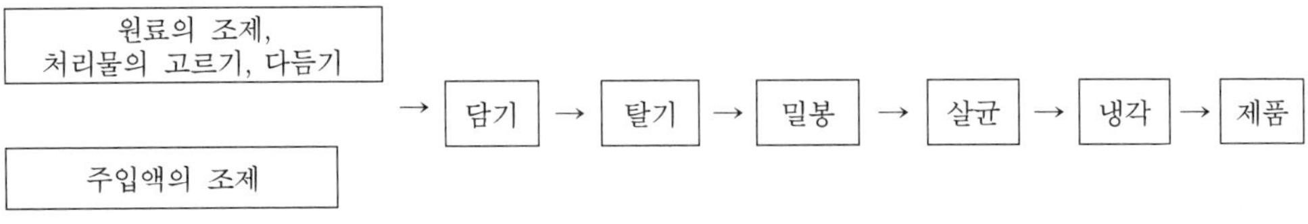

그림 7-14. 통조림의 일반적인 제조공정

① **원료의 조제, 처리물의 고르기 및 다듬기** : 원료의 조제 및 처리물의 고르기는 앞에서 언급한 바와 같이 통조림의 제조 목적에 맞게 처리해두어야 한다.

② **주입액의 조제** : 통조림 용기 내에 고체내용물을 담을 때 과실인 경우는 주로 당액을 이용하여 주입한다. 주입액은 조미와 방향을 줄 뿐만 아니라 용기 속에 들어있는 내용물의 형태를 유지하고 내용고형물 사이를 메워서 내용물이 통이나 병의 기벽에 부딪혀서 손상되는 것을 방지하며, 또한 가열살균시 열의 전도가 잘 되게 하는 데 그 목적이 있다. 주입액은 탈기의 효과를 올리기 위하여 보통 가열하여 넣으나 진공권체(vacuum seaming)로 밀봉할 때는 상온에서 넣는 것이 편리하다. 사용하는 당액으로는 불순물이 없는 고급설탕을 사용하며, 과실통조림에서는 보통 40～50%의 것이 쓰이고 사용하는 물은 탄산염, 황산염, 철분 등이 들어있지 않은 것을 사용해야만 한다. 만약 이들 염류가 함유되어 있으면 통조림 제조 후 흰색침전이나 과육이 흑색반점을 띠게 되므로 주의한다. 당액을 제조할 때는 먼저 따뜻한 물에 설탕을 녹인 다음 여과하여 불순물을 제거한다. 일반적으로 65%정도의 진한 당액을 제조해 놓고 필요에 따라 희석해서 사용하기도 한다. 당 농도는 다음 식을 이용하여 계산할 수 있다.

$$w_1x + w_2y = w_3z$$

$$y = \frac{w_3z - w_1x}{w_2}$$

w_1 : 담는 과실의 무게(g)

w_2 : 주입당액의 무게(g)

w_3 : 통속의 당액 및 과실 전체의 무게(g)

x : 과육의 가용성 고형물(%)

y : 주입액의 농도(%)

z : 통을 열었을 때 제품 중의 가용성 고형물(%)

예를 들어 301-7호관으로 복숭아 통조림을 만들 때 복숭아의 당도가 8.5%이고 w_1=270g, w_3=430g, x=8.5%, z=18%이면 w_2=430－270=160g이 되어 윗 공식에 대입하면 다음과 같이 된다.

$$y = \frac{430 \times 18 - 270 \times 8.5}{160} \fallingdotseq 29.66$$

위와 같은 조건으로 하였을 경우 29.66%의 당액을 160g씩 넣으면 된다.

그러나 실제의 통조림 원료의 가용성 고형물 함량이 전체적으로 고르지 못한 점 등으로 위 계산이 반드시 일정하지는 않으므로 때에 따라 맞출 필요가 있다.

③ **담기** : 내용물을 통조림 용기에 담는 방법에는 원료를 상온에서 담는 냉법(cold pack)과 뜨거운 상태에서 담는 열법(hot pack)이 있다. 전자는 가열살균에 장시간이 소요되는 결점이 있고, 후자는 살균시간이 단축되는 이점이 있다. 따라서 살균과정이 쉽고 어려움에 따라 적당한 방법으로 담기작업을 행하면 된다. 담기작업을 할 때 주의할 점은 우선 담는 내용물의 양이 너무 많거나 부족함이 없음은 물론 그 질이 일정한 규격에 맞도록 주의하고 내용물을 담을 때 불순물이 들어가지 않도록 주의하여야 하며, 또한 내용물을 보기 좋게 담아야 한다. 무엇보다도 중요한 것은 개관시 내용 고형량이 규격에 적당하기 위해서는 담기작업 중 감량을 예측하여 규격에 맞게 충전기 등을 조절해주어야 한다.

④ **탈기(exhausting)** : 통조림 용기의 공기를 제거하여 저압상태로 하는 조작을 탈기, 또는 배기라 한다. 탈기를 하는 목적은 용기 내에 산소를 제거하여 통 내면의 부식과 내용물의 변화를 적게 하여 내용물의 색, 향기, 맛 및 영양소 등을 보존하기 위함이고, 가열 살균할 때 내용물이 너무 지나치게 팽창하여 통이 터지는 것을 방지하며 유리산소의 양을 적게 하여 호기성 세균 및 곰팡이의 발육을 억제하기 위함이고, 제품 완성시 통조림 용기의 양쪽이 들어가게 하여 내용물이 건전한가 아닌가를 쉽게 판별가능하기 위한 것이다. 탈기의 방법에는 가열탈기법, 진공탈기법 및 증기분사법 등이 있다.

a. **가열탈기법** : 이 방법은 가장 간단한 방법으로 가열에 의하여 내용물 및 그 속에 들어있는 공기를 팽창시켜서 용기 속의 공기를 제거하는 방법이다. 이것은 용기에 넣기 전에 내용물을 가열하거나 용기에 넣은 후에 가열하게 되는데 끓는 물속에 내용물이 든 통조림통을 넣어 가열하는 경우와 증기로 이것을 가열하는 경우가 있다. 규모가 클 경우는 탈기상자를 이용하는 경우가 많고 이 방법은 탈기를 편하게 하기 위해서 탈기 전에 미리 가밀봉을 하는 경우가 많다.

b. **진공탈기법** : 진공밀봉을 통하여 용기 속의 공기를 제거하는 순간에 밀봉하는 방법으로 내용물에 소금물이 적게 들어있고 비교적 공기가 많이 들어있는 채소 통조림에 효과적이다. 이것은 가열할 때 팽창되는 액체가 적고 큰 공간을 가진 통조림으로 볼 수 있는데 대단히 높은 온도로 가열하지 않는 한 진공상태를 얻을 수 없으므로 탈기상자를 이용한 가열탈기는 적당치 못하고 진공탈기가 더 유리하다. 이 진공탈기법은 가열하지 않고 상온에서 하므로 가열하기 어려운 통조림에 편리하다.

c. **증기분사법** : 이 방법은 윗공간(head space)에 증기를 뿜어서 통조림 내부의 진공을 얻는 방법이다. 통의 헤드 스페이스에 증기를 적당히 뿜으면 그곳에 있는 모든 공기는 완전히 증기로 바뀐다. 이때 바로 통에 뚜껑을 얹고 밀봉을 하면 증기가 응축되었을 때 진공을 얻을 수 있다. 이 방법은 식품내부에 들어 있는 공기와 용기 밑의 헤드 스페이스에 있는 공기는 거의 배출할 수 없으므로 보통 흡입되어 있는 공기와 용해된 공기가 많지 않은 통조림에만 사용할 수 있고 적당한 헤드 스페이스가 있어야 한다.

⑤ **밀봉** : 통조림 공정 중 탈기를 한 다음 용기를 밀봉하게 된다. 밀봉하는 가장 큰 목적은 용기 속에 미생물과 공기가 들어가는 것을 막고 용기 내의 진공도를 유지하여 식품의 부패를 방지하기 위한 것이다. 통조림통은 주로 이중밀봉(double seaming)을 하고' 병의 경우는 뚜껑의 종류에 따라 적당한 밀봉기를 이용한다. 통조림통의 밀봉은 주요 부분이 리프터(lifter), 제1, 제2 밀봉롤(seaming roll)의 세 부분으로 되어 있다.

그림 7-15. 자동고속 권체기 및 살균기

⑥ **살균** : 밀봉을 행한 통조림은 유통과정 중 안전을 기하기 위하여 가열살균을 행한다. 통조림에서의 살균은 용기 속의 식품과 함께 들어 있는 미생물을 죽이거나 그 활동을 정지시켜서 식품의 부패를 방지하고 식품을 적당히 끓여 조직, 풍미 및 외관을 개선하여 그 식품 고유의 품질을 가급적 오래 유지하는 데 목적이 있다. 따라서 너무 지나치게 가열을 하면 완전히 살균되어 식품이 부패되는 것은 방지할 수 있어도 식품 고유의 품질이 손상될 수 있으므로 살균가열의 정도는 살균에 유효한 최소한도의 온도와 시간 내에 하여야 할 필요가 있다. 따라서 가열살균을 실시하는 데 필요 이상의 가열에 의한 품질저하를 피하려면 열전도(熱傳導)를 촉진하는 회전과 살균 후의 급속한 냉각이 필요하다. 가열온도 및 처리시간 등 가열조건은 예상되는 부패 미생물의 종류와 성질, 내용물의 종류, 통조림용기의 형상, 회전수, 공장 내의 가공시설조건 등에 따라 차이가 있으며, 개개의 식품에 대하여 안전을 고려하여 최저 필요 한도가 정해져야 한다. 일반적으로 식품 부패에 관계하는 미생물 중 곰팡이와 효모는 열에 약하여 비교적 낮은 온도에 사멸한다. 그러나 세균은 종류도 많고 포자를 형성하는 균이 있어서 열에 대한 저항력이 크게 다르다. 대부분 통조림에서 문제를 일으키는 세균은 *Bacillus*속과 *Clostridium*속의 두 가지로서 전자는 호기성균이고 후자는 혐기성균으로 특히 *Clostridium*속 균은 그 포자가 내열성이 강하기 때문에 살균처리가 불완전하게 되면 유통과정 중 부패를 일으키는 원인이 되므로 이러한 포자까지 사멸할 수 있는 온도와 시간으로 가열하여야 한다. 또한 내용물의 종류, 즉 pH, 당도, 점성, 고형물의 유무, 열전도성 등에도 살균처리조건이 달라지는데, 특히 pH가 세균의 살균시간과 크게 관계된다. 일반적으로 pH가 낮은 산성을 띤 통조림은 살균시간이 단축된다. 따라서 대부분 과실 통조림은 채소 통조림에 비하여 pH가 낮으므로 살균이 훨씬 쉽다. 예를 들면 과실 통조림은 pH가 4.5이하일 경우 100℃이하에서 살균처리가 가능하다. 또한 내용물 중 당액의 농도나 점도, 통조림통의 재료 등도 열전달에 큰 영향을 미치는데 당의 농도가 10%이하일 경우에는 열전도에 큰 차이가 없으나 그 이상이 되면 열전도가 늦어지고 가열초기, 또는 온도가 낮을 때 가장 늦으며 통조림통의 재료가 철과 철을 입힌 주석관일 경우는 비교적 열을 잘 전도시키고 유리병일 경우는 열의 전도가 비교적 늦으므로 살균처리에는 상기 언급한 것들을 토대로 복합적인 점을 고려하여 살균처리를 행하여야 한다.

(2) 복숭아 통조림

예전에는 복숭아 품종이 다양하지도 않았고 재배기술이 그다지 좋지 않았던 시절에는 저장성이 낮아서 복숭아가 수확되는 시기에만 아주 짧게 생과로 이용할 수밖에 없었다. 따라서 오랫동안 저장하여 두고 먹을 수 있는 방법으로 복숭아 통조림이 제조되었고, 또한 적정 조미액을 처리하다보니까 자체 생과로 먹을 때보다 풍미가 좋아져서 애용되어 지던 것이 바로 복숭아 통조림이다. 복숭아 통조림은 복숭아를 박피, 분할하여 핵을 제거하고 시럽을 가하여 통조림으로 한 것이다.

원료 복숭아로는 황육종과 백육종 복숭아가 이용되므로 각각 황도 및 백도 통조림이라고 한다. 또한 복숭아는 조직이 다른 과실에 비하여 약하므로 수송시 약간 미숙한 상태로 수확하여 수일간 실온에서 후숙시키고 난 후에 가공하기도 하는데 제품의 품질은 숙성정도와 관련이 깊으므로 적숙과를 가공하는 것이 중요하다. 가공적기의 숙도는 향기가 생겨 과실이 약간의 탄력을 나타낼 때 적합하다고 본다. 복숭아 통조림 제조시 문제가 되는 것은 과육의 색소인데 복숭아의 anthocyanin 색소는 통조림 제조시 캔의 주석, 철 등과 결합하여 암적색 또는 보라색을 형성하기 때문이다. 제조과정은 과실을 봉합선에 따라서 반할(半割)하여 핵을 제거하고 박피한 후 과육을 증자·정형하여 캔에 담고 당액(40% 전후)을 가하여 진공 밀봉을 한 후 살균하여 마무리한다.

박피법으로 백육도에서는 탕박피법, 즉 끓는 물에 1분 정도 담근 후 꺼내어 찬물을 뿌리면서 껍질을 벗기는 법을 이용하고, 황육도에서는 알칼리 박피법, 즉 끓는 2% NaOH용액에 1분정도 담갔다가 꺼내어 물속에서 부드러운 천을 이용하여 박피를 하는 법을 이용한다. 박피 후 2% 식염수에 담가두어 산화를 방지하며, 백육도의 경우는 제조공정 중에 갈변이 현저하게 일어나기 때문에 ascorbic acid 등의 항산화제를 갈변방지를 위해 사용하는 경우가 많다. 박피가 끝나면 통조림용 캔 용기에 담고 복숭아의 당도와 제품완성시 원하는 당도에 맞게 일정 당농도의 용액을 제조 후 캔에 주입하고 가밀봉을 한 후 90℃에서 약 5분간 탈기를 한 다음 곧 밀봉을 한다. 마지막으로 autoclave에 넣어 100℃에서 20~30분간 살균한 다음 곧 냉각시키면 제품이 완성된다. 마지막 공정으로 살균 후에 냉각이 충분하지 못하면 과육이 변색되므로 주의한다.

복숭아 → 세 척 → 쪼개기 → 제 핵 → 박 피 →
담 기 → 당액 넣기 → 탈 기 → 살 균 → 냉 각 → 제 품

그림 7-16. 복숭아 통조림 제조공정

앞에서 언급한 바와 같이 복숭아 통조림 살균시 사용되는 캔의 통형, 내용물의 pH 등에 따라 살균온도 및 살균시간이 다르게 된다. 따라서 사용되는 통형, 원료로 사용되는 복숭아의 품종 및 성분 등을 사전에 분석하여 행할 필요가 있다. 일반적으로 황육종 복숭아를 이용하여 통조림을 만들 경우 내용물의 pH는 3.6～4.2 범위에 들어간다. 또한 301-1호관을 사용할 경우, 들어가는 복숭아 고형량은 대체로 250g정도에 내용총량은 425g 정도이게 되며, 이때 살균조건은 95～100℃의 온도에서 18～50분 처리하면 된다. 그러나 공장 내에 살균 솥과 솥 내부에 들어가는 통조림 용기 수에도 차이가 있으므로 공장 내에서 최적의 품질을 만들 수 있는 조건을 찾아야 한다.

4) 건조과실(dried fruit)

건조과실은 과실을 적당한 방법으로 건조하여 수분을 제거한 다음 단맛을 더하게 하는 동시에 특수한 풍미와 저장성을 가지도록 만든 것이다(그림 7-17). 건조과실은 사용되는 범위에 따라 건조 방법과 건조정도를 달리할 필요가 있다. 즉 예전에는 건조과실은 생과실을 이용할 수 없을 때를 대비해서 만든 것이기 때문에 일단 수분을 흡수시켜 원상태로 돌아가게 만들 필요가 있었다. 따라서 수분 재흡수시 최대한 원형상태가 유지될 수 있도록 하기 위해서는 건조시 건조온도가 낮을 필요가 있는데 요즘은 이러한 제품을 완성하기에 좋은 건조 방법으로 건조온도가 낮은 냉동건조기를 이용하여 건조하게 된다. 만약 냉동건조가 불가능할 때는 건조초기에 낮은 온도에서 수분을 서서히 증발시켜서 과실세포의 손상이 오지 않도록 할 필요가 있다. 이외에 과실내 수분의 함유정도에 따라 수분을 2～3%정도로 완전히 건조시킨 완건 과실과 중간수분식품 형태로 건조시킨 반건조 과실로 나눌 수가 있다. 우리나라에서 반건조 과실의 대표적인 것으로 오래전부터 애용되어온 과실이 바로 곶감이다. 최근 미국에서는 저칼로리, 천연식품, 무지방, 무 cholesterol 등의 이유로 살구, 망고, 파인애플, 복숭아, 열대과실 등의 건조과실이 기존 스낵과자 제품을 대신하고 있으며, 아시아지역에서도 비타민과 미네랄이 첨가된

건조과실 제품이 생산 판매되고 있는 실정이어서 건조과실의 상품화가 다양화 되어질 것으로 본다. 그러나, 이러한 건조과실은 채소와는 달리 당분이 적당량 함유되어 있는 과실은 건조에 의해 당분 함량이 상대적으로 높아져 자체에서 방부력을 가지긴 하지만 그래도 당은 흡습성을 가지므로 부적당한 보관상태에서는 미생물의 번식이 잘 일어나므로 주의해야 한다. 따라서 제품생산시 제품의 질을 유지할 수 있는 포장 방법도 잘 선택하여야 할 필요가 있다.

원료 → 선별 → 박피 → 조제(알칼리처리) → 훈증(황처리) → 건조 → 제품

그림 7-17. 건조과실의 일반적인 제조공정

(1) 곶 감

그림 7-18. 곶감의 건조장면

감은 잘 익지 않았을 때는 떫은 맛을 가지고 있기 때문에 생과로 이용되기보다는 곶감, 연시, 감말랭이, 감식초, 냉동홍시 등으로 이용되어 왔다. 따라서 건조과실인 곶감은 적당히 숙성된 감을 박피하여 건조과정을 거쳐서 떫은 맛을 제거시킨 것이다. 국내에 유통되는 곶감은 건조시킨 곶감의 수분 함량에 따라 건시, 반건시로 나누어진다. 옛부터 집에서 곶감을 만들어 먹었는데 감을 말릴 때 꼬챙이에 꽂아서 말려서 '곶다'라는 의미로 건조 감을 곶감이라 불리게 되었지만 최근에는 대량생산하기 위해서 실을 이용하여 감꼭지를 꿰맨 후 매달아서 건조시키는 경우가 대부분이며 사진에서 보는 바와 같이 감꼭지 부분을 걸 수 있게 하여 꼭지 부분을 만들고 이를 연결시켜 한꺼번에 대량 걸어서 건조할 수 있게 만든 간이건조대도 이용되고 있다. 이렇게 감을 박피한 후 햇빛을 이용하여 자연건조하여 일년 내내 두고 먹었다. 그러나 자연건조를 하게 될 경우 곶감제조시 기후나 관리상태가 불안정하게 되면 미생물의 오염이 발생되어 고른 제품을 얻을 수가 없다. 따라서 질이 좋은 곶감을 제품화하기 위한 연구가 많이 이루어졌다. 즉 자연건조에서 열풍건조, 송풍건조 및 원적외선 건조 등 건조 방법이 다양화해졌으며, 건조시 습도 및 온도조절 등으로 상품의 질을 향상시키는 연구결과가 많이 보고되었다. 최근에는 곶감에 대한 소비자들의 성향이 반건시 제품으로

향하고 있는 바, 반건시 제품의 제조에 대하여 설명한다.

① **원료선택** : 우선 사용할 원료의 선택에서 곶감은 적당히 익은 과실로 곶감을 만들었을 때 가장 품질이 좋다. 미숙한 것은 당도가 낮고 과숙한 것은 박피 후 건조시 불량품이 나올 경우가 많다. 곶감에 좋은 품종으로는 둥시, 갑주백목, 고종시, 월하시, 수시 등을 많이 이용하는데, 이 중에 둥시가 가장 좋은 곶감을 얻을 수 있다.

② **박피** : 일반적으로 건조과실을 만들 경우는 포도, 딸기 혹은 대추 등의 과실은 박피를 요하지 않지만 원료과실에 따라 박피를 행하여야 하는 경우가 있다. 특히 곶감의 경우는 박피를 꼭 필요로 하는데 박피시 쇠로 만든 칼을 이용하게 되면 떫은 감 중에 존재하는 tannin성분과 결합하여 tannin철이 되어 흑변하게 되므로 사용하는 칼이 스테인리스 스틸 칼이어야 한다.

③ **조제** : 박피 후 알칼리 및 기타 처리를 하게 되는데 이 처리는 포도와 같이 껍질의 표면에 납질물이 있는 과실은 수분이 삼투하는 속도가 느려서 건조하기가 어려우므로 0.1～0.5%의 수산화나트륨이나 탄산나트륨 등의 용액을 끓는 상태에서 과실을 5～15초간 담갔다가 꺼내어 맑은 물에 담그거나 물을 뿌려서 씻는 처리를 행하고, 사과, 복숭아, 살구 등은 산화효소의 활성도가 높아 그대로 건조하면 효소의 작용으로 갈색으로 변하여 품질저하 요인이 되므로 이 효소를 파괴하기 위하여 시럽이나 소금물에 담가낸 다음 건조하게 된다.

④ **훈증(황처리)** : 건조 중 부패 및 충해를 방지하기 위하여 일반적으로 훈증처리를 행하게 된다. 훈증할 때에는 조제한 과실을 상자나 훈증실에 넣고 밀폐한 다음 원료과실 100kg에 대하여 300～400g의 황을 연소시켜 약 30～60분간 처리하게 되는데 곶감의 경우 1㎥당 각각 20g의 유황과 20㎖의 초산을 이용하면 곰팡이의 발생을 최대한 방지할 수 있다.

⑤ **건조** : 건조과정에서 곶감은 곶감 건조대를 이용해서 감을 건조시킨다. 일반적으로 건조 방법으로는 자연건조, 열풍건조, 송풍건조 및 원적외선 건조 등의 방법을 이용하는데 자연건조는 자연 햇빛을 이용하므로 30일 정도의 장시간이 걸리는 관계로 곰팡이 발생으로 인한 손실률이 7～10%정도 발생하고, 그 외 건조 방법을 이용할 경우는 손실률이 거의 없다. 또한 곶감은 말리는 도중에 과육을 손으로 주물어서 연하게 하여 맛과 건조가 잘 이루어지게 할 필요가 있다. 열풍건조는 감을

건조실에 넣고 첫째 날은 32℃, 둘째 날은 30℃, 셋째 날은 25℃정도로 온도를 차차 내리면서 말리는데 이 방법도 도중에 손으로 주물어서 제품을 만들어야 하며 4~5일 건조한 후에는 건조기에서 꺼내어 1~2일 정도 천일건조를 행한다. 원적외선 건조의 경우 일반 건조시와 같은 온도 설정에서는 내부와 외부의 건조속도가 빠르고, 복사성이 강하기 때문에 색깔이 곱지 않고, 육질이 딱딱한 결과가 나오므로 원적외선 건조기를 이용할 경우는 낮은 온도와 적절한 습도조절이 필요하다. 따라서 제습식으로 건조처리를 할 경우 조직감, 저작감 등의 기호도와 색도면에서 가장 우수한 제품이 나올 수 있다. 제습식 건조 방법시 제습기의 건조구는 20~25℃, 40~55%습도 조건에서 7~8일 동안 건조와 휴건을 반복하는 방법으로, 제습건조기의 원리는 건조실에서 배출되는 고습의 공기를 히트펌프의 증발부에서 제습한 후 응축부에서 재가열하여 건조실로 재순환시켜 건조하는 방식에 의하면 건조시간을 단축하면서도 품질이 우수한 곶감을 얻을 수 있다. 건조가 끝난 곶감이라 하더라도 수분 함량이 상당히 함유되어 있으므로 저장시 곰팡이의 발생이 이루어질 수 있다. 따라서 시중에 출하하기 전이든지 섭취하기 이전에는 대부분 냉동고에 저장하게 되며, 제품으로 출하시는 PE film 포장을 하든가 질소가스 치환포장을 하여 곰팡이의 발생을 최대한 방지할 필요가 있다.

5) 과실주

과실주는 제조 방법에 발효주와 침출주로 대별된다. 발효주는 과실에 함유되어 있는 당과 산을 원료로 효모에 의하여 발효시켜서 만든 술이고, 침출주는 고농도(약 35%)의 주정에 과실을 일정시간 침지시켜 과실 중에 함유되어 있는 유용성분이나 향기성분을 우려내서 만든 술이다. 일반적으로 우리나라 과실은 당 농도가 높지 않아 과실을 이용하여 순수한 발효주를 만들기에는 적당치 않으므로 대부분 과육에다 설탕을 넣어 당분을 조정한 후 발효시켜 만든다. 이러한 과실발효주를 얻기 위해서는 대부분 효모 *Saccharomyces cerevisiae*를 이용하게 된다. 그러나 포도와 같은 과실은 포도껍질 중에 야생 술 효모가 있어 인위적으로 효모를 가해주지 않아도 발효를 유도할 수 있다. 따라서 당분이 있는 과실은 보당과 함께 발효주 제조에 이용할 수 있어 사과주, 배주, 매실주, 복분자주, 오디주 등이 선보여지고 있지만 과실주의 대표적인 것으로 우리나라 뿐만

이 아니라 세계 여러 나라에서도 포도주가 많이 생산되고 있는 실정이다.

(1) 포도주

포도주는 세계적으로 유명한 과실발효주이다. 포도주는 ethanol과 수종의 기타 알코올, 당과 그 외의 탄수화물, aldehyde, ketone 및 ester류의 방향성분, 비타민, 무기질 및 수종의 유기산과 기타 동정되지 않은 향미물질로 구성되어 있고 이러한 성분들의 조합으로 만들어진 것이기 때문에 지역이나 기후, 품종 혹은 제법에 따라서 각기 독특한 포도주가 생산되어지고 있어 나름대로 각 나라마다 고품질의 포도주를 생산하고 있다. 따라서 여러 나라마다 나름대로의 맛과 향을 살린 대표적인 브랜드를 가지고 있으며 발효성 당만으로 생성된 알코올 함량을 갖는 천연포도주와 포도주 주정(wine spirit)을 가하여 알코올농도를 높인 주정강화 포도주인 식후(dessert) 및 식전(appetizer) 포도주로 대별되며, 천연포도주는 10~14%, 식후(dessert) 및 식전(appetizer) 포도주는 15~21%의 알코올농도를 함유하게 된다. 천연포도주는 CO_2가 없는 still wine과 CO_2가 있는 sparkling wine으로 나누며, 당의 함량에 따라 dry(無甘味), semi-dry(半甘味) sweet(甘味) wine으로 나누어진다.

① **원료포도** : 포도의 일반적인 품종과 성분에 대해서는 앞에서 언급한 바와 같지만 포도 품종의 독특한 성분조성과 향미는 포도주 제조에서 가장 중요한 요소이므로 반드시 제조하고자 하는 포도주의 type에 맞는 품종을 선택해야 한나. 널리 재배되고 있는 품종에는 고상하고 다양한 향미를 갖는 유럽계의 *Vitis vinifera*와 북미계 foxy aroma를 갖는 *Vitis labrusca*와 muscadine aroma를 갖는 *Vitis rotundifolia*가 있으며, 주요 품종을 소개하면 다음과 같다.

a. **북미계(Non-*vinifera*)**

(1) *Vitis labrusca* type(foxy aroma)

ㄱ. Red, Pink wine : Agawam, Black, Campbell Early, Catawba, Concord, Delaware, Clinton, Diana 등

ㄴ. White wine : Niagara, Diamond, Dutchess, Elvira, Golden, Muscat 등

(2) *Vitis rotundifolia* type(muscadine aroma)

ㄱ. Red wine : Burgaw, Eden, Hunt, James, Mish, Tomas 등

ㄴ. White wine : Scuppernong, Topsail, Willard 등

b. 유럽계(*Vitis vinifera*)

(1) Muscat flavor를 가진 것

ㄱ. Red, Pink wine : Aleatico, Muscat Hamburg 등

ㄴ. White wine : Gold, July muscat, Malvasia bianca, Muscat of Alexandria 등

(2) Muscat아닌 다른 flavor를 가진 것

ㄱ. Red wine : Barbera, Cabernet franc, Cabernet Sauvignon, Carnelian 등

ㄴ. White wine : White Riesling, Chardonnay, Chenin blanc, Emerald Riesling 등

또한 포도주 type에 따른 원료포도의 성분조성도 달라진다.

표 7-8. 포도의 성분조성에 따른 포도주 종류

포도주 type	당 도(°Brix)	산 도(적정산도)	pH
White table	19.5～23.0	〉0.70	〈 3.3
Red table	20.5～23.5	〉0.65	〈 3.4
Sweet table	22.0～25.0	〉0.65	〈 3.4
Dessert	23.0～26.0	〉0.50	〈 3.6

② **포도주 제조(vinification)** : 포도주는 그림 7-19와 같은 공정을 거쳐 만들어진다. 먼저 수확한 포도는 제경과 파쇄가 동시에 이루어지는데 파쇄가 지나치면 부유고형물의 양이 많아져 청징작업이 어렵게 되고 종자가 파괴되어 tannin 함량이 높아져서 포도주의 쓴맛과 수렴성이 증가하므로 주의한다. 또한 수확한 포도에는 수많은 야생효모와 함께 곰팡이, 세균이 붙어있어 발효에 지장을 초래하므로 효모의 순수한 발효과정을 잘 조절하기 위하여 필요치 않은 미생물을 통제하고 산화효소를 저해하기 위하여 SO_2를 첨가한다. SO_2의 또 다른 효과는 발효과정 중 acetaldehyde와 작용하여 glycerol의 생성을 높이며 발효전의 과즙의 청징과 포도주의 산성화에 도움을 주고 과피세포를 죽여 적포도주에서 붉은 색소의 용출을 도와주며, 경우에 따라서는 색소의 일부 색깔을 표백시키는 효과도 있다. 첨가방법은 SO_2의 기준으로 200ppm이하의 농도가 되는 정도로 효과를 줄 수 있게 sodium metabisulfite, potassium metabisulfite 및 sodium bisulfite 등을 사용하면

된다. 이때 SO_2의 양이 지나치면 주질을 손상시키므로 주의한다. 또한 백포도주의 제조시 발효하기 전에 파쇄된 must에서 과즙을 과피, 종자와 과육의 일부로 구성되는 고형분으로부터 압착기를 이용하여 분리하여야 한다. 압착 전에 must에다 pectin분해효소를 첨가하여 조직의 분해를 유도한 후 착즙을 하며, 채취한 과즙은 불용성 물질과 단백질을 제거하기 위하여 여과, 원심분리 또는 침전의 방법으로 청징시킬 필요가 있다. 이때 지나치게 착즙을 하게 되면 tannin 함량도 많아지고 품질이 떨어지므로 비압착법으로 과즙을 얻기도 한다. 포도주발효에 관여하는 중요한 야생효모로는 *Saccharomyces, Hansenula, Kloeckera, Pichia, Torulopsis, Schizosaccharomyces, Brettanomyces, Debaryomyces, Rhodotorula* 등이며, 배양효모로는 *Saccharomyces cerevisiae*이다. 발효조는 백포도주는 과즙을, 적포도주는 must를 1/2~2/3정도 채우고 활발한 배양효모를 약 1%첨가하여 발효시킨다. 발효조의 품온은 적포도주는 29℃이하로, 백포도주는 15℃이하로 유지하는 것이 좋으며 초기발효는 천천히 시작하다가 하루정도 지난 후 활발해져야 한다. 발효는 되도록이면 낮은 온도에서 행해지는 것이 향기성분과 알코올 수율을 높일 수 있으며 청징작업을 용이하게 해준다.

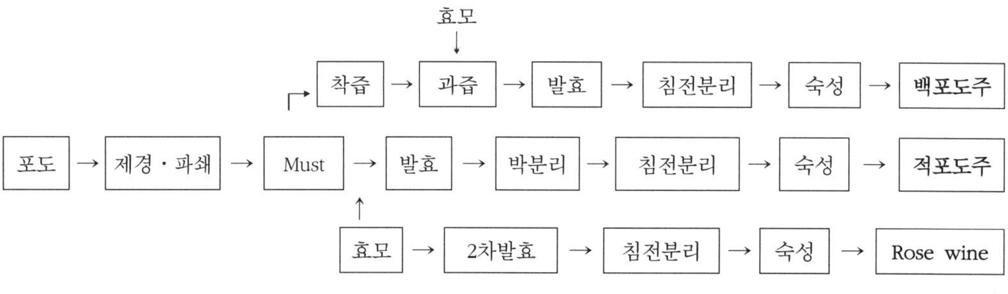

그림 7-19. 포도주 제조공정

또한 발효가 진행되다 보면 품온이 올라가 발효속도가 점차 빨라지므로 발효조의 온도조절을 해줄 필요가 있다. 발효의 완료는 dry table wine은 잔당이 없어질 때이고 sweet wine는 wine spirit(brandy)를 첨가하여 효모의 작용을 중지시킨다. 포도주의 발효기간은 발효온도, 사용한 효모의 type, 제조하고자 하는 포도주의 종류 등에 따라 달라진다. 발효가 끝나면 포도주를 침전조에서 일정기간 정치하여 침전분리작업을 행한다.

침전분리작업은 침전된 효모의 자기소화작용이 일어나고 다른 미생물의 증식에 필요한 영양분을 공급하게 되므로 공기와의 접촉을 최대한 방지하여 신속히 해야 한다. 침전분리한 포도주는 남아있는 미생물의 세포, 단백질과 색소, tannin, 주석산의 결정 등에 의하여 혼탁을 일으킬 수 있으므로 청징제를 이용하여 청징시킨다. 일반적인 청징법은 과실주스 제조에서 언급한 바 있다. 포도주에서는 가장 문제점이 주석산염이다. 주석산의 K염은 발효가 진행됨에 따라 알코올 함량이 증가하므로 이 알코올에 대하여 용해도가 감소하므로 결정화되어 분리된다. 주석산염 제거 방법으로는 저온처리법과 이온교환수지법이 있다. 저온처리법은 포도주의 온도를 거의 빙점까지 냉각하여 주석산염의 침전을 촉진한 후 저온에서 여과하는 방법이며 이온교환법은 Na^+형태의 수지에 포도주를 통과시키면 Na^+와 K^+의 교환이 일어나서 주석산의 K염이 Na염으로 바뀌고 Na염은 K염보다 용해도가 크므로 침전되는 것을 방지할 수 있다. 수지의 H^+형태는 포도주의 주석산을 염으로 만들지 않고 산으로 만들기 때문에 산도를 증가시키므로 이 방법을 이용하기도 한다. 청징이 끝난 포도주는 일반적으로 oak통에서 숙성하게 되는데 이는 산화, 환원 및 ester화의 매우 복잡한 과정으로 숙성이 이루어진다. 일정 숙성기간이 지나면 입병을 행하는데 입병 후에도 포도주는 숙성활동을 멈추지 않는다. 따라서 입병시나 입병 후에도 저장을 주의할 필요가 있다.

(2) 매실주

비발효성 과실주의 대표적인 예로써 매실주(그림 7-20)를 들 수 있다. 비발효성 과실주는 포도주와 달리 발효에 의하지 않고 과실에 고농도의 알코올을 넣어 과실의 주요성분을 추출한 것이다. 따라서 이러한 술을 침출주라고 하는데 대부분 과실보다는 인삼, 더덕, 오디 등 약용작물을 이용하여 만든 것이 많다.

청 매 → 씻 기 → 꼭지따기 → 입 병 → 가 당

소주 넣기 → 밀 봉 → 매실 분리 → 제 품

그림 7-20. 매실 침출주 제조공정

원료매실은 청매를 이용하며 잘 선별하여 건전과실을 사용한다. 특히 매실은 저장성이 낮아 수확 후 오래두면 수확시 과실간 충격에 의해 쉽게 얼먹는 파과가 생기는 경우가 많다. 청매를 잘 씻어 흙, 먼지 등을 제거하여 세척한 후 물기를 뺀 매실을 나무칼을 이용해 꼭지를 상처없이 따낸다. 매실을 침출시키기 위해 일정한 병에 넣고 청매와 설탕을 동일량 넣은 다음 청매량에 약 2배되는 양의 소주를 넣고 밀봉을 하여 1～2개월 정도의 일정기간 침출시키면 된다. 1～2개월 정도 지나 침출이 완료되면 매실을 꺼내어 분리하면 매실주가 얻어진다. 침출되는 기간은 과실에 따라 다르다.

6) 과실초

식초는 크게 곡류, 알코올성 음료, 과실류 등을 원료로 하여 양조한 양조식초와 빙초산 또는 초산을 주원료로 만든 합성식초가 있다. 여기에서 다루는 식초로는 양조식초를 말하는 것으로 곡류 및 과실을 이용하여 발효하므로 초산을 약 3～4% 함유하고 기타 휘발성 및 비휘발성의 유기산, 아미노산, 당, 알코올 및 에스테르 등이 있어서 독특한 신맛과 방향 그리고 약간의 단맛이 있는 산성 조미료로서 이용되어왔으며, 또한 강한 산성으로 방부효과도 있다. 초산발효는 초산균의 작용으로 에탄올이 산화되어 초산으로 되는 호기적 발효이며 다음 식과 같이 두 단계를 거쳐 초산이 생성된다.

$$CH_3CH_2OH + 1/2\ O_2 \rightarrow CH_3CHO + H_2O$$

$$CH_3CHO + NADP^+ + H_2O \rightarrow \underline{CH_3COOH} + NADPH_2$$

즉 첫단계는 NAD를 보효소로 하는 alcohol dehydrogenase에 의하여 생성된 acetaldehyde는 다시 NADP를 보효소로 하는 aldehyde dehydrogenase에 의하여 acetaldehyde가 산화되어 초산이 생성된다.

(1) 초산세균

초산균은 종류가 많아 *Acetobacter aceti, Ac. oxydans* 등은 주박초(酒粕醋)양조에 잘 이용되며 *Ac. orlenense, Ac. vini-aceti, Ac. rancens* 등은 포도주초 양조에, 그리고 *Ac. schuzenbachii*는 속초법에서 잘 이용된다. 또 초산발효는 호기적 발효이기 때문에 발효도중 ester를 생성시키고 생성된 초산을 산화시키는 유해초산균, *Ac. kutzingianum, Ac.*

ascendans, Ac. xylinum 등도 있다. 일반적으로 *Acetobacter*균은 Pseudomonadaeae에 속하는 절대호기성의 gram(-), 무포자의 단간균 또는 타원형 세균으로 주모나 극모성의 편모를 가지는 것과 갖지 않는 것이 있으며, 때로는 긴 연쇄를 하는 수도 있고 생육적온은 약 30℃이며, 최적 pH는 3.5~6.5정도이다.

(2) 종 초(種醋)

식초양조에 맞게 우량한 초산균을 다량 배양한 종초를 육성해야 한다. 청주, 국즙(麴汁), 주박침출액 또는 합성배지에 선정균주의 플라스크 배양물을 가하여 배양시켜 종초로 사용한다. 예를 들면 청주 : 온수 : 살균한 산도 5%의 식초를 4 : 4 : 6의 비로 혼합하고 여기에 배양한 종균 1g을 가하면 ethanol 4%와 산도 2%의 담금액이 된다. 이것을 통기조건이 되는 진탕 발효조에서 35~40℃의 온도로 2~3일간 두면 상층부위에 엷은 균막이 생기고 10~20일에 산도가 약 5%가 되는 식초가 되었을 때 종초로 사용하면 된다. 이때 발효액을 사용하여도 좋고 종초를 만들었을 때 젊은 균막(菌幕)을 사용해도 좋다. 종초는 산을 다량으로 빠르게 생산하고 내구성이 강하며 초산을 과산화시키지 않고 방향성과 비휘발성 산류를 생성하여 제품에 좋은 향미를 주는 것이 바람직하다.

(3) 초산제조법

초산제조법으로는 정치(靜置)법, 속초(速醋)법, 액침(液浸)발효법 및 연속액침발효법 등이 있다.

① **정치법** : 목조나 내산성금속조 혹은 합성수지조를 이용하여 담금발효하는 방법이다. 이 정치법에서는 온도관리와 적절한 산소공급이 중요하다. 담금 후 균막의 형성으로 온도가 38~40℃로 상승할 수도 있는데 온도가 상승하면 초산균의 활력이 떨어지므로 균막을 몇 차례 침강시키거나 깰 필요가 있다. 발효의 종료는 산도와 알코올 농도를 측정하여 산도가 예정 산도가 나오고 잔류 알코올이 0.3~0.4%가 되었을 때 균막을 침강시키고 품온을 낮추어 주발효를 마무리 하는 것이 과산화를 방지하고 숙성 후의 향미도 좋다. 발효가 끝난 액은 그 일부를 남겨 다음 회의 종초로 하고 나머지는 저장조에 옮겨 품온을 실온, 또는 5~10℃로 낮추어 매일 1~2회 교반하여 균막의 형성을 막으면서 2~3개월 후숙성을 시킨 다음 여과, 살균을 하여 제품으로 한다. 정치법은 시설비가 적게 들고 조작도 간편하나 개방식

이므로 잡균오염 등의 문제가 있다.

② **속초법**(Quick vinegar process) : 이 방법은 초산을 빠른 속도로 얻기 위한 것으로 발효속도를 조절하기 위하여 발효조 내의 상단부에는 무균공기가 들어갈 수 있는 취입구와 초산원료액이 되는 주정과 영양물의 혼합액을 살포할 수 있는 유량계와 분사기가 있으며, 발효조 내부공간은 종초나 초산균을 미리 접종하여 산을 흡수시켜 놓은 코르크와 같은 충전제로 매워져 있고 하단부는 집산실과 펌프장치가 있어 예정산도가 나올 때까지 집산실에서 나온 발효액을 상단부로 끌어올려 재분사될 수 있도록 되어있다. 이러한 방법으로 발효를 행하면 약 8～10일 정도면 산량이 10%정도의 초산액을 얻을 수 있다.

③ **액침발효법**(Submerged process) : 담금액에 순수배양한 초산균이나 종초를 가하고 공기를 송입하여 심하게 교반하면서 액내 전면에서 빨리 초화를 시키는 것으로 심부발효법이라고도 한다. 따라서 이 발효법은 발효조 내에 교반기와 외부로부터 산소공급이 될 수 있는 공기공급관과 배기관, 냉각기가 겸비된 온도조절기 등으로 설비되어 있다. 한편 액침법은 생산한 초 중에는 많은 초산균체와 불용해물질 등이 있어서 여과가 어려우므로 정밀여과를 하는 외에 bentonite 등의 청징제로 응집침전시켜 맑은 초를 얻는 수도 있다.

④ **연속액침발효법** : 이 방법은 cavitator를 이용하여 발효를 시키므로 cavitator법이라고도 한다. Cavitator의 주요 부분은 하단부에 확산판이 달린 수직의 draft관, 회전날개, 수직의 중공(中空) shaft, 운전조절장치 등으로 되어있다. 초화원리는 발효조에 있는 회전날개로 중공수직 shaft를 회전시켜 저부에 있는 회전날개가 일정속도를 넘으면 공기는 중공 shaft를 통해 흡입되어 아래로 흐르고 저부에서 담금액 중으로 분산된다. 공기와 혼합된 담금액은 발효조 쪽으로 확산하여 벽면을 따라 상승한다. 상승한 혼합물은 액 표면에서 draft관으로 들어가 그 속을 흘러내려간다. 하부로 돌아온 담금액은 다시 공기와 혼합하여 순환을 반복하면서 초화를 계속하게 되는 원리이다.

(4) 감식초

감식초의 원료로 사용될 감은 신선한 완숙과실을 이용하는 것이 좋으나 부산물을 이용하는 차원에서 연화과나 병과 등의 등외품을 사용하는 경우가 많다. 따라서 씻기, 파쇄 및 담기를 한 후 그대로 알코올발효를 하게 되면 알코올발효 후기쯤에 젖산균 및 기타 이상세균의 작용으로 품질이 좋은 식초를 얻을 수 없다. 따라서 알코올발효를 들어가기 전에 90～95℃의 온도에서 살균처리를 해주는 것이 좋다. 알코올발효를 위한 과즙의 당 함량은 24～25%정도가 되어야 하는데 일반적으로 단감의 당도는 15% 전후이기 때문에 설탕을 첨가하여 당도를 높여주는 것이 좋다. 당분을 첨가할 때에는 다음 공식에 의하여 첨가할 설탕량을 산출한다.

설탕첨가량(g)=과즙무게(g)×0.25−과즙의 당도/100

당도를 24～25%로 보정한 과즙을 통에 7할 정도 채운 후 발효를 시킨다. 발효초기에는 효모를 증식시키기 위해 산소를 공급해주어야 한다. 발효기간은 온도에 따라 달라지는데 15℃에서는 3～4주, 20～25℃ 온도에서는 1～2주, 30℃에서는 1주 이내에 알코올발효가 종료된다. 알코올발효가 끝나면 찌꺼기를 분리하고 남아있는 액을 알코올농도가 4～6%, 초기 산량이 2%정도 되도록 조정하고 초산발효를 행한다. 발효초기시 산 함량을 조정하는 이유는 발효액 중 산 함량이 없으면 산막효모의 번식이 먼저 일어날 수 있고 이렇게 되면 초산균의 생육이 저해되기 때문이다. 초산발효가 끝나면 여과, 살균과정을 거쳐서 제품을 얻는다(그림 7-21).

원료감 → 세 척 → 파 쇄 → 담 기 → 살 균 → 당첨가 → 알코올발효 →

여과액 → 초산발효 → 여과액 → 정 제 → 살 균 → 제 품

그림 7-21. 감식초 제조공정

7.3. 채소가공

7.3.1. 채소의 가공학적 특성

채소의 성분도 일반적으로 과실과 같으며, 특히 딸기, 토마토, 수박 등의 과채류는 더욱 비슷하다. 그러나 몇 종을 제외한 대부분의 엽채류, 근채류 중에는 당류, 유기산 및 방향성 성분이 적게 들어있다.

채소류의 식품적 가치는 과실류와 같이 여러 가지 비타민류 및 무기질을 많이 함유하고 있어 비타민의 좋은 급원이 될 뿐 아니라 칼슘과 같은 무기질은 식물을 중화시켜준다는 점에서 좋은 점을 가지고 있다. 이러한 채소학적 특성으로 채소가공품은 과실가공에 비하여 가공품목이 제한되어지며, 이외에 채소가공상 문제가 되는 색소류는 과실과 거의 같으나 다른 점은 엽록소를 과실보다 많이 가지고 있다는 점이다.

1) 원 료

채소는 주로 식용하는 부위별로 근채류, 엽채류 및 과채류로 대별되며 기타 조미채류로 나누기도 한다.

우리나라에서 주로 재배, 생산되고 있는 근채류는 무, 당근, 연근, 우엉 및 토란 등이며 엽채류로는 배추, 양배추, 상추, 시금치 및 미나리 등이고 과채류로는 수박, 오이, 호박, 참외, 토마토 및 딸기 등이다. 기타 조미채류로는 생산량으로 볼 때 양파가 가장 많으며 파, 마늘, 고추 및 생강 순으로 재배, 생산되고 있다. 가공에 많이 이용되는 채소류, 즉 침채류에 주 · 부원료로 많이 이용되는 배추, 무, 고추, 마늘, 양파 및 오이, 주스 및 케첩, 퓌레와 같은 소스류에 많이 이용되는 토마토, 대표적인 잼의 원료인 딸기를 중심으로 그 원료의 특성을 살펴보고자 한다.

2000년 이후 경제작물의 연간 소비량 및 1인당 연간 소비량을 보면 주작물인 배추와 무는 약간 감소추세로 가고 있고 고추는 생산량은 감소하나 1인당 연간 소비량은 증가추세에 있으며 마늘, 양파는 생산량 및 1인당 소비량 모두 감소추세에 있다.

표 7-9. 연도별 채소류의 생산량(천톤) 및 1인당 연간 소비량(kg)

연도	배 추		무		고 추		마 늘		양 파		기 타	
	생산량	1인당연간소비량	생산량	1인당연간소비량	생산량	1인당연간소비량	생산량	1인당연간소비량	생산량	1인당연간소비량	생산량	1인당연간소비량
1980	3,040	47.6	1,973	31.0	125	2.2	253	3.9	275	5.4	1,598	30.2
1985	2,790	35.6	1,586	23.1	165	1.5	256	3.8	440	7.8	1,846	26.8
1990	3,241	46.9	1,686	26.7	133	1.8	417	6.5	407	7.4	1,776	43.3
1995	2,638	38.3	1,290	21.1	193	2.4	462	7.5	975	16.5	2,605	74.8
1996	2,793	39.1	1,554	25.1	218	2.4	456	7.2	579	10.6	2,259	67.8
1997	2,497	34.8	1,276	20.9	201	2.7	394	6.6	740	12.7	2,143	70.8
1998	2,496	35.3	1,395	22.4	147	2.2	394	6.7	872	14.5	1,969	67.6
1999	2,289	31.5	1,232	20.2	215	2.6	484	7.7	936	15.4	2,023	76.1
2000	2,869	39.7	1,507	24.4	194	2.5	474	7.2	878	14.8	2,113	77.3
2001	2,804	37.8	1,502	23.7	180	2.3	406	6.4	1074	16.6	2,054	77.6
2002	2,139	28.4	1,201	19.2	193	2.2	394	5.8	933	15.3	1,826	73.7
2003	2,459	33.2	1,341	21.2	132	2.4	379	6.5	745	13.2	1,842	75.9

(자료 : 농림부, 통계청, 2004)

(1) 배 추

배추는 서늘한 기후를 좋아하는 저온성 채소이며, 생육기간은 60～90일이다. 발육최적 온도는 20℃ 전후이나 생육초기에는 어느 정도 고온에서 발육되고, 생육후기에는 서늘한 기후에서 결구가 촉진되므로 추작(秋作)재배가 가장 알맞다. 배추는 크게 가을배추, 고랭지여름배추 혹은 여름배추, 월동노지배추 등으로 작형에 따라 나눈다. 가을배추의 주품종으로는 노랑김장배추, 금빛배추, 맛나배추, 샛노랑배추 등이 있으며, 주산지는 충주, 제천, 아산, 서산, 당진 등의 충청지역과 고창, 김제, 나주, 영암 등의 호남지역으로, 김장용 배추의 대부분 물량이 이 지역에서 공급되고 있다. 또 여름배추 또는 고랭지여름배추의 주품종으로는 노랑여름배추, 노랑관동배추, CR여름맛배추 및 여름촌배추 등이 있으며 품종 특성상, 특히 기온이 높은 하절기에는 해발 400m이상의 준고랭지와 600m 이상의 고랭지에서만 재배가 가능하며 주산지는 평창, 정선, 홍천, 인제 등 강원지역이고, 장수, 남원, 무주 등 지리산 일대 산간지역에서도 일부 재배되고 있다. 그리고 월동노지배추로는 동풍배추, 설왕배추 등이 있다. 배추는 생육초기에는 고온에 의하여 생장이 어느 정도 촉진되지만 후기에는 고온이 되면 생장이 멎고, 속이 차지 않으며 병이 많이 발생하여 품질이 떨어지므로 여름철 고온기의 재배는 어렵다. 배추의 원산지는 중국 북부지방으로 잎의 결구상태에 따라 결구종과 반결구종으로 구분되는데 주로 결구종이 많이 재배되고 있다. 과거에는 주로 김장배추 위주로 재배 되었으나 최근에는 봄배추, 여름배추(고냉지배추), 월동배추 등이 육종되어 연중 출하되고 있다. 그러나 봄배추나 여름배추는 김치가공용으로는 개량되어야 할 점이 많고 월동배추는 김치가공적성이 우수하다. 배추의 주요성분은 수분 94.7%, 당질 2.6%, 섬유소 0.7%, 단백질 1.3%로서 배추의 조단백질은 그 절반 이상이 비단백태이다. 순단백질은 아미노산 조성으로 보아 우수한 편이나 그 함량이 너무 적다. 배추 중의 비타민 C 함량은 64.6mg%이며, 동일 개체의 배추에서는 성숙이 완전한 외엽이 맛이 좋은 내엽보다 비타민 C 함량이 많으며 김치로 담가도 별로 손실되지 않는다. 그러나 데치면 비타민 C의 약 절반이 소실된다. 최근 비타민 A가 풍부한 노란색 계통이 육종되고 있다. 무기질은 Ca이 많으며 K, Cl, Na도 들어 있다. 배추에는 1,572ppm의 질산염이 축적되어 있는데 줄기가 잎보다 2.5배나 높게 나타나며, 배추의 조섬유 함량은 0.5%(건량기준 9.4%)이고 총 식이섬유 함량은 1.2%(22.0%)정도이며, 가용성 식이섬유와 불용성 식이섬유의 비율은 1 : 2정도로 함유되어 있다.

(2) 무

무는 서늘한 기후를 좋아하는 호냉성 채소이나 생육적온은 20℃ 전후로 내한성, 내서성이 배추보다 약하며, 특히 11～12월에 출하되는 무는 김장과 단무지용으로 수요가 가장 많고 저장용도로도 많이 이용된다. 가을무는 전국적인 생산이 가능한 작목이나 주산지는 홍천, 아산, 서산, 당신을 중심으로 한 충정권과 고창, 김제, 나주, 영암 등의 호남지역이며, 무의 시기별 주 출하지역은 1～3월에 전라도, 4～6월에 경기, 강원, 경남지역이며, 7～9월에는 강원지방으로 북상하는 추세를 보이고, 특히 3～5월경의 주 출하지역(주산지)는 전북 고창, 전남 영암, 경남 김해, 충남 부여 등지이다. 기온이 높은 하절기(7～9월)에 출하되는 무를 여름무 또는 고랭지무라고 하고 고랭지무의 주산지는 평창, 정선, 홍천 등의 강원지역이며, 장수, 거창, 진안 등 산간지역에서도 일부 생산되고 있다. 무는 약 93%가 수분이고 조단백질이 1% 정도로서 대부분이 비단백태이다. 비타민 C는 가식부분 100g당 30mg으로 비교적 많이 들어 있는데, 특히 껍질부에는 육질부보다 두 배나 많으므로 무즙을 낼 때 껍질을 벗기지 않는 것이 좋으며, 마쇄시 소금을 소량 첨가하면 80%를 보존시킬 수 있다. 또한 무즙에는 amylase, amidase, glycosidase 등의 효소가 들어 있어 생식하면 소화를 도와주고 저장시에는 단맛이 증가하게 된다. 이들 효소의 최적조건은 pH 5.2～5.8, 온도 55～60℃로서 간장과 소금에는 비교적 안정하나 식초에서는 불활성화 된다. 무는 성장시 질소분이 부족하거나 여름무가 고온으로 발육이 나빠지는 경우에 매운맛이 강해지는데 이 매운맛의 본체는 allyisocyanate로서 배당체인 sinigrine이 효소 myrocinase의 작용을 받아 생성된 것이다. 무잎은 훌륭한 녹색채소로서 sucrose가 3% 정도이고 carotene을 많이 함유하며, 비타민 C를 90mg%로 다량 함유하고 있는데 이것은 삶은 후에도 상당량이 잔존한다. 단백질은 소량이지만 lysine 함량이 높아 영양적 가치가 있다. 어린 무 잎과 줄기에는 비타민 C가 112mg% 들어 있고, 이 중 잎부분에 150 mg%, 줄기부분에는 39 mg% 함유되어 있다. 무의 비타민 C 함량은 여름재배시에 가장 높아 뿌리에서 20.8 mg%, 잎에서 47.4 mg% 정도 함유하고 있으며, 동계재배시 가장 낮고 가을철 재배시는 그 중간 정도이다. 무의 특유한 매운맛과 향기성분은 methylmercaptan과 배당체 sinigrine의 분해로 생긴 mustard oil이며, 무의 휘발성 함유황성분들은 4-methypentyl, 3-methylthiopropyl, 4-methylthio-3-butenyl, 4-methylthiobutyl, 5-methylthiopentyl, isothiocyanate와 5-methylthio-4-penterne-nitrile, 1-methylthio-3-pentanone, dimethyl sulfide 등으로 구성되어 있다.

(3) 고 추

고추의 원산지는 남미이고, 페루에서는 이미 2,000년 전에 재배가 되어 콜럼버스에 의하여 1493년에 스페인에 들어갔으며 이것이 다시 15세기경에 영국과 프랑스를 거쳐 이탈리아로 건너갔다. 중국에는 17세기경 명나라 때 전해져 19세기에는 우각, 찬초, 시초 등의 고추 품종이 있었다. 우리나라에는 1614년(광해국 6년)에 간행된 “지봉유설”에 의하면 조선시대 중기 중국으로부터 전래되었으며, 그 후 고추의 재배와 이용이 급속하게 퍼지게 되었다. 우리나라에서는 1953년부터 원예시험장에서 육종하기 시작하여 현재 김장용 건고추, 풋고추, 풋고추와 건고추겸용, 적색물고추와 건고추겸용, 단고추, 착색단고추 등을 민간육종회사와 같이 발맞추어 육성해 많은 품종이 나와 재배되고 있다. 건고추용으로는 금탑, 다보탑, 온세상, 올고추 등이, 풋고추로는 녹광, 광복, 신청미, 싱싱하우스풋고추, 시골하우스풋고추 및 꽈리풋고추 등이 있으며, 풋고추와 건고추겸용으로는 청양, 청복, 사계, 청용 21세기 등이 있고 적색물고추와 건고추겸용으로는 신조광, 가락김장 2호, 동방, 조풍 등이 있다. 고추의 일반성분은 표 7-10에 나타난 바와 같다. 기타 성분으로 고추는 매운맛인 capsaicin($C_{18}H_{27}O_3N$)이라는 결정성 염기물질이 있어 여름에는 발한제로 겨울에는 흥분제로 사용되며 소화를 도와서 식욕을 촉진시키는 효과가 있다.

고추의 과피에는 adenine($C_5H_5N_5$), betaine($C_5H_{11}O_2N$), choline($C_5H_{15}O_2N$) 등의 식물염기가 들어 있으며, 붉은 색소는 β-carotene($C_{40}H_{56}$)과 capsanthin($C_{40}H_{58}O_3$), lutein($C_{40}H_{56}O_2$) 및 cryptoxanthine($C_{40}H_{56}O$) 등의 carotenoid가 들어 있다. 고추는 채소 중 비타민 A, B_1, C를 다른 녹황채소보다 많이 함유하고 있다.

표 7-10. 고추의 일반성분

고 추	가식부 100g당																		
	에너지 (Kcal)	수분 (%)	단백질 (g)	지질 (g)	탄수화물		회분 (g)	무기질					비타민						
					당질 (g)	섬유질 (g)		칼슘 (mg)	인 (mg)	철 (mg)	나트륨 (mg)	칼륨 (mg)	A			비타민B_1 (mg)	비타민B_2 (mg)	나이아신 (mg)	비타민C (mg)
													레티놀 (μg)	카로틴 (μg)	비타민A효력 (IU)				
풋고추	19	91.3	1.6	0.3	3.6	2.6	0.6	13	38	0.5	10	246	0	312	52	0.1	0.05	1.1	72
건고추	221	15.5	11.0	11.0	28.6	22.0	7.9	58	230	6.8	56	2930	0	27735	4623	0.3	1.1	12.5	26
피 망	17	94.0	0.7	0.2	3.7	1.0	0.4	10	22	0.5	3	210	0	383	64	0.03	0.07	0.7	53

(자료 : 농촌진흥청, 2001)

(4) 마 늘

마늘의 원산지는 중앙아시아나 이집트로 추정되며 한국에는 중국을 거쳐 전래된 것으로 알려져 있다. 우리나라에서 마늘은 재배상, 겨울을 나는 월동 2년생으로 인편(또는 주아)을 가을에 파종하면 지역에 따라 월동 전, 또는 월동 후 맹아하여 봄에 경엽이 왕성하게 자라 고온 장일조건에서 지상부의 생장이 정지되면서 구가 비대 발육하여 초여름에 수확을 하게 된다. 그리고 마늘은 오랫동안 영양번식에 의한 재배가 이루어져 왔으므로 그 지역의 환경에 적응되고 순화되어진다. 따라서 우리나라에서는 비교적 겨울이 따뜻한 남부지역에 적응되었던 마늘과 상대적으로 추운 중부지방에 적응된 마늘로 구분되며, 이 중에서 전자를 난지형 마늘이라고 하며 제주종, 고흥종, 대서마늘, 남도마늘 등이 있으며, 후자를 한지형 마늘이라고 하고 서산종, 의성종 및 단양종 등이 있다. 또한 새로운 품종을 재배하기 위해서는 그 지역의 환경과 유사한 국내, 외 지역에서 재배되고 있는 품종을 수집 재배하게 되는데 남도마늘, 대서마늘 및 자봉마늘 등이 이렇게 육종하여 개발된 품종들이다. 마늘의 식용부위는 주로 지하부에 생기는 구이지만 어린 잎줄기도 풋마늘로도 식용한다. 마늘은 독특한 맛과 냄새로 인해 주로 양념 조리용으로 이용되며 풋마늘과 함께 생식용으로도 이용되고 있다. 뿐만 아니라 마늘을 건조 분말화하여 인스탄트 식품의 스프로 이용되고, 다대기 및 장아찌로 가공되기도 한다. 그리고 마늘을 착유한 마늘유는 피로회복제 등의 약제의 원료로도 쓰이고 있다. 이와 같이 식용부위가 다양할 뿐만 아니라 식용 및 약용으로도 이용되므로 특수한 채소 작물이라고 볼 수 있다. 마늘의 식품가치는 표 7-11에서 보는 바와 같이 파나 양파에 비하여 열량이 높으며 단백질, 지방, 탄수화물이 많고 이 밖에 철분, thiamine, riboflavin도 많이 함유하고 있다. 그리고 유황아미노산의 일종인 allin은 allinase라는 효소에 의해 분해되어 allicin으로 되면서 마늘 특유의 강한 냄새를 내게 되는데 이러한 물질과 냄새가 없는 아미노산의 일종인 scorodinin, 자극성 물질인 diallyl sulfide와 allyl propyl sulfide 등은 강한 살균작용을 하며, 또한 강장작용도 하는 것으로 알려져 있다. 특히 이 allin은 마늘을 삶거나 구우면 냄새가 없어지는데 이것은 allinase가 열에 의해 파괴되기 때문인 것으로 알려져 있다. 또 allicin은 비타민 B_1과 결합하여 활성 비타민 allithiamine을 생성하므로 비타민 B_1의 흡수 이용률을 높이며, 단백질과도 결합하여 단백질의 이용률도 증가시킨다. 또한 allicin은 세포막을 구성하는 인지질의 산화를 억제하여 노화를 방지하는 작용을 한다. 이러한 작용과 더불어 예로부터 마늘은 건위, 이뇨, 정장, 동맥경화, 고혈압, 각기, 백일해, 폐결핵, 강장, 해독에 효과가 있어 약용으로 이용되어 왔다. 이와 같이 마늘의 효능이 인식되면서 세계 각국에서 마늘의 이용도가 높아지고 있으며 세계적으로 마늘의 재배면적 및 생산량을 살펴보면 표 7-12와 같다. 표에서 보는 바와 같이 그 생산량이 단연 중국에서 많이 생산됨으로써 우리 국산마늘의 효용성이 높기는 하나 현재 수입마늘의 유통량이 늘어가고 있는 추세이다.

표 7-11. 파속작물의 영양성분

작 물	열 량 (cal)	수 분 (%)	단백질 (g)	지 방 (g)	탄수화물 (g)	회 분 (g)	무기질(mg)		
							칼슘	인	철
마 늘	145	60.4	3.0	0.5	32.8	1.3	32	50	1.6
양 파	54	84.9	1.9	0.4	11.1	0.7	20	61	0.2
파	50	86.8	2.6	0.4	10.3	0.8	73	46	1.0

* 가식부분 100g당

(자료 : 농촌진흥청, 2001)

표 7-12. 주요 마늘재배국가의 재배면적 및 생산량

국 가	중 국	스페인	인 도	한 국	미 국	인도네시아	기 타	전 체
면 적(천ha)	489	22	114	37	18	15	272	992
생산량(천ton)	6,600	170	500	406	337	60	1,819	10,122

(자료 : FAO 통계, 2004)

(5) 양 파

양파는 백합과 파속에 속하는 식물로서 현재 다양한 품종이 존재하는 양파의 원산지는 아직 야생종이 발견되지 않아 정확한 원산지는 알 수 없으나 북·서인도, 아프가니스탄, 타지크, 우즈베키스탄 및 서부 천산산맥에 걸치는 중앙아시아 중심 지역과 그리스, 이탈리아, 이집트 등으로 보고 있다. 식품으로 이용하기 위해 기원전 7~8세기부터 그리스에서 재배되었다고 하며, 우리나라에는 개화기에 미국과 일본으로부터 들어온 것으로 추정하고 있다. 양파는 파종기가 춘파, 추파로 나누어지며 터널재배와 자구재배를 하므로 연내 1~2개월(11~12월)만 제외하고 연중 생산이 가능하다. 양파의 식품성분(표 7-11)은 품종, 수확시기, 토양, 기후 등 여러 가지 환경요인에 따라 다소 차이는 있지만 대개 수분 85%, 당질이 약 11g, 단백질이 1.9g 등으로 채소로서 단백질이 많은 편이고, 포도당, 설탕, 과당, 맥아당 등이 포함되어 있어 특유의 단맛이 나는 채소이며 K, Ca, Fe 및 P 등의 무기질과 식이섬유, 엽산도 풍부하고 비타민 C는 10~20mg이나 함유되어 있다. 또한 양파에는 매운맛 성분인 propy1 allyldisulfide 및 disulfide 등이 있는데 이는 열을 가하면 기화되나 일부는 분해되어 설탕의 50배의 단맛을 내는 propylmercaptan을 형성하여 양파를 가열처리하면 단맛이 증가하는 원인이 된다. 또한 마늘과 같은 구성물질인 trans-(+)-S-(1-propenyl)-L-cysteine sulfoxide가 양파에 함유되어있는데 이 물질이 allinase에 의해 1-proponesulfenic acid를 생성한 후 최루성이 강한 propanethial S-oxide의 구조물질로 바뀌어 눈물샘은 자극시키게 된다고 한다. 이외에 일반적으로 dihydrogen sulfide, mercaptan, alcohol류, disulfide류(thiol methyldisulfide, allyldisulfide), trisulfide류, aldehyde류 등이 양파의 주요 향기성분으로 알려져 있다. 그리고 양파에 함유되어 있는 중요한 성분 중의 하나가 flavonoid인데 양파의 종류에 따라 kg당 0.06~1g 수준으로 포함되어 있다. 특히 양파껍질에는 가식부위보다 10배정도가 많은 2~20g을 가지고 있으며 산지, 품종에 따라 다양한 차이를 나타낸다. 여기에 속하는 성분으로 quercetin 4'-glycoside, quercetin, quercetin aglycone, isorhamnetin monoglycoside, kaempferol monoglycoside 등이 있으며 이 중 80%가 quercetin diglycoside, monoglycoside, quercetin aglycone으로 구성되어 있고 이 성분은 강한 항산화력을 가지고 있어 최근 양파가 조미식품으로만 이용되는 것이 아니라 주스, 잼 등과 같은 양파를 이용한 가공식품의 생산량이 증가하고 있는 추세이다.

(6) 오 이

오이는 1년생 초본으로 박과 덩굴성 작물이며 원산지는 히말라야 남쪽 산기슭에서 오이의 원종으로 추정되는 *C. Hardwickii*(근연의 야생종)이 발견되고 인도에서 3,000년전부터 재배되고 있었다는 점 등으로 볼 때 인도이라고 보며 우리나라에는 1,500년 전에 전파된 것으로 추정된다. 우리나라에서 재배되고 있는 품종으로는 주로 남부지방에서 겨울철에 재배되고 있는 취청오이, 중부지방에서 재배되고 있는 반백계 오이인 다다기 오이, 경남지역에서 한여름에 재배되고 있는 흑진주계, 사엽계, 삼척계 등의 가시오이 및 강원지역에서 재배되고 있는 농록색이며 과표면에 붙은 침과 옴(혹)이 아주 작아 미끈하고 백분이 없어(bloomless) 광택이 있는 백침계 오이인 청풍오이 등으로 구분된다. 성분상으로 보면 영양가가 아주 낮은 것으로 되어있으나 K의 함량이 높아 식품분류상 알칼리성 식품으로 분류된다. 오이에는 glucose, rhamnose, glactose, manmose, xylose, fructose, lutin, isoquercitrin, arginine의 glucoside 등 배당체류가 함유되어 있으며 caffeic acid, chlorogenic acid 등 여러 가지의 유리 아미노산, 비타민 B_2와 비타민 C를 함유하고 있고, 이밖에 정유성분이 1mg%정도 함유되어 있는데 그 중 60%는 2,6-nonadienol이고 10%는 2,6-nonadienal 이며 이 성분이 오이의 냄새를 내게 하는 주된 성분이며, 오이의 꼭지에는 쓴맛을 내는데 주성분은 cucurbitacin A, B, C, D로, 이 중 cucurbitacin C는 동물실험에서 항종양 작용을 가지고 있으며, 독성이 비교적 낮고 cucurbitacin B는 간염에 효과가 있는 것으로 보고된 바 있다.

(7) 토마토

쌍떡잎식물 통화식물목 가지과의 여러해살이풀이지만 재배상 한해살이풀로 간주되는 것으로 원산지는 남아메리카 서부 고원지대로 알려져 있으며, 기원과 보급은 비교적 늦은 식물로 1000년 무렵으로 추정되며 15세기경 유럽에 전파되기 시작하여 18세기 미국 및 전 세계적으로 전파되면서 우리나라는 중국을 통해 들어왔다. 국내에 등록된 토마토 품종은 약 40종으로 촉성, 반촉성, 노지 및 억제 등 각각의 작형에 따른 품종이 있고 크게 완숙계, 일반계(미숙계) 및 방울토마토로 구분되어 있으며, 최근에는 송이채로 수확하는 송이토마토도 재배되고 있다. 완숙계 토마토는 익은 상태로 수확하기 때문에 맛도 좋고 저장성도 높아 일본에서 인기있는 품종으로 모모타로, 하우스 모모타로, 모모타로요꾸 및 오도리코가 있으며, 일반계 토마토로는 서광, 영광 및 광명 등이 있고, 방울토마토로는 꼬꼬, 빼빼 및 미니캐롤 등이 재배되고 있다. 토마토의 성분은 95%가 수분이며, 단백질 0.7%, 지방 0.1%, 탄수화물 3.3%, 셀룰로오스 0.4%, 회분 0.5%를 함유하고 있고, 비타민류의 함량도 우수하여 100g당 카로틴 390mg, 비타민 C 20mg, 비타민 B_1 0.05mg, 비타민 B_2 0.03mg 외에 비타민 B, K, P, Mn, rutin, niacin 등도 함유하고 있다. 단맛의 성분은 fructose과 glucose이며, 신맛의 주성분은 citric acid이다. 토마토에서 가장 우수한 성분은 lycopene과 carotene이라는 적·황색 색소가 풍부히 들어있고 chlorogenic acid 및 quermaric acid이라는 페놀성 화합물이 많이 함유되어 있어 항암, 동맥경화, 보익, 강장, 생혈, 소화, 건뇌, 야맹증, 고혈압, 당뇨병 등에 좋은 식품으로 알려져 있다. 현재 토마토를 이용한 가공품의 대표적인 것으로는 토마토주스, 토마토퓌레 및 케첩 등이 주이지만 이외에 잼, 젤리 및 발효초 등의 가공품생산이 이루어지고 있다.

(8) 딸 기

딸기는 석기시대부터 먹기 시작했고 산딸기가 그 시초인 것으로 원산지가 남아메리카이며 유럽에서는 중세부터 재배되어온 것으로 우리나라에서는 시설재배가 시작된 것이 1960년대 후반 일본으로부터 보교조생이 도입된 이후이며 1980년부터 시설재배가 본격화되기 시작하여 보교조생, 여홍, 수홍 등이 반촉성으로 재배되었고 1980년대 이후 촉성으로 여봉이 재배되었으며, 1990년대 이후 촉성재배용으로 장희, 도찌오도메, 레드펄, 사찌노까 및 매향이, 반촉성 재배용으로 도찌오도메, 수홍, 미홍 등이 재배되고 있다. 딸기는 영양적 가치로 과채류 중에 비타민 C가 100g 중 80mg정도로 함유하고 있으며 glucose를 비롯해 sucrose, fructose 등의 당과 malic acid, citric acid 및 tartaric acid 등의 유기산이 0.6～1.5%정도 함유하고 있어 단맛과 신맛이 잘 조화되어 있고 수십종의 향기성분도 풍부히 들어있으며, anthocyan색소와 pectin도 풍부히 함유되어 있어 각종 기능성을 가지고 있다고 보고되어 있다. 딸기의 대표적인 가공품으로는 잼을 들 수 있으며, 이외에 주스, 건조딸기 등이 있다.

7.3.2. 가공품

채소의 물리적, 화학적 특성상 가공은 주로 김치, 장아찌 등의 침채류, 케첩이나 퓌레와 같은 소스류, 잼 및 젤리류가 대부분이고, 이외에 건조채소류를 들 수 있다.

(1) 침채류

침채류는 채소류를 주원료로 하고 여기에 소금이나 고추장, 간장, 된장 등의 장류, 쌀겨, 초류 등의 부원료를 단독으로 또는 조합하여 담근 다음 일정기간 발효 혹은 숙성시키는 것으로 저장과 조리를 겸한 일종의 염장 혹은 초장식품이다. 일반적인 침채류는 그 대부분이 물이며 섬유, 회분 등이 많이 들어있으므로 에너지원 및 단백질원으로서는 커다란 의미는 없지만 우리나라 대표적인 전통 발효식품의 하나인 김치는 주원료가 배추나 무 이지만 기타 첨가되어지는 고추, 마늘, 양파 및 생강 등의 물질들이 어우러져 발효 숙성되어짐에 따라 각종 기능성이 인정되어 에너지원으로서보다는 기능성으로서 효과가 인정되어 우수한 식품에 들어간다. 이외에 침채류가 인체에 주는 효과는 소금 등을 이용한 식품이므로 염분을 공급하고 숙성 도중에 생성되는 유기산, 알코올 및 ester 등이 미각을 자극하여 식욕을 돋우며, 채소류에 있는 섬유질이 정장작용을 하고 각종 비타민 공급이 이루어지며, 침채류에 들어있는 각종 효소들에 의해 소화를 돕고 젖산균 등의 세균이 정장작용을 하는 등 식품학적인 가치는 상당히 크다.

침채류는 일반적으로 염침, 당침 및 초침 등과 같이 조미료에 따라 분류한다. 침채류의 숙성은 부원료 성분의 삼투, 효소작용 및 미생물의 발효작용에 의해 일어나는데 김치류 및 pickle은 삼투와 미생물의 작용에 의한 것이고, 대부분의 초절임식품은 삼투작용에 의한 것이며 술지게미(酒粕)절임과 같은 것은 효소작용에 의해서 만들어진 것이다.

① **침채류의 숙성원리** : 침채류의 독특한 향기가 나게 하며 소금의 짠맛을 느끼지 않도록 하고 조화된 맛이 나게 하기 위해서는 침채류를 숙성시켜야 하는데 다음과 같은 여러 가지 작용으로 일어난다.

a. **삼투작용** : 모든 침채류에 기본적으로 이루어지는 숙성원리는 삼투작용이다. 이 삼투작용은 살아있는 세포에서는 일어나지 않으므로 삼투작용을 빨리 일어나게 하기 위해서 채소를 소금물에 절이게 된다. 침채류의 숙성속도는 삼투속도에 따라서 달라진다. 삼투속도는 세포 내외의 즙액의 농도차이, 즉 삼투압의 차이가 클수록 그리고 온도가 높을수록 빨라진다. 따라서 소금의 농도가 높고 온도가 높은 여름철에는 삼투가 빠르므로 숙성도 빠르다.

b. **효소작용** : 절임에 사용되는 쌀겨, 술지게미 및 코지 등에는 protease 및 amylase 등의 여러 가지 가수분해효소가 들어있는데 원료채소의 세포가 죽으면

효소의 작용이 쉽게 이루어진다. 따라서 채소 중 고분자물질, 즉 전분 및 단백질 등이 이들 효소에 의하여 일부 가수분해가 일어나서 당류 및 아미노산 등이 생기므로 조화된 맛 성분이 생성된다.

c. **발효작용** : 소금 및 쌀겨 등에는 별다른 향미를 갖는 성분이 없으나 절임, 숙성 중에 여러 가지 미생물이 번식을 하게 되면 이들 주원료 채소 및 조미채소류의 즙액이나 쌀겨의 성분을 분해하여 각종 유기산 또는 조화된 조미성분, 젖산균의 발육으로 젖산균의 생성 및 그의 부산물로 만들어지는 각종 기능성을 갖는 nisin과 같은 항생물질의 생성, 이로 인한 잡균의 억제 등의 작용이 일어난다. 따라서 이것이 소금과 함께 채소의 세포 속으로 들어가서 특수한 향기와 맛을 갖게 되며 각종 기능성을 띄게 되는 것이다.

② **침채류의 발효과정** : 일반적으로 채소류를 소금물에 담가서 절이는 목적은 침채류 제조 동안 채소가 부스러지는 것을 방지하여 세척을 용이하게 하고 세포를 죽임으로써 호흡작용을 중단시켜 채소의 화학적 변화를 방지하고 배출되는 물과 함께 부착된 먼지나 세균을 함께 제거하기 위함이다. 이와 같이 절임을 행하면 절임 초기에는 주로 *Flavobacterium, Achromobacter, Pseudomonas* 등의 호기성 잡균이 번식을 조장하여 조직이 연해지거나 산은 많이 생기지 않는다. 중기에 들어가면 주로 이상 젖산발효균인 *Leuconostoc mesenteroides*가 번식하여 이산화탄소가 발생되며 혐기성조건이 바로 형성되므로 그 밖의 젖산균인 *Streptococcus faecalis, Pediococcus cerius* 및 *Lactobacillus plantarium* 등이 번식하게 되며, 침채류가 숙성함에 따라 *Lactobacillus brevis*가 번식하게 되어 침채류의 발효가 적당히 일어나게 된다. 그러나 숙성이 지나치면 여러 가지 산막효모가 발생하여 표면층에 피막을 형성하게 함으로써 젖산의 소모가 일어나고 부패 세균과 곰팡이가 번식되어 pectin분해효소의 작용이 일어남으로써 침채류의 연부(蓮府)현상이 발생되기도 한다. 따라서 침채류의 발효는 저장온도 및 소금물의 농도에 영향을 받게 된다. 즉 저장온도가 낮을 때에는 숙성 및 발효속도가 느리며 온도가 높아짐에 따라 차차 빨라진다. 예를 들면 오이를 소금물에 담글 경우 25~30℃에서, 소금농도가 3.0~4.0%일 때 숙성 및 발효속도가 가장 빠르며 이보다 높은 온도나 소금농도가 높을 경우는 발효속도가 상당히 느려지는데 이는 발효에 관여하는 미생물의 종류나 수에 영향을 받기 때문이다.

③ **침채류의 영양성분** : 침채류는 그 원료가 채소이므로 고형물을 적게 함유하고 있기 때문에 표 7-13과 표 7-14에 나타난 바와 같이 단백질 및 에너지원으로서는 그 의의가 거의 없는 편이지만 발효가 진행됨에 따라 각종 비타민, 유기산 및 생리기능성 물질 등이 생성됨으로써 그 가치가 인정되어진다고 볼 수 있다.

a. **일반성분의 변화** : 침채류는 삼투작용에 의해서 밖으로부터 소금 및 그 밖의 수용성 성분이 들어오고 내부로부터 일부 성분이 침출되는 동시에 효소와 세균의 작용으로 단백질, 지방 및 전분이 분해되므로 향미성분이 증가된다. 이들 성분의 침출 또는 침투 정도는 침채류의 종류에 따라 달라진다.

b. **비타민류의 변화** : 온도에 따라 침채류의 발효속도가 다르지만 일반적으로 발효가 진행됨에 따라 침채류 중의 비타민의 함량은 대체적으로 다음과 같이 변화한다. ① 비타민 B_1, B_2 및 niacin은 담근 직후에는 약간 감소되나 그 후 차차 증가하여 3주일가량 지나 알맞게 숙성되었을 무렵에는 비타민 함량이 최고로 증가되고 그 후에는 다시 감소되는데 연부된 후에도 처음의 함량 정도는 남아있게 된다. 이와 같은 비타민 B_1, B_2 및 niacin 등의 증가는 발효과정 중의 미생물에 의한 합성에 의해서 생성된다고 볼 수 있다. ② 비타민 C는 숙성초기에는 약간 감소되며 그 후 약간의 증가를 보이나 차차 감소되어지며 연부시에는 약 30%만 남게 된다. ③ 카로틴은 숙성됨에 따라 약간씩 감소하여 연부시에는 약 50%만 남게 된다.

표 7-13. 침채류의 일반성분(%)

침채류 \ 성분	수 분	단백질	지 질	탄수화물	열 량(cal)
배추김치	90.8	2.0	0.5	3.9	18
열무김치	89.6	2.4	0.5	4.7	23
단 무 지	92.3	0.5	0.1	3.7	12

(자료 : 농촌진흥청, 2001)

표 7-14. 침채류의 비타민 함량

침채류 \ 성분	비타민 A		비타민 B		니아신 (mg)	비타민 C (mg)
	Retine-Equivalent(RE)	베타카로틴 (μg)	B_1 (mg)	B_2 (mg)		
배추김치	48	290	0.06	0.06	0.8	14
열무김치	508	2250	0.04	0.08	0.6	25
단 무 지	0	0	0.01	0.01	0.2	7

(자료 : 농촌진흥청, 2001)

④ **김치의 기능성** : 2002년 11월 중국 광둥성에서 발생하여 2003년 3월 이후에는 중국각지, 홍콩, 타이완, 캐나다 등지에서 유행하여 2003년 8월 통계자료에 의하면 32개국에서 환자 8,422명, 사망자 916명을 낳은 기이한 신형 간염인 중증급성 호흡기증후군(spread of severe acute respiratory syndrome, SARS)의 원인균은 현재 코로나 바이러스의 제4형으로 독감과 같은 치사율을 가진 호흡기 감염병으로 지구의 대기오염에 의한 온난화현상에 의해 전 세계적으로 감염의 우려가 되는 병이었지만 중국과 근접해 있는 우리나라가 그 당시 전염되지 않은 것은 김치를 주 반찬으로 하는 이유라고 추측할 정도로 김치의 우수성 및 기능성이 보고되고 있다. 최근까지 알려진 김치의 기능성을 살펴보면 다음과 같다.

a. **식욕증진효과** : 김치는 발효가 진행됨에 따라 각종 유기산의 생성으로 채소류의 신선한 맛과 상쾌한 맛, 고춧가루를 비롯한 향신료의 독특한 맛, 젓갈류 등의 감칠맛이 어우러져 식욕을 촉진시킨다.

b. **항산화 및 피부노화 억제기능** : 김치에는 비타민 C, β-carotene, phenol화합물, chlorophyll 등이 많아 항산화작용을 가지므로 노화를 억제하며, 김치의 부재료인 파, 마늘, 고춧가루 및 생강 등의 재료 자체에서도 항산화효과를 갖고 있으며 김치가 발효되어 적당히 숙성된 상태인 pH 4.2부근에서 항산화효과가 있다.

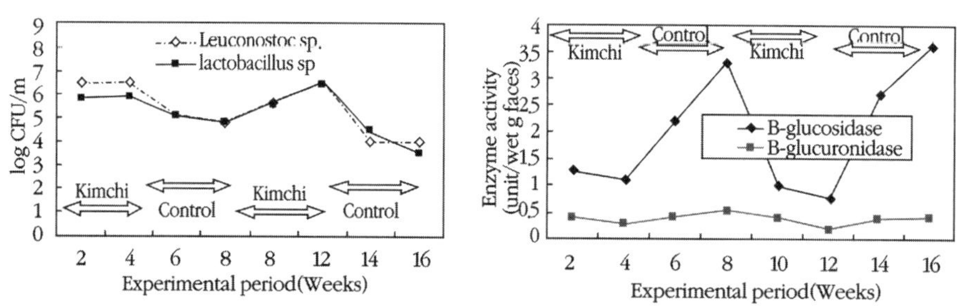

그림 7-22. 김치 섭취동안 분변 중에 검출된 유산균총, β-glucosidase, β-glucuronidase의 변화(초기 4주간 1일 김치 섭취량 300g, 후기 4주간 1일 김치 섭취량 60g, 동일방법으로 2차반복) (자료 : 식품과학회, 2006)

c. **변비 및 대장암 예방** : 유기산, 유산균 및 식이섬유소 등을 함유하므로 변비와 대장암 예방에 중요한 역할을 한다. 그림 7-22에서 보면 초기 4주간은 1일 김치 섭취량을 300g으로 많이 섭취하고 그 후 4주간은 60g을 섭취하다가 다시 4주간 김치 섭취량을 초기와 같이 늘리고 그 다음 다시 김치섭취량을 줄이면서 인체에

서 배설되는 분변 내의 젖산균의 균총과 β-glucosidase와 β-glucuronidase의 효소활성을 측정한 결과를 보면 유산균은 김치 섭취량이 많을때는 균총수가 많이 검출되었고 김치섭취량을 줄이면 유산균총이 감소하는 것을 볼 수 있었으며 장내에서 발암전구물질을 발암물질로 전환하는 미생물효소(β-glucosidase, β-glucuronidase, nitroreductase, azoreductase 등)의 활성을 본 바, 김치 섭취량이 많은 구간에서 유의적으로 감소되는 것을 볼 수 있으므로 대장암 예방에 중요한 역할을 할 것으로 나타났다.

d. **항암효과** : 김치추출물은 Sulforhodamine B법(SRB) assay, 3-(4,5-dimethylthiazol-2-yl)- 2,5-diphenyltetrazolium bromide(MTT) assay, growth inhibition test에서 인체 암세포(AGS 인체 위암세포, HT-29 인체 결장암세포, MG63 인체 골육암세포, HL-60 인체 혈액암세포, Hep 3B 인체 간암세포)의 증식이 억제된 보고가 있으며, 동시에 interukin-2의 생성과 자연살해세포의 활성을 높여, 세포성 면역활성 증강 효과도 있는 것으로 나타났다. 표 7-15는 Balb/c mouse에 sarcoma 180 cell을 이식한 다음 발효한 김치 추출물을 3주간 투여한 후 종양의 생성정도를 측정한 결과를 나타낸 것이다. 김치를 투여하지 않은 군에 비하여 김치 메탄올 추출물, 핵산 추출물 및 김치액 등을 투여한 군에서 종양의 무게 증가가 적게 나타났으며, 특히 메탄올 추출물에서 가장 효과가 있었다.

표 7-15. 3주간 발효된 김치의 추출물에 대한 항종양 효과

처 리 구	종양 무게(g)
sarcoma 180 cell + 김치 무첨가구	4.32±1.5
sarcoma 180 cell + 김치 메탄올 추출물 첨가구	1.98±1.8
sarcoma 180 cell + 김치 핵산 추출물 첨가구	3.57±2.0
sarcoma 180 cell + 김치액	2.80±2.3

※ Balb/c mouse에 sarcoma 180 cell을 이식한 후 생성된 종양에 대한 실험 (자료 : 식품과학회, 2006)

e. **다이어트 효과** : 김치의 섭취가 다이어트에 효과가 있는 것으로 나타났다. 표 7-16은 흰쥐를 이용하여 고지방식이를 하면서 김치투여를 4주간 한 후 체중조사를 김치를 투여하지 않은 군과 비교한 것이다. 일반적으로 김치의 재료로 이용되는 고춧가루 내의 capsaicin 등이 다이어트 효과가 있다고 보고된 바 고춧가루 투여

군과 함께 실험한 결과 고춧가루만 투여한 군보다 김치를 투여한 군이 고지방식이에 의한 체중증가를 감소시켜서 고지방식이를 하지 않은 대조군과 비슷한 체중을 보였다. 이는 김치 중에 고춧가루 뿐만이 아니라 마늘, 무, 생강 및 파 등의 주요 기능성 물질들이 김치가 발효되면서 다이어트 효과가 더 크게 나타나는 것으로 보여준다.

표 7-16. 고지방식이에 대한 김치투여시 흰쥐의 체중변화

체 중(g)	정상식이	고지방식이	고지방식이+5%고춧가루	고지방식이+10%김치
초기중량	171.4±11.9	170.3±10.0	170.7±6.3	171.4±4.2
최종중량	305.7±12.7	338.7±13.3	311.0±9.5	302.5±11.1

※ 식이기간 : 4주간 (자료 : 식품과학회, 2006)

이외에도 김치의 섭취는 혈청 콜레스테롤의 양을 감소시키고 혈전을 만드는 fibrin을 분해하는 활성 등을 가지고 있어 동맥경화를 예방한다는 등 우리나라 김치에 대한 우수성이 날로 입증됨에 따라 계속적으로 김치에 대한 기능성 효과 구명 실험이 이루어지고 있고, 또한 기능성이 더 가미된 김치 개발에 대한 연구가 진행 중에 있다.

(2) 김치제조

김치는 한국을 대표하는 전통발효식품으로써 한국에서 재배되는 대부분의 채소가 김치의 재료로 사용된다. 가장 널리 섭취되는 김치는 배추를 주재료로 한 배추김치이지만 그 외 주재료에 따라 깍두기, 열무김치, 오이김치, 파김치, 갓김치, 고들빼기김치, 깻잎김치, 호박김치 및 우엉김치 등의 여러 별미김치도 널리 알려져 있다. 김치는 여러 식품이 혼합되어 만들어지기 때문에 첨가물질 및 배합비 등의 다양성이 특징이며 이의 영양가는 김치제조시 첨가되는 재료에 따라 기본적으로 영양가치가 변하고 발효 중 영양소의 변화는 숙성조건에 따라 달라질 수 있다. 재료 중 멸치젓, 새우젓 및 굴 등은 단백질과 지질의 공급원이 되며, 특히 칼슘과 인 등의 무기질 공급을 해주고 카로틴 및 생리적 활성이 높은 flavonoid류는 주로 녹색, 황색 및 적색을 띠는 배추, 파, 당근 및 고춧가루가 제공한다. 기본적으로 들어가는 조미채소 중 고추와 마늘은 위에서 언급한 바와 같이 항암효과 및 면역세포의 증진작용을 가지며 생강도 김치 조미재료로 이용되는데, 이 생강에는 특수성분이 gingerol이 함유되어 있어 식욕을 증진시키며 발한작용과 항균작용

이 있다. 예전에는 김치를 대부분 집에서 만들어 먹는 자가 제조 김치를 소비하였으나 산업구조 및 주거형태의 변화로 공장규모로 생산된 제조 김치가 표 7-17에서 보는 바와 같이 많이 소비되고 있다. 따라서 김치를 주 생산으로 하는 대규모 공장이 국내에 상당량 가동 중에 있으며 일반적으로 공장 내에는 절임 및 세척기, 속재료 혼합기 및 버무리는 작업대가 필수적으로 설비되어 있고 부수적으로 원료의 저장 및 발효김치를 저장할 수 있는 냉장창고와 발효실을 겸비하고 있다.

표 7-17. 제조김치의 시장규모

구 분	연간 소비량	유 통 별			상품김치			
		가정생산	요식업체	상품김치	가정용	대량수요※	수 출	즉석김치
수량(만톤)	150	89	11	50	13	24	3	10
구성비(%)	100	59.3	7.4	3.33	26.0	48.0	6.0	20.0

※ 대량수요 : 단체급식, 군납, 요식업체 포함 (식품연감, 2002)

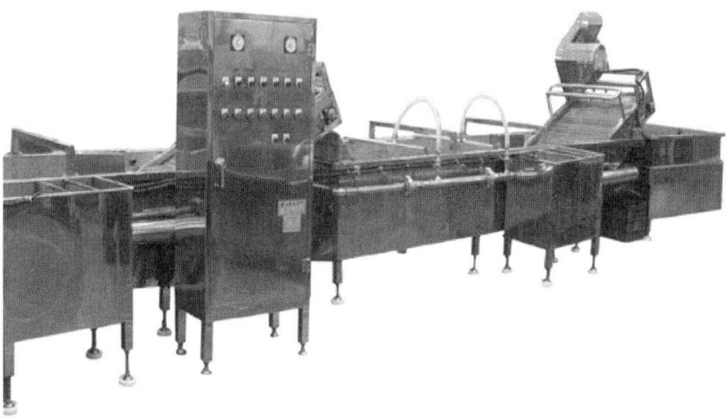

그림 7-23. 배추 및 무의 절임 및 자동세척기

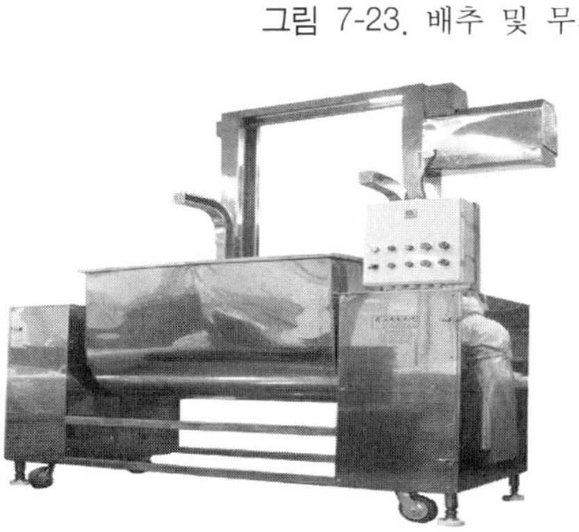

그림 7-24. 포기김치 속재료 혼합기

그림 7-25. 포기김치 작업대

① **배추김치** :

배추 → 세척 → 절이기 (← 소금) → 세척 → 물빼기 → 속넣기 (← 속재료 혼합하기) → 담기 → 저장 → 제품

그림 7-26. 배추김치의 제조공정

먼저 배추는 떡잎은 제거하고 잘 다듬어 잎 사이의 흙, 모래 등을 깨끗이 씻은 다음 두 쪽으로 쪼개어 약 10%의 소금물에 담가 속들이 소금물이 잘 침투되게 한 다음 뚜껑을 덮고 하룻밤 동안 완전히 절인다(그림 7-23). 이때 원료배추가 너무 크면 배추포기를 4등분 하면 잘 절여지며, 절임에 사용되는 소금은 일반적으로 원료배추 10kg에 굵은 소금 1kg 정도가 필요하다. 다 절인 배추는 씻어서 물을 뺀 다음 배춧잎 켜켜로 속 재료(그림 7-24)를 넣어 버무린 후 바깥 배춧잎으로 양념되어진 배추전체를 잘 싸서 저장 독에 차곡차곡 쌓는다(그림 7-25). 김치의 속 재료의 혼합비는 요구되는 김치 맛에 따라 달라지나 일반적으로 원료배추 10kg에 무 1.5kg, 쪽파 150g, 갓 300g, 미나리 200g, 대파 150g, 마늘 150g, 생강 30g, 고춧가루 250g, 새우젓 및 기타 젓갈류 500g 정도가 들어가게 된다. 이들 속 재료 중, 무는 채썰기, 쪽파, 갓, 미나리 등은 이슷썰기를 하고 생강, 마늘은 다지기를 하며, 젓갈류 중 건더기는 분마기로 곱게 갈아 놓는다. 고춧가루는 따뜻한 물에 불린 다음 젓국을 넣어 불게 한 다음 기타 준비해 놓은 속 재료를 잘 혼합하여 절인 배추에 버무리면 된다. 일반적으로 완성된 김치의 염 농도가 약 2.0%일 때 발효가 가장 잘 일어나서 각종 유기산 함량이 증가하고 염 농도가 1.0%이하 일 경우는 발효가 잘 일어나지 않으며, 2.5%이상일 경우는 발효가 잘 일어나지 않을 뿐만 아니라 짠맛이 강하여 김치의 본래의 맛을 잃게 된다.

② **동치미** : 국물을 많이 부어 담근 무김치를 동치미라고 하며 동치미 국물은 젓산균, 초산균 효모균의 왕성한 활동으로 숙성 발효되어 독특한 향미를 풍기고 각종 소화효소가 있어 소화기능을 북돋우는 역할을 하므로 발효식품으로써 좋은 음료 기능을 주며, 이 동치미 국물을 이용하여 각종 요리에 이용되기도 한다. 원료로는 무 10개(5~6 kg)를 기준으로 풋고추와 붉은 고추 각각 10개, 쪽파 10쪽, 청각 1

컵, 마늘 3통, 생강 100g, 배 2개, 기타 식수와 소금 등이다. 동치미 담금은 주원료인 무는 너무 크지 않은 약간 작은 토종무로 몸체 절반쯤이 푸른 녹색을 띠는 것을 골라 잘 다듬은 다음 통째로 약 3%의 소금물에 숨을 죽이고 쪽파와 기타 갓 등의 채소도 잘 씻은 후 숨을 약간 죽여 적당한 길이로 묶어 둔다. 재료가 준비되면 조미로 사용되는 마늘과 생강은 베자루에 넣어 느슨하게 묶은 다음 담금 독 밑에 깔아두고 무를 차곡차곡 올려놓고 켜켜이 쪽파와 갓을 넣는다. 담금 독 위에 눌림 돌을 하고 약 3%의 소금물을 만들어서 무위에 가만히 부어서 발효시키게 되면 동치미가 완성된다.

③ **열무물김치** : 열무로 담근 김치를 말하며 열무물김치는 냉면 국수말이, 비빔밥의 국물로 잘 쓰일 정도로 일반적으로 여름철에 많이 먹는 김치류이지만 최근 시설재배가 가능하여 사철 김치로 이용된다. 이 김치는 일반적으로 젓갈류는 사용하지 않고 녹말분을 조금 섞어 담그는 것이 특징이다. 열무김치의 재료로는 열무 1kg, 마늘 100g, 생강 30g, 붉은 풋고추 10개, 쌀가루 혹은 녹말가루 죽 150g, 굵은 파 혹은 쪽파 200g 및 소금이 필요하다. 열무김치 담금은 우선 열무를 잘 다듬어 5cm정도의 길이로 자른 다음 소금에 절여서 잘 세척하여 두고 마늘, 생강은 찧어 놓고 붉은 고추는 분말기로 갈아둔다. 쪽파는 4~5cm로 잘라두고 대파는 어슷썰기를 하여둔다. 위 재료가 준비되면 쌀가루나 녹말가루 죽에다 준비하여둔 재료를 혼합하고 소금 간을 한 다음 열무와 버무려서 담금 독에 담그고 국물을 적당히 가하여 발효시키게 되면 열무물김치가 완성된다.

④ **단무지** : 단무지는 예전에는 자가용으로 많이 제조되어 섭취하였으나 최근에는 거의 전량이 자가 제조는 없어지고 공장규모로 생산되어 유통 판매되고 있다. 단무지의 중요한 원료는 무, 쌀겨 및 소금이지만 이밖에도 색소와 감미료가 약간씩 사용된다. 위에 언급한 김치류와는 달리 발효매체가 소금 이외에 쌀겨 혹은 술지게미를 사용한다는 점이다. 단무지용의 무는 길고 양끝이 가늘어 담기가 좋으며 빛깔이 희고 건조하기 쉬운 것이 좋다. 단무지의 맛은 원료무의 건조정도에 의해 좌우되므로 그 건조정도에 주의해야 한다. 건조 방법으로는 무청이 달린 채 5~6개씩 한 다발로 묶어서 건조하는 방법과 잎을 자르고 10개씩 엮어 묶어서 건조하는 방법이 있다. 적당히 잘 건조되면 소금, 쌀겨, 색소 및 감미료 등을 골고루 혼합하여 둔 발효재와 함께 담는다. 우선 담금 통 밑바닥에 소금 한 줌 가량을 뿌리고

쌀겨 등의 부원료 혼합물을 전면에 뿌린 다음 말린 무를 사이가 뜨지 않도록 차곡차곡 한 켜씩 넣어서 무를 담은 후 발효가 진행되면서 생기는 즙액이 무에 충분히 침투될 수 있도록 무거운 돌로 위를 덮고 뚜껑을 덮어서 일정기간 발효를 시키면 단무지가 완성된다.

그림 7-27. 단무지의 제조공정

최근에는 단무지의 색을 나타내기 위해 사용되는 인공색소에 대한 소비자들의 기피현상을 피하기 위해 치자와 같은 노란 천연색소를 단무지 발효가 끝나는 완성점에서 감미와 함께 착색시켜서 생산되는 제품도 있다.

(3) 소스류

소스류는 용도 및 재료에 따라 주식 혹은 부식으로 이용될 수 있는 제품들이 있다. 즉 용도에 따라 냉면 육수로 이용되는 소스류는 소스가 냉면 맛을 살리기 위하여 부수적으로도 필요하지만 소스 그 자체의 맛을 필요로 하기 때문에 부식이라고 하기 보다는 주식과 같은 의미를 갖고 있기도 한 소스이지만 돈가스와 각종 어육제품의 소스류는 고기의 맛을 살리기 위한 보조적인 역할을 하는 소스이며 대부분 소스류는 맛을 돋우기 위한 부식으로 이용되는 것들이 많다. 또한 소스류 제조시 사용되는 재료에 따라 육즙을 이용하여 만드는 소스, 채소류를 이용하여 만드는 소스, 향신료를 이용하여 만드는 소스, 오일을 이용하여 만드는 소스 및 고추장이나 간장 등의 발효식품을 이용하여 만드는 소스 등이 있다. 여기에서는 전세계적으로 애용되고 있는 케첩이나 퓌레 등의 토마토를 이용하여 만드는 대표적인 소스가공에 대하여 알아본다.

① **토마토 소스류의 종류** : 토마토를 이용한 소스류의 가공식품 종류로는 솔리드 팩, 퓌레, 페이스트, 케첩 및 칠리소스 등이 있다. 솔리드 팩은 잘 익은 토마토의 껍질을 벗기고 꼭지를 제거하여 그대로, 또는 토마토 퓌레를 조금 넣어서 통조림으로 한 것이며, 퓌레는 토마토를 pulping하여 껍질, 씨 등을 제거한 과육과 즙액인

토마토 펄프를 졸인 것을 말하는데 졸이는 정도에 따라 저농도(전고형물이 6.3% 이상인 것), 중농도(전고형물이 8.37%이상인 것) 및 고농도(전고형물이 12.0%이상인 것)의 퓌레로 나뉜다. 페이스트는 토마토 퓌레를 좀 더 농축하여 전고형물을 25% 이상으로 한 것으로서 미국에서는 퓌레도 저농도(전고형물 25～29%), 중농도(전고형물 29～33%) 및 고농도(전고형물 33%이상인 것)의 페이스트로 구분된다. 가장 보편적으로 많이 이용되는 케첩은 토마토 퓌레에 여러 가지 향신료 및 소금, 설탕, 식초 등의 조미료를 넣어 농축시킨 것으로 전고형물이 25% 들어있는 것을 말하며 기타 칠리소스는 토마토의 껍질을 벗긴 것을 잘게 썬 것과 퓌레를 섞고 케첩과 같이 조미한 것으로서 토마토의 씨, 과육 및 양파를 잘게 썬 것도 들어있는 것을 말한다.

② 토마토 소스류의 가공

a. **토마토 솔리드 팩** : 솔리드 팩은 토마토를 잘 골라서 박피, 제심을 한 후 담기 작업을 하여 탈기, 살균 및 냉각처리를 하면 된다. 대부분 원료 토마토가 모양과 색깔이 상급품이면 원료자체만으로 충전하지만 원료토마토의 숙성도가 좋지 않거나 고르지 않을 경우는 토마토를 충전할 경우 사이사이에 퓌레를 넣기도 한다. 솔리드 팩 제조시 맛을 상승시키기 위하여 소량의 소금을 넣는데 보통 담는 토마토 양의 0.5% 내외를 첨가하면 된다. 또 과숙된 토마토를 사용할 경우는 통조림 제조시 너무 연해져서 육질이 허물어지기 쉬우므로 칼슘염 등을 사용하여 과육이 연해지는 것을 막는다. 이때 칼슘은 pectin과 반응하여 과육 속에서 겔을 형성하여 가열할 때 세포조직을 보호하여 토마토를 단단하게 하기 때문이며 주로 염화칼슘을 많이 사용하며 그 사용량은 0.01%정도이면 효과를 준다(그림 7-28).

원 료 → 선 별 → 세 척 → 껍질벗기기 → 심빼기 → 담 기 →
탈 기 → 살 균 → 냉 각 → 제 품

그림 7-28. 토마토 솔리드 팩 통조림의 제조공정

③ **토마토 퓌레** : 토마토 퓌레의 제조법에는 열법(hot pulping)과 냉법(cold pulping)

의 두 가지 처리법이 있다. 열법에서는 토마토에 증기를 쪼이거나 더운물에 넣고 끓인 다음 처리하는 것으로 일반적으로 85℃ 이상의 온도에서 20분간 가열하여 처리하고, 냉법에서는 이 열처리를 하지 않고 부순 후 바로 거른다. 열법은 가열에 의하여 산화효소, 펙틴분해효소가 파괴되는 동시에 protopectin이 pectin이 되고, 또한 고무질의 용출량이 많아져서 퓌레의 점조도를 높이는 효과가 있어 좋은 펄프를 얻을 수 있는 한편, 완전한 냉법은 씨를 이용할 수 있고 방향이 있는 펄프를 얻을 수는 있으나 비타민 C의 파괴, pectin의 분해가 일어나 품질이 좋은 펄프를 얻을 수 없다.

퓌레 제조공정(그림 7-29, 7-30) 중에 세척기, 박피기, 마쇄기, 주입기, 회전 및 C.I.P 펌프, pulper, 완충탱크, 선반식 경사기, 원심기용 펌프, 고압균질기, 살균기, 증기가열기, 냉각기 및 기타 조절기 등이 구비되어야 한다. 토마토 퓌레의 가장 중요한 공정은 농축과정이다.

원 료 → 선 별 → 세 척 → 베어내기 → 부수기 → 열처리 → 거르기 →

농 축 → 충 전 → 살 균 → 냉 각 → 제 품

그림 7-29. 토마토 퓌레의 제조공정

그림 7-30. 퓌레 제조장치

토마토 펄프는 보통 비중이 1.019 내외가 되는데 중농도의 퓌레 비중은 1.035~1.040 정도로서 농축과정이 필요한 것이다. 상급품의 퓌레를 얻기 위한 농축은 저온에서 단시간 내에 이루어져야 과육 중에 있는 토마토의 적색색소인 lycopene의 색소변화를 최대한 막을 수 있다. 이 lycopene은 철 및 구리와 같은 금속과 반응하면 갈색으로 변하고 장시간 가열하여도 갈색으로 변하는 성질이 있으므로 농축 솥의 재질도 고려하여야 할 필요가 있다. 최근 농축과정 장치는 대부분 진공증발관을 사용하여 60℃이하의 온도에서 증발시키므로 색과 향이 잘 보존되어지고 있다. 또한 퓌레의 농축정도에 따라 제품의 종류가 달라지므로 퓌레의 완성점을 결정하는 것도 기술상 중요하다. 농축도의 완성점을 결정하는 방법으로는 비중계를 사용하는 방법, 펄프의 감량으로 판정하는 방법, 흘러내리는 속도로 판정하는 방법 및 굴절계에 의한 방법 등이 있다. 비중계를 이용하여 펄프 및 퓌레의 비중을 측정하는 방법은 퓌레가 점성을 가지고 있기 때문에 보통 액체의 비중을 측정하는 것처럼 정확하지는 않다. 따라서 펄프를 여과한 여액의 비중을 측정하여 그 비중과 퓌레의 비중, 고형물과의 관계표를 작성하고 여액의 비중을 측정한 다음 이 관계표를 이용하여 펄프의 비중 및 고형물을 알아내는 방법이 사용되어진다. 펄프의 감량에 의한 방법으로는 원액의 비중을 측정한 다음 농축 중 부피의 감소량으로서 농축도를 결정하는 방법을 이용하는 것이며 흘러내리는 속도에 의한 방법으로는 정확한 방법으로 사용되지는 않지만 대체적인 농도를 빨리 아는데 편리한 방법이다. 즉 약 250 mℓ의 퓌레를 높이 1in, 지름 3/8in의 유출구를 가진 지름 4in, 높이 3.5in인 깔때기에 넣고 그 중 200mℓ의 액이 흘러내리는 데 소요되는 시간을 측정하여 농도를 측정하는 방법이며 굴절계를 이용하는 방법이 있는데 최근 가장 많이 이용하는 방법이다. 이는 Huelsen이 제안한 방법으로 Abbe굴절계로 측정하여 이것과 비중, 전고형물의 관계로서 간접적으로 비중과 고형물을 측정하는 것인데 최근에는 굴절당도계와 같이 토마토의 고형물을 직접 %로 나타내는 토마토굴절계가 있어 쉽게 완성점을 결정할 수 있다.

c. **토마토 케첩** : 토마토 케첩의 품질은 제일 먼저 퓌레의 영향을 받고 그 다음 케첩 제조시 첨가되는 향신료, 조미료의 종류, 품질 및 배합량에 따라 영향을 받는다. 일반적으로 사용하고 있는 향신료로는 양파, 마늘, 계피, 고추, 파프리카, 정향, 올스파이스나 메이스, 후추, 생강, 소금, 설탕 및 식초 등을 쓰고 있다. 이때 사용되는 식초는 조미료로 쓰일 뿐만 아니라 제품의 살균력을 높이는 효과가 있다. 식초는 10% 이상의 식초산을 함유한 진한 것이 좋으며 최근 과실초를 사용해서 제품

에 풍미를 높이고 있다. 따라서 향신료를 넣는 방법에 따라 향기와 맛이 좌우되므로 주의할 필요가 있으며 방법에는 일반적으로 직접 향신료 가루를 넣는 방법이 있는데 이는 소량의 양으로도 충분한 효과는 낼 수 있지만 향신료 종류에 따라 고유의 검은색과 같은 것들이 제품 내에 있을 수 있으므로 외관이 나빠질 수 있고, 약 10%의 식초액을 이용하여 향신료의 성분을 침출시켜 그 여액을 넣는 방법이 있는데 이 방법은 가루로 직접 넣는 방법과 원료향신료를 더 많이 넣어야 맛이나 향기를 유지할 수 있지만 외관이 좋다는 점이며 향신료를 직접 물을 넣어 가열하여 추출한 후 그 여액을 넣는 방법이 있는데 이는 향기성분의 소실이 있을 염려가 있으므로 이와 같은 방법을 이용할 경우는 농축과정 끝에 넣을 필요가 있으며 이 방법은 향신료를 물로 가열하여 추출하므로 색깔의 손실이 우려된다.

d. **칠리소스** : 칠리소스는 토마토 케첩과 유사하나 케첩보다 양파, 마늘, 고추 등을 더 많이 넣고 토마토를 거칠게 썬 것이 들어 있으며, 또한 거르지 않아 비교적 큰 토마토 과육조각이 섞여 있는 것이 케첩과 다르며 원료배합 예는 표 7-18과 같다.

표 7-18. 칠리소스의 원료배합 예

종 류	배합량	종 류	배합량	종 류	배합량
박피토마토	10kg	잘게 썬 마늘	790g	정 향	7.4g
설 탕	700g	올스파이스	6g	식 초(10%)	0.5l
소 금	160g	계 피	1.8g		
잘게 썬 양파	420g	고 추	5.3g		

(4) 채소 통조림

채소 통조림의 주입액은 물, 소금물 또는 조미액이다. 물이나 소금물을 넣는 것을 물조림 제품이라 하며, 신선한 원료를 사용하여 채소 원래의 색깔, 풍미를 보유시키는 것을 목적으로 하고 보통 요리할 때는 맛이 있게 적당히 조리해야 하며 조미액을 넣은 것은 그대로 먹을 수 있다. 소금물은 보통 2% 가량의 것을 사용하는데 소금은 순도가 높은 99% 이상의 것을 사용한다. 조미액은 여러 가지 조미재료를 가하여 만든다. 일반적으로 채소에는 과실과 달리 유기산 함량이 적게 들어있다. 채소 통조림으로 대표적인 것은 양송이 통조림, 그린피스 통조림, 죽순 통조림 및 아스파라가스 통조림 등이 있다.

① 양송이 통조림

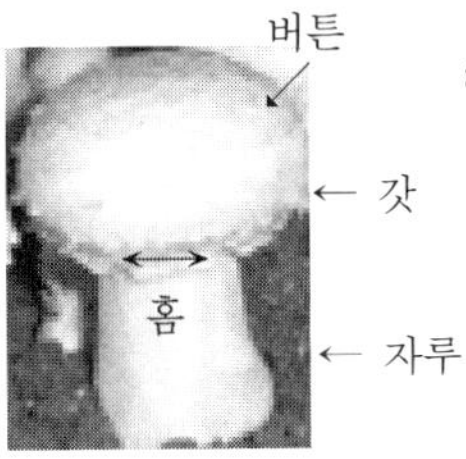

그림 7-31. 양송이의 부위별 명칭

a. **원료처리** : 버섯은 일반적으로 칼로리가 낮고 식이섬유가 풍부한 것으로 알려진 것으로, 특히 양송이(그림 7-31)는 단백질과 필수 아미노산 함량이 육류나 채소보다 높다고 한다. 특히 비타민 D와 tyrosinase 등이 많다. 양송이는 육질이 부드러워 포장이나 운반 중 외부로부터 상처를 받기 쉬울뿐 아니라 산화·변색되어 품질이 떨어지므로 생산지에서 가공장까지 주의하여 수송하여야 할 필요가 있다. 특히 상처나 스치는 것을 피하고 햇빛에 노출되지 않도록 하며, 철이나 구리로 만든 용기를 피하여야 한다. 일반적으로 포장용기로는 나무상자, 단보루상자 및 수침통 등이 많이 사용되었으나 최근에는 발포성 polystylene으로 만들어진 스티로폴 상자를 주로 사용하여 운반된다. 원료는 채취한 후 30분～1시간 이내에 처리 가공하는 것이 좋으며, 처리시간이 경과될 때는 80%이상의 습도와 2～3℃의 온도에서 저장한다. 만일 24시간 이상을 경과할 때는 갈변하는 것을 방지하기 위하여 아황산염 0.01% 용액을 사용하면 좋다.

원 료 → 자루절단 → 선 별 → 세 척 → 데치기 → 냉 각 → 고르기 →
슬라이스 조각내기 → 충 전 → 살 균 → 냉 각 → 제 품

그림 7-32. 양송이 통조림의 제조공정

b. **선별 및 세척** : 고르기에서 양송이는 일반적으로 색깔이 완전히 흰 백색종과 갓부분이 연한 갈색인 크림종이 있으며 갓이 피지 않고, 둥글고, 굵고, 육질이 단단한 것으로, 특히 갓과 자루를 연결하는 부분의 피막이 터지지 않은 것이 좋은 버섯으로서 갓의 지름이 18～39mm의 것으로 만들어진 것이 1급품에 들어가며, 갓의 지름이 18mm이하인 것과 40mm이상인 것으로 갓이 약간 변형된 것과 갓과 각포 사이의 막이 다소 넓은 것으로 약간 변색된 것은 2급품에 들어가고, 그 외 통조림 제조 원료로서 적당하지 않고 2급품 원료로서도 나쁜 것으로 제품을 만들게 되면 등외품이라고 볼 수 있다. 이렇게 고르기를 한 것을 물통에 넣어 흙, 모래를 씻어내게 되는데 대부분 물에 15분이상 담가 두던지 물 대신에 0.3%

정도의 citric acid액에 3～4분간 담가 두었다가 씻으면 오손되는 것을 막을 수 있고 갈변화 효소의 파괴를 도모해 변색되는 것을 방지할 수 있다.

c. **데치기** : 제조공정(그림 7-32) 중 담기과정을 쉽게 하고 적당한 내용 고형량을 얻게 하기 위하여 열을 가하여 데치기 과정을 행한다. 열탕에 넣어 데치기를 하는 온도와 시간은 양송이의 크기, 신선도에 따라 다르다. 일반적으로 물에 수침한 경우는 100℃에서 4～8분, 80～85℃이면 8～15분으로 하여 중심부까지 열을 잘 침투시키고 산액에 담갔을 때는 데치기를 두 번 하는데 첫 번째는 80℃에서 2～3분, 두 번째는 95℃에서 5～7분간 행한다. 데치기가 끝나면 30분 이내에 식혀야 한다. 시간이 길어지면 갈색으로 변하기 때문이다.

d. **냉각, 고르기 및 슬라이스 조각내기** : 식힌 양송이는 적당한 크기로 슬라이스를 하여 등급품에 맞게 선별한다.

e. **충전, 탈기, 살균 및 냉각** : 통조림통에 일정량씩 넣고 주입액으로는 2～3%의 소금액을 넣기도 하고 공정시 사용했던 열처리액을 넣기도 하며 0.1～0.2%의 비타민 C 및 glutamic acid 용액을 넣기도 한다. 양송이와 주입액을 넣은 후 탈기, 살균 및 식히기 공정을 거치면 제품이 완성된다.

② **그린피스(green peas) 통조림** : 그린피스는 꼬투리는 다른 콩과 비슷하나 콩보다 약간 크고 표면이 매끄럽고 콩이 덜 여물었을 때는 녹색이지만 성숙하면 담황색이 되는 것으로, 덜 여물었을 때 먹는 것을 그린피스라고 하며, 단백질 함량은 약 23 %로 두류 중에서는 단백질이 비교적 적은 편이지만 탄수화물 함량은 54%로 많고 지방을 소량 함유하며 단백질의 종류로는 legumin, legumelin 등이 있다. 이 콩은 밥에 둘 때는 두류(豆類)로 취급되나, 크림수프, 샐러드, 카레라이스 등에 넣어 음식을 만들 때는 채소의 일종으로 취급되기도 한다. 그린피스는 덜 여물었을 때는 당분이 많아 단맛이 있으나 따서 오래 두거나 익어감에 따라 당이 전분으로 변하여 단맛이 없어지는 것이 특징이며 제품의 품질은 원료의 품종, 채취시기 등에 따라 크게 달라진다. 그린피스의 통조림용 품종으로는 알이 작고 둥근 알래스카종이 좋으며, 수확은 단맛이 가장 많이 나는 시기인 성숙도가 70～80% 정도 된 것이 좋다.

수확한 그린피스는 단백질과 당분이 많이 들어있어서 발효되기 쉬우므로 가급적 빨리 통조림 하는 것이 좋다(그림 7-33). 완두의 깍지는 손으로 까거나 탈각기로

원료 → 깍지까기 → 선별 → 데치기 및 착색 → 담그기 → 고르기 → 충전 →

주입액 넣기 → 탈기 → 밀봉 → 살균 → 냉각 → 제품

그림 7-33. 그린피스 통조림의 제조공정

깐다. 깍지를 깐 완두는 클리너를 이용하여 풍선한 다음 선립기로 입자의 크기에 따라 나누고 숙도가 고르지 않은 것은 Bé 10°의 소금물에 담가 떠오르는 것과 가라앉는 것으로 선별한다. 잘 선별된 그린피스는 데치기와 착색을 동시에 행하게 된다. 데치기의 목적은 완두속의 표면에서 용출되어질 수 있는 가용성 물질을 제거하는 동시에 표면의 단백질을 응고시켜서 완두속의 전분 등의 가용성 물질이 녹아나지 않게 하여 살균 후의 즙액이 혼탁되는 것을 방지하고 완두조직 속의 공기를 제거하여 가급적 수분을 포화시켜서 살균할 때의 내용 고형량의 변화를 최대한 방지하고 콩 중의 함유되어 있는 lipoxigease의 효소를 불활성화시켜 효소에 의한 특유한 비린내가 생기는 것을 제거하여 향기를 좋게 하기 위한 것이다. 이 데치기 공정 중에 그린피스의 색도 착색을 동시에 행하여야 하는데 일반적으로 물 100ℓ에 황산구리를 약 50～60g을 녹인 후 가열하여 이 액에 8～15분간 데치기와 동시에 착색을 행한다. 이 공정이 끝나면 바로 냉각하여 물에 약 5～6시간 정도 담가서 과잉의 구리염을 세척해낸다. 데치기 공정 중 너무 익은 것, 깨진 완두, 기타 협잡물을 고른 후 통조림통에 넣은 후 주입액을 넣는다. 주입액은 2～3%의 소금물을 넣는다. 주입 후 탈기 및 살균을 행하여 냉각하면 제품이 완성된다. 다른 통조림도 마찬가지이겠지만 그린피스 통조림도 살균 후 냉각을 곧바로 행하지 않으면 그린피스가 허물어져서 조직감도 상실되고 색도 나빠지므로 특히 주의를 하여야 한다.

③ **죽순 통조림** : 대나무의 땅속줄기로부터 가지가 갈라져 나온 어리고 연한 싹으로 마디 사이가 아주 짧아서 각 마디에 1매씩 좌우로 번갈아 달려 있는 대나무의 껍질은 2줄로 단단히 감겨 있는 것이 특징이다. 죽순의 영양성분으로는 수분 88.2%, 단백질 3.4%, 탄수화물 7.5%, 칼슘 2.1mg%, 인 49mg%, 비타민 C 7mg% 등을 함유하고 있으며 죽순에 들어 있는 단백질의 약 70%는 tyrosine, asparagine, valine 및 glutamic acid 등의 아미노산과 betaine, choline 등이고, 죽순 고유의 독특한

맛은 glutamic acid 등이 어울려 생기는 것이다. 죽순의 아린 맛은 아미노산인 tyrosine이 산화한 homogentinic acid와 oxalic acid 때문이다. 죽순 통조림의 일반적인 공정은 그림 7-34와 같다.

원 료 → 조 제 → 데치기 → 냉 각 → 다듬기 → 담그기 → 고르기 →
담 기 → 탈 기 → 밀 봉 → 살 균 → 냉 각 → 제 품

그림 7-34. 죽순 통조림의 제조공정

그림 7-35. 죽순통조림의 원료

통조림용 죽순은 모양이 작으며 마디 사이가 짧고 단백색이며 육질이 부드럽고 향기와 풍미가 좋은 것이 적당하다. 죽순은 수확시기에 따라 품질이나 수량에 큰 차이가 있다. 즉 수확 초기의 것이 품질이 좋으며 말기에 갈수록 좋지 않다. 수확할 때는 죽순이 땅 위로 나오기 전에 땅에 금이 생겼을 때 파서 채취하여야 하며, 땅 위에 나온 것은 육질이 단단하여 노란 빛깔을 띠게 되어 좋지 않다. 수확한 죽순(그림 7-35)은 절단기나 칼을 이용하여 겉껍질을 벗기고 100℃의 물속에서 30～60분간 데친 다음 급속하게 냉수에 식힌다. 식힌 죽순은 남아있는 속껍질은 없애고 뿌리부분을 칼로 둥글게 잘 다듬는다. 잘 조제된 죽순은 물을 자주 갈아주면서 약 15～20시간 동안 담가두는 작업을 행하는데 이는 tyrosine과 같은 성분을 용출시켜서 아린 맛을 제거하고 액이 흐려지는 것을 방지하기 위함이다. 물에 담갔던 죽순은 크기, 품질 및 모양 등으로 골라서 일정한 양을 담근 다음 더운 물을 넣고 탈기 및 살균을 행한 후 냉각하면 제품이 완성된다.

④ **아스파라거스 통조림** : 백합과의 다년생 식물로 자웅이주의 숙근성 식물로 원산지는 유럽과 영국이다. 연백(軟白)시킨 아스파라거스와 녹색아스파라거스가 있는데 최근에는 녹색아스파라거스가 주류를 이룬다. 녹색아스파라거스(그림 7-36)의 가식부 100g당 함유하고 있는 성분은 표 7-19와 같다. 아스파라거스에는 아미노산의 일종인 아스파라긴(Asparagine : aminosuccinamic acid)이 다량 함유되어 있는 것이 특징이며 채소로서 살짝 익혀서 샐러드나 각종 요리에 사용되고 통조림이나 냉동가공해서 이용된다. 약용으로는 이뇨제로 쓰이고 관상용으로도 이용된다.

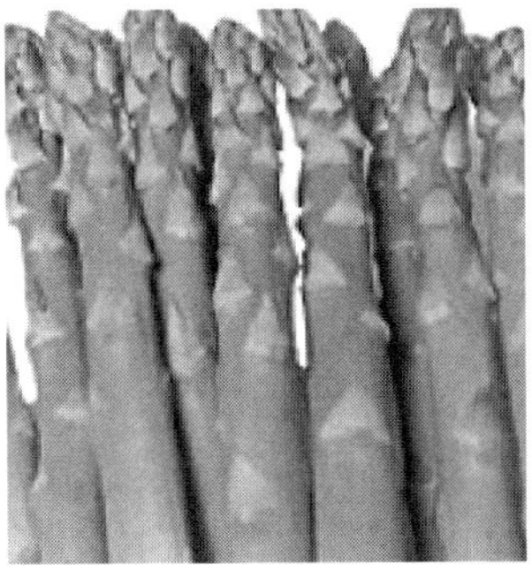

그림 7-36. 아스파라거스

표 7-19. 아스파라거스의 영양성분

성 분	수 분 (g)	단백질 (g)	지 질 (g)	탄수화물(g)		회분 (g)	무기질(mg)				
				당질	섬유질		칼륨	나트륨	칼슘	인	철
	93.1	1.9	0.1	3.3	0.9	0.7	270	1	21	50	0.6

성 분	레티놀 (ug)	카로틴 (ug)	비타민 A (IU)	비타민 B_1 (mg)	비타민 B_2 (mg)	나이아신 (mg)	비타민 C (mg)
	0	340	190	0.13	0.16	1.2	1.2

※ 가식부 100 g당 (자료 : 농촌진흥청, 2001)

통조림용 아스파라거스는 신선한 것이 절대적으로 중요하므로 수확 후 가급적 속히 원료를 처리하여야 한다. 먼저 물로 세척하여 흙, 먼지 및 모래 등을 제거한 다음에 부러진 것, 위쪽이 부서진 것, 변형된 것 등의 불량품을 골라내는 동시에 굵기 및 윗부분의 착색정도에 따라 고른다. 굵기는 giant(G), colossal(C), mammoth(M), large(L), medium(M) 및 small(S) 등 6단계로 하고 착색정도는 윗 이삭부분이 황색이고 줄기부분은 순백색인 white(W), 윗 이삭부분에서 전체 길이의 20%이내가 뚜렷하게 자색 내지는 담록색인 pale-tipped and white(P), 윗 이삭부분에서 전체 길이의 50% 이내가 녹색인 green-tipped(G) 및 위 이삭부분에서 전체 길이의 50% 이상이 착색된 green(V)의 네 단계로 한다. 절단하는 길이는 통조림 용기에 맞게 절단되는데 일반적으로 각 1호관에서는 155mm, 각 4호관에서는 110mm 및 각 7호관에서는 96mm으로 절단하면 된다. 절단한 후에도 고르기를 잘 하여 같은 굵기의 것만을 모아 끓는 물 혹은 묽은 소금물속에 윗 이삭부분만을 남긴 채 2～3분간 담갔다가 그 후 전부를 담가서 약 1분간 처리한다. 열처리가 끝난 후 바로 냉각하여 통조림통에 넣고 주입액을 2～3%의 소금물로 넣는다. 주입액은 되도록 공간이 남지 않게 넣어야 이삭부분이 손상되지 않는다. 아스파라거스 통조림의 pH는 5.0～5.6으로서 비교적 높으므로 살균은 상당히 강하게 할 필요가 있다. 살균 후 즉시 냉각처리를 하면 제품이 완성된다. 다음 표 7-20은 상기 열거한 채소 통조림의 살균표를 나타낸 것이며 표 7-21은 시중에서 가장 많이 유통되는 채소통조림의 고형량을 표기한 것이다.

표 7-20. 채소 통조림의 살균표

종 류	통 형	내용물의 pH	가열초온도(℃)	살균온도(℃)	살균시간(분)
양송이통조림	301-7	5.0～6.0	85	113.3	100
그린피스통조림	307-4	5.0～6.0	90	105.3	50
죽순통조림	401-3	4.5～5.8	60～97	107～110	50～70
아스파라거스통조림	307-4	5.0～5.6	60～95	108.9～115.8	26～40

표 7-21. 채소 통조림의 주요 통조림통형 및 내용물기준

종 류	통 형	최저고형량(g)	담는 조각수(개)			
			L	M	S	T
양송이통조림	301-7	454	32～64	65～144	145～275	276이상
죽순통조림	401-3	300	4～5	6～8	11～15	16이상
아스파라거스통조림	307-4	310	21～34	35～44	45～55	55이상

제 8 장 유지가공

유지는 세분자의 fatty acid가 한 분자의 glycerol과 에스터 결합한 물질로 결합된 fatty acid의 종류에 따라 유지의 비중, 융점, 굴절률과 같은 물리적 특성과 산가, 검화가, 요오드가 등의 화학적 성질이 달라진다. 유지는 상온에서 액체인 것을 기름(oil)이라 하고, 고체인 것을 지방(fat)이라고 한다. 기름은 주로 식물에 존재하고, 이 식물성 유지는 이중결합을 많이 함유하고 있으면 요오드가가 높아지는데 요오드가가 140이상인 것을 건성유(drying oil)라 하고, 100이하인 것을 불건성유(non drying oil)라고 한다. 건성유는 유지를 얇은 층으로 공기에 방치하였을 때 쉽게 마르는 성질을 가지고 있으며, 불건성유는 잘 마르지 않는 성질을 가지고 있다. 이러한 유지는 대부분 식품에 함유되어 있지만, 식용유지로 가공하여 사용될 수 있는 유지는 주로 식물의 종자에 널리 분포되어 있다. 현재 우리는 식물의 종자에서 얻어진 식용 유지를 조리 및 튀김, 샐러드기름의 원료, 식품 저장을 목적으로 활용하고 있다.

우리나라의 식용유지 가공의 발달은 20세기 초 이전에는 압착법을 이용한 소규모의 가내수공업에 의해 가공되어졌고, 1940년경에 이르러서야 소규모 공장의 형태로 발전하였다. 이 당시에 주로 생산된 유지가공품으로는 식용 면실유와 약용이나 비누에 이용되는 미강유 정도였다. 1945년 이후 대두유의 소규모 생산이 이루어졌으며, 1960년대 이후 소규모 용제추출 방법과 진공탈취 방법이 사용되었고, 1980년대 이후 현대시설을 갖춘 공장규모의 유지가공이 시작되었다.

8.1. 식용유의 종류

식용유는 원료에 따라 식물유와 동물유로 크게 분류할 수 있으며 식물유로는 대두유, 채종유, 옥수수기름(옥배유), 면실유, 낙화생유, 미강유, 올리브유, 해바라기씨유, 호두씨유, 홍화유, 녹차씨유, 참기름, 들기름, 아마유, 피미자유, 팜유, 고추씨유 등이 있으며, 동물유에는 돈지, 우지, 어유 및 버터 등이 있다. 국내시장에서는 식물유가 90%이상을 차지하며 식물성 유지 제조를 위한 원재료는 우리나라에서 생산되는 양은 적고 70%이상이 수입되어 원재료에서 착유・정제하여 판매하거나 원유를 수입하여 정제하여 판매하게 된다(표 8-1).

표 8-1. 우리나라의 시판 식용유 생산형태 및 특징

용도별	유 종 별	제품생산 방법
일반유	대 두 유	수입대두의 착유・정제, 수입유 정제, 위탁가공
	옥 배 유	수입옥배아의 착유・정제, 수입유 정제, 위탁가공
	채 종 유	수입유 정제
	면 실 유	수입유 정제
	미 강 유	미강의 가공, 수입유 정제
고급유	홍 화 유	수입유 정제
	해바라기씨유	수입유 정제
	올리브유	수입유 정제, 수입상품 판매
	포도씨유	수입유 정제, 수입상품 판매
조미유	참 기 름	참깨가공, 수입참깨분가공, 초임계 참기름
	고추씨유	고추씨가공

(자료 : 식품유통연감, 2005)

1991년 수입자유화에 힘입어 국내 식용유지의 구도는 바뀌고 있다(표 8-2). 식용유로 사용되는 대두유와 옥배유의 수입은 소폭의 증감은 있지만 비슷한 양이 수입되고 있으며, 면실유는 수입이 감소되고 있는 추세이다. 최근 소득수준이 향상되면서 올리브유, 해바라기씨유, 홍화씨유 및 포도씨유와 같은 고급유들의 소비가 증가하고 있다. 소비환경 및 유통환경의 변화로 식용유시장에서도 고급화 현상이 일어나 기능성을 가진 천연 식용유의 개발이 필요하다.

표 8-2. 유지종류별 시장규모

(단위 : 톤)

구 분	1998년	1999년	2000년	2001년	2002년	2003년
대 두 유	244,000	348,000	353,000	357,000	395,000	397,000
옥 배 유	76,000	76,000	64,000	78,000	56,000	60,000
채 종 유	5,000	7,000	8,000	12,000	14,000	15,000
면 실 유	10,000	10,000	9,000	7,000	7,000	7,000
미 강 유	10,000	10,000	9,000	11,000	11,000	11,000
올리브유(버진)	136	311	589	1,013	1,791	5,080
올리브유(혼합+정제)	443	731	1,013	1,297	1,350	1,572

(자료 : 한국식품연감, 2004)

또한 식용유의 다량 섭취로 인한 비만 등의 문제를 해결하기 위하여 지방대체제가 개발되고 있다. 지방대체물질은 그 조성에 따라 단백질계 지방대체물질(protein-based fat substitutes), 탄수화물계 지방대체물질(carbohydrate-based fat substitutes), 지방계 지방대체물질(fat-based fat substitutes), 합성계 지방대체물질(synthetic fat substitutes)로 나눌 수 있다. 단백질계 지방대체물은 우유 및 계란 단백질을 소재로 제조한 것으로 치이즈, 크림 및 요쿠르트와 같은 유제품 등에는 이용할 수 있으나 조리유나 튀김유를 대체할 수는 없다. 탄수화물계 지방대체물질은 hydrocolloid성 물질로 알려진 gum, modified starch, maltodextrin, polydextrose, dextrin, cellulose 등을 소재로 개발된 것으로 generally recognized as safe(GRAS) 물질이나 수분활성을 높여 제품수명을 감소시키고, 제품의 향미특성에 영향을 주며, 튀김매체로 사용할 수 없다는 단점이 있다. 지방계 지방대체물질은 유지와 꼭같은 texture를 줄 수 있으며 유화제, medium chain triacylglycerol, structured lipid 등이 이에 속한다. 합성계 지방대체물질은 소화효소에 의해 가수분해 되지 않아 칼로리원이 되지 않으며 유지와 유사한 기능성과 관능특성을 부여하는 것으로 새로운 신소재로 각광을 받고 있다. 이들 합성계 지방대체제로는 sucrose fatty acid polyester(제품명 : olestra), raffinose polyester와 amylose polyester, polyglycerol ester, esterified propoxylated glycerols(EPG), dialkyl dihexadecylmalonate (DDM) 등이 있다. 이러한 지방대체물질들은 섭취시 칼로리를 낮출 수 있어야 하며 유지와 유사한 texture와 flavor를 나타내야 하고 미생물학적 화학적 저장 및 가공 안정성을 가져야하므로 개발에 많은 노력이 필요하다.

8.2. 원 료

8.2.1. 콩

콩(soybeans : *Glycine max*)은 북동아시아가 원산지인 가장 큰 oil 제조용 곡물로, 콩기름은 매년 세계적으로 약 1,300만 ton 정도가 소비된다. 대두의 유지 함량은 14~23%로 다양하고, 유지에는 약 50~60%의 linoleic acid와 16~25%의 oleic acid와 6~8%의 linolenic acid를 함유하고 있으며 식용유로서 보존 안전성이 저하되기 쉬워 고도의 불포화지방산 함량이 적은 품종을 개발하고 있다. 대두유는 식용유로 이용되거나 마가린 등의 원료유 또는 페인트 공업에 일부 이용되고 있다.

8.2.2. 옥수수 배아

전분 및 고과당용 옥수수 가공시 부산물인 옥수수배아는 옥수수의 약 6.7%로 옥수수 배아를 건-마쇄법(dry-milling)을 이용하여 얻어진 기름의 수율은 약 18~23%에 달하였으나 습-마쇄법(wet-milling)을 이용하였을 때는 약 52% 까지 수율을 올릴 수 있다. 옥수수배아 기름에는 약 10~14%의 불포화지방산이 함유되어 있고, 종에 따라 다르기는 하지만 linoleic acid 함량은 34~67%에 달하고, oleic acid의 함량은 약 19~50%에 달한다.

8.2.3. 채 종(菜種, rape seed)

채종유는 전체 식물성 기름의 약 8% 정도를 차지하고 있으며 유채(油菜)의 종자에서 얻어지는 유지의 일종이다. 유채의 원산지는 북부유럽, 시베리아, 카스피해지방 등으로 종류에는 *Brassica campestri* L. 와 *Brassica napus* L. 등이 있다. 근래에는 erucic acid($C_{22:1}$)가 적게 함유된 품종(low erucic acid rape seed)을 개발하여 그 이름을 카놀라(canola) 라고 부르고 있다. 카놀라 기름의 linoleic acid 함량은 올리브유, 해바라기유, 옥배유, 면실유보다 낮지만 낙화생유나 팜유보다는 높고 포화지방산은 식용유지 가운데 가장 적다. 카놀라유는 내열성, 내광성, 풍미, 내한성이 좋으며 튀김, 마요네즈, 드레싱, 마가린 및 쇼트닝 제조에 적합하다. 채종을 숙성시켜 착유한 것은 적색을 띠므로 적수(赤水)라 하고 정제한 것을 백고유(百袴油)라 부른다.

8.2.4. 면 실

면실은 목화(木花)를 탈 때 부산물로 생기는 것으로 면화 종자는 15~25%의 지방을 함유하고 있으며 종자에서 유지는 압착법을 이용하여 채유한다. 면실유의 46~54%는 linoleic acid로 구성되어 있고, oleic acid는 18~24%이고 대략 22~24%가 palmitic acid 인 것으로 알려져 있다. 면실의 주산지는 미국, 중국, 인도, 브라질 등 이며 근래에는 합성섬유의 발달로 면의 수요가 감소되고, 따라서 면실종자가 부족하여 면실유의 양산이 어렵다. 우리나라에서는 면실유를 수입하여 정제한 후 사용하며, 전량 참치캔용 기름으로 사용한다.

8.2.5. 쌀 겨

쌀을 주식으로 하는 우리나라에서 도정할 때 생기는 부산물인 쌀겨는 중요한 제유원료의 하나이다. 쌀을 5분 도정하면 현미에 대하여 약 4%, 7분 도정을 하면 약 6%의 쌀겨가 생산된다. 일반적으로 유지의 함유량은 도정의 정도에 따라 차이가 있고, 싸라기 등의 혼입으로 인하여 쌀겨는 다른 제유원료와 같이 그 조성이 일정하지 못하지만 보통 쌀겨 중에 함유된 유지의 함량은 약 10~15%이다. 쌀겨유의 지방산 조성은 포화지방산이 15~21%, oleic acid가 41~48%, linoleic acid가 29~40%, linolenic acid 가 0~1% 함유되어 있다. 국산 미강유는 실수요용과 소비자용으로 출시되고 있으며 수입 미강유는 제과용으로 활용되고 있다.

8.2.6. 올리브

올리브는 지중해 지역에서 생산되는 올리브나무 종자로서 종자의 약 50%가 기름으로 구성되어 있으며, 특별히 올리브기름의 지방산 조성은 매우 다양하게 알려져 있다. 올리브기름의 oleic acid의 함량은 63~83%, linoleic acid는 최대 13.5%, palmitic acid는 7~14%, stearic acid는 1.5~4%로 종에 따라 분포가 다르다. 올리브기름에는 불포화지방산 이외에도 상당히 많은 양의 polyphenol 물질과 비타민 E가 함유되어 있어 동맥혈관의 신축성을 높이는 데 효과가 있는 것으로 각광을 받고 있다.

8.2.7. 팜 유

야자과에 속하는 다년생 식물인 팜나무에서 얻어지는 과실의 과육에는 50~70%의 기름이 함유되어 있으며, 주지방산으로는 포화지방산인 palmitic acid 가 약 35~40%, oleic acid는 37~40%, 그리고 linoleic acid는 약 8~10%정도가 함유되어 있다. 식물유지 중에서 가장 생산량이 많으며 압착법에 의해 채유하고 정제한다. 팜유는 포화지방산과 불포화지방산이 반반씩 들어있어 일반적인 식물유지에 비해서 포화지방산의 함량이 높으므로 포화지방산의 함량이 낮은 품종의 개량이 추진되고 있다. 팜유는 과육의 취급에 따라 자체효소에 의한 가수분해로 유지의 품질저하가 문제되므로 생산지에서 채유하는 형태를 취하고 있다. 원료의 품질을 결정하는 요인으로는 원료의 수분 함량, 이물질의 혼입, 손상정도이며 원료의 품질은 수확 및 저장시의 환경조건에 따라 다르다.

종자의 배유에서 채취되는 팜핵유(palm kernel oil)는 팜유에 비하여 포화지방산의 함량이 높아 lauric acid를 44~52%, myristic acid를 12~17%를 함유하고 있으며 palmitic acid와 stearic acid는 각각 6.5~9%와 1~2.5%를 함유하고 있으며, 불포화지방산인 oleic acid는 13~19%를 함유하고 있다.

8.2.8. 참 깨

참깨 씨는 흰색, 황색, 흑색, 갈색 등 여러 가지 빛깔이 있고, 참깨에서 유지의 함유량은 45~50%이며 흰색의 것이 흑색의 것보다 함유량이 비교적 많다. 참기름의 주요 지방산은 oleic acid와 linoleic acid를 각각 40%정도 함유하고 있고, 포화지방산은 약 14%로 주로 palmitic acid와 stearic acid로 구성되어 있다. 참깨에는 sesamin이나 sesamolin과 같은 항산화성을 갖는 불검화물이 존재하므로 다른 기름과 구별될 수 있다. 참기름은 예전부터 우리나라에서 식용으로 사용하고 있으며 주로 압착법으로 채유하고 있다.

8.2.9. 해바라기씨

해바라기씨에는 약 28~35%의 기름을 함유하고 있고 기름의 약 12~14%가 포화지방산으로 구성되어 있다. 그 나머지는 불포화지방산인데 이 불포화 지방산은 linoleic acid와 oleic acid로 구성되어 있다. Linoleic acid와 oleic acid의 함량은 기후에 따라 다르게 되는데 똑같은 종자를 러시아와 같이 추운 지역에서 수확했을 때 linoleic acid의 함량은 60~68%에 달하는 반면, 인도와 같이 따뜻한 지역에서 수확했을 때 linoleic acid 함량은 약 40~49%에 달하였다고 한다.

8.2.10. 포도씨

포도씨에서는 약 12~17%의 기름을 얻을 수가 있고, 포도씨 기름의 약 64~74%가 linoleic acid, 15~20%는 oleic acid이고 포화지방산의 함량은 15%미만이다.

8.3. 일반적인 가공

유지가공을 위해서는 우선 크게 두 가지에 대하여 심각히 고려해볼 필요가 있다. 첫 번째는 판매되어야 할 최종제품이 무엇인지, 최종제품은 시장성이 있는지, 원료는 제대로 구입이 가능한지, 운송비는 어떠한지 등 유지가공공정 전반에 걸친 조사이고, 두 번째는 실제 공장설계에 관한 것이다. 실제 공장 설계를 위해서는 재정적인 계획, 위치 및 부지확보, 기술적 계획 및 부대시설 등에 대한 내용을 꼼꼼히 조사하여야 한다. 산업현장에서 경제적인 성공을 거두기 위해서는 시장조사, 원재료와 최종제품에 대한 조사 및 공정과 같은 사전조사를 마친 후 가공공정 흐름도를 작성한 후에 정량적인 기술도표를 작성하고 원재료와 최종산물의 저장에 대한 검증을 하여야 한다. 이들에 대한 자세한 내용은 공장설계 등의 과목을 수강함으로써 도움을 받을 수 있다. 이 장에서는 일반적인 채유의 방법에 대하여 설명하기로 한다.

8.3.1. 채 유

채유의 과정은 원유를 얻는 과정으로 재료에 따라 방법이 다르다. 축산동물이나 어류와 같은 동물성 원료는 열을 직접 가하여 채유하는 건식법(dry rendering)과 끓는 물 또는 증기를 접촉시켜 채유하는 습식법(wet rendering) 등의 용출법을 주로 이용하고 있다. 반면에 성분의 조성이 동물성 원료보다 다양한 식물성 원료는 적당하게 열처리 한 후 착유기로 압착하여 채유하는 압착법이나 용매를 이용하여 원유를 추출하는 추출법이 주로 이용되며, 경우에 따라서는 압착법과 추출법을 병용하는 경우도 있다.

1) 동물유지의 채유

동물조직의 지방은 60~90%의 유지와 결체조직과 물을 함유하고 있다. Tallow는 소로부터 얻고 lard는 돼지로부터 얻는다. 소나 돼지의 지육(脂肉) 및 생선 등 동물조직에서 유지는 가급적 빨리 채유하는 것이 좋으나 그렇지 못할 경우에는 건조, 냉동저장, 소금절임을 하여 부패를 방지하여야 한다. 저장된 원료육은 물로 깨끗이 씻어 증기처리법, 건열처리법, 압착법, 추출법 등을 이용하여 채유한다. 동물유지의 채취과정은 원료 → (저장) → 수세 → 세단 → 용출, 압착, 추출 → 정제의 순으로 진행된다.

(1) 압착법(pressing method)

동물조직에 고도의 압력을 가하여 유지를 채취하는 방법으로 자주 사용되지는 않는다.

(2) 용출법(melting out, rendering)

동물유지원료를 가열하여 내용물을 팽창시켜 세포막을 파괴하여 세포속에 들어있는 유지를 세포밖으로 용출시키는 방법으로 건열용출과 습열용출이 있다.

① **건열용출법**(dry rendering) : 건열용출은 보통 고래, 소 및 돼지의 유지원료를 직화, 열풍 및 이중솥으로 가열처리하여 유지를 용출시키는 방법으로 용출된 유지는 파이프로 저장탱크에 보내지고 잔사는 다시 간단한 압착기로 압착하여 완전히 채유하는 방법이나 유지의 변색 및 악취 등의 문제로 잘 이용되지 않는다.

② **습열용출법**(wet rendering) : 이 방법은 증기처리법의 일종으로 청어, 정어리 등의 어유를 채취할 때 주로 쓰이는 방법으로 유지조직을 잘게 썰어 미량의 물, 또는 소금물과 함께 탱크에 넣고 압력을 가하면서 148℃로 가열처리하면 기름이 위에 모이고 밑으로 물층(stick water)이 모여 유지가 분리된다. 처리된 찌거기에는 다시 2~3%의 묽은 황산을 가하여 남아 있는 유지분을 채취한다. 이 방법은 세포파괴가 쉽고 채취시간이 짧으며 수율도 높아 가공비용이 적게 들며 우수한 품질을 얻을 수 있다.

(3) 추출법(extracting method)

원료유지에 용매를 사용하여 추출하는 방법으로 동물유지 채취로는 잘 이용되지 않는다.

2) 식물유지의 채유

식물유지는 주로 올리브유나 팜유를 제외하고는 대부분 종자 중에 함유되어 있으며 이들 식물의 과육이나 종자에 함유되어 있는 유지를 채취하는 방법으로는 주로 압착법과 추출법이 사용되고 있다. 식물성 유지의 채취를 위해서는 원료에 함유되어 있는 불순물을 제거하고 껍질이 있는 종자는 탈각 등의 전처리 후 채유하게 된다.

(1) 원료의 전처리

채유를 위한 일반적인 원료전처리 순서는 세척 → 분쇄 → 껍질제거 → 예비열처리 → 플레이크 제조 → 본 열처리 순이다.

식물성 유지의 채유를 위해서는 우선 종자에 혼합된 금속, 나무 조각, 돌, 잡초 및 잡초씨 등을 마그네틱, 체 및 aspirator를 이용하여 제거하여 정선한다. 유지종자에는 특히 지방분해효소인 lipase가 다량 함유되어 있어 유리지방산을 생성시키므로 종자를 수분 함량이 7～13%가 되도록 건조시켜야 한다. 정선이 끝난 원료 중 콩, 유채, 깨 및 쌀겨 등은 그대로 파쇄 또는 가열하나, 땅콩, 피마자, 목화씨 등과 같은 단단한 껍질을 가진 것은 탈각기를 이용하여 탈각한다.

정선 또는 탈각을 마친 유지종자는 70～75℃에서 20～30분간 물에 침지한 후 (condition) 채유가 잘되도록 하기 위하여 roller mill로 압쇄하여 0.3mm이하의 박편(flake)으로 한다. 압쇄는 원료에 따라 정도를 다르게 해야 하며 이 과정은 착유율에 크게 영향을 미친다. 한편 야채펄프로부터 채유하는 올리브와 팜의 경우에는 세척한 숙과를 페이스트로 분쇄하고 이를 압착하여 유지와 물의 혼합물로부터 유지를 분리한다.

파쇄한 원료는 상온에서 압착을 하는 냉압법(cold pressing)을 이용하는데 이는 원료 중에 색소, 냄새 및 불쾌한 맛 등이 섞이지 않아 비교적 우수한 품질을 얻을 수 있으나 착유율이 떨어지는 단점이 있다. 현재는 플레이크를 가열하여 세포막을 파괴하고 단백질을 응고시켜 유지가 세포에서 잘 빠져 나오도록 처리하는 온압법(hot pressing)을 주로 이용한다. 가열은 캐틀(kettle)을 이용하여 수분 함량이 7% 내외인 원료에 50～60 lb의 증기를 불어 넣어 15～17%의 수분 함량이 될 때까지 찌면 유지가 수분과 치환되어 압착이 쉬워진다. 가열처리된 원료는 대부분 캐틀 아래 장치되어 있는 가체기를 이용하여 착유기에 넣어 압착하기 좋은 형태로 가체(moulding)한다. 전처리 과정 후 파쇄된 유지종자로부터의 채유 방법은 다음과 같다.

(2) 채유방법

① 압착법

a. **회분식 압착법**(batch type press) : 전처리 과정에서 가온된 원료는 식기 전에 압착기로 압착한다. 압착법은 유지 추출 중 가장 오래된 방법으로 유지 함량이 20%이상 들어 있을 때 사용하는 것이 유리하다. 압착법은 조작하는 원동력에 따라 쐐기압착기(wedge press), 나사압착기(screw press)와 수압기(hydraulic press) 등이 있는데 쐐기압착기는 원시적인 방법으로 현재 사용되고 있지 않으며, 나사압착기는 소규모 공장에서나 사용되고 있다. 근래에 와서는 수압기를 널리 사용하고 있으며 수압기 대신에 기름을 이용한 유압기를 이용하기도 한다. 수압식 압착법은 4,000～5,000 lb/cm^2 정도의 수압 시스템을 이용하여 압착시켜 채유하는 방법이다.

b. **연속식 압착기**(continuous press) : 규모가 큰 공장에서는 수압기 대신에 expeller 방식이 이용되고 있다. 이 방법은 유지원료에서 연속으로 채유가 가능하게 구멍이 뚫려 있는 횡형의 원통 속에 소 스크류가 회전하면서 원료를 옮기게 되고, 원통과 스크류 사이의 간격이 좁아지면서 원료에 압력이 가해져 착유되고 착유된 탈지박은 연속적으로 원통 밖으로 밀려나게 되어 착유된다. 1900년 미국인 V.D. Anderson에 의해 고안된 연속식 기계압축기인 expeller를 이용하여 면실유가 얻어 졌다. 연속기계 압착기(그림 8-1)는 수압 프레스에 비해 가공비용이 싸고 안전성이 있으므로 소규모로도 사용이 가능하며, 연속적으로 작업을 할 수 있기 때문에 노동력이 적게 들고 설치면적이 적어도 된다.

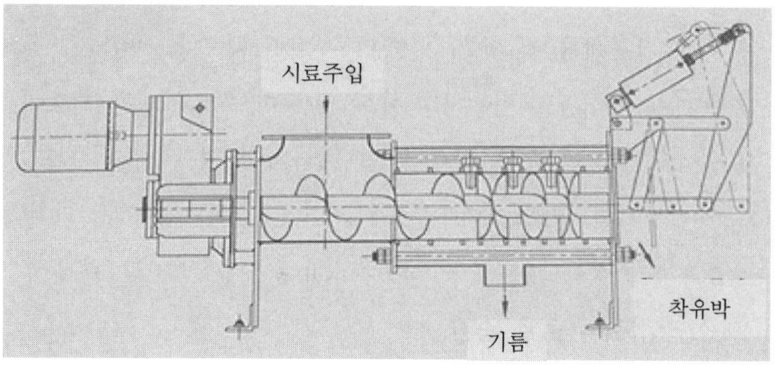

그림 8-1. Expeller를 이용한 연속식 기계 압착기의 기본 구조

② **추출법** : 유지원료를 추출장치에서 용제를 처리하여 유지를 추출하는 방법으로 탈지박에 잔류유지 성분이 0.5% 이하로 추출 효율이 좋은 방법이다.

우선 헥산(hexane : b.p. 63～69℃), 헵탄(heptane : b.p. 90～99℃) 등을 이용하여 유지종자의 입자막에 있는 유지를 유지-용매 혼합물에 녹인다. 다음으로 유지를 함유하는 용제의 침출액인 미셀라(micella)를 증류하여 용매를 제거하여 유지를 얻는다.

미셀라(micella)에 있는 유지는 추출량이나 추출속도에 영향을 미치지 않는다. 유지의 추출속도는 용매의 유지에 대한 확산능력, 종자입자의 크기와 모양, 내부구조, 최종잔류유지의 용해도에 의해 결정되고 추출시간은 플레이크 두께에 따라 다르며 열용매는 냉용매보다 좋다.

유지 추출을 위한 용매는 유지 외에 물질은 잘 추출되지 않을 것, 인화나 폭발 위험성이 적을 것, 유지 및 착유박에 나쁜 냄새와 맛을 남기지 않을 뿐 아니라 독성이 없을 것, 기화열 및 비열이 작아 회수가 쉬울 것, 추출장치 등에 부식을 일으키지 않아야 할 것, 그리고 값이 쌀 것 등의 조건을 구비하여야 한다. 이러한 관점에서 일반적으로 사용되는 용매는 석유벤젠, 벤졸, 헥산, 에탄올, 벤졸혼합액, 사염화탄소, 트리클로로에틸렌, 아세톤 및 2 유화탄소 등이 있는데 가장 흔하게 쓰이는 것은 헥산이다.

추출장치는 침출관(extraction vessel), 증류관(still), 응축기 및 용제 저장소 등으로 구성되어 있다. 이들을 작업의 형태로 보면 배치식(batch), 배터리(battery)식 연속추출(continuous extraction)법으로 분류될 수 있다.

a. **배치식 추출기(batch type extractor)** : 배치식(batch)은 회분추출형(回分抽出形)으로 침출관이 한 개로 추출원료를 용제로 추출한 후 그 잔사를 새로운 용제로 추출하도록 되어있다. 추출기의 구조에 따라 고정식, 경사식, 회전식으로 구분할 수 있다. 고정식은 고정된 밀폐용기에 교반기가 달려있어 추출하는 것이고, 경사식은 추출 후 추출박 제거를 쉽게 하기 위해 밀폐용기를 지지부 등으로 기울이는 방식이다. 회전식 추출기는 수평원통형 추출기에 원료를 넣고 steam jacket으로 가열하며 추출하는 방법이다.

b. **배터리식 추출기(battery type extractor)** : 배터리식은 교반류추출형(半交流抽出形)으로 원료는 고정되어 있으나 용제가 원료 속을 흘러서 점차 추출되어 진한

미셀라를 얻는 것으로 여러 개의 침출관으로 되어 있어 반연속적으로 추출된다.

c. **연속 추출기**(continuous extractor) : 연속식 추출기로 현재 이용되고 있는 추출 방식은 용제와 유량원료의 접촉방식에 따라 주가식(관류식, percolation)과 침지식(immersion)으로 대별한다. 주가식은 쇠망 또는 구멍 뚫린 판위의 원료에 용제를 산포, 투과시켜 추출하는 원료의 이동방식으로 유럽에서 널리 사용되는 방법이며 대용량의 경우에 많이 이용된다. 침지식은 원료를 용제에 담가서 추출하는 방식으로 비교적 소용량의 채유에 적용되고 있다. 주가식과 추출식의 장단점 및 현재 널리 사용되고 있는 추출기의 종류는 표 8-3에 표시하였다.

표 8-3. 주가식과 추출식 추출기의 장단점 및 추출기의 종류

	주가식(percolation)	침지식(immersion)
장 점	- 미셀라의 농도가 높음 - 미셀라가 맑고 여과가 간단함 - 추출원료의 파쇄가 적고 균일한 박이 얻어짐	- 챤넬링이 적음 - 기계가 단순하고 간단함 - 기내의 용제 보유량 많음
단 점	- 챤넬링이 일어나기 쉬운 - 추출효율이 나쁨 - 기계가 복잡하고 대형 - 기내의 용제 보유량이 적음	- 미셀라의 농도가 낮음 - 미셀라에 미분이나 플레이크가 부유하고 여과가 어려움 - 추출원료가 파쇄되기 쉽고 박의 크기가 불균일함
추출기 종류	- Basket형(Ballmann 추출기) - Cell형(Rotocel 추출기) - Belt conveyer형(De Smet 추출기, Lurgi 추출기 등)	- 탑식(Allischalmer 추출기, Anderson 추출기) - 원심분리식(Sherwin-Williams 추출기) - Cell식(Kennedy 추출기)

주가식 추출기의 일종인 rotocel 추출기는 완전히 밀폐된 원통형 내부가 18개 정도의 cell로 나뉘어져 있어 금속망 회전체가 회전축과 함께 회전된다. 원료입구의 하부에 있는 cell에 원료를 넣고 계속 회전시키면서 용제를 회전체의 역방향으로 이송하며 분사한다. 용제를 cell에 있는 원료에 차례로 분사시켜 원료입구 직전의 cell에서 최종의 미셀라를 얻고 추출박은 배출된다(그림 8-2).

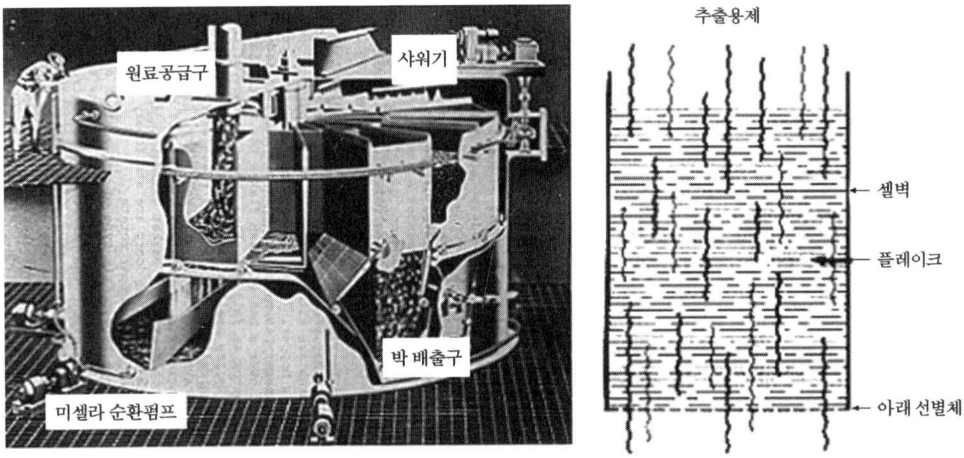

그림 8-2. Rotocel 연속추출장치 및 추출원리

침지식 추출기의 일종인 Kennedy 추출기는 원료가 원통형의 추출관 속을 스크루에 의해 연속적으로 운반되고, 용제는 이것과 반대 방향으로 흐름으로써 유지가 추출되어 원료의 공급 및 미셀라의 배출이 연속적으로 이루어진다(그림 8-3).

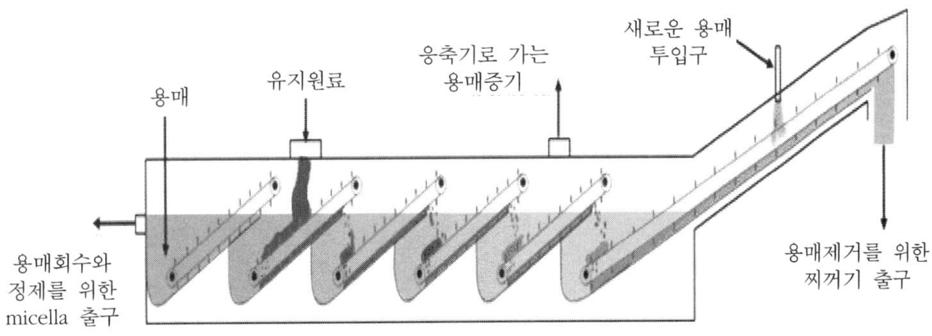

그림 8-3. Kennedy 연속식 추출장치

(3) 미셀라와 추출박에서의 용제제거

추출조작에서 미셀라와 추출박은 분리될 수 있으며 미셀라에서는 용제를 제거하여 기름을 얻고, 추출박에서도 용제를 제거해야 한다. 추출기에서 얻어진 유지의 함량은 약 25～30%이나 이것에서 용제를 증발시켜서 90～95%의 유지가 얻어진다. 90～05%정도로 농축된 미셀라는 스트립퍼(stripper)에서 50～200mmHg 정도의 진공하에서 수증기로 직접 접촉시켜서 남아 있던 용제를 거의 완전히 제거하여 원유를 얻게 된다.

8.3.2. 정 제(refining)

유지의 정제는 원유 속에 함유된 중성지방이 아닌 스테롤, 토코페롤, 유리지방산, 인지질, 약간의 색소, 단백질, 당류, 섬유소, 냄새성분, 용매 등 화학물질을 비롯한 먼지 및 재료 찌꺼기 등의 불순물을 제거하는 과정이다. 이 불순물들은 원유의 색을 검게 하고 발연점을 낮추며 가열시 거품을 일으키는 원인이 된다. 정제과정은 불순물을 제거하는 데 주목적이 있으나 정제과정 중 중성유지의 손실을 최소로 하여야 한다. 원유의 정제는 물리적 정제법과 화학적 정제 방법이 있으며, 공업적으로는 이들을 병행하여 정제한다.

물리적 정제법으로는 정치법, 여과법, 세척법, 가열법, 원심분리법 등이 있다. 정치법은 정치조에 110～150℃로 가열하여 수분을 제거한 산성백토를 1～5% 첨가하여 80～140℃로 가온 하면서 잘 교반한 후 정치시키는 방법이다. 여과법은 아래에서 위로 여과하는 방법, 위에서 아래로 여과하는 방법, filter press 이용법 등이 있다. 세척법으로는 고체지방은 열탕, 액상유는 냉수나 온수를 이용하여 수용성 불순물을 제거하는 것이다. 가열법은 150℃의 과열 수증기를 직접 취입시켜 휘발성 물질을 유출시키는 동시에 단백질을 응고시켜 제거하는 방법이다. 원심분리는 정제, 세척 및 세정액과 유지를 분별할 때 쓰이는 방법으로 원심분리기를 이용하는 방법이다.

화학적 정제법으로는 황산법, 알칼리법 및 기타 방법이 있는데 황산법은 내면에 납판을 부착한 탱크에 원료 유지를 넣고 50%황산을 원료유지의 2.0～2.5%가 되도록 서서히 교반하며 첨가한 후 수 시간 정치한 후 얻은 상징액을 약 60℃의 온수를 이용하여 세척한 후 여과하는 방법으로 이때 사용된 황산은 알칼리성을 중화하여 단백질을 응고시키고 기타 불순물을 탄화시키는 작용을 한다. 알칼리법은 원료유지의 유리지방산을 중화하기 위하여 15～22% NaOH용액을 가하여 50℃로 가열시킨 후 정치된 청징유 부분을 온탕이나 식염수를 이용하여 세척한다. NaOH는 지방산 및 수지산을 비누로 만들고 기타는 불용성 물질로 침전시켜 제거시킬 수 있게 한다. 이외에도 알칼리 제제로 Na_2CO_3와 $CaCO_3$가 사용되기도 하며, collagen이 많이 함유된 고래기름은 탄닌을 가하여 응고 침전시켜 제거하는 방법도 있다. 이러한 정제법의 원리를 중심으로 최근에는 공업적인 정제과정이 개발되어 주로 이용되고 있다.

공업적 정제과정의 주요 단계는 중화(netralization) → 탈검(degumming) → 탈색

(bleaching) → 탈취(deodorizing) → 윈터화 과정(witerization)이며 정제과정 및 기름의 종류는 그림 8-4와 같다.

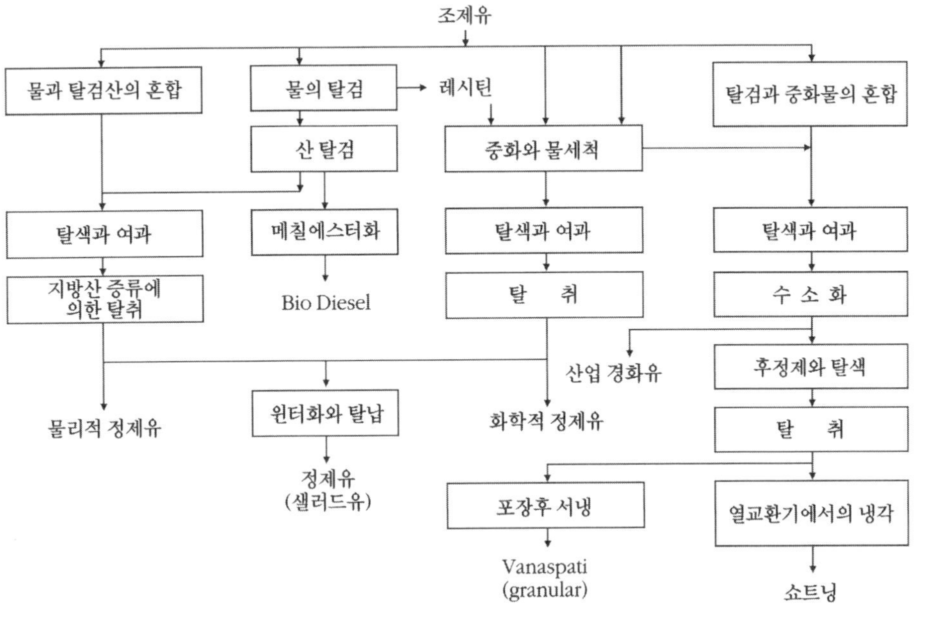

그림 8-4. 유지의 정제과정에 따른 기름의 유형

1) 중화과정(conventional caustic soda refining)

중화과정은 유지의 품질저하 물질인 유리지방산(free fatty acid)을 제거하기 위하여 보통 NaOH(lye)로 비누화 시킨 후 제거하는 과정으로 이 과정에서 일부 색소물질이나 인지질 등이 제거된다. 원유 혹은 탈검 유지를 스팀으로 처리하여 유리지방산과 인지질을 제거한 후 일정온도에서 일정시간 NaOH와 혼합·교반하면 불용성 비누물질(insoluble soap stock)이 형성되고 약간의 다른 산성물질들도 알칼리와 결합하여 형성된 비누에 흡착된다. 이것을 뜨거운 물로 씻어내고 건조하면 유리지방산 함량을 0.01~0.05%까지 감소시킬 수 있으며 이때 인지질이나 검물질도 제거된다.

중화를 위한 최소한의 NaOH 함량은 아래식을 기준으로 양을 계산하지만 보통은 충분한 양의 NaOH를 가하여 준다.

$$\% \text{ NaOH} = \%\text{FFA(유리지방산)} \times 0.142 + \% \text{ 초과 NaOH}$$

과거에는 원유를 알칼리와 혼합, 교반, 가열하여 형성된 비누덩어리가 중력에 의해 가라앉게 되고 상층에 유지층이 형성되면 제거하는 비연속 batch 시스템을 이용하였으나, 현재에는 유지와 알칼리가 연속적으로 혼합하여 생긴 비누덩어리를 원심분리로 제거하는 연속식 알칼리 정제법을 이용하고 있다.

연속식 알칼리 정제법은 유지와 알칼리가 혼합되기 쉽도록 가열한 후 우선 첫 번째 원심분리하여 유지와 비누덩어리를 서로 분리하고 얻어진 유지는 74～82℃로 가열하고 10～20%의 뜨거운 연수를 혼합한 후 두 번째 원심분리 한다. 첫 번째 분리에서 약 90%의 비누덩어리가 제거된다 하여도 나머지를 위해 반드시 두 번째 분리를 실시하여야만 한다.

최근에는 진공 하에서 200℃이상으로 가열하여 수증기를 흡입시켜 원료 중의 유리지방산을 수증기와 함께 배출시켜 제거하는 물리적 방법이 사용된다.

2) 탈검과정(degumming, desliming, delecithining, desludging)

탈검과정은 부분적인 정제과정으로 알칼리중화에 의해 제거되지 않은 유리지방산을 완전히 제거하고 점성물질, 색소, lecithin 및 기타 불순물을 끓는 물, 또는 수증기로 수화(hydration)시켜 불용성 상태로 한 후 침전, 여과, 원심분리 등으로 제거하는 과정이다(그림 8-5, 그림 8-6). Batch 시스템의 경우 수화과정은 30～60분이 걸리고, 연속식은 1분정도 걸린다.

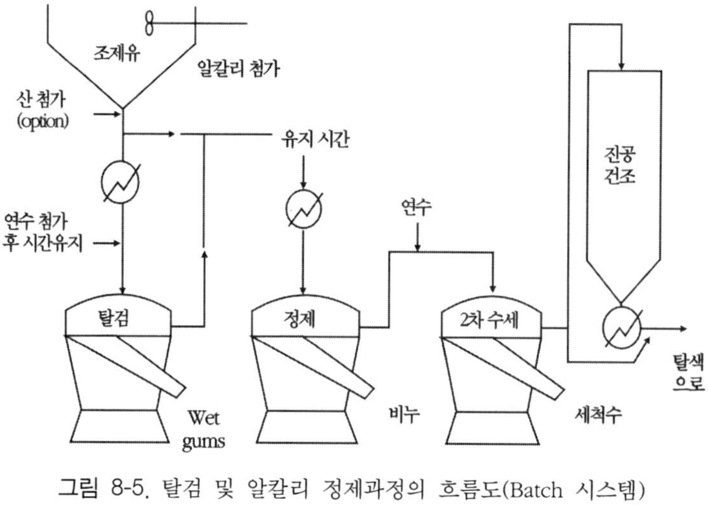

그림 8-5. 탈검 및 알칼리 정제과정의 흐름도(Batch 시스템)

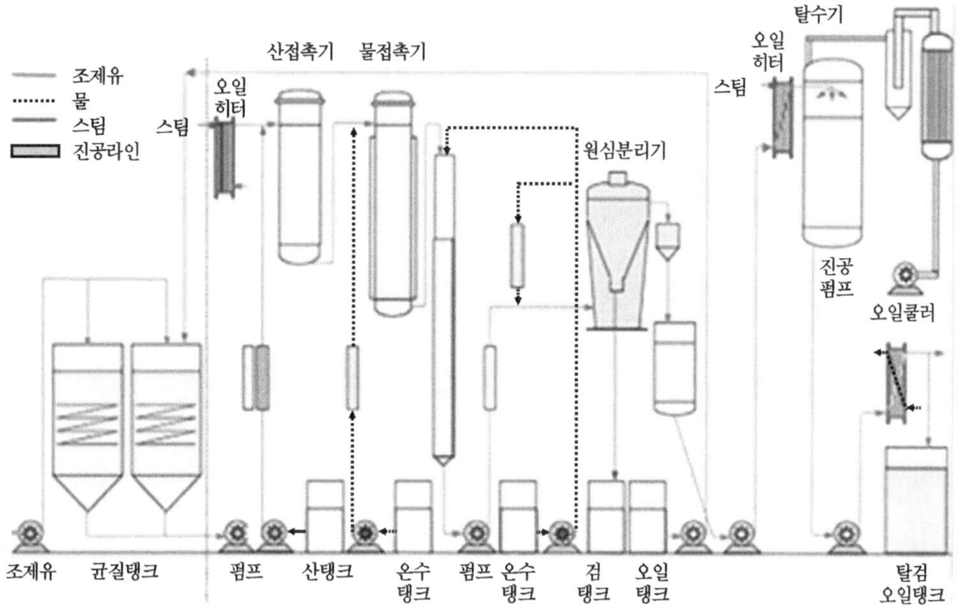

그림 8-6. 연속식 산 및 물 접촉식 탈검 및 건조과정

3) 탈색과정(bleaching)

탈색공정은 원유 속에 들어있는 chlorophylls, carotenoids, anthoxanthins 등의 색소물질을 열을 이용하거나 흡착으로 제거하는 과정이다. 탈색과정은 탈색을 주목적으로 하지만 경화유지에 사용된 미량의 수소화 촉매제거 및 알칼리 정제로부터 생성된 잔류비누의 제거효과도 있다.

탈색은 표면적이 크고 표백능력이 좋으며 입자가 작은 활성탄, 활성백토류 및 활성토(ground earths)를 이용하여 진공 하에서 가열하고 식혀 여과하는 과정이다. 이때 표백제의 사용량은 유지무게의 0.2~0.4%가 적당하고, 교반시 온도는 진공조건이 아닐 경우는 104℃, 진공일 경우에는 82℃로 한다.

만약 표백된 유지에 소량의 인지질, 유리지방산, 유색물질과 알데히드, 케톤, 탄화수소, peroxide 및 색소의 분해산물과 같은 화학물질 등이 규정량이상 함유되어 있을 경우에는 열표백(heat bleaching)을 실시한다(그림 8-7).

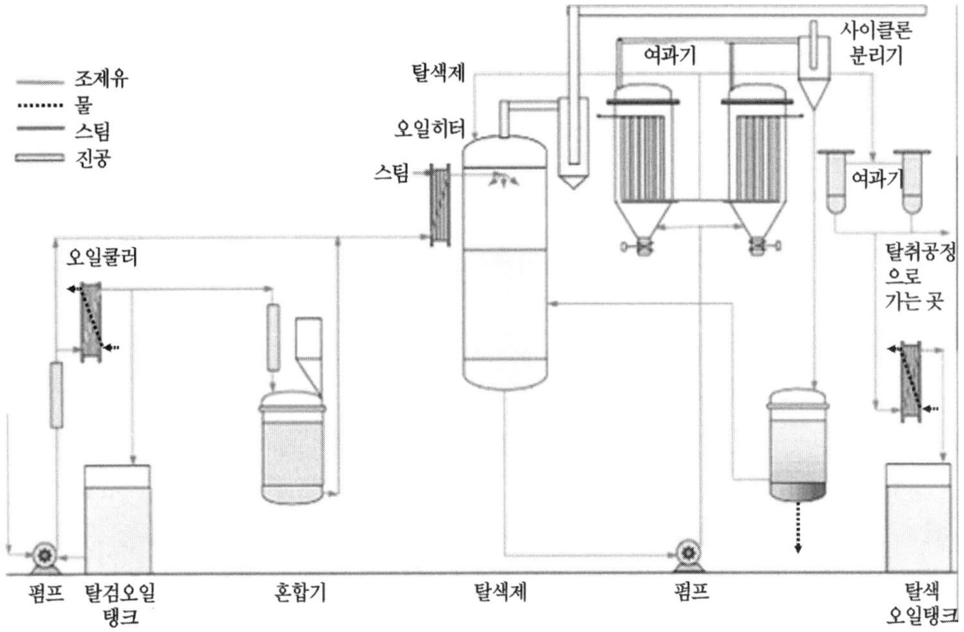

그림 8-7. 연속식 탈색과정

4) 탈취과정(deodorizing)

탈취과정은 휘발성 또는 비휘발성의 냄새성분을 제거하고 과산화물가를 영(0)으로 하고 유리지방산 함량을 0.05% 이하로 낮추는 과정이다. 대부분 냄새성분은 중화, 달검 및 탈색과정에서 대부분 제거되었지만 아직 남아있는 잔류냄새를 진공증류(vacuum steam distillation)를 이용해 제거하는 과정이다. 이 과정은 경화유지, 마가린, 쇼트닝을 제조하는 데 이용되는 유지에는 반드시 필요한 공정이다(그림 8-8).

5) 윈터화과정(winterization, desterinizing, fractional crystallization)

윈터화 과정은 동결과정이라고도 하는데 포화, 고융점의 glyceride(stearin 물질 : stearic acid, gums, wax 등이 서로 결합된 물질)와 같은 물질을 낮은 온도에서 침전시켜 제거하는 과정이다. 이를 제거하기 위해서는 유지를 5~7℃에서 약 50시간 정도 방치한 후 규조토를 혼합한 후 여과한다. 윈터화는 부분수소화 대두유, 샐러드유, 샐러드 드레싱, 부분수소화 기름에 사용되는데 동결 처리된 샐러드유는 냉장고 온도에 두어도 맑은 상태를 유지한다.

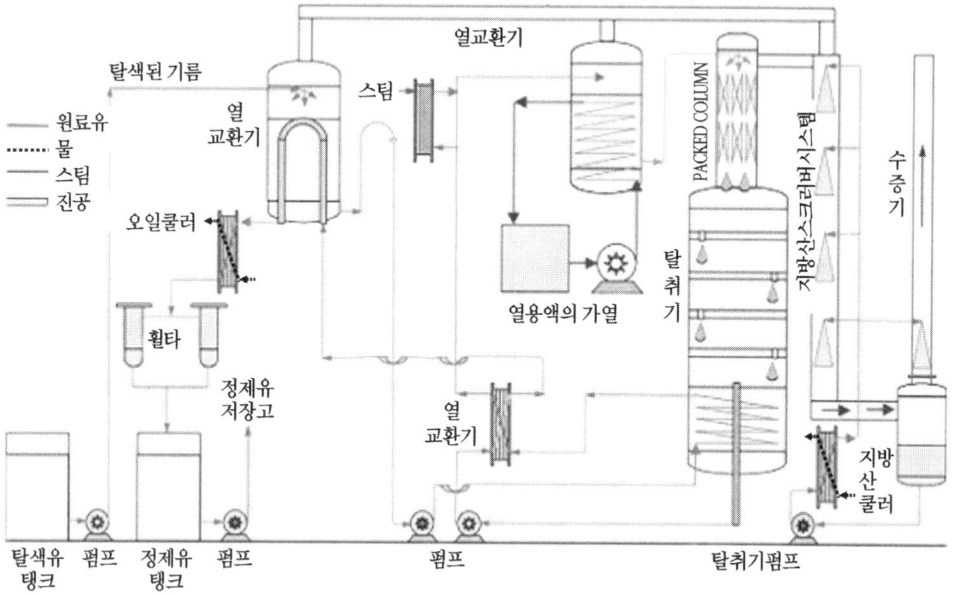

그림 8-8. 연속식 탈취과정

8.4. 각종 식용유의 제조과정

식용유지가 함유되어 있는 부위 및 재료에 따라 채유 방법에서 특수한 경우가 있기 때문에 각각의 식용유 채취법에 대하여 좀 더 자세히 알아보고자 한다. 최근에 기능성과 지방산의 구조에 따라 각광을 받는 재료를 중심으로 콩기름, 팜유, 쌀겨기름, 올리브유, 채종유, 포도씨유 및 참기름에 대한 것을 설명하였다.

8.4.1. 콩기름

식용유지의 1/4은 콩에서 얻어지며 샐러드용 기름, 조리용기름, 쇼트닝과 마가린의 제조에 활용된다. 콩기름의 일반적인 채유 방법은 그림 8-9에 표시하였다.

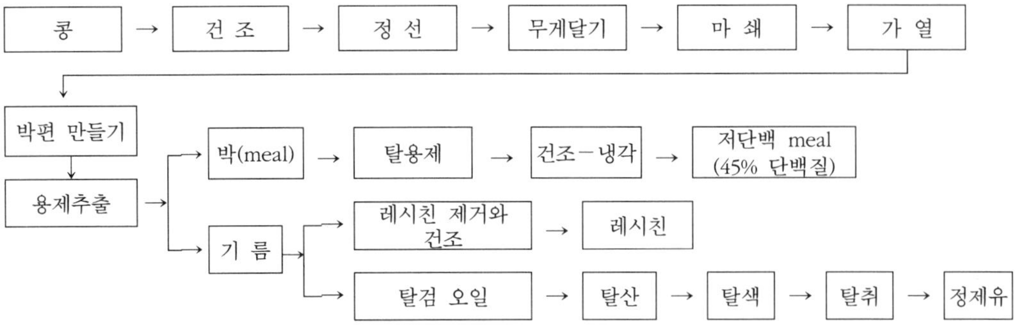

그림 8-9. 콩기름의 일반적인 제조과정

1) 정 선(cleaning)

수확이 끝난 콩은 저장을 위하여 수분 함량이 13%정도가 유지되도록 건조되어야 하며, 장기저장이 필요한 경우에는 13%이하가 되도록 하여 저장 중의 변질을 줄여야 한다. 정선과정은 콩 중의 이물질을 제거하는 과정으로 바람을 이용하여(aeration) 가벼운 협잡물을 제거하고, 엉근(coarse)체를 이용하여 세균을 가지고 있는 콩, 돌, 막대기 등을 제거하고, 고운(fine)체를 이용하여 모래나 잡초를 제거한다. 완전하게 이 과정을 끝낸 후 콩의 회분 함량(ash content)은 약 2.5%에 달한다.

2) 제 피(dehulling)

이 과정은 선 제피과정과 후 제피과정으로 나눌 수 있는데 선 제피과정은 제피를 쉽게 하고 milling과정 중 너무 많은 파쇄가 일어나지 않도록 하는 가수(tempering)과정을 거친 콩을 2~3쌍의 roller mill을 이용하여 작은 조각으로 나뉘게 하는데 이때 콩은 반으로 나누어진 부분이 1/2, 1/4, 1/6, 1/8 조각으로 나누어진 부분이 약 50%정도가 된다. 이 과정에서 가장 이상적인 쪼개짐 정도는 콩의 6～8쪽이 2.8～3.0mm사이로 균일하게 쪼개지는 것이 가장 바람직하다. 이때 쪼개진 콩의 크기가 너무 크면 박편(flake)을 만들기가 어렵고, 크기가 너무 작으면 착유량이 줄어들게 된다. 후 제피과정 중에서 쪼개진 콩과 껍질은 분리된다.

3) 가 열(cooking)

겹질이 제거된 쪼개진 콩은 박편으로 만들어지기 쉽게 하기 위하여 약 11%의 수분을 가하여 65～75℃에서 20～30분간 가열을 한다. 가열시 온도가 높아지면 박편을 만들기가 쉬운 것은 사실이지만, 너무 높은 온도는 기름의 질을 낮추게 된다. 콩은 보통 수직(vertical) 가열기, 쌓아올리는(stacked) 가열기, 침상(bed-type) 가열기를 이용한다.

4) 박 편(flaking)

가열된 쪼개진 콩은 박편 롤러(flaking roller)로 박편으로 만들어진다. 이때 박편의 두께는 추출효율 뿐만 아니라 용매제거효율에도 영향을 미친다. 박편의 두께가 너무 두꺼우면 추출효율이 떨어지지만, 박층의 두께가 증가하면 용매의 확산 거리가 줄어들기 때문에 추출률이 증가되고, 박편이 너무 얇으면 박편층을 통하여 용매가 스며드는 것을 줄이게 되어 추출률이 감소한다. 따라서 작은 용량의 추출을 위해서는 박편의 두께가 0.25~0.30mm가 되도록 조정하고 회전 추출기 등을 이용하는 대규모 추출에서는 0.35~0.40mm가 되도록 조정한다. 콩기름의 추출효율을 결정하는 중요한 요소로는 콩의 쪼개진 크기, 수분과 온도, 박편의 두께 등을 들 수 있다.

5) 추 출(extraction)

과거에 콩기름은 압착법을 이용하여 채유하였었고, 이 방법은 일부 현재에도 사용되고 있는데 이는 수분 함량을 2～3%로 줄이고 출구온도를 약 130℃로 하여 압착하여 채유하는 방법으로 수율이 약 80%밖에 되질 않는다. 따라서 현재는 추출 후 찌꺼기에 남는 기름의 양은 약 0.5%로 채유 효율이 높은 용매 추출법을 이용한다.

용매 추출을 위해 박편으로 만들어진 콩은 전 장에서 설명한 바와 같이 회전형 추출기(rotary type), 벨트 또는 체인 추출기(belt/chain type) 혹은 바스켓형 추출기(basket type)를 이용하여 기름을 추출하게 된다. 추출은 사용되는 기계에 따라 차이가 있기는 하지만 약 60분 정도 추출한 후 미세물질을 제거하기 위해 여과한다. 만약 미세물질이 남아 있는 상태로 용매를 제거하기 위해 가열하게 되면 이 미세물질들은 정제과정에서 제거하기 어려운 비수용성 인지질(non-hydratable phosphatides)을 형성하게 되므로 반드시 제거되어야 한다.

추출용제로는 주로 헥산을 이용하게 되는데, 경제적인 이유뿐만 아니라 안전성 때문에 가능한 많이 제거되어야 한다.

이렇게 추출된 콩기름에는 기름 이외에도 냄새 및 lecithin 등 불검화물이 존재하기 때문에 정제과정을 거쳐야 salad 기름이나 튀김용 기름으로 활용이 가능하다.

6) 정 제(refining)

탈검과정에서 추출한 대두유는 2%정도의 인지질(lecithin 16%, ceparine 14%)을 함유하고 있는데 이것을 70~80℃로 가열하고 1~3% 물과 혼합하여 phosphatides를 수화하면 불용성으로 변하므로 원심분리로 제거할 수 있다. 완전한 탈검을 위해 혼합 전 0.02~0.5%의 인산을 첨가하면 비수화성 인지질이 제거되며 이 과정 중에 레시친이 부산물로 얻어진다.

8.4.2. 팜 유

팜유는 Elaeis guineensis라는 팜나무의 열매에서 얻어지는 기름이다. 팜나무는 서아프리카 기니아(Guinea) 연안이 원산지로 적도선(북위 15°와 남위 15°) 부근의 아프리카와 동남아시아지역에서 주로 생산되었는데 현재는 말레이시아와 인도네시아에서도 생산되고 있다. 원래 팜나무는 키가 25m에 달하기 때문에 사람이 나무를 타고 올라가서 열매를 채취하였으며 유리지방산의 함량이 매우 높고 취급이나 기술이 부족하여 주로 비누 생산에 주로 이용되었다. 그러나 약 30여 년 전부터는 키가 4~5m이고 유지 함량이 14~20%인 Tenera종이 개발되어 재배되고 있으며 현재 팜유는 쇼트닝, 마가린 또는 식용유의 생산 등에 광범위하게 사용된다.

1) 팜유의 추출

팜유의 추출과정은 그림 8-10에 표시하였다. 팜나무 열매에는 lipase가 다량존재하기 때문에 조직에 상처가 나면 팜유에 유리지방산의 함량이 높아지게 된다. 따라서 좋은 팜유를 얻기 위해서 실제적인 작업은 농장에서부터 이루어진다. Lipase의 불활성화를 위한 살균공정(sterillization)은 팜나무 줄기에서 팜열매를 따서 수평형 증기솥(horizontal autoclaves)에 넣어 뚜껑을 닫고 압력이 2.5～3kg/cm^2(130～133℃)가 될 때까지 스팀을 주입한 후 이 조건에서 상압이 될 때까지 기다렸다가 증기솥을 열어주는 공정이다.

증기가 다 날라 간 후 rotary drum tresher나 beater arm tresher로 옮겨 덩어리(bunch stalk)로부터 열매를 분리하게 된다. 살균작업은 lipase의 불활성화 이외에도 덩어리로부터 열매의 분리를 쉽게 해주고, 단백질을 응고시켜 착유 조건을 좋게 해주는 장점이 있다.

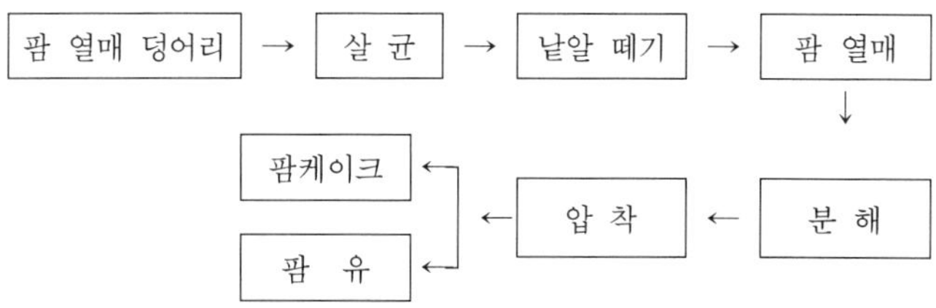

그림 8-10. 팜유의 일반적인 추출과정

Thresher에 있던 열매들은 진동 strainer를 따라 옮겨지면서 커다란 불순물들은 걸러지게 되고 열매들은 digester에 넣어지게 된다. 이 부수기(digestion)의 목적은 net로부터 pulp를 분리하고 압착에 의해 오일을 추출하는 과정의 일종인 부수기 작업이다. 이 공정은 오일의 수율과 매우 밀접한 관련을 갖고 있다. 적절한 부수기는 압착시 오일세포의 파괴를 쉽게 하지만, 비파괴된 오일세포의 파괴를 위해서는 압력을 가해 주어야 한다. 가장 좋은 부수기 조건은 90～100℃ 온도에서 약 20분간 처리하는 것이다. 오일분리에 영향을 주는 요인으로는 오일세포를 파괴하는 온도와 교반의 조건이다. Digestor는 3기압의 스팀이 순환되는 이중 스팀 솥과 중앙 paddle stirrer가 장착된 수직원통으로 구성되어 있다. 높은 혼합효율을 위해서 통을 항상 가득 채우는 것이 매우 중요하다.

부수어진 pulp와 kernel nut는 expeller나 연속적인 스크류 압착법을 이용하여 섬유질과 nut로 구성된 고형물질 부분과 물과 유지로 구성된 액체 부분으로 분리시킨다. 이렇게 해서 얻어진 팜유는 0.05～0.16%범위의 carotenoids를 포함하고 있어서 짙은 적황색을 띠며 27～50℃의 높은 융점과 50~58사이의 요오드값을 갖는다. 정제과정을 거친 팜유는 과거에는 비누를 만드는 데 주로 사용하였지만 현재에는 margarine이나 shortening

을 제조하는데 이용하며, 특별히 팜유는 낮은 거품성을 나타내며 불포화지방산의 함량이 낮아서 좋은 튀김기름으로 사용된다.

8.4.3. 미강유

일반적으로 쌀을 도정할 때 벼의 과피에서부터 쌀겨층이 떨어지게 되고, 도정도에 따라 미강유(쌀겨기름)의 함유량은 달라진다. 쌀이 주식인 우리나라에서는 원료면에서 상당히 많은 양을 차지하므로 착유 방법의 합리화에 의해 우수한 유지로 개발될 가능성은 높다. 그러나 쌀겨에는 도정도에 따라 벗겨지는 정도에 차이가 있고, 기계적 원인으로 인해 싸라기 등이 혼입됨으로 다른 제유원료와는 달리 그 조성이 일정하지 못하다는 단점이 있다. 또 다른 단점은 쌀겨는 세포가 파괴되어 있어 쌀겨 중에 있는 유지분해효소인 lipase가 쌀겨기름에 작용하여 유지를 분해하는 경향이 있다는 점이다. 이 lipase 가 유지에 작용하여 생기는 유리지방산이 식용유지에 들어 있어 이를 제거해야 하므로 식용유로 할 때에는 수율이 떨어진다. 도정한 후의 경과시간에 따라 분해작용이 비교적 적은 겨울에도 약 10%가 유리지방산으로 분해되고 여름이 되면 30～40%의 지방산이 생기므로 여름에는 바로 착유하는 것이 좋고, 늦어도 2～3일 이내에 짜야 한다.

이와 같은 lipase에 의한 지방의 분해를 억제하려는 여러 가지 방법이 연구되는데, 그 중 쌀겨를 바로 가열 선소하여 lipase를 불활성화하며 동시에 수분을 20% 정도로 적게 하는 방법이 효과적으로 사용되고 있다. 미강유는 보통 압착법, 추출법 또는 이들의 병용법을 이용하여 얻는다.

1) 압착법

쌀겨에는 3～6%의 싸라기, 씨눈, 왕겨 등이 들어 있으므로 체로 치거나 풍구로 부쳐 왕겨와 싸라기 등을 제거하고 가열 건조기에 넣고 건조한다. 이것을 압증기(壓蒸機)에 넣고 찐 다음 압착기를 사용하여 처음에는 454kg/cm^2(1,000 lb)으로 3～4분 동안, 그다음에는 1,724kg/cm^2(3,800 lb)의 고압으로 8～9분 동안 착유한다. 이때 압착기의 압착부를 증기로 가열하면 채유율이 증가한다.

2) 추출법

쌀겨를 체로치고 풍구로 부쳐 싸라기와 씨눈 등을 분리한 다음 수분을 10%이하로 하여 추출관에 넣고 약 3시간 추출한다. 추출법에 의한 쌀겨기름의 수율은 17.5%이다.

3) 정 제

미강유에는 lipase가 다량 존재하므로 겨울철에는 20～30, 여름철에는 60～80이 될 정도로 높은 산가를 나타낸다. 산가가 40～50이상의 기름은 정제한다 하여도 수율이 낮으므로 정제하지 않고 공업용으로 사용하는 것이 좋다. 또한 납(wax)성분을 약 10% 함유하고 있고 이는 20℃ 정도에서 고형분의 형태로 존재하기 때문에 장시간 방치하여 여과하여 제거한다. 그러나 이 과정은 다음 탈산작업 중 알칼리 처리를 할 때 제거되기 때문에 직접 탈산 작업으로 들어가도 된다.

미강유는 산도가 높기 때문에 수산화나트륨 용액 등을 이용하여 산가를 낮추게 되는 알칼리 정제를 한다. 이때 농도는 연하게 하고 높은 온도에서 하는 것이 좋으며 산가가 20정도 되면 탈납도되며 기름의 수율은 약 60~65%에 달한다.

탈납과 탈산을 마친 미강유는 1% 옥살산을 기름의 약 10%가 되도록 첨가하여 90℃에서 1시간 교반 한 후 산성백토를 이용하여 탈취 및 탈색을 한다.

현재는 짜낸 쌀겨기름의 수분과 협잡물을 제거하고, 산성백토로 처리하여 15℃이하로 식힌 다음 오랫동안 두어 밀랍을 가라앉힌 후, 위에 뜬 맑은 액만 분리하는 방법을 주로 이용한다.

8.4.4. 올리브유

올리브는 Olea europea라는 나무의 열매로 지중해연안에서 주로 생육된다. 올리브는 1～2%의 외피, 63～86%의 내피, 10～30%의 단단한 종자, 2～6%의 핵으로 구성되어 있으며 내피의 약 40%가 물로 구성되어 있다. 올리브유의 99%는 내피에 존재하고, 생 올리브에서 얻을 수 있는 기름은 약 20～30%이다.

1) 올리브유의 추출

올리브의 생육이 파괴되면 유리지방산의 함량이 증가되므로 땅에 그물을 치고 장대를 이용하여 털어 떨어뜨리고 종자를 수집한다. 기름의 질은 종자의 숙성정도에 따라 크게 영향을 받으므로 막 익은 후 검정색으로 되기 이전에 수확하여야 한다. 익지 않은 초록색 열매를 이용하여 기름을 제조하였을 때는 기름의 맛이 쓰게 되고, 너무 익은 열매를 이용하였을 때는 기름에서 산패취가 난다.

수집된 올리브 열매는 열매에 붙어 있는 협잡물을 제거하기 위하여 물로 씻어내고, 기름의 유출을 쉽게 하기 위하여 roller mill을 이용하여 열매를 파쇄한다. 파쇄된 pulp는 압착기를 통과시켜 채유하게 되며 처음에 압착한 올리브유를 버진(virgin) 올리브유라고 한다(그림 8-11).

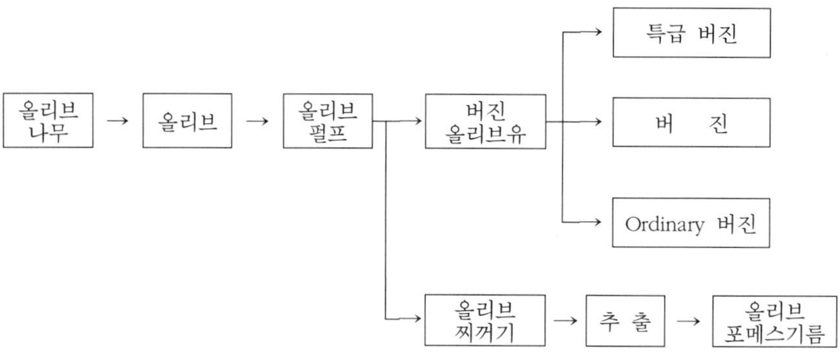

그림 8-11. 올리브유의 종류

압착 후 부산물인 케이크는 남은 유지를 회수하기 위하여 물리적 방법에 의한 추출 또는 원심분리 방법을 이용한 연속적인 기름분리 방법이 있는데 현재 가장 많이 쓰이는 방법은 원심분리를 이용한 연속적 추출 방법이다. 그림 8-11은 연속식 원심분리형 오일 추출원리를 나타낸 것으로 갈아진 올리브 펄프에 물을 넣고 섞어 주면서 수평형의 원심분리 추출장치를 통과하면 약 10%의 수분을 함유한 기름이 제거된 올리브 찌거기와 물과 혼합된 올리브기름을 얻을 수가 있다. 이 방법은 공간을 적게 차지하고, 자동화되었기 때문에 인건비가 적게 들며, 높은 공정효율 그리고 기름의 산가가 낮은 장점을 갖고 있어 자주 이용되고 이때 생성된 물과 혼합된 기름은 다시 한 번 원심분리 함으로써 올리브기름을 얻게 된다. 정제과정은 일반적인 기름의 정제과정과 유사하다.

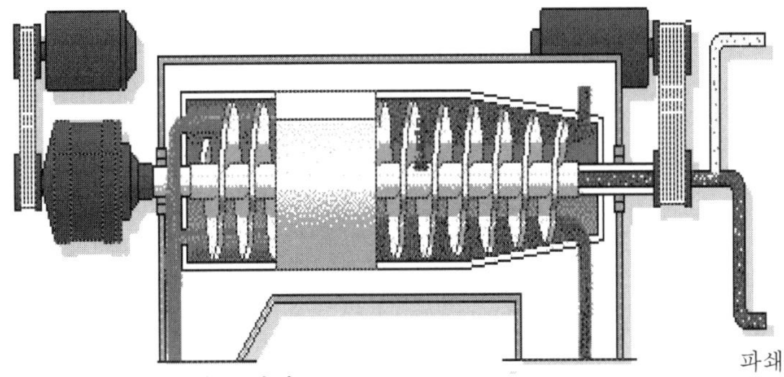

그림 8-12. 연속식 원심분리형 오일 추출원리

8.4.5. 채종유(canola)

소규모로 채종유를 제조하는 공정은 정선한 채종을 씨앗의 겉껍질을 약간 타서 분쇄하며, 가루가 약간 갈색을 띨 정도로 150℃에서 10분정도 볶는다. 볶은 씨앗을 식혀서 가루로 하고, 그 가루를 증기로 가열하여 짠 다음 7~10일 동안 정치한 후 여과하여 원유를 얻고 정제하여 이용하였다.

현재 채종은 aspiration과 screen separation을 통하여 불균일한 종자를 제거한 후 간접가열이나 직접 고온 바람을 이용하여 약 30~40℃에서 열처리를 한다. 이과정은 flaking, screw pressing capacity, cake formation, 추출효율 및 용제추출시 용제의 회수를 용이하게 해준다. 기름의 추출을 위해서 세포벽이 분해되어야 만 기름입자가 유출되기 좋은 상태로 되기 때문에 예비 가열된 채종은 주철로 된 roll을 통과시켜 flake를 제조한다. 제조된 flake는 약 75~85℃의 stacked cooker에 넣고 가열한다. 그리고 압착법(screw pressing)으로 기름을 얻게 되는데 유채박으로부터 약 60~70%의 기름을 얻을 수 있게 된다. 이 과정에서 유채박은 작게 잘라지게 되어 용매의 침투를 용이하게 해준다. 유채박에 남아 있는 기름을 회수하기위해 hexane을 이용한 용매추출을 한 번 더 하게 되고 용매추출에 의해 얻어진 기름에서 헥산은 제거되고, 증류와 검화를 거쳐 canola 기름으로 만들어 지게 된다. 정제과정은 일반 기름의 경우와 유사하다.

8.4.6. 포도씨유

포도는 전 세계적으로 온화한 기후를 가진 지역에서 잘 생육하게 되고 포도씨는 포도의 약 2～3% 정도이다. 포도씨는 포도주 제조과정 중 부산물로 얻어지는데, 포도 중에 들어 있는 씨의 양은 많지 않지만 포도가 전 세계적으로 약 3천만톤 정도가 생산되고 포도주 제조과정 중 부산물로 얻어진 포도씨의 양은 약 20만톤에 다다르기 때문에 유지 자원으로 가능성은 충분히 있다. 더욱이 포도씨유에는 64～74%의 linoleic acid를 함유하고 있기 때문에 식용기름으로 충분히 기능적 특성을 나타낼 수 있다. 포도씨유를 생산하고 산업화한 대표적인 나라는 이탈리아를 들 수가 있고 현재는 우리나라에서도 식용유로 각광을 받고 있다.

포도씨 기름의 함량은 약 12～17%로 용제 추출법을 이용하여 기름을 얻게 된다. 과거에는 압착법을 이용하여 포도씨유를 얻었으나 이는 포도씨 찌꺼기에 잔존기름의 함량이 많고 노동력이 많이 들며 기계가 빨리 마모되는 등의 단점이 있어 최근에는 그림 8-13에 나타낸 것과 같이 용제추출법을 이용하여 기름을 얻는다. 포도씨는 매우 단단하여 부수기 과정을 잘해야만 찌거기에 남아있는 기름의 양이 줄어든다. 조제유의 정제는 다른 기름의 경우와 같다.

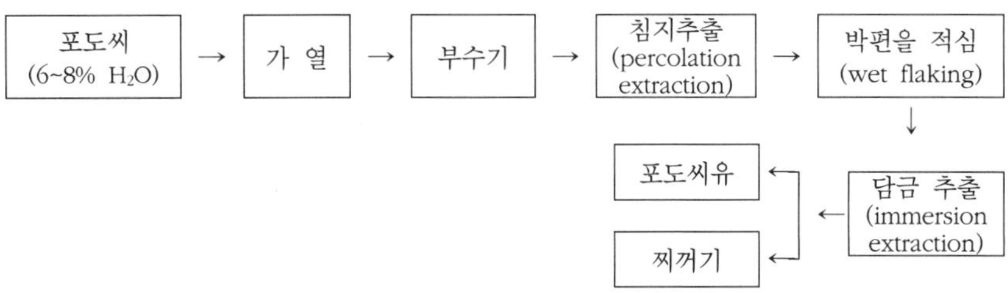

그림 8-13. 포도씨유의 직접추출과정

8.4.7. 참깨씨유

참깨는 인도 메소포타미아, 이집트 등에서 처음 재배되었다가 중국을 거쳐 우리나라에는 삼국시대에 유입된 것으로 추정된다. 참깨의 주생산국은 인도, 중국, 미얀마, 방글라데시, 멕시코 등이며 우리나라에서는 안동, 해남 등에서 재배되고 있다.

참기름은 배전유와 샐러드유 두 가지 제조법이 있는데 샐러드유는 다른 식물유와 같은 정제공정을 거쳐 샐러드유의 형태로 유럽과 서아시아에서 주로 사용된다. 배전유는 종자를 볶은 후 압착하고 여과하여 제품으로 사용하므로 기름 이외에도 인지질 및 lignin 등 지용성 성분을 다량 함유하고 있다. 또한 볶는 과정 중에 생성된 갈색 및 향을 지니고 있어 한국, 중국 등에서 조미를 목적으로 주로 사용된다. 우리나라에서는 참기름은 참깨를 볶은 후 압착법만을 이용하여 착유하도록 법적으로 규제되어 있다.

8.5. 가 공 품

8.5.1. 경화유

유지의 가공은 액상유지를 다양한 형태로 만들기 위한 것으로 경화처리가 주로 이용된다. 경화처리는 1903년 Norman에 의해 처음 고안된 방법으로 액체유지를 100~200℃, 15기압에서 닉켈을 촉매제로 하여 가열하면 경화유가 되는데 액상유지의 불포화이중결합에 1몰의 수소를 첨가하여 포화시킨 것이다. 이중결합의 포화를 위한 상대적 수소화 반응속도는 linoleic acid 는 oleic acid 보다 12.2배 빠르게 수소화 되는데 이 비율을 선택비율(selectivity ratio, SR)이라고 하며 선택비율은 공정조건이나 촉매에 따라 다르다.

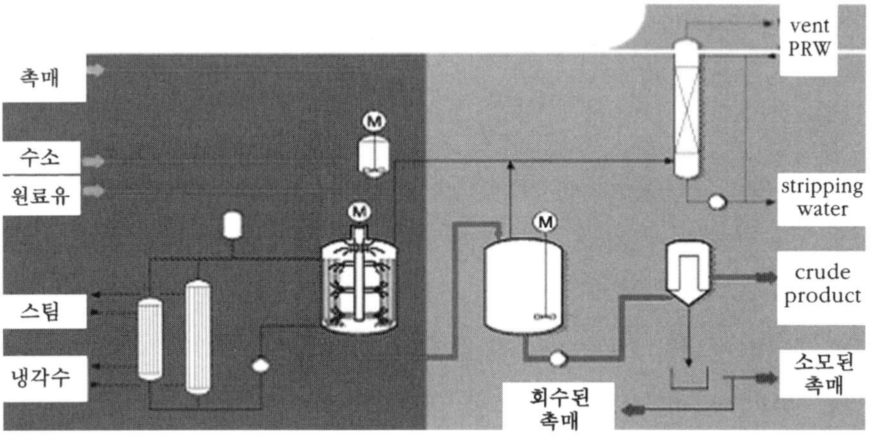

그림 8-14. 전형적인 수소첨가과정

수소화는 유지를 고압솥(convertor, hydrogenator)에서 가열, 냉각시켜 head space를 진공으로 만든 후 촉매를 넣고 교반하면서 온도를 조절한다. 수소화과정에서 순환수로 냉각시킨 후 수소화된 유지는 precoated black press로 보내서 재순환시킨다. 촉매로 사용된 니켈을 제거하기 위해서는 구연산을 첨가하고 후에 여과하여 제거한다. 수소화과정 중의 온도나 결정농도를 증가시키면 선택특성, *trans*-지방산 함량 및 반응속도가 증가하지만 압력이나 교반을 크게 하면 선택특성과 *trans*-지방산 함량은 줄고 반응속도만 빨라지게 된다. 최근 식용경화유의 *trans*-지방산이 혈액순환장애를 일으킨다는 이론에 비추어 보면 압력이나 교반을 크게 하는 방법의 선택이 바람직한 방법일 것이다(그림 8-14).

8.5.2. 마가린(margarine)

마가린은 인조버터로 식용유지에 물을 가한 후 식품이나 첨가물 등을 혼합하여 유화, 급냉, 연화하여 만든 고상, 반고상, 또는 유동상의 식용유지 형태로 버터 대용품을 말한다. 마가린은 1870~1981년 러・불전쟁 당시 유지결핍증에 걸린 병사와 국민의 건강 유지를 위해 나폴레옹 3세가 버터 대용품을 현상 공모하였을 때 1869년 프랑스 화학자 Hippolyte Mège-Mouries가 외형, 특성 및 조성이 버터와 유사한 제품을 만들어 진주(그리스어로 margarite, margaron) 모양의 광택물질을 가진 결정물질의 뜻을 지닌 margarine이 되었다고 한다. 캐나다에서는 어유를 정제하여 마가린을 제조하였고, 미국은 대부분 식물성 유지를 이용하여 제조하였으며, 우리나라에는 1959년 도입된 이래 소규모로 생산 되고 있다.

1) 마가린의 종류

마가린의 종류는 물성에 따라 경질마가린, 연질마가린 및 유동성 마가린으로 분류할 수 있다. 경질마가린은 상온에서 딱딱하고 잘 녹지 않으며 바름성(spreadability)이 떨어지고 폴리에틸렌필름과 종이의 적층용기에 포장하며 stick형으로 성형하므로 stick 마가린이라고도 한다. 연질마가린은 대부분 냉장상태보다 상온에서 바름성을 좋게 한 것과 상온에서는 녹지만 냉장고에 넣고 사용할 때 바름성이 좋도록 한 것으로 구분한다. 대개 고밀도 폴리에틸렌 용기 등에 포장하므로 tub 마가린이라고 부른다. 불포화지방산을 많이 함유하는 해바라기기름 등을 원료로 하여 고리놀렌산 마가린을 제조하고 있으며 우리나라에서 주로 보이는 마가린의 형태이다. 유동성 마가린은 냉장상태에서 드레싱과 같은 형태를 유지하는 것을 말한다.

2) 마가린의 제조공정

마가린 제조의 첫단계는 원료의 적절한 배합이다. 충분히 정제, 탈색 및 탈취한 고순도의 참깨기름, 유채유, 대두유, 면실유, 옥수수기름과 같은 식물성 유지와 어유 정제유 및 경화유를 적절히 배합하여 제조한다(그림 8-15). 마가린은 입속에서 녹아야 하므로 융점이 다른 원료의 적당한 배합이 매우 중요하다. 융점이 36~40℃인 식용경화유가 고체지방으로 가장 좋고, 융점이 40℃근처인 소기름, 30~38℃인 돼지기름도 원료로 사용되며 액체유지로는 대두유, 면실유, 땅콩유 등이 사용된다. 유지의 선택은 보통제품에 요구되는 물성 및 경제성을 고려하여 2종이상의 원료유지를 배합한다.

원료유지 → 유지배합 → 조합유화 → 급속냉각 → 숙성 → 충전 → 포장

원료유지	유지배합	조합유화
정제식용유지 식용경화유	유화제 착색료 비타민	수분 유성분 식염 착향료

그림 8-15. 마가린 제조과정

다음은 유화공정으로 배합된 원료유지에 유화제 등 유용성성분을 용해하여 60℃정도에서 보관한 후 수용성 성분을 용해시킨 용액을 교반하면서 첨가하여 유중수적형(W/O)의 유화액을 만든다. 이때 혼합된 유지가 물의 미립자와 함께 교질상태를 오랫동안 유지시키기 위해 사용되는 유화제로는 산화방지 효과도 있는 레시틴이 주로 이용되며 monoglyceride도 많이 사용되고 있다. 착색제로는 anatto 또는 carotene 색소가 사용되며 그 외 yellow AB 및 yellow OB 등을 혼합하여 액체기름에 녹여 사용한다. 그 외에도 비타민 A 와 D, 3% 정도의 소금, 산화방지제 및 향료 등이 첨가되며 보존료로는 propionic acid, acetic acid, sodium dehydroacetate 등을 0.2%이하 첨가하도록 허가되어 있으나 잘 사용하지 않는다.

배합과 유화가 끝난 후 밀폐된 상태에서 유화액을 급냉시키고 짓이기는 혼화과정을 통해 가소성과 퍼짐성을 부여하고 탄력이 좋고 균일한 조직을 가진 마가린을 제조한다. 특히 급냉과정은 높은 가소성을 부여해 주는데 냉장고에 두어도 퍼짐성이 좋아 딱딱하지 않고 여름철에는 잘 녹지 않도록 해준다.

급냉과 혼화과정 후 유지의 결정상태가 불안정 하므로 일정 온도에서 보관하여 결정상태의 안전화를 위해 마가린의 융점보다 10℃ 아래의 온도에서 2~5일간 숙성시킨 후 충전하여 포장한다.

3) 마가린의 조직특성

고체지방과 액체기름의 혼합물인 마가린의 경도나 점조성은 지방결정의 입체구조에 따라 달라진다. 지방질을 구성하고 있는 glyceride류는 융점범위가 넓기 때문에 고체와 액체지방의 비율은 온도에 따라 달라지며, 결정입자들은 약한 반델발스 힘(van der Waal's force)으로 결합되어 있어 가공 중 기계적인 작용에 의해 쉽게 파괴되며 점조성도 또한 영향을 받는다.

마가린의 융점은 수상입자의 크기와 분포, 각 온도에서의 고체지방계수, 펴짐성(연전성, spreadability) 등과 관계가 있는데 불포화지방산이 많은 액체기름의 배합을 증가시키면 융점이 낮아지고 포화지방산이 많은 지방이나 융점이 높은 경화유의 배합을 증가시키면 융점이 높아진다. 이러한 융점성질은 특정온도에서 유지중에 포함되어 있는 고형부분의 백분율인 고체지방계수(soild fat index, SFI)를 이용하여 비교할 수 있다. 일반적으로 최소의 펴짐성을 나타내는 SFI값은 34.7이며 이상적인 펴짐성을 나타낼 때의 SFI값은 17.3이며 지나치게 부드러운 느낌을 줄 때의 SFI값은 1 정도이다. 펴짐성은 경도(hardness)와 매우 관계가 깊으며 이는 소비자의 기호도를 결정하는 아주 중요한 인자이다.

8.5.3. 쇼트닝(shortening)

쇼트닝은 100%의 지방질로서 제과, 제빵 등 식품가공 원료로 사용되는 반고체 상태의 가소성 유지제품으로 동식물유나 경화유를 급냉하여 연화시켜 만든 고상, 크림상 또는 유동상의 기름을 말한다. 쇼트닝은 미국에서 대량으로 생산되는 면실유를 소비할 목적으로 돼지기름 대용품으로 1919년부터 만들어 졌다. 우리나라에서는 1959년 도입된 이래 1961년부터 소규모로 생산되기 시작하여 1982년부터는 대규모로 생산되고 있다.

쇼트닝은 품질이 양호한 야자유, 팜유, 라드, 어유, 면실유, 낙화생유 및 대두유의 혼합물이다. 보통 단일유지보다 융점이 다른 고체상태의 식용경화유에 액체상태의 유지를 일정량 혼합하여 융점 범위를 10～65℃로 조절한 혼합유지이다. 과거에는 면실유와 쇠기름을 섞어 사용하였고 후에는 면실유 및 대두유를 강화하여 주원료로 사용하였다.

쇼트닝의 제조공정은 유지배합 → 급냉 → 이기기 → 포장 → 숙성의 단계로 제조되며 마아린과 다른 점은 유지만을 혼합하므로 유화공정이 없다는 점이다.

우선 유지배합과정에서 유지원료에 유화제, 보존료, 산화방지제 등을 배합한 후 -11℃로 급냉시켜 이긴 후 포장하여 숙성시킨다. 급냉과정 전에 쇼트닝 100g 당 20㎖ 정도의 공기, 또는 질소가스를 불어 넣어 혼합하는데, 이는 쿠키나 크래커, 파이 등에 유지가 밀가루속의 전분입자들, 글루텐, 물 등으로 구성된 각층 사이에 들어가서 불연속적인 메트리스를 형성하는 쇼트닝성을 개선시키고, 원료를 섞을 때 공기가 들어가 제품의 크림성을 좋게 하며 취급을 용이하게 한다. 급냉과정에서 정적인 상태에서 천천히 냉각시키면 결정의 수가 적으면서 적당한 크기를 가지므로 조직이 연해지며 과냉각한 것은 단단하고 가소성이 좁은 쇼트닝이 된다. 급냉시킨 쇼트닝은 포장 후 충전온도보다 2～3일간 숙성시키는데 충전온도보다 조금 낮은 온도에서 숙성시키면 강력한 결정구조를 형성하여 가소성과 크림성이 높아진다.

쇼트닝은 빵, 케이크, 비스킷, 과자류와 같이 그 조직이 잘 부스러지기 쉽고, 다공성을 이용한 팽화식품의 제조에 주로 이용된다. 비스킷이나 과자류에서 쇼트닝은 맛과 조직을 부드럽고 바삭바삭하게 하며 부피가 크게 팽창하는 것을 도와준다.

8.5.4. 마요네즈(mayonnaise)

마요네즈는 소스류의 일종으로 식초, 조미료 및 향신료를 혼합한 수중유적형(O/W)의 유화제품으로 점조성을 띤 반고형 물질을 말한다. 마요네즈는 난황(8~10%)에 설탕과 소금과 같은 조미료를 넣고 강하게 교반하면서 혼합시킨 다음 면실유, 옥배유 및 대두유 등의 식물성기름(70～80%)을 넣어 혼합시켜 점조성이 강해지면 식초(10～11%)를 넣어 식초와 기름이 잘 균질・유화되도록 한 것이다(그림 8-16).

마요네즈 제조시 기름의 양이 많거나 교반이 충분하지 않으면 분리현상이 일어나므로 주의 하여야 한다.

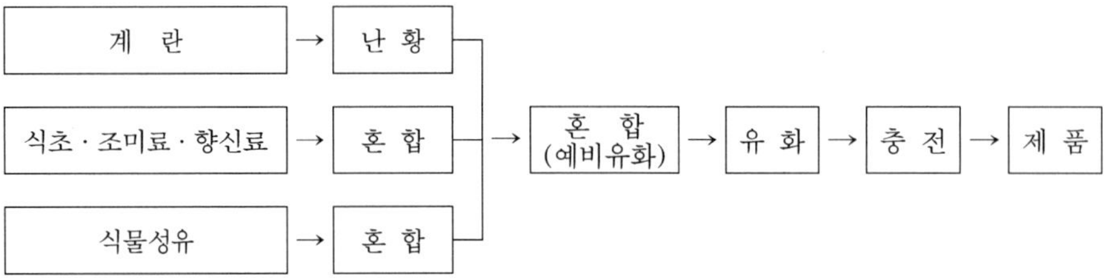

그림 8-16. 마요네즈의 제조공정

제 9 장 향신료 가공

향신료(香辛料, spices)는 "특유의 향과 맛으로 식품의 향과 맛을 돋워 주며, 아름다운 색을 더하여 식욕을 증진시키기도 하고, 소화기관을 도와주는 작용이 있는 것" 또는 "음식물을 맵거나 향기로운 맛을 더하는 조미료, 곧 겨자, 고추, 생강, 파, 마늘 등 식물의 뿌리, 줄기, 잎, 열매 등을 원료로 한다"라고 정의 된다. FDA에서 규정한 향신료의 정의는 "식품조미료로 사용되는 건조된 방향성 야채류로 규정하고 향신료 명칭은 원료로부터 붙여져야 하며, 추출한 일부 휘발성 성분이나 향기성분으로부터 이름을 붙여서는 안 된다."라고 규정하고 있다. 향신료라는 의미는 매운맛을 가진 재료로 생각할 수 있으나 매운맛 이외 각종 향미를 나타내는 재료를 의미하는 경우가 더 많다. 향신료의 주요기능은 향미를 부여하지만 그 외 소화증진, 방부작용, 약리작용, 항산화 효과를 나타내는 것이 보통이며 종류에 따라서는 효능별, 원료별, 향기성분별, 맛 성분별, 추출 방법, 색소, 기타 효과별로 분류하고 있다. 그러나 보통 향신료는 식품에 향미를 부여하기 위해 첨가되는 식품의 부재료로서 넓게는 식품 첨가물로, 좁게는 식품으로 취급하고 있다. 대표적인 향신료는 고추, 후추, 겨자, 생강, 계피 등인데 주로 건조품을 직접 이용하거나 알맹이, 분말 또는 즙을 농축한 것을 사용하고 있다.

향신료의 특징인 향미는 대부분 정유(essential oil) 형태로 존재하고 있으며 향신료의 꽃, 과실, 싹, 나무껍질, 뿌리, 잎, 종자를 직접 또는 이에 함유된 성분을 추출, 농축하여 정제되지 않은 형태나 정제한 순수 향미물질을 사용하고 있다. 오늘날 향신료의 형태는 천연 향신료를 수증기 증류한 정유형 향신료, 용매를 사용하여 향신성분을 추출한 추출 향신료, 물과 알코올로 방향성분을 추출한 농축액 등과 이것들을 유화시켜 만든 캡슐형 향신료(encapsulated spices) 등으로 다양해졌고 가공적성에 맞도록 선택하여 사용할 수 있다. 그 중 가장 많이 사용되고 있는 향신료 형태는 향신료에서 추출해낸 천연의 식물성 농축액(natural flavoring)으로 휘발성 및 비휘발성 맛과 향기를 포함하고 있으며, 식품의 향신료로 사용되는 추출향신료이다.

과거의 향신료는 맛의 증가나 은폐를 위해 주로 사용되었다면 현재에는 향신료가 가지고 있는 항산화성 및 항균성 효과를 지닌 향신료들이 다양하게 선보이고 있다. 현재

전 세계적으로 사용되고 있는 향신료의 종류는 약 350여종으로 다양한 향신료가 다양한 목적으로 이용되고 앞으로도 기능성과 연관된 향신료의 이용은 증가될 것이다.

9.1. 향신료의 형태

향신료는 신선한 것을 그대로 식품에 이용하거나, 건조하여 분말화한 건조품을 조리나 가공시 이용하게 된다. 또한 추출 및 건조와 같은 가공기술의 발달로 향신료의 특수성분은 용매를 이용하여 추출한 후 용매를 제거한 oleoresin, 물로 추출한 후 물을 제거시켜 만든 aquaresin 등 추출향신료가 개발 되었다. 이들은 식품의 가공형태에 따라 조절이 필요하므로 최근에는 추출향신료를 유화제품이나 분말제품 또는 미세캡슐화 형태로 하여 저장성과 편리성을 향상시킨 제품이 출시되고 있다(그림 9-1).

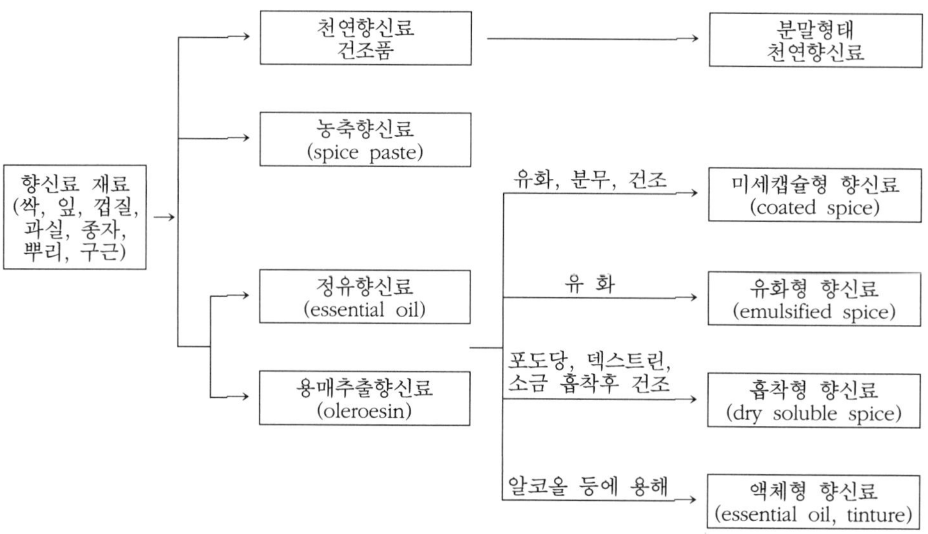

그림 9-1. 향신료의 형태 및 가공과정

9.1.1. 분말향신료

향신료의 뿌리, 껍질, 종자 및 꽃과 봉오리 등을 건조, 분말, 혼합 등의 간단한 가공공정을 거쳐 식품에 사용하는 방법이다. 일반적으로 향신료는 천일건조법과 일반적인 인공건조법 등을 이용하여 건조하였는데 이는 원재료에 부착되어 있던 토양세균, 대장균,

곰팡이, 곤충 등이 잔존하므로 위생적인 처리를 위해 ethylene oxide와 같은 화학적 살균처리나 방사선조사로 살균하여 사용하고 있다. 그러나 이들은 식품위생법상 사용이 제한되어 있어 최근에는 무균향신료의 제조를 위하여 청결향신료(clean spice)나 위생향신료(sanitary spice) 제조법이 개발되고 있다. 건조된 향신료는 대개 굵은 조립품(粗粒品)이나 미세한 분말로 가공하게 되는데 조립품의 형태로 이용되는 고춧가루와 굵은 후추가루를 제외하고는 크기에 차이는 있지만 대부분 분말의 형태로 이용된다.

1) 청결향신료의 제조

청결향신료는 향신료원료 → 선별 → 살균 → 분쇄 → 사별 → 검사 → 충전 → 포장 → 검사 → 판매의 과정으로 제조된다. 이때 청결향신료 제조를 위해서 가장 중요한 가공공정은 살균과정으로 자외선 살균과 오존살균, 기류식 가열살균법 그리고 최근에는 초고압 살균법이 개발되어 이용되고 있다.

자외선 살균은 250~260nm 파장의 자외선을 사용하는데 이는 투과력이 약하므로 향신료의 표면살균에만 효과가 있다. 기류식 가열살균법은 향신료를 과속으로 흐르는 높은 온도의 과열 수증기에 순간적으로 가열하는 방법으로 비교적 품질손실이 적고 살균효과가 높으며 비용이 저렴한 장점을 지니고 있어 자주 이용되는 방법이다. 초고압살균은 식품의 외관과 풍미에 영향이 없고 영양가가 거의 손실되지 않는 장점이 있으나 비용이 많이 드는 단점이 있다.

살균된 향신료는 충격분쇄기인 stuff mill, roll mill, stone mill 등을 이용하여 향신료의 종류나 물성에 맞도록 분쇄해야 하는데, 분쇄과정 중 발열에 의한 정유성분의 손실이 적어지는 최적조건을 설정해야 한다. 이렇게 제조된 향신료는 보통향신료와 같이 사용되며 균수가 적어 훨씬 위생적이다.

2) 위생향신료의 제조

위생향신료의 제조는 먼저 향신료에서 향미성분들을 추출하여 분리하고 추출잔사를 살균처리 한 후 추출된 향미성분을 살균된 추출잔사에 혼합하는 방법이다(그림 9-2). 향미성분의 추출 방법은 과거에는 수증기 증류법을 이용하여 분리하였으나 최근에는 저비점의 휘발성성분을 손실되지 않도록 하는 초임계 추출 방법을 이용하고 있다. 초임계

추출 방법은 액화 이산화탄소를 압력 등 물리적 조건을 조절하여 기체와 액체 사이의 물질이 되도록 하여 추출하고자 하는 물질을 추출하여 수집 수기에 추출물과 같이 수집되면서 이산화탄소는 기체화 되어 추출물만 남기고 휘발한다. 초임계추출 방법에 주로 이용되는 용매로는 이산화탄소, 물 및 알코올 등이 있으며, 유기물에 대한 우수한 용매 특성과 확산계수가 커서 임계점에 도달하기 쉬우며, 이산화탄소의 증발로 인한 잔존용제가 없어 안전성이 높은 장점을 가진 이산화탄소가 주로 이용되고 있으나 가격이 비싸다는 단점이 있다. 위생향신료는 향미정유성분의 가열처리에 의한 변화나 손실이 없으므로 향신료 고유의 저비점 향미성분이 함유되어있고 향신료 특유의 성분과 매운맛 성분의 강도를 용도와 목적에 맞게 조정할 수 있으며 여러 가지 향미 특성을 배합할 수 있는 특징이 있다.

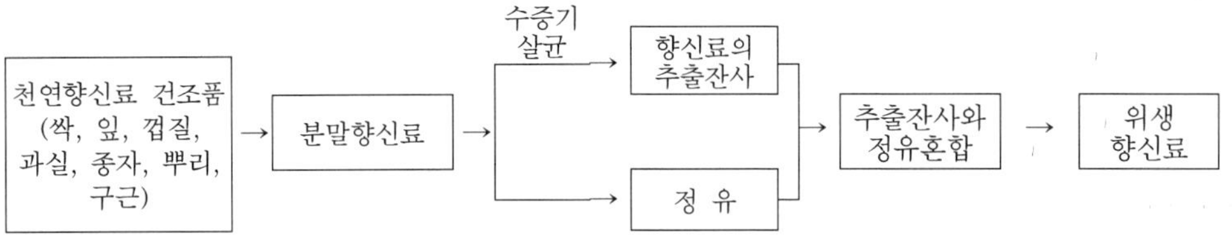

그림 9-2. 위생 향신료의 제조과정

9.1.2. 농축향신료(spice paste)

생 향신료를 착즙, 농축하여 사용하는 것으로 농축향신료 자체로 이용하는 경우도 있지만 농축액을 분무 건조하여 분말의 형태로 이용하는 경우도 있다.

9.1.3. 추출향신료

추출향신료는 향신료에서 추출해낸 천연의 식물성 농축액으로 휘발성 및 비휘발성 맛과 향기를 포함하고 있으며 식품에 향신료로 사용되는 것으로 방법에 따라 크게 정유(essentail oil)의 추출 방법, 용매추출 방법(oleoresin), 물추출법(aquaresin)의 세 가지로 구별된다.

1) 정 유

식품가공 분야에서는 영양과 기호성을 고루 갖춘 편리식품의 개발이 필요하며, 이런 사회적 요구와 더불어 식품에 대하여 소비자들은 "인간의 생명유지를 위한 물질로서 뿐만 아니라 병의 예방목적으로 식품을 활용"하는 데 많은 기대를 걸고 있다. 실제적으로 많은 연구자들이 식 재료 중에 혹은 민간요법으로 약재 등에서 많은 기능성을 가진 물질들을 분리해 내었고 이들에 대한 임상실험 결과를 보고한 바 있다. 이들 기능성 물질의 특성은 기호성이 떨어지기 때문에 이들 특수 성분만을 가공하여 건강보조식품의 형태로 시판하고 있다. 그러나 이들에 대한 정확한 정의 및 규제에 대하여는 정립이 되지 않은 실정이다. 따라서 이런 기능성 물질의 식재료를 가공식품에 활용하고 조향 및 조미의 방법을 이용하여 이들에 대한 기호성을 높이는 가공 방법의 개발이 필요하다.

기호성을 높이는 가공 방법의 개발을 위해 응용될 수 있는 향료는 목적에 따라 합성향료, 천연향료, 조합향료로 구분할 수 있다. 천연향료는 허브(herb), 향신료, 과실, 꽃 등 천연의 향을 가진 물질을 추출, 농축, 착유, 증류 등 분리 조작을 통하여 채취한 것을 말하며, 조합향료는 천연향료와 화학합성품을 혼합하여 만든 향료이다. 세계적으로 향료시장은 약 100억불 정도로 소비 성장 추세에 있다. 향료에 대한 시장점유율은 유럽향이 32～35%, 미국향이 21～26%, 일본향이 12～13%로 대부분 선진국 향료가 주로 이용되고 있는데 그 이유는 그 나라의 풍부한 자원과 고도의 정밀기술의 축적에 따라 향료산업이 발달되었기 때문으로 볼 수 있다. 품목별로는 조합향료가 66.7%가 되고 합성향료가 17.4%, 천연향료가 15.7% 정도가 이용된다. 향료수요는 그 나라의 국민소득과 문화수준에 정비례하는데 우리나라는 생활수준의 향상에 따라 다양한 소비자의 기호추세에 맞추어 향료첨가상품이 활발하게 개발됨에 따라 향료도 해마다 사용이 증가되고 있다. 그러나 현재 우리나라의 향료산업은 역사가 짧고 향료제조업체의 영세성과 기술의 부족으로 거의 외국의존에 머무르고 있다. 1990년대 말 향료수입에 사용된 액수는 약 800억원으로 수입할 때는 key base를 수입하여 에탄올이나 프로필렌, 글리콜 등의 용제로 단순 희석하여 사용하고 있다. 우리나라의 향료 생산은 약 600억 원으로 제조업체들이 천연향료 또는 합성향료를 사용하여 조합하였는데 그 제품은 오렌지나 파인애플 essence 등 극히 적은 숫자로 한정되어 있다.

향료산업은 부가가치가 높으면서 원료향과 분석장비 및 조합기술 등이 복합된

know-how가 많은 산업으로 우리나라에서의 향료산업에 대한 기술은 선진국에 비해 약 50~60년이나 낙후된 상태이다. 따라서 국내 향료산업의 발전을 위해 시급한 문제는 원료향의 개발, 향료활용도의 개발, 향료에 대한 know-how의 축적, 기기분석 방법 등의 기술을 축적하여 외국의존도를 줄이고 동시에 원료향을 수입하여 부가가치를 높인 향을 역수출하는 기술의 개발이 시급하다. 향유물질 중 대부분은 현재 아로마테라피(aroma-theraphy)를 위해 응용되기도 한다.

대부분식품의 냄새는 ppb 또는 ppm 범위 농도를 가진 화합물로부터 느끼게 되는 감각이다. 식품의 냄새들 중 식물이 포함하고 있는 향의 종류는 다양하며 이들의 향미는 식품의 기호성을 결정하는 중요한 요소가 된다. 예를 들어 매우 일찍부터 다른 식품의 기호성을 높이기 위해 사용되었던 정향의 눈에는 약 12%의 eugenol을 함유하고 있으며, 이 성분은 증류라는 방법을 통하여 정유(精油)라는 새로운 형태의 물질로 개발되었다(표 9-1).

정유의 응용은 크게 두 개의 범주로 나눌 수 있다. 첫 번째는 최종제품에 정유 그 자체의 특성을 살리기 위해 향의 부분을 이용하여 원래의 향을 증진시키는 경우이다. 예를 들면 오렌지껍질 정유에 ethyl butyrate(fruity, juicy)와 *cis*-3-hexanal(green, leaf)을 더하면 오렌지 주스의 특성이 더욱 높아지게 된다. 두 번째로는 새로운 천연향을 창조하는 데 주로 사용되는 경우이다. 천연향은 가격, 농도, 유효성, 열안전성 및 다양성 등의 문제를 안고 있어 천연물질의 향과 똑같은 품질의 정유를 얻기는 어렵다. 정유에는 때때로 정유의 주된(key) 향이 존재하게 되는데 이 성분은 작은 양만 있어도 천연향의 특징을 상승시킬 수 있다. 예를 들면, 고수의 정유는 linalool을 함유하고 있으며, linalool은 살구천연향의 주된 향이어서 살구천연향에 고수의 정유를 첨가하면 살구향은 훨씬 강해지며 좋은 향을 가진 제품이 된다.

정유의 사용에 있어서 단점은 정유에 존재하는 바람직하지 않은 향이 향의 전반적인 향특성을 떨어뜨린다는 것이다. 이 문제는 향을 향유로부터 분별 증류하여 독립된 향으로 제조하여 사용하면 해결될 수 있다. 예를 들면, 정향잎 향유로부터 분리한 eugenol은 천연바나나향으로 세계적으로 이용되고 있다.

천연에서 작지만 증가하는 정유영역은 천연향의 주된 사용처를 발견하는 것이다. 예를 들면, davana 정유(Artemesia pallens)는 일년에 인도에서 2톤밖에 생산되지 않는데 이 정유는 천연과일향의 juicy 특성을 갖는 주된 향으로 중요하게 사용되고 있다.

이러한 정유의 추출 방법 중 가장 오래된 방법은 수증기 증류법이다. 이는 수증기가 향신료를 통과하는 동안 향을 가지고 휘발하도록 한 뒤 향과 수증기 혼합물을 응축시킨 후 물과 정유의 비중 차이를 이용하여 분리하는 방법이다. 정유향신료는 천연물질과 일치하는 균일한 향미 품질을 가지며 제품의 색에 영향을 미치지 않는 위생적 향신료이

표 9-1. 천연정유의 종류 및 특성

정유종류	주 성 분	냄새특징	추출방법	용 도
자스민 꽃 concrete와 absolute	benzyl acetate(11%) linalol(3%) *cis*-jasmone	fruity, floral floral, lavender herbal	헥산 추출	strawberry 나 raspberry향 증진제
레몬그라스 잎 오일	geranial(40%) neral(30%) geraniol	lemon neral fruity, floral, rose	증류	natural citral
라임껍질 오일	limonene(52%) gamma-terpinene(8%) alpha-terpinol(7%) terpinolene(5%)	weak, citrus citrus, herbaceous sweet, lilac, floral fresh, pine	증류	cola drink 깨끗한 lemon lime 청량음료
	limonene(45%) beta-pinene(14%) gamma-terpinene(8%) geranial(3%)	weak, citrus light, pine citrus, herbaceous lemon	냉압법	최근의 lemon lime 청량음료
육두구 오일	sabinene(22%) alpha-pinene(21%) beta-pinene(12%) myristicin(10%)	peppery, herbaceous pine pine woody, balsamic	증류	cola flavor meat seasoning 제빵용 향신료 혼합물
양파오일	dipropyl trisulfide(22%) dipropyl disulfide(20%) propyl tetra sulfide(5%)	strong, heavy, oinon strong, oinon strong, stale, oinon	증류	seasoning blend 과일향 (매우 낮은 양으로)
페퍼민트 오일	levo-menthol(50%) levo-menthone(20%)	cooling, mint harsh, herbal, mint	증류	wide usage
장미오일	citronellol(50%) geraniol(18%)	fresh, floral, rose sweet, floral, rose	증류	Turkish delight Asian food
로즈마리 오일	alpha-pinene(20%) 1,8-cineol(20%) levo-carvone(70%)	pine fresh, eucalyptus warm, spearmint	증류	약리물질로 사용 (아로마테라피에 사용)
스피아민트 오일	limonene(13%) myrcene(2%)	light, citrus light, unriped mango	증류	껌:chewing gum 구강위생제품
오렌지껍질 오일	limonene(94%) myrcene limonene(93%)	weak, light, citrus light, unriped mango weak, light, citrus	냉압법	다양하게 적용됨 오렌지주스 다른 향과 혼합하여 사용
귤오일	gamma-pinene(2%) myrcene	citrus, herbaceous light, unriped mango	concrete terpene 제거	clear soft drink 제과
박하오일	thymol(50%) para-cymene gamma-terpinene	phenolic, thyme citrus, resinous citrus, herbal	concrete (red) redistilled (white)	seasoning blend

다. 그러나 항산화물질 등이 존재하지 않아 품질의 변화가 심하므로 저장 조건에 특별히 신경을 써야 하며 건조품에는 잘 분산되지 않는 단점이 있다.

2) 용매추출향신료(oleoresin)

Oleoresin은 향신료의 향미성분을 알코올이나 아세톤 등의 유기용매를 이용하여 추출한 후 유기용매를 제거하여 제조한 것이다(표 9-2). Oleoresin은 위생적이며 천연항산화제가 존재하므로 정유보다 저장 조건이 좋으며 향의 강도를 표준화 할 수 있는 장점을 지니지만 매우 농축되어 있어 취급이 어렵고 특별한 처리가 없으면 탄닌이 추출되어 제품의 질을 떨어뜨린다. 또한 향의 품질이 사용된 추출용매에 따라 달라지고 향은 좋지만 천연물의 향만큼 다양하지 않다는 단점을 가지고 있다.

표 9-2. 용매추출향신료(oleoresin)에 대한 일반적인 용어 정의

<table>
<tr><th>형 태</th><th>정 의</th><th>예</th></tr>
<tr><td>concrete</td><td>살아있는 식물조직에서 추출한 것으로 모든 탄화수소 용해성 물질, 고형분, wax 물질 등으로 구성됨</td><td>모든 꽃 종류(jasmin, orange flowe, rose, carnation등)</td></tr>
<tr><td>absolute</td><td>concrete를 ethanol로 재추출하여 wax, terpene, sesquiterpene 탄화수소를 제거한 것(최상급 향료임)</td><td>모든 꽃 종류(jasmin, clove, cubeb, cumin, lavender, chamomile 등)</td></tr>
<tr><td>balsam</td><td>나무나 식물의 추출물로 benzoic acid, benzoates, cinnamates 등을 다량 함유함</td><td>peru, tolu, canada fir needle 등</td></tr>
<tr><td>natural resin</td><td>나무나 식물로부터 추출되고 terpene류의 산화에 의해 얻어진 천연수지</td><td rowspan="2">orris, olibanum, mastic, cypress and flowers</td></tr>
<tr><td>prepared resin</td><td>추출물에서 정유를 빼낸 oleoresin의 수지</td></tr>
<tr><td>natural oleoresin</td><td>식물의 추출물</td><td rowspan="2">gurjun, lovage, onion, pepper, melilotus 등</td></tr>
<tr><td>prepared oleoresin</td><td>oleoresin을 증류시킨 후 얻어진 수용성 추출물</td></tr>
<tr><td>extract</td><td>천연제품의 용매처리로부터 얻어진 농축제품</td><td>St. john's bread, rhatany root, mate 등</td></tr>
</table>

3) 물추출향신료(aquaresin)

물추출향신료는 유기용매 대신 물로 추출한 후 물을 제거하는 방법으로 유기용매를 사용하지 않는다는 것 이외에는 용매추출향신료와 유사하다.

9.1.4. 가공향신료

추출향신료는 실제 식품에 적용이 어렵기 때문에 유화시키거나 유화, 또는 흡착시켜 분말의 형태로 사용하며 알코올에 용해하는 방법을 이용하여 식품의 가공적성에 맞도록 재가공하여 사용한다.

미세캡슐화된 향신료는 향신료 추출물 중 휘발성성분이나 산화에 의한 손실을 방지하기 위해 향신료 추출물(core material)을 아라비아검, 덱스트린 혹은 변성전분 등을 주체로 하는 피복형성물질(wall material)의 수용액 중에서 유화하고 분무건조하여 분말화하는 미세캡슐화 기술을 이용한 것이다. 이 미세캡슐화 된 향신료는 방향물질을 휘발로부터 방지할 수 있으며 불쾌취가 없고 최종제품에서 바람직하지 못한 반점과 색을 주지 않는 장점을 지니며 낮은 수분 함량을 가지므로 저장성이나 편리성을 높여준 가공향신료이다.

흡착된 향신료(dry soluble spice)는 추출향신료를 전분, 소금, 포도당, 설탕, 데스트린, 글루타민산 등의 분말 담체에 흡착시킨 향신료로 미세캡슐화된 향신료와 유사한 용도로 사용된다.

유화형 향신료는 추출향신료는 대부분 유상(油狀)물질로 물에 녹기 어려우므로 식품에 첨가할 때 작업성이 나쁘고, 그대로는 향신료의 향미가 너무 강해서 소량을 사용할 때에는 불편하다. 따라서 추출향신료를 사용하기 편리한 농도가 되도록 적당한 유화제를 이용하여 유화시킨 향신료로 위생적이며 천연물질의 급원을 특성화하여 향의 품질을 표준화하였기 때문에 다루기가 쉽고 정확한 측정이 가능하다. 또한 식품에 즉시 혼합이 쉽고 취급하는 동안 최종제품에 바람직하지 못한 반점이나 색을 나타내지 않는다. 그러나 온도가 높은 곳에서 장기보관 할 경우에는 향의 손실이 있으며 열려진 공간에서 높은 가공온도를 견디지 못하고 사용된 기질(base)에 대한 허용량이 필요하다.

액체향신료는 추출향신료를 에탄올, 프로필렌 글리콜 등의 알코올류, 초산 또는 식용유에 적당한 농도가 되도록 용해한 향신료를 말한다.

9.2. 향신료의 분류

향신료는 영양적 가치는 적으나 다양한 풍미를 부여하여 식품의 기호성을 증진시킬 뿐 아니라 감각기능, 소화흡수기능, 대사조절 기능 및 순환기 기능을 증진시키는 약리효과도 기대할 수 있는 물질이다. 향신료는 식물로 인간에 의해 처음 향기부여를 목적으로 이용 되었으며, 식품재료 등에 들어있는 바람직하지 못한 냄새를 은폐 혹은 제거하는 효과가 있다. 향신료의 분류는 용도별, 원료별, 향기성분 별, 맛 성분별, 추출 방법 등 다양하게 분류되고 있는데 용도에 따른 분류가 가장 흔하게 분류되는 방법이므로 이들 향신료를 사용하는 용도에 따라 분류 해보면 매운맛 향신료, 방향성 향신료, 탈취성 향신료 및 착색성 향신료로 분류할 수 있겠다.

9.2.1. 매운맛 향신료

매운맛은 함황화합물, 불포화지방산을 가진 방향족화합물, 알칼로이드류, 알코올류, 케톤류, 아마이드류, 페놀류, 유기염류 등에 의해 느껴지는 일종의 자극이다. 매운맛을 나타내는 향신료로는 우리나라에서 가장 많이 이용되는 고춧가루, 후추, 겨자 및 생강 등이 있다(표 9-3).

표 9-3. 매운맛 향신료의 종류, 특수성분 및 용도

향신료 종류	이용부위	특수성분	용 도	특수작용
고 추 (red pepper capsicum)	숙과	capsaicin(고추에 약 0.2% 함유) dihydrocapsaicin nordihydrocapsaicin homodihydrocapsaicin homocapsaicin	김치 고추장 절임류	유산균발육촉진 지질대사 항진 소화촉진 산패 억제
생 강 (ginger)	근경	shogaol gingerol zingerone	육가공품 음료, 소스 엿, 김치	소화촉진, 해독, 식품보존
겨 자 (mustard)	종자	sinigrin, sinalbin allyl-isothiocyanate (myrosianase 작용에 의한 휘발성 성분)	육가공 셀러드드레싱 피자	소화촉진, 폐렴, 이뇨 방부제
고추냉이 (wasabi)	뿌리	iso-butylmustard allyl-isothiocyanate	조미	식욕증진, 방부제
산 초 (Japanese pepper)	종자	citronellal dipentene shanshool	추어탕 생선가공	이뇨, 건위, 소염 정장효과
흑후추 (black pepper)	미숙과의 건조품	piperin(trans-alkaloid) chavicin(*cis*-alkaloid)	조미용향신료 배합향신료 육가공	건위 구충
백후추 (white pepper)	숙과의 건조품			

9.2.2. 방향성 향신료

식품가공에 향을 부여하기 위해 사용되는 향신료는 향초라는 표현으로 자주 쓰이고 있고 이들은 herb 로 따로 분리되는 경우도 있지만 식품가공에서 중요하게 사용되기 때문에 향신료로 분류하게 된다. 그 종류로는 allspice, anise, cellery, cinnamon, thyme, mint, funnel, nutmeg, sage, celery 등이 있다(표 9-4).

표 9-4. 방향성 향신료의 종류, 특수성분 및 용도

향신료 종류	이용부위	특수성분	용 도	특수작용
백미호초 (allspice)	미숙과의 건조품	eugenol	카레혼합물, 소스, 육가공품 토마토 케첩, 음료,	소화촉진 살균작용
계 피 (cinnamon)	나무껍질	cinnamic aldehyde	아이스크림, 츄잉검 육가공품, 과자, 음료	소화촉진 냄새제거
아니스 (anise)	종 자	anethol(방향성분)	육가공품, 제과	-
고 수 (coriander)	과실의 건조품	d-linalool (bp. 197~199℃)	구운제품, 제과, 음료, 츄잉검 조미료, 육가공품 아이스크림 믹스	소화촉진 해열, 구풍
바 질 (basil)	잎, 줄기 건조품	linalool cinneol	스파게티소스, 미트볼, 푸딩 구운제품, 제과, 식초, 아이스크림, 음료,	-
샐러리 (celery)	종자, 줄기, 잎	d-limonene α-selinene	육가공품, 피자, 스프 생선 가공품	류마티스 이뇨
회 향 (funnel)	종 자	anethol	음료, 구운제품, 피클 육가공품, 조미료 아이스크림, 생선요리	구풍 냄새제거 소화촉진
caraway (회향풀의 일종)	과실의 건조품	carbone(bp. 230℃) limonene	음료, 육가공품, 조미료 구운제품, 아이스크림, 치즈	구풍, 강장 소화촉진
육두구화 (nutmeg)	종 자	myristin limonene	카레가루, 케첩	소화촉진 지사
육두구 (mace)	종 피	α, β-pinene	과자, 육류요리, sauce	소화촉진 해열
소두충 (cadamom)	과실의 건조품	d-α-terpineol cineole	음료, 카레분말혼합물, 츄잉검 육가공품, 아이스크림, 제과	소화촉진 과자 방부제
정 향 (clove)	꽃봉오리 건조품	eugenol	과자, 토마토케첩, 소스 음료, 육가공품	소화촉진 방부제
파슬리 (parsely)	과숙열매 잎 건조품	apiol	육가공품 조미료, 감자칩 샐러드드레싱, 스낵, 음료	-

9.2.3. 탈취 향신료

향신료는 식물이기 때문에 섬유소, 당질, 지질, 단백질, 회분, 고무질, 수지 및 정유를 함유하고 있다. 이들 구성성분들 중에 방향성분은 정유이며, 과학적으로 확실한 규명은 안 되어 있지만 방향성분들이 생선 비린내나 고기냄새를 제거시키는 데 확실히 효과가 있음이 알려져 있다. 생선과 고기냄새를 제거시키는 데 사용되는 향신료로는 rosemary, thyme, oregano, 월계수잎, 생강, 양파, 마늘 등을 들 수 있다(표 9-5).

표 9-5. 탈취성 향신료의 종류, 특수성분 및 용도

향신료 종류	이용부위	특수성분	용 도	특수작용
마 늘 (garlic)	뿌리	diallylsulfide	각종 식품가공조미료	식욕증진 강장제
월계수잎 (bay leaf)	잎의 건조품	cineole	생선비린내 제거제, 육가공품 소스, 음료, 혼합절임양념	해충구제 이뇨
양 파 (onion)	뿌리	dipropylsulfide (냄새)	각종 식품가공조미료	소화촉진 냄새제거
오레가노 (oregano)	잎의 건조품	thymol carvacrol	피자, 토마토소스, 조미료, 샐러드드레싱, 육가공품	-
세이지 (sage)	잎의 건조품	sarpene, cineole thujone, camphor	유가공품, 햄버거 믹스, 츄잉검, 음료	소화촉진, 항염 방부박용
로즈마리 (rosemary)	잎, 꽃 건조품	cineole, borneol	후라이치킨, 구운제품, 제과, 음료	항산화작용
타 임 (thyme)	잎 건조품	thymol, carvacrol	후라이치킨, 구운제품, 제과, 음료, 드레싱, 수프, 햄, 소시지	방부효과, 살균 소화촉진

9.2.4. 착색 향신료

식품재료는 원래 고유의 색을 지니고 있으나 가공이나 저장시 변색되거나 퇴색시켜 제품의 가치를 떨어뜨린다. 이런 경우 착색하여 고유의 색을 보완하거나 개선시켜 제품의 질을 높일 수 있는데 이때 착색을 목적으로 이용될 수 있는 향신료로는 tumeric, paprika, saffron 등이 있다(표 9-6).

표 9-6. 착색성 향신료의 종류, 특수성분 및 용도

향신료 종류	이용부위	특수성분	용 도	특수작용
강 황 (tumeric)	심황뿌리의 건조품	curcumin (짙은 황등색)	카레가루, 노란무 착색료	지혈제, 설사
파프리카 (paprika)	과실의 건조품	carotenoids (붉은색)	육가공품, 토마토케첩, 칠리분말 수프, 샐러드	소화촉진
사프론 (saffron)	꽃의 건조품	crocin (황색)	음료, 구운제품, 아이스크림, 제과 조미료, 육가공품	-

9.3. 각종 향신료의 특성 및 가공

향신료는 위에서 설명한 바와 같이 매운맛 부여, 방향부여, 탈취효과 및 착색효과를 가지고 있는데 이들 중 매운맛 부여를 목적으로 하는 향신료가 가장 흔하게 사용되고 있다. 매운맛을 내는 향신료 중 고춧가루는 우리나라에서는 매우 중요한 향신료이며 그 외에도 후추, 겨자, 생강 및 계피 등이 자주 쓰이는 향신료이다.

9.3.1. 고 추(capsicum pepper)

고추나무와 꽃 익은 고추

1) 고추의 종류

고추는 열대~온대에 걸쳐 널리 재배되는, 키가 60cm 쯤 되는 가지과의 1년생 과채류로(열대지방에서는 다년류) 열매는 원뿔형의 긴 열매로 보통 말려서 고춧가루를 만든다. 매운 고추형은 red pepper와 chilli pepper가 있고 단고추형은 pimento라고 불리며 청과용, 생식용, 가공용, 관상용 등이 있으나 가루로 만드는 것은 주로 매운형이다.

고추(*Capsicum annum* L., red pepper, green pepper, sweet pepper)의 원산지는 남미 아마존강 유역이다. 1400년대 유럽에서는 후추에 대한 요구가 강하였는데 콜럼버스를 따라 항해한 쟌가라는 사람이 멕시코 원주민들이 "아기"라는 후추보다 더 맵고 빛깔이 붉은 향신료를 사용하고 있는 것을 발견하고 이를 붉은 후추(red pepper)라 명명하여 유럽에 전하였다. 17세기경에는 중국, 일본에 전파되고 현재 많이 생산하는 나라는 인도, 멕시코, 헝가리, 일본 등이다.

우리나라에 고추가 전래된 내력은 이수광의 지봉유설(1913년)에 "고추에는 독이 있으며 일본에서 가져온 것이므로 왜겨자라 부른다."라는 기록이 있으며 일본에서 1713년에 출간된 〈화한삼제도회〉란 책에 "고추는 남방의 야만인들이 1596-1614년 담배와 함께 가져왔고 중국에는 명나라 말엽(1600년도)에 비로소 도입되었다"라 기술되었다. 1734년 "본조세사담기"에는 고추는 조선에서 온 것이며 1605년 담배와 한께 남쪽 야만국에서 왔기에 남만 호초라 부르기도 하였다"라고 기록되어 고추가 우리나라에 도입된 것은 약 400년 정도 된 것으로 보인다.

품종으로는 신미종(辛味種)과 감미종(甘味種)으로 대별된다. 신미종 중 열매성숙에 따라 초록-보라-노랑-오렌지-빨강으로 변하는 오색군(五色群)은 식용으로, 열매는 공모양이고 건조가 용이하고 온난지역에서 늦도록 수확하는 기실군은 관상용으로, 아주 왜소하고 고추가 주렁주렁 달리는 조생종으로 매운맛은 다소 약하지만 적응지대가 많아 가장 재배가 많은 품종인 팔방군(八房群)은 향신료로 사용되고 있다. 감미종에는 촉성재배 또는 조속재배하며 열매는 가늘고 길며 잘 달리는 복견감(伏見甘), 열매가 크지만 열매 껍질은 얇으며 착과가 좋은 사자고추, 사즈끼(陰五月), 녹광(綠光), 녹완(綠王), 미스즈, 에이스, 니시끼, 취옥(翠玉), 피멘토 등의 품종이 있다.

2) 고추의 이용

고추의 이용은 그냥 먹는 채식용과 향신료와 양념으로 사용하는 경우로 대별하는데 양념으로 사용하는 경우는 분말 또는 추출액 형태로 이용된다. 고추의 재료적 가치는 매운맛과 색깔이다. 고추의 매운맛 성분은 capsaicin(0.2～1.0%)과 dihydrocapsaicin이며 품종과 재배환경에 따라 큰 차이가 난다. 고추의 색깔은 50종 이상의 carotenoids로 구성되어 있으며 capsanthin(0.41%, 색소의 35%), capsorubin, β-carotene(0.06%, 색소의 12%), zeaxanthin(색소의 9.9%), cryptoxanthin(색소의 6.7%), capsorubin(색소의 6.4%), cryptocarbin(색소의 4.3%) 등이 주요색소이다.

① **고춧가루** : 고춧가루의 용도별 이용현황은 고추장용으로 전체 가공고추의 약 49.4%가 소비되며 양념용 고춧가루로 31.6%, 배추김치에 16.2%, 깍두기에 2.4%정도가 이용된다.

a. **고춧가루 제조** : 고춧가루를 만들 때 우선 우량품종의 고추를 선택하는데 조선고추, 호고추, 태양초 또는 화건초 등을 1차 선별한다(표 9-7). 선별된 고추는 이물

질을 제거하여 분쇄하고 분쇄과정 중 생성된 금속가루는 자석 등으로 제거한다. 분쇄된 고춧가루는 마쇄한 후 자동진동체로 덩어리를 제거하여 균일한 가루를 얻고 이를 적외선 살균기로 살균 포장한다. 고춧가루는 건고추원료 → 1차선별 → 꼭지제거 → 세척 → 탈수 → 건조 → 종자제거 → 분쇄 → 마쇄 → 파쇄 → 살균 → 멸균 → 포장 → 제품의 과정을 거쳐 제조된다.

표 9-7. 고춧가루 제조용 고추의 종류 및 특징

고추종류	특 징
조선고추	재래종으로 껍질이 얇고 매운맛과 단맛이 강함
호 고 추	외래종으로 크고 껍질이 두꺼우며 매운맛이 적고 단맛과 향기가 많으며 검은빛을 띰
태 양 초	재래종 또는 개량종 고추를 햇볕에 잘 말린 것으로 색깔이 새빨갛고 깨끗하여 윤이 나고 꼭지가 가늘면서 연노랗게 말라 있으며 끝을 씹었을 때 단맛이 남
화 건 초	건조기를 이용하여 인공적으로 말린 것으로 가루를 내었을 때 태양초보다 양이 많음

고춧가루는 용도에 따라 고운 고춧가루(45～55 mesh, 수분 함량 12～13%), 거친 고춧가루(35～45 mesh, 수분 함량 12～13%), 씨 제거 고춧가루(40～50 mesh, 수분 함량 12～13%), 통 고춧가루(5～9cm, 수분 함량 14～16%)와 실 고춧가루(수분 함량 12～13%)로 분류한다.

b. **청결고춧가루 제조** : 고춧가루의 공업규격화가 1980년대에 제정된 이후 청결고춧가루의 가공기술이 산업화 되었으며 이를 통해 고추유통, 노동력의 감소, 위생화 등이 이루어 졌다. 청결고춧가루의 제조공정은 건 고추를 자동공급하는 원료투입공정, 고추표면에 부착된 이물질을 제거하는 선별 및 세척공정, 고추의 꼭지를 과피로부터 완전 분리 제거하는 고추꼭지 제거공정, 분쇄에 적합한 함수율까지 고려하여 건고추를 재건조하는 건조공정, 꼭지가 제거된 건 고추를 파쇄하여 과피와 종자를 분리하는 과피 종자 분리공정, 균일한 입도로 분쇄하는 분쇄공정, 분쇄된 고춧가루의 입도를 균일화하고 색상을 증진시키는 색상조절공정, 저장을 위해 고춧가루를 건조시키는 건조공정, 제조된 고춧가루의 수분, 무게 및 온도를 측정하는 수분 측정공정, 자성을 갖는 금속 제거공정, 자외선 살균공정, 제품의 개량 및 포장공정 등으로 되어 있다(그림 9-3).

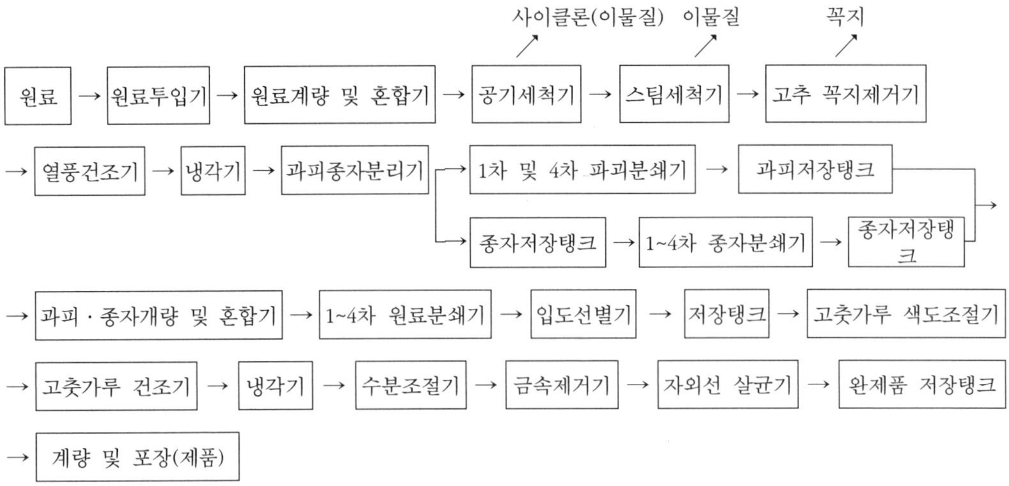

그림 9-3. 청결고춧가루의 제조과정

c. **고춧가루의 품질과 유통** : 고춧가루의 중요 영양소는 비타민 C(보통 재래종은 200～400mg%), 비타민 B_1(0～2mg%), 비타민 B_2(0.15mg%), 비타민 A 등이고 품질요소 중 가장 중요한 것은 색이다. 고추를 말릴 때 통기가 잘되는 그늘에서 충분히 말리는 것이 색깔이 좋으며, 고춧가루의 퇴색은 수분활성도가 0.5이하에서는 낮을수록 촉진되고 0.5 이상에서는 별로 큰 변화가 없으며, 수분활성이 0.75일 때 저장성은 가장 좋다. 고춧가루의 흡습속도는 상대습도가 높을수록 크고, 고추씨 혼입률이 적을수록 색택 보존성은 우수하다. 저장은 -3～0℃, 습도 50～60%, 수분 함량 14～16% 조건에서 하는 것이 좋다. 저장온도는 광선 및 포장, 용기조건에 비하여 색깔에 가장 큰 영향을 미치며 고춧가루의 장기저장을 위한 포장재로는 알루미늄 호일이 좋다.

고춧가루 포장의 내용에는 순, 생, 진짜, 자연 등의 명칭은 사용할 수 없도록 규정하고 있으며, 포장표시사항은 영업 및 품목허가번호, 품명, 규격번호, 씨 잔존량(%), 원료명(식품첨가물 포함), 내용량(g 혹은 kg), 제조 년월일, 유통기간, 보존 방법, 제조자(소재지 포함) 등이다.

② **고추농축액** : 고추농축액은 알코올 등의 용매를 이용하여 고추의 매운맛, 향, 색, 무기질 및 비타민 등을 추출하여 농축한 것으로 고추의 풍미와 색소가 잘 보존되

므로 약 2년간의 장기저장이 가능하다. 또한 위생적으로 처리되었기 때문에 이물질이나 미생물에 의한 오염이 적으며 물에 녹을 수 있게 가공할 수 있으므로 라면스프, 스낵류, 절임류, 어육연제품 및 조미료에 혼합물로 이용된다.

9.3.2. 후 추(pepper)

후추나무 흑후추 백후추

1) 후추의 종류와 이용

후추(pepper, 胡椒)는 조피나무의 열매로 한대(漢代)에 서역의 호(湖)나라에서 장건이 새로운 향신료를 가져와 이를 후추(胡椒)라 명명하며 기원이 되었다고 한다. 후추의 원산지는 인도로 1500년경 포르투갈이 마랏카를 점령했을 때 인도로부터 묘종을 이식하여 유럽에 전파되었다. 동남아 국가에서는 1790년 이후 말레이시아, 인도네시아 등지에서 재배 되었으며, 주 생산국은 인도네시아와 브라질이다. 우리나라는 고려 중엽 송나라와 교역으로 들어왔으며 조선시대에 후추에 대한 기록이 있다.

후추는 후추과에 속하는 다년생 넝쿨작물로 줄기는 목질이며 마디에서 뿌리가 생기며 두껍고 원형의 잎이 어긋나게 붙어있고 흰색 꽃이 핀다. 열매는 지름이 5~6mm이고 처음에는 녹색을 띠지만 차츰 붉은 빛을 나타내며 성숙하면 검은 빛을 나타내는데 이는 carotenoid 색소가 산화에 의해 퇴색되기 때문이다.

후추는 남위, 북위 20도 사이의 열대에 생육하며 유기질이 풍부하고 보수성이 높은 토양에서 잘 자란다. 그러나 후추는 뿌리가 얕기 때문에 건조한 토지에서는 발육이 잘 되지 않는다. 후추는 원래 유럽 사람들이 냉장시설이 없을 때 육고기 보존으로 사용하였는데 차츰 사용범위가 확대 되었다. 후추의 종류로는 원산지가 인도 마라바해안 및 트란반코올의 남부로 요리용 양념, 소세지 제조용으로 쓰이는 검은 후추(*Piper ninrum,* L.), 원산지가 자바로 발리섬 및 라오군도에서 재배되며 카레분 또는 약용으로 쓰이고 있는 조와장 후추(*Piper officiinarum* L.), 원산지가 인도 앗샘지방이며 주로 인도 북부에서 재배되어 약용으로 쓰이고 있는 히하쓰(Pipper iungguml, Indian long pepper) 등이 있다.

후추는 주로 생선이나 육류 조리시 비린 냄새 제거용으로 주로 사용되며 햄이나 소시지 등의 육가공품에 첨가됨으로 이용된다. 그 외에 카레, 스프, 샐러드드레싱 등의 가공식품과 청량음료수 등에 일부 배합되는데 대부분 가루의 형태로 이용된다.

2) 후춧가루의 제조와 저장

후추를 제조하는 방법은 검은 후추와 흰 후추의 제조법이 다른데 검은 후추는 따낸 열매를 소형 탈곡기로 바깥 껍질만을 제거하여 마대에 넣어 끓인 후 물속에 1분간 담갔다가 4～5일 동안 햇볕에 건조하여 제조한다. 그러나 흰 후추는 따낸 후 2일간 물속에 담가서 과피를 발효시킨 후에 과피를 제거하여 건조시켜 제조한다. 검은 후추는 흰 후추보다 전분 함량이 낮고 지방, 회분, 정유가 더 많다.

3) 후춧가루의 품질특성

후추에 함유된 질소의 80～85%가 단백질태 질소이고 나머지는 매운 성분의 질소인데 주성분은 chavicine이다. 후추의 주요한 가치는 매운맛으로 대표적인 성분은 *cis*-형인 chavicine과 이것의 입체이성체(geometrical isomer), 즉 *trans*-형인 산 아마이드 구조를 한 piperine이 있다. Chavicine과 piperine은 후추 건조중량으로 5~9% 가량 들어 있는데 chavicine이 실제로 강한 매운맛을 가지고 있다. 후추를 분말상태로 오래 저장하면 *cis*-형인 chavicine의 일부가 열역학적으로 더 안정한 상태인 *trans*-형인 piperine으로 이성화하면서 후추의 매운맛이 감소한다.

9.3.3. 겨 자(mustard)

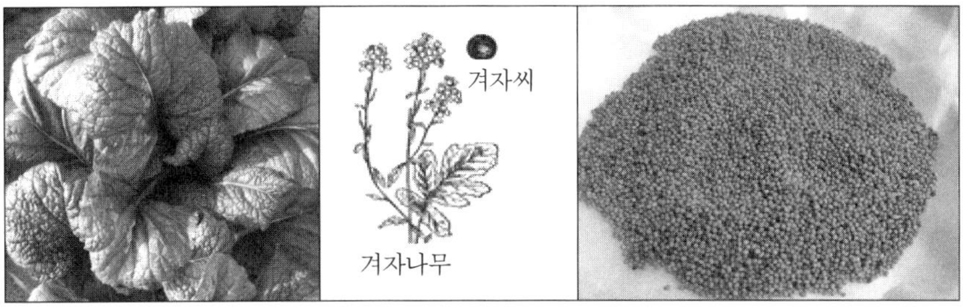

겨자는 자극성의 향과 강한 매운 맛을 지닌 향신료로 아시아가 원산지이며 60여종이 있는데 크게 서양겨자와 동양겨자로 나눌 수 있다. 서양종에는 흑겨자와 백겨자가 있는데 겨자 종자에는 약 30～35%의 유지를 함유하고 있어 매운맛 성분의 분해를 촉진하기 때문에 탈지한 후 가루로 사용하고 있다. 동양종은 주로 백겨자인데 겨자씨를 천일건조한 후 거칠게 빻아 체질하여 사용한다. 사용할 때는 겨자가루를 40℃ 정도의 물로 개면 sinigrin(흑겨자 성분)이나 sinalbin(백겨자성분) 등 유황 배당체(thiogycoside)가 myrosinase의 작용을 받아 allyliosothiocyanate와 같은 자극적이며 독특한 향과 맛을 생성 시킨다. 겨자는 겨자나무열매를 가루 또는 겨자유로 한 것이며 육류와 생선회 조리시 맵고 톡쏘는 특이 향미를 부여하기 위하여 사용되며 그 외 소스를 비롯한 각종 식품가공에 향신재료로 부분 첨가하고 있다.

9.3.4. 고추냉이(wasabi, horseradish)

고추냉이

고추냉이 뿌리

고추냉이는 고추냉이 뿌리를 가루로 만든 향신료로 겨자와 혼돈할 정도로 비슷한 매운맛을 가지고 있으나 매운맛의 지속성은 겨자보다 강하다. 고추냉이의 매운맛 성분도 겨자처럼 sinigrin 성분이 myrosinase 효소의 작용을 받아 allylisothiocyanate를 생성시켜 매운맛을 나타내는 것이다. 원래 고추냉이는 일본 재래종을 사용하였지만 현재는 서양종(horse radish) 뿌리를 고추냉이 가루로 많이 사용하고 있다. 현재 겨자와 고추냉이는 보존료 재료로 이용하는 경우도 있다

9.3.5. 산 초(japaness pepper)

산초 열매

산초는 후추와 같은 종류로 산추, 회양, 계피, 정향, 진피의 오향 중의 하나로 상쾌한 매운맛을 가지고 있다. 산초는 운향과(芸香科)의 산초나무속에 속하는 낙엽관목으로 익은 산초열매를 말려서 가루로 한 후 일본요리와 가공식품에 비린내 제거 및 향미 부여목적으로 사용된다. 특히 우리나라에서는 추어탕에 사용하는 주 향신료로 내장 자극제, 건위, 정장효과 등 한방에 이용되며 심한 복통, 몸이 찬사람, 장에 가스가 많은 사람, 피부질환에도 효과가 있는 것으로 알려져 있다. 성분 특성은 산초열매에 함유된 매운맛 성분이 정유성분인 sanshool인데 국부 마취용, 살충효과, 각종 독성세거 등에 이용되며 방향성분은 dipentene, citronellal geraniol, xanthoxyn 등으로 알려져 있다. 산초 잎은 열매보다는 매운 성분은 적게 들어 있으며 방향부여 목적으로 사용되고 있다.

9.3.6. 계 피(cinnamon)

계피 잎과 열매

계피 껍질

계피의 종류로는 중국산과 세일론(스리랑카)산 등이 있으며 중국산을 이식한 한국산을 육계수라 부르며 세계에서 가장 오래된 계피는 중국산 계피이다. 중국산 계피는 원료에 따라 육계(cassia)와 수육계로 분류되는데 세일론산 계피보다 매운맛과 감미가 부족하고 linalool, eugenol 성분은 거의 들어 있지 않다. 수육계피는 식용보다는 비누와 같은 향장품(香粧品)에 일부 사용하고 구충이나 설사에 대한 한방약제로 이용되고 있다. 우리나라 계피는 세일론이나 중국산 계피보다 다소 못하지만 과자, 음료, 기타 식품에 방향, 향신, 단맛부여 목적으로 사용하여 왔다.

계피가루의 제조법은 껍질을 말려 가루를 직접 이용하거나 껍질을 수증기로 증류하여 만든 계피유를 향신료로 이용하기도 한다. 세일론산 계피(cinamon)는 어린 계피나무 껍질을 발효시킨 후 속껍질을 분리하여 건조한 것을 가루, 또는 정유로 만든 것으로 정유 중에는 맵고 달콤한 성분인 cinnamon aldehyde가 전체의 65～70%로 다량 함유되어 있다.

9.3.7. 마　늘(garlic)

난지형 마늘

마늘은 백합과에 속하는 파류의 다년생초로 기원전 4500년경 고대 이집트시대에 피라미드 건설에 참여한 노예들의 체력유지를 위해 사용된 것으로 해석되는 상형문자를 발견한 것이 인류의 역사에 최초로 마늘이 등장한 유래이다. 마늘의 재배는 아라비아, 아프카니스탄, 인도, 중국으로 전파되었고 우리나라에서도 단군신화에 나오는 마늘설화, 삼국사기 신라본기에 "마"라는 지명이 처음 등장된 것으로 보여 재배 역사가 오래된 것을 알 수 있다.

마늘은 특유의 매운맛 때문에 각종음식의 조미료로 이용되며 어패류나 육류의 비린내나 누린내를 제거할 때 이용된다. 마늘은 90%이상이 신선한 마늘 향신료로 이용되고 있으며, 그 외에도 절임용과 건조가공품으로 일부 소비되고 있다. 마늘 가공품으로는 garlic oil, 건조마늘, 마늘즙이 있으며 garlic oil은 액상이나 건조된 지지체에 분산시킨 형태로 하여 액상양념혼합물이나 건조혼합물의 강한 향미료로 사용된다. 건조마늘은 분말로 하여 건조혼합물, 양념혼합물 및 마늘이 있는 액상제품에 이용되며, 과립의 형태로 하여 액상제품에 이용한다. 최근에는 마늘에 대한 다양한 기능성을 알고 있어도 냄새 때문에 섭취를 꺼리는 소비자를 위해 무취 마늘이나 무취 무효소 마늘을 제조하고 있다.

1) 무취 마늘의 제조

무취 마늘은 마늘의 고유한 맛과 성분은 변화시키지 않으며 마늘의 독특한 매운 냄새만을 제거한 것이다. 마늘에서 냄새를 제거하는 방법으로는 마늘을 물이나 끓인 물에 장시간 침지해 냄새를 제거하는 방법, 효소 등을 이용해 마늘냄새를 제거하는 법, 열처리와 유기용매를 이용하여 냄새를 제거하는 법, 무취에 근접한 품종을 이용하는 법 및 fuchin산과 활성규소를 이용하여 냄새를 제거하는 법 등이 있다.

최근에는 천연해조류와 간수로 만든 용액에 천연광물질인 제올라이트를 넣고 일반 통마늘을 48시간 동안 담근 후 맑은 물로 씻어 무취 마늘을 제조한 보고도 있다.

2) 무취 무효소 마늘의 제조

마늘의 외피를 제거한 인경(鱗莖)을 소량의 탄산석회를 가해 이의 4배량의 에탄올에 넣고 20분 동안 끓인 후 꺼낸다. 이것을 얇게 저며 동량의 에탄올 속에서 10분간 처리한 후 동량의 에테르 속에서 여러 날 담가둔 후 여과하여 건조·분쇄 한다. 이 과정 중의 무취 마늘의 수율은 약 35%에 달하고, 이들을 5배의 chloroform에 담가 두었다가 건조하면 마늘 냄새가 거의 나지 않는다.

9.3.8. 생 강(ginger)

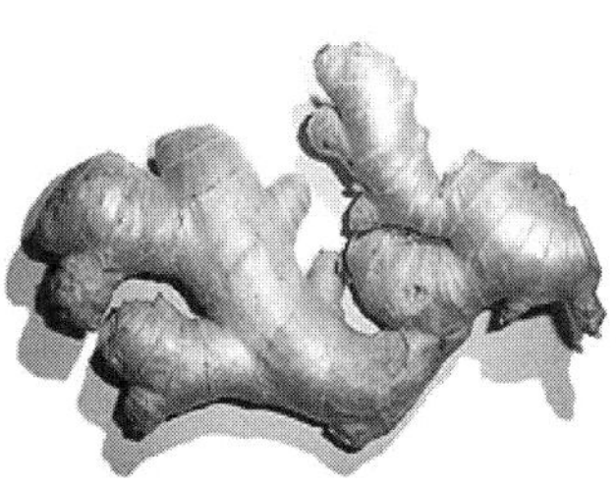

생 강

생강은 다년생 초본으로 땅속에서 자라는 덩이줄기이다. 생강은 종자를 구하기 어려워 뿌리줄기로 무성번식시켜야 하므로 품종 수는 다소 적은편으로 중국의 광동생강, 일본의 왜생강 및 홍생강 등이 유명하다. 우리나라에 생강은 고려 때 향약구급방(鄕藥救急方)의 약품류에 처음 기록이 나온 이래 양념으로 주로 이용되어 왔으며 현재는 서산과 완주 등의 해안가에서 주로 재배되고 있다. 생강의 덩이줄기에는 주로 전분이 40~60%를 차지하고 있으며 섬유질과 휘발성성분 및 매운맛 성분이 함유되어 있다. 생강의 매운 맛 성분은 0.05%의 유상의 zingerone과 결정성의 shogaol이며, zingerone은 동물실험에서 대량투여하면 중추신경을 마비시키지만 미량투여하면 식욕을 증진시키는 효과가 있으며 gingerol은 생강의 매운맛을 내는 가장 강력한 주성분이다. 생강은 주로 식용으로 사용되나 예로부터 건위, 강심, 구토방지, 흥분작용, 감기, 해열, 기침해소 등의 약제로 사용되어 왔으며 최근에는 생강의 콜레스테롤감소 효능, 항산화작용, 혈액응고 억제작용 및 항균작용 등이 증명되었다.

생강은 조리시 생선이나 육류의 냄새 제거에 주로 이용되며 제과, 제빵, 주류에 향 성분 첨가 목적으로 이용된다. 생강 가공품은 생강의 근경을 찌거나 건조시켜 만든 건강(乾薑), 생강을 썰어서 설탕에 재웠다가 말린 편강, 생강을 마쇄, 착즙, 가열하여 생강의 신선미와 매운맛을 그대로 유지한 생강페이스트, 생강분말 등으로 가공하여 이용한다.

또한 생강의 매운맛 성분은 수증기 증류에 의해 특유의 매운맛이 많이 감소되기 때문에 ethanol, acetone 및 ether 등의 유기용매를 이용하여 oleoresin 형태로 하여 가공시 이용되고 있다.

9.3.9. 양 파(onion)

양 파

양파는 백합과에 속하는 다년생 재배 작물로 품종에 따라 매운맛이 강한 홍색종, 조생종이며 매운맛이 연한 백색종, 단맛이 강한 황색종의 세 종류로 구분된다.

양파는 조리시 다육질이며 향미가 강하여 향신료를 겸한 생식용도는 샐러드로 이용되거나 소스, 케첩, 카레, 스프 등의 재료로 이용되며 육류나 생선요리의 비린내 제거에 사용된다. 양파의 주요 가공식품은 건조분말형태로 소시지, 스프, 소스, 카레, 케첩, 인스탄트 라면 등의 주원료로 이용되며, 양파를 수증기로 증류시킨 정유는 식품가공시 flavoring agent로 사용된다.

9.3.10. 박 하(mint)

박 하

박하는 높이 약 1m에 이르는 여러해살이 풀로 번식은 주로 땅속줄기에 의존하며 여러 종류의 박하가 있으나 중요한 것은 peppermint(*M. peperita* L.)와 spearmint(*M. spicata* L.)로 역사가 가장 오래되었으며 수요가 가장 많다. 박하에는 약 0.5~2.5%의 정유가 함유되어 있고 정유의 주성분은 정유의 74~84%가 1-menthol이고 약 10%는 menthone이라고 한다. 박하는 진경진통약(塵境陣痛)의 효과가 있어 신경통, 편두통에 쓰이며 감기, 기관지염, 기관지확장증, 건위, 위통, 위경련 등에 이용되며 혈압강하작용도 있음이 알려져 있다. 박하 잎에 들어 있는 방향성분은 그 액즙을 정제하여 박하수, 박하유, 박하정, 박하뇌 등을 만들며 약재, 향료, 음료에 주로 이용된다.

9.3.11. 들 깨(wild sesame)

들 깨

들깨는 일년생 초본으로 인도의 고지, 중국의 중남부이며 우리나라에는 통일신라시대부터 재배기록이 있으며 최근 수요가 증가되면서 재배면적이 증가되고 있다. 들깨는 비교적 생육기간이 짧고 재배관리가 쉬우며 파종기의 범위가 넓기 때문에 윤작시 후작물로 재배되거나 재해 대체작물로 주로 재배되어왔다. 들깨잎은 독특한 향미를 가지고 있어 침채류 형태로 가공되거나 비린내를 없애는 양념으로 이용되고 있다. 들깨의 종자는 약 40%가 지방질이며 요오드값이 약 200으로 식물유 중 가장 높은 불포화도를 갖는 건성유로 착유하여 조리시 식품의 양념으로 주로 이용된다.

제10장 다류 가공

문화 수준의 향상과 더불어 건강에 대한 강한 욕구는 기능성 식품과 기호성 식품에 관심을 갖게 되었다. 다류는 특정한 영양성분이나 기능성을 갖는 식품은 아니지만 높은 문화의 수준을 갖는 시대를 중심으로 발달된 기호식품이다. 예로부터 동양에서는 차(茶)가 유럽과 남아메리카에서는 커피가 기호식품으로 애용되어 왔다. 식품공전에서는 “다류라 함은 식물성 물질을 주원료로 하여 제조·가공한 침출차, 추출차, 분말차, 과실차, 커피 등 음용을 목적으로 하는 기호성 식품을 말한다.” 라고 정의 한다. 그러나 최근에는 넓은 의미에서 곡류로 만든 율무차, 옥수수차, 식물의 잎으로 만든 두충차, 감잎차, 과실로 만든 유자차, 모과차, 뿌리껍질로 만든 국화차, 인삼차, 약재를 배합하여 만든 쌍화차 등과 같이 따끈하게 달여 낸 기호음료 전체를 다류라고 한다. 본 장에서는 이들 차의 특징과 가공에 대하여 기술한다.

10.1. 침 출 차

침출차는 식물의 어린 싹이나 잎, 꽃, 줄기, 뿌리, 열매 또는 곡류 등의 원료를 단독으로, 또는 2종 이상 혼합하여 이에 다른 식품을 가하여 가공한 것으로서 물에 침출시킨 후 그 여액을 음용하는 것으로 단일 침출차와 혼합침출차로 구분된다.

단일침출차는 단일식물의 싹이나 순, 씨앗, 잎, 꽃, 줄기, 뿌리, 열매 또는 단일곡류 원료를 그대로 침출하거나 미세 다공질의 종이 포장재로 소포장한 것을 물에 넣어서 차 고유의 성분이 침출한 여액을 음용할 수 있도록 한 것으로 대부분의 차가 이에 속한다.

혼합침출차는 단일침출차를 2종 이상 혼합하거나 또는 이를 가공한 것으로 대표적으로 현미녹차를 들 수 있다. 현미녹차는 증제차에 볶은 현미를 혼합하여 만든 차로서 녹차의 산뜻한 맛과 볶은 현미의 구수한 맛이 조화되어 누구나 부담 없이 마실 수 있다.

10.1.1. 차(tea)

차는 차나무과에 속하는 상록관목의 잎을 재료로 한 것으로 잘 다듬어진 찻잎 또는 찻가루를 말한다. 차는 양자강, 메콩강 등의 연안지대가 원산지이고 중국에서는 주(周)시대(B.C 771～122)부터 차를 마셨다는 설과 신농씨(神農氏)때부터 시작되었다는 설이 있으며, 한나라 때는 차의 재배와 제조가 시작되었고 위, 진나라에서 널리 보급되었으며 송대에는 녹차, 명대에는 홍차가 시작되었다. 차는 중국이 원산지로서 옛날부터 홍차와 병행하였으나 관심을 갖기 시작한 것은 유럽에서였다. 중국은 차를 수출하기 위해서 차 묘목과 종자가 유출되는 것을 엄격히 통제하였으며 재배기술이나 제조법에 대하여도 비밀을 지켰다. 그러나 네덜란드인 '야곱센'이 1923～1933년까지 중국에 숨어 들어가 차 종자, 재배도구, 차를 잘 만드는 사람(職人) 등을 실어내어 자바에서 다원을 차렸다. 기록상으로 차가 우리나라에 들어온 시기는 "삼국사기 권 10 홍덕왕조"와 "동국통감 권 11 홍덕왕조"에서 나타난 바에 의하면 신라 27대 선덕왕 때 인것을 알 수 있으며, 차 종자가 처음 파종된 것은 42대 홍덕왕 3년으로 나타나 있다. 신라말기 성행하던 차는 불교국인 고려시대에 더욱 번성하여 모든 불교적인 의식에 필수품이 되었고, 그 후 차(茶)와 선(禪)을 하나로 보는 다선일체(茶禪一體)의 사상이 생기고 차를 통해 무념무욕(無念無慾)을 배우고 그 덕성을 본받아 수신(修身)한 본보기로 삼게 되어 우리 민족과 불가분의 관계를 맺게 되었으나 조선왕조가 건국되면서 점차 일반대중으로부터 멀어지고 차대신 술의 의식이 쓰이기 시작하여 조선후기에는 많은 쇠퇴를 보였다.

19세기에 들어와 차 마시는 여건이 새로이 조성되면서 차를 마시는 풍습이 차츰 되살아나게 되었다. 19세기말 조선에 들어온 외국인들이 조선 왕실에 다업진홍(茶業振興)을 건의하여 1883년부터 농상사(農商司)라는 관청이 생겼다.

농상사는 차 재배를 관장하고 차 재배를 위한 조사를 지시하였고 청나라로부터 차나무 묘종을 수입하기도 했으며 당시의 고관들 사이에는 다화회(茶話會)라는 모임도 자주 열렸었다. 일제 강점기에 차의 생산과 보급 연구 등이 일본인에 의해 진행되었고 고등여학교와 여자전문대학에서 다도를 교육했다.

최근들어 차문화가 활기를 띄기 시작하여 지금은 동호인이나 친목회 등을 통해 많은 사람들이 차를 즐기고 있다. 또한 현대인들의 식생활 자체가 서구화 되면서 성인병의 발병률이 높아짐에 따라 점점 차와 같은 자연식품에 대한 관심이 높아지고 있다.

1) 차의 분류

(1) 발효정도에 따른 분류

찻잎 중에 가장 많이 함유되어 있는 성분은 떫은 맛을 내는 폴리페놀(polyphenoles)이다. 이 성분이 찻잎에 존재하는 산화효소(酸化酵素)의 작용에 의해 황색이나 홍색을 띠는데 theaflavine이나 thearuvichin이라는 성분으로 바뀌면서 색과 맛, 향 등이 변화되는 과정을 발효라고 하며 발효정도에 따라 차를 분류하면 표 10-1과 같다.

표 10-1. 발효정도에 따른 차의 분류

발효정도	분 류
비발효차	녹차(증제차, 덖음차)
반발효차	백차, 화차, 청차
발 효 차	백차, 홍차
후발효차	황차, 흑차(곰팡이 발효차)

① **비발효차(不醱酵茶, 0%)** : 찻잎을 전혀 발효시키지 않고 엽록소를 그대로 보존시켜서 만든 차로 녹차계열(엽차, 말차)이 이에 속한다. 녹차는 가마에서 볶아내는 덖음차(부초차, 釜炒茶)와 시루에서 쪄내는 증제차(蒸製茶)가 있는데, 덖음차는 맛과 향이 좋고 증제차는 색이 곱다.

② **반발효차(半醱酵茶, 10～65%)** : 찻잎을 햇빛이나 실내에서 시들리기와 교반을 하여 찻잎의 폴리페놀 성분을 10～70% 정도 발효시켜서 만든 차로 중국의 푸찌엔성과 광동성 그리고 대만에서 주로 생산되고 있으며, 독특한 꽃향기와 체중감소 효과 등으로 많은 사람들이 즐겨 마신다. 쟈스민차는 15～20%, 포종차는 30～40%, 오룡차는 60～70%, 황차는 85% 발효시킨 부분 발효시킨 차이다.

③ **발효차(醱酵茶, 85%이상)** : 발효정도가 85%이상으로 떫은맛이 강하고 등홍색의 수색을 나타내는 차이다.

④ **후 발효차(後醱酵茶)** : 녹차의 제조 방법과 같이 효소를 파괴시킨 뒤 찻잎을 퇴적하여 공기 중에 있는 미생물의 번식을 유도해 다시 발효가 일어나게 만든 차를 말한다.

(2) 잎의 형태에 의한 분류

① **백차(白茶)** : 백차는 솜털이 덮인 차의 어린싹을 덖거나 비비기를 하지 않고 그대로 건조시켜 만든 차로서 찻잎이 은색의 광택을 낸다. 백차는 향기가 맑고 맛이 산뜻하며 여름철에 열을 내려주는 작용이 강하여 한약재로도 많이 사용한다. 중국 복건성(福建省) 정화, 복정 등이 주산지이다. 백차는 차싹이 크고 솜털이 많은 품종을 선택하여 이십사절기 중 청명(淸明) 전후 2일 사이에 걸쳐 제조한다. 특별한 가공과정을 거치지 않고 그대로 건조시키면서 약간의 발효만 일어나도록 하기 때문에 가장 간단한 차이다.

② **녹차(綠茶)** : 동백나무과(Theaceae) 카멜리아 시넨시스(Camellia senensis)의 싹이나 잎을 따서 바로 증기로 찌거나 솥에서 덖어 발효가 되지 않도록 만든 비발효차이다. 중국과 일본 등이 주요 녹차 생산국으로 중국에서는 덖음차가, 일본에서는 증제차가 주로 생산되고 있다. 우리나라의 경우는 덖음차가 주류를 이루고 있고 증제차는 전체 생산량의 25%정도를 차지하고 있다. 또한 열처리 과정에서 증기로 찐 다음 덖음차와 같이 말아진 형태로 만든 옥록차도 생산되고 있는데 이는 증제차의 산뜻한 맛과 덖음차의 고소한 맛이 조화된 새로운 형태의 녹차이다.

a. **증제차** : 형상이 비늘과 같은 침상형으로 차의 맛이 담백하고 신선하며 녹색이 강한 녹차로 제조공정은 그림 10-1과 같다. 찻잎을 100℃ 정도의 수증기로 30~40초정도 찌면 찻잎 중의 산화효소가 파괴되어 녹색이 그대로 유지되고 부드러운 증제차가 된다. 조유공정에서 생잎 중에 함유되었던 약 78%의 수분을 약 50% 수준으로 열풍으로 감소시켜, 찻잎을 비벼서 찻잎에 수분 함량을 일정하게 하는 유념공정 후, 중유공정에서 교반 및 가압과 동시에 열풍을 가하여 수분 함량을 26%까지 감소시킨다. 그리고 정유공정에서 찻잎의 내부까지 완전히 수분을 배출시키고 침상형(針狀型)으로 만들고, 최종수분 함량이 4~5%가 되도록 건조하여 제품화 한다.

찻잎 → 급엽 → 증열 → 냉각 → 조유 → 유념 → 중유 → 정유 → 건조 → 녹차

그림 10-1. 증제차의 제조공정

말차는 차광재배한 찻잎을 증기로 찐 다음 건조시켜 맷돌과 같은 말차 제조용 기계를 사용해 아주 미세한 가루로 만든 차이다. 떫은 맛은 적고 아미노산과 엽록소가 많아 가루차 그대로 물에 타서 마시거나 차빵, 차국수, 차아이스크림 등 여러 가지 식품소재로 이용되고 있으며 특히 물에 녹지 않는 비타민 A나 토코페롤, 섬유질 등을 그대로 섭취할 수 있어 영양가치가 높다.

b. **옥록차** : 증제차와 마찬가지로 먼저 생잎을 수증기로 찐 다음 덖음차와 같이 구부러진 모양으로 만든 차이다. 담백한 맛과 구수한 향이 특징이며 엽록소의 파괴가 적어 녹색이 강한 편이다.

c. **덖음차** : 생잎 중의 산화효소를 파괴시키기 위해 솥에서 덖어서 만들기 때문에 풋내가 적고 구수한 맛이 특징이다. 특히 수제로 만든 차는 기계로 만든 차보다 녹색이 떨어지며 열처리시간이 길기 때문에 수색이 황녹색을 띠고 비비기가 부족해 고소한 향은 있으나 맛이 담백하다. 반면에 기계로 제조된 것은 위생적이고 녹색이 강하며 맛이 진한 특징이 있다(그림 10-2).

찻잎 → 급엽 → 덖음 → 냉각 → 조유 → 유념 → 중유 → 정유 → 건조 → 녹차

그림 10-2. 덖음차의 제조공정

③ **황차(黃茶)** : 황차는 찻잎의 색상과 우려낸 수색 그리고 찻잎 찌꺼기의 세 가지 색이 모두 황색을 띤다. 황차는 중국의 6대 차류 중의 하나로 그 역사가 매우 오래되었다. 녹차를 제조하는 과정에서 잘못 처리되어 황색으로 변화되면서 우연히 발견된 황차는 송대(宋代)에는 하등제품으로 취급 되었으나 연황색의 수색과 순한 맛 때문에 고유의 제품군을 형성하게 되었다. 황차는 녹차와는 달리 찻잎을 쌓아두는 퇴적과정을 거쳐 습열상태에서 찻잎의 성분변화가 일어나 특유의 품질을 나타내게 된다. 녹차와 오룡차의 중간에 해당되는 차로서 찻잎 중의 엽록소가 파괴되어 황색을 띠고, 쓰고 떫은 맛은 내는 카테킨 성분이 약 50～60% 감소되므로 차의 맛이 순하고 부드럽다. 또한 당류 성분과 단백질의 분해로 당성분과 유리아미노산이 감소되어 단맛이 증가되며 고유의 풍미를 형성하게 된다.

④ **오룡차(烏龍茶, 우롱차)** : 오룡차는 중국 발음으로 통상 우롱차로 불리워지고 있

다. 중국의 남부 복건성(福建省)과 광동성(廣東省), 대만에서 생산되고 있는 중국 고유의 차이다. 녹차와 홍차의 중간발효 정도가 20~65% 사이의 차를 말하며 반발효차로 분류된다. 오룡차란 이름은 11세기 북송(北宋)시대의 기록 중에 나타나 있으나 이 때에는 지금의 오룡차가 미쳐 생산되지 않았기 때문에 산지의 명칭에 유래되었다는 설과 품종에서 연유되었다는 주장, 그리고 송대에 제조된 용무늬가 새겨진 떡차(龍鳳團茶)가 잎차 형태로 변하면서 찻잎 모양이 까마귀와 같이 검고 용처럼 구부러져 있다고 하여 이처럼 불렀다는 설 등 여러 가지 주장이 있다. 이러한 반발효차(半醱酵茶)는 기름기가 많은 요리에 잘 어울리는 제품으로 입안을 산뜻하게 해주고 느끼한 맛을 없애주며 소화를 도와주는 작용을 한다.

⑤ **홍차(紅茶)** : 홍차는 발효정도가 85% 이상으로 떫은 맛이 강하고 등홍색의 수색을 나타내는 차이다. 세계전체 차 소비량의 75%을 차지하는 차로서 인도, 스리랑카, 중국, 케냐, 인도네시아가 주생산국이며, 영국과 영국식민지였던 영연방국가들에서 많이 소비된다. 홍차도 처음에는 녹차나 오룡차와 같이 잎차형태로 생산되었으나 티백의 수요가 늘어남에 따라 티백용의 파쇄형 홍차가 주류를 이루게 되었다. 그렇지만 고급차류는 여전히 정통 잎차형으로 생산되고 있다. 인도의 다즐링(dazzeling), 중국의 기문(祁門), 스리랑카의 우바(Uva)홍차가 세계 3대 홍차로 꼽히며, 차엽 그대로 우려 마시는 스트레이트티와 밀크를 첨가시켜 마시는 밀크티 형태가 있다.

⑥ **흑차(黑茶)** : 중국의 운남성(雲南省), 사천성(四川省), 광서성(廣西省) 등지에서 생산되는 후발효차로서 찻잎이 흑갈색을 나타내고 수색은 갈황색이나 갈홍색을 띤다. 차가 완전히 건조되기 전에 퇴적하여 곰팡이가 번식하도록 함으로써 곰팡이에 의해 자연히 후발효가 일어나도록 만든 차이다. 처음 마실 때는 곰팡이 냄새로 인해 약간 역겨움을 느끼기도 하지만 몇 번 마시다 보면 독특한 풍미와 부드러운 차맛을 느낄 수 있다. 중국에서는 잎차류보다 차를 압착하여 덩어리로 만든 고형차가 주로 생산되며 저장기간이 오래 될수록 고급차로 간주된다.

⑦ **화차(花茶)** : 화차 또한 중국특산으로 재가공 차류에 속한다. 차를 향화와 함께 밀폐된 항아리에 넣어 만든다. 차의 종류와 그리고 가공법에 따라 품종을 구분한다. 녹차류화차, 홍차류화차, 오룡차류화차 등이 있다.

⑧ **긴압차(緊壓茶)** : 모차를 틀에 넣고 압력을 가하여 여러 형태로 성형한 차엽을 긴

압차라하고, 모양이 벽돌처럼 생겼다고 하여 전차(brick tea)라고도 부르는데, 이 차는 중국에 가장 오래된 차의 일종이다. 모차의 종류와 가공 방법에 따라 여러 종류로 나눈다. 흑차류긴압차, 녹차류긴압차, 홍차류긴압차 등이 있다.

(3) 채취시기에 따른 차의 분류

찻잎을 채취하는 절기에 따라 동지 뒤 셋째 무일(戊日) 전후에 만든 차를 납차(臘茶), 춘분 전후의 무일에 만든 차를 납전, 납후차, 사전차(社前茶), 금화(禁火 : 한식, 양력 4월 5, 6일) 전후에 만든 차를 화차(火茶), 곡우(穀雨, 4월 20일 경) 전후에 만든 차를 우차(雨茶), 입하(立夏, 5월 6일 경) 전후에 만든 차를 우전, 우후차, 입하차(立夏茶)로 분류를 한다.

녹차류는 보통 우전(雨前), 세작(細雀), 중작(中雀), 대작(大雀)으로 나눈다. 우전은 곡우 전에 만들어진 차라고 하여 우전이라 한다. 세작은 우전 다음에 어린잎으로 차를 만드는데 보통 4월 말 정도까지를 잡는다. 중작은 세작과 대작의 중간인데 보통 전문가들이 우전과 세작을 주로 마시며 중작은 대중화된 차라고 볼 수 있다. 맛도 그렇게 떨어지지 않고 잘 마시면 색향미를 다 즐길 수 있는 차이다. 보통 5월 중순쯤으로 기간을 잡는다. 대작은 제일 큰 잎으로 채취기간은 5월말까지가 보통이며 조금은 억세고 커서 녹차의 풍부한 맛을 내기가 실제로 어려운 차이다.

채엽시기에 따른 또 다른 분류로는 4월 중순부터 5월 초순까지 채엽하는 차를 첫 물차, 6월 중순부터 하순까지 채엽하는 차를 두 물차, 8월 초순에서 중순사이에 따는 차를 세 물차, 9월 하순부터 10월 초순사이에 따는 차를 네 물차로 분류하는데 이 중 첫 물차는 맛과 향이 가장 뛰어나기 때문에 고급으로 치고 가격 또한 높은 편이다. 두 물차와 세 물차는 여름철의 무더운 날씨로 차의 떫은 맛이 강하기 때문에 품질이 떨어지고, 네 물차는 찻잎 중에 섬유질이 많아 형상이 거칠고 아미노산 함량이 적어 번차용으로 사용된다.

2) 차의 성분 및 생리활성

차는 생육이 왕성한 시기의 차나무 어린잎을 고온에서 단시간 가열 처리하여 산화효소의 작용을 불활성화시킨 후 건조하여 만드는 독특한 제법 때문에 녹색이고 산뜻한 풋내음을 가지며 함유성분도 원료에 가깝게 보존된다.

최근 차는 일상생활의 예절, 문화 등의 정신문화적 측면에서 뿐만 아니라 생체의 면역력 증진, 노화억제, 생체리듬의 조절 및 질병의 예방 등 복잡한 생명활동을 조절하는 기능을 갖고 있음이 과학적으로 규명됨에 따라 건강음료로서의 가치가 재평가되고 있다. 따라서 이 화학적 성분을 중심으로 차의 영양, 기호 및 효능에 대하여 검토함으로써 차의 화학에 대한 이해를 높이고자 한다.

차의 화학성분은 섬유소, 리그린, 단백질, 지방, 불용성 펙틴, 전분 및 색소 등의 불용성 성분 52%, 폴리페놀, 카페인, 유리 아미노산, 무기질, 비타민, 유리당, 유기산 펙틴 및 사포닌 등의 수용성 성분이 48%이다.

차의 성분은 카페인을 주체로 하는 alkaloid를 함유한 커피, 코코아 및 홍차 등의 기호음료에 비해 탄닌, 아미노산, 무기질, 비타민 등 함유된 유효성분의 상호복합작용으로 색다른 기능을 나타내는 것이 특징적이다.

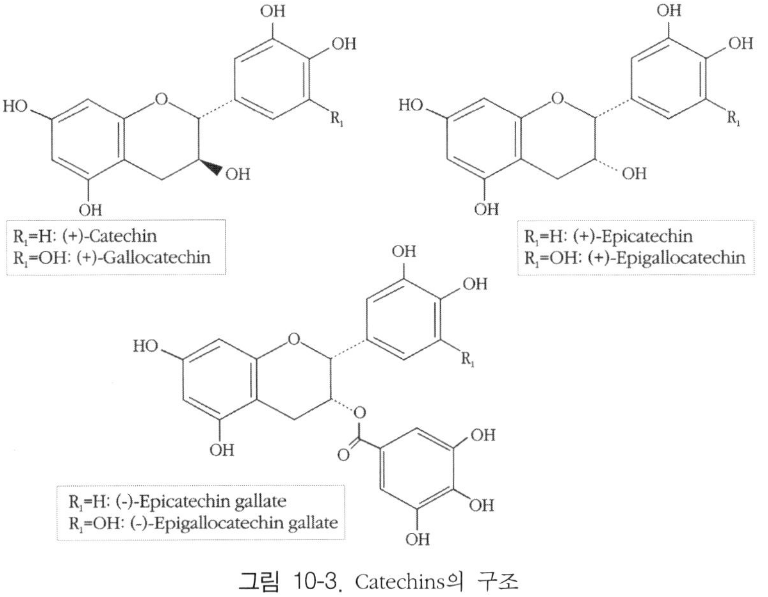

그림 10-3. Catechins의 구조

Tannin(polyphenol, catechins)은 차의 가장 중요한 성분의 하나로 차의 맛, 향기 및 색에 깊이 관여하며 여러 가지 생리작용을 가지고 있다. 이 tannin은 광합성에 의해 형성되므로 일조량에 따라 함유량이 많아 채엽시기가 늦어질수록 함량이 높아지며 90℃이상의 고온에서 용출된다. Tannin의 맛은 온화한 떫은 맛으로 밤 속껍질 또는 덜 익은 감의 떫은 맛과 같이 혀나 입안의 점막에 부착하는 불쾌한 느낌이 없이 다른 맛과 조화를 이루어 깔끔한 풍미를 이룬다. 차의 cathechin은 성인병 및 암 예방에 관계하는 항산화, 항돌연변이, 항암, 항균, 항바이러스, 혈중 콜레스테롤 저하 및 소취 등의 기능이 증명되고 있다.

Caffeine은 tannin과 함께 차를 상징하는 중요 성분으로 상쾌한 쓴 맛을 나타내고 더운 물에 거의 100% 용출되며 tannin과는 반대로 채엽시기가 빠를수록 함량이 많고, 또 차광재배하면 증가한다. 카페인은 1820년 스위스의 생리학자 룽게가 커피콩에서 처음 발견하여 커피소라 하였고, 1827년 영국의 오드리가 차에서 발견하였다고 하여 theine라고 하였으나 그 후 동일 물질로 판명되어 카페인이라 통일하였다. 커피에는 caffeine, 코코아에는 theobromine만이 들어 있는 반면, 차에는 caffeine 외에 caffeine과 유사한 화학구조와 생리작용을 하는 theobromine과 theophyrin이 함유되어 있다. 이들의 생리작용을 살펴보면 대뇌중추신경 흥분작용은 caffeine, theophyrin, theobromine 순으로 나타나며 호흡기 흥분작용, 이뇨작용, 기관지 및 혈관 확장작용은 theophyrin이 가장 강하고 theobromine, caffeine 순이다. 따라서 차에 함유된 카페인의 대뇌중추신경에 대한 흥분, 강심, 이뇨 및 혈관 확장작용 등은 caffeine만 들어있는 커피를 섭취했을 때보다 그 작용이 완만하게 일어나며 지속시간도 짧은 것이 특징이다. 또 차의 caffeine은 커피나 홍차에는 함유되지 않은 cathechins, theanine, 비타민 C 등과 분자화합물을 이루고 있기 때문에 흡수작용이 서서히 일어나 순수한 카페인을 과잉 섭취했을 때 나타나는 정신불안, 불쾌감 등의 부작용을 일으키지 않고 그 작용이 훨씬 부드러운 것이다. 차를 마신 후 약 40분 후에 흥분 및 각성작용이 나타나며 약 1시간 30분 지속된다. Caffeine의 하루 섭취 허용량은 약 500mg정도이다.

아미노산 및 질소화합물은 차의 독특한 감칠맛과 향미 성분의 주체로서 차의 품질과 밀접한 관계가 있다. 차에는 25종의 아미노산이 있으며, 이 중 theanine(단 감칠맛)이 60%정도로 차 맛에 큰 영향을 미친다. Theanine 다음으로는 glutamic acid(신 감칠맛), asparaginic acid(신 감칠맛), arginine(쓴 감칠맛) 등이 중요 아미노산으로 채엽시기가 빠른 차일수록 아미노산 함량이 많다. 이에 비해 채엽시기가 늦어지는 여름 차가 봄 차에 비해 맛이 떨어지는 원인이다. Theanine의 또 하나의 중요한 작용은 카페인의 작용을 억제, 즉 카페인에 의한 중추신경의 자극을 저해시키는 특이적인 작용을 한다. 아미노산은 60℃정도의 저온에서도 잘 용출된다.

비타민류는 비타민 A, 비타민 B_1, 비타민 B_2, 니코틴산, 비타민 C, 비타민 E 및 비타민 P의 작용을 하는 루틴 등을 함유하고 있다. 특히 비타민 C는 괴혈병, 식욕부진, 영양실조, 피하출혈 및 암 등을 예방할 뿐만 아니라 스트레스에 대한 저항력도 높여준다. 비타민 B_1 또한 정신건강에 중요한 성분으로 당질대사에 깊이 관여하기 때문에 당뇨병 치료의 보조효과도 기대할 수 있다. 결핍되면 정신이 산만해지고 권태로워지며 집중력이 저하된다. 또 비타민 P의 작용을 가진 루틴은 혈관벽을 강화시킨다. 비타민 E는 지용성이지만 항노화, 항불임 및 항암작용의 기능이 있다.

무기염류로는 칼륨, 인, 칼슘, 마그네슘, 철 등 알칼리성 무기질을 5～6%함유하고 있으며, 뜨거운 물에 60～70%가 용출되는 것으로 신진대사 및 차의 맛에 영향을 미친다. 또 성분 중에는 구강보건성 성분인 불소가 수용성 형태로 40～200ppm정도 들어 있어 치아 부식 예방효과도 기대할 수 있다. 불소는 경화한 잎으로 만든 여름차 등에 많이 함유되어 있다. 미량 필수원소인 항산화 및 암을 예방하는 셀렌, 효소의 활성화를 돕는 망간, 피부염 방지 및 면역기능 저하 억제를 돕는 아연 등이 함유되어 있다.

주요 색소성분은 엽록소, flavonol, theaflavin 등의 cathechin 산화물 anthocyan 등이며 차 제품의 외관과 차 침출액의 색깔 등 품질평가의 기준이 되며 맛과 향에 영향을 미친다.

당류는 glucose, arabinose, ribose 등이 있으며 이들은 cathechin의 혈당 상승 억제 작용을 도와 당뇨병 예방에 효과가 있다. 유기산은 당류의 분해생성물로 호흡작용에 영향을 주며, 카데친류와 항산화 상승효과의 기능이 있다.

향기성분은 품질 특성에 매우 중요한 성분으로 300여 종이 확인되고 있으며 알코올류가 전체의 80%정도로 가장 많고 기타 카보닐화합물 케톤 등으로 구성되어 있다.

사포닌은 찻잎 중에 0.1% 정도 함유되어 있으며 거담, 항균, 항암, 용혈작용 등이 있다. 쓴 맛과 떫은 맛을 가지고 있다.

혈압강하작용이 있는 것으로 알려져 있는 γ-Aminobutyric acid(GABA)는 생차잎을 알루미늄 봉투에 넣고 진공상태에서 처리하면 생성된다.

이상 침출차의 종류로는 차(tea)의 종류가 대부분이고 그 외에 일부 식물의 잎이나 꽃으로 만든 두충차, 감잎차, 모과차, 국화차 등이 있다.

10.2. 추 출 차

추출차라 함은 식품공전에서 "식물성 물질을 주원료로 하여 그대로 착즙하거나 추출한 것을 가공한 것, 또는 이에 다른 식품이나 식품첨가물을 가하여 고형 또는 액상 등으로 가공한 기호성 식품을 말한다."로 정의되어 있으며 고형추출차와 액상추출차로 분류된다.

1) 액상추출차

기호성 식물류, 야생식물류 등을 추출한 추출액을 그대로 또는 이에 식품이나 식품첨가물을 가하여 농축하거나 시럽상 또는 액상으로 가공한 것을 말한다. 최근에 기능성을 가진 식물에서 기능성 물질이 대량 함유되도록 추출하여 기호에 맞게 당이나 산을 첨가하여 인스턴트 형태로 제조한다. 추출 방법은 주로 물을 용매로 하여 가압추출하거나 ethanol과 같은 용매를 이용하여 환류 추출하며 추출식물의 종류에 따라 다양한 방법이 소개되어져 있다. 현재 대규모로 액상추출차를 생산하는 것으로는 홍삼을 오랫동안 다려 만든 홍삼액 추출차 제조가 있다. 이외에도 어성초, 오미자, 구기자 추출차 등 재료만을 달리하여 액상추출차가 제조되고 있으나 판매량이 많지는 않다.

2) 고형추출차

고형추출차는 "기호성 식물류, 야생식물류 등을 추출한 추출액을 그대로 또는 이에 다른 식품이나 식품첨가물을 가하여 분말 또는 과립상태로 가공한 것을 말한다."고 정의되었다. 편리성을 추구하여 차의 성분을 추출하여 물에 잘 녹는 부형제와 추출물을 혼합 건조하여 분말화한 것을 말한다. 이때 부형제로 사용되는 물질은 정제포도당, 유당, threhalose, 분말 dextrin 등이 사용된다. 기호나 추출재료에 따라 기호성을 조절한 후 추출액과 기질혼합물을 벨트식 건조기에서 분말화 한다. 최근에는 단가가 비싸지만 제품의 균일성과 향기의 손실을 줄일 수 있는 유동층코팅기술 등을 시도하는 연구자도 있다. 일반적인 제조공정은 그림 10-4와 같다.

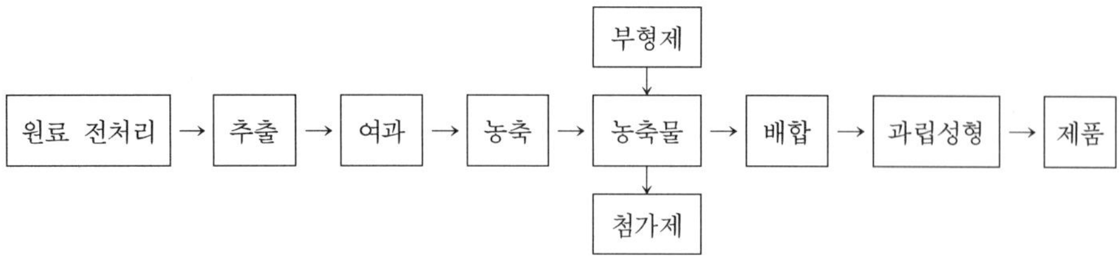

그림 10-4. 일반적인 고형추출차 제조과정

10.3. 분 말 차

분말차는 "식물성 물질을 그대로 가공한 것 또는 이에 다른 식품이나 식품첨가물을 가하여 분말 또는 조분말상으로 가공한 것으로서 물을 가하여 그대로 음용하는 기호성 식품을 말한다."로 정의되어 있으며 대표적으로는 율무차, 곡류 분말차, 홍삼분말차 등이 있다.

10.4. 과 실 차

과실의 즙, 과육, 과피 등에 다른 식품이나 식품첨가물을 가하여 분말 또는 액상으로 가공한 것으로서 물에 희석하여 음용하는 기호성 식품으로써 분말과실차와 액상과실차가 있다.

1) 분말과실차

과실의 즙, 과육 또는 과피 등을 가공한 것이거나 또는 이에 다른 식품이나 식품첨가물을 가하여 분말상으로 가공한 것으로 물에 희석하여 음용하는 것으로 우리나라에는 오렌지분말차, 포도분말차 등이 제품화 되어 판매되고 있다.

2) 액상과실차

과실의 즙, 과육, 과피 등을 가공한 것이거나 또는 이에 다른 식품이나 식품첨가물을 가하여 시럽 또는 액상으로 가공한 것으로서 물에 희석하여 음용하는 기호성 식품으로 모과, 선인장열매, 오미자, 유자, 석류, 복분자 등의 제품이 있다.

10.5. 커 피

커피나무 열매의 씨를 볶아서 만든 원두나 가루를 원료로 한 음료로서 독특한 맛과 향을 지닌 기호음료이다. 어원은 아랍어인 카파(caffa)로서 힘을 뜻하며, 에티오피아에서는 커피나무가 야생하는 곳을 가리키기도 한다. 유럽에서는 처음에 아라비아의 와인이라고 하다가 1650년 무렵부터 커피라고 불렀다. 커피나무 열매가 붉게 익으면 과육이 벌어지면서 푸른빛을 띤 생두가 나오는데, 이것을 말려서 볶은 뒤 가루를 내어 사용한다. 맛은 쓴맛, 신맛, 단맛, 떫은 맛 등 다양한데, 쓴맛은 카페인, 떫은 맛은 탄닌, 신맛은 지방산, 단맛은 당질에서 비롯된다. 지방산은 포화지방산인 팔미트산과 스테아르산, 불포화지방산인 올레신과 필수지방산인 리놀레산이다. 그밖에 수분, 조단백질, 추출물, 조섬유, 회분과 향을 내는 휘발성 유기산 등이 들어 있다.

커피나무

커피열매

커피콩

10.5.1. 원 두

스웨덴의 박물학자 린네는 커피의 품종을 16개로 나누었으나, 오늘날 상업적으로 재배하는 품종은 Arabica종과 Robusta종 및 Liberia종의 3대 원종이 있다. 이 가운데 Arabica종은 에티오피아 원산으로서 해발 500～1,000m의 높은 지대와 15～25℃의 온도에서 잘 자란다. 병충해에 약하고 성장속도가 느리지만 맛과 향이 뛰어나고 다른 종에 비해서 카페인이 적다. 브라질, 콜럼비아, 멕시코, 과테말라, 에티오피아 등지에서 생산하며, 전 세계 커피 생산량의 약 75%를 차지한다. Robusta종은 콩고 원산으로 평지와 해발 600m 사이의 낮은 지대에서 잘 자란다. 병충해에 강하고 성장속도도 빠르다. 향이 거칠고 자극적이어서 인스턴트커피로 이용하는데, 전세계 산출량의 25%를 차지하며 인도네시아, 우간다, 콩고, 가나, 필리핀 등지에서 생산한다. 또 Liberia종은 낮은 온도와 병충해에 강하고 100～200m의 낮은 지대에서도 잘 자란다. 수리남, 라이베리아에서 약간량을 생산하며 주로 배합용으로 쓴다.

10.5.2. 제 조

커피의 제조공정은 수확한 커피콩 수분을 약 20% 수준이 되도록 천일 또는 인공 건조하여 빛깔이나 향기가 변하지 않도록 하고 이들을 기준으로 등급을 결정한 후 가공한다. 일반적인 커피의 제조공정은 그림 10-5와 같다.

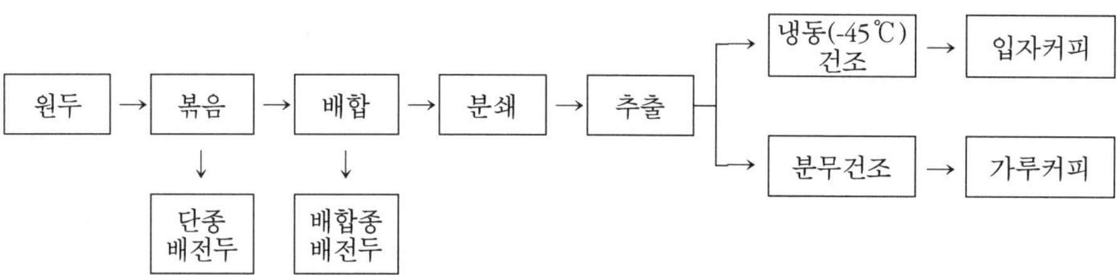

그림 10-5. 커피의 제조공정

1) 열매의 수확

수확기는 지리학적인 위치에 따라 달라지지만 한 해에 한 번의 수확을 하는 것이 일반적이다. 우기와 건기의 구별이 뚜렷할 경우 북반구에서는 9월에서 3월까지, 남반구에서는 4월에서 5월까지(8월까지도 수확이 계속되기는 함)가 주된 수확기이다. 콜롬비아나 케냐 같이 우기와 건기의 구별이 뚜렷하지 않은 나라에서는 일 년에 두 번의 개화기가 있어 수확기도 두 번이며, 적도 부근의 나라는 일 년 내내 수확이 가능하다. 커피나무에는 덜 익은 녹색의 열매와 다 익은 붉은색의 열매가 항상 같이 달려있으므로 다 익은 열매를 가려 일일이 손으로 따야만 한다. 그러나 브라질처럼 대부분의 열매가 익기를 기다려서 나뭇가지를 잡아 훑어 내리거나 기계로 수확을 하는 경우를 strip picking이라고 하는데, 덜 익은 열매와 너무 지나치게 익은 열매를 한꺼번에 수확함으로 인해 품질은 좋지 않다. 반면에 잘 익은 열매만을 가려서 수확하는 것을 selective picking이라고

하는데 8일 또는 10일의 간격을 두고 커피나무에서 익은 열매만을 선택적으로 골라 따는 것이다. 이 방법은 주로 Arabica에만 적용되며 많은 비용이 드는 단점이 있지만 품질이 좋은 커피를 얻을 수 있다. 평균적으로 한 일꾼이 하루에 50kg에서 100kg의 열매를 수확하는데 이 중 원두는 20%를 차지하므로 하루에 약 10kg에서 20kg의 원두를 수확하는 셈이다. 커피나무의 높은 곳에 달려 제 때에 수확되지 못한 열매는 가지에 달린 상태에서 숙성된다. 이러한 열매만을 모아 가공 처리한 커피는 일본에서 완숙커피라고 불리는데 커피콩이 완숙되는 동안 땅에 떨어져 썩거나 새 또는 벌레가 먹어버려 정상적으로 수확되는 양은 매우 적으나 감미와 향이 뛰어나 고가에 팔린다.

2) 원두의 제조

커피의 열매 중 원두(커피콩)만을 사람이 음용하므로 수확한 열매에서 불필요한 부분은 제거되어야 한다. 이 불필요한 커피열매의 과육을 제거하는 방법은 크게 두 가지 방법, 습식법(wet processing)과 건식법(dry processing)이 있다. 일부 예외가 있기는 하지만 습식법으로 처리된 원두는 마일드, 건식법으로 처리된 원두는 로부스타와 브라질이다.

(1) 건식법

건식법은 아주 오랜 옛날부터 사용되던 방식으로 지금도 많은 물을 사용하기 힘든 지역이나 소규모 농원에서 주로 사용되는 방법으로 인공건조와 자연건조 둘로 나누어 볼 수 있다.

자연건조의 경우 햇빛을 이용하기 때문에 별도의 설비에 대한 투자가 필요하지 않다. 수확한 열매 중 덜 익었거나 너무 익은 것, 손상된 것을 제거하는 분리과정을 거친 후 주로 시멘트나 콘크리트로 만들어진 건조장이나 맨땅에서 건조를 하는 방식으로 약 2주 정도의 건조기간이 필요하다. 건조기간 중에는 윗부분과 아랫부분을 자주 고루 섞어 주어야 하며, 밤에는 이슬을 피하기 위해 한 곳에 모아 덮개를 씌워주어야 한다. 건조가 잘 되었을 경우 커피 열매를 흔들면 커피 원두와 외과피가 부딪히는 소리가 나는데 이 때의 수분 함량은 약 20% 정도이다. 이렇게 건조된 열매의 과육을 제거하면 커피 원두를 얻게 되는데, 이를 다시 건조하여 수분이 12～13% 정도가 되도록 한다. 그 후 크기에 따라 등급을 분류하고, 이물질을 제거하게 되는데 자동화된 설비를 이용하기도 하고 인건비가 싼 나라는 수작업에 의존하기도 한다. 이 후 마대에 담는 과정을 거치면 우리가 접하는 원두가 된다. 인공건조는 건조탑이라는 설비를 요하는데 인건비가 비쌀 경우 주로 이용하게 된다. 이때 건조하는 온도가 품질에 미치는 영향은 매우 크다. 보통 50℃의 열풍으로 3일 정도 건조하며, 건조가 끝나면 자연건조된 커피와 동일한 과정을 거쳐 원두가 된다.

(2) 습식법

습식법은 현대적인 방법으로 건식법에 비해 비용은 많이 들지만 보다 좋은 품질의 커피를 얻을 수 있어 대부분의 Arabica 생산국에서 사용되고 있다. 수확된 커피 열매는 수조에서 물에 뜨는 것들을 제거한 후 과육을 제거하는 설비(pulper)에서 외피와 과육이 제거된다. 그리고 다시 한 번 수조에서 물에 뜨는 것들을 제거한 후 발효과정을 거치게 되는데 발효는 끈적끈적한 점액질(pectin)을 제거하는 과정으로 커피 자체가 가지고 있는 효소와 미생물에 의해서 이루어진다. 하루 내지 이틀간의 발효 후 물로 지저분한 것들을 씻어내고 건조과정을 거치면 내과피(parchment)로 둘러싸인 원두를 얻게 된다. 일반적으로 이 내과피에 둘러싸인 상태에서 품질이 가장 잘 보존되므로 출하 직전까지 이 상태로 보관을 한다. 출하시에는 내과피를 기계(huller)로 제거한 후 원두 크기에 따라 분류하고 이물질 및 결점수를 제거한다. 최종적으로 마대에 담으면 상품화가 끝난다. 각각이 장단점을 가지고 있는 건식법과 습식법 중 어느 방법을 택할 것인가 하는 것은 산지의 사정에 의해 결정된다. 그러나 산지의 사정이 달라지더라도 거의 인식이 굳어져버린 지금은 그 방법을 바꾼다는 것이 쉬운 일은 아니다. 브라질이 습식법에 의해 가공된다는 것은 상상이 잘 가지 않는 일이기 때문이다. 최근에는 반수세식(semi-washed)이라는 새로운 가공 방법이 생겼는데 이는 건식법과 습식법이 합쳐진 형태이다. 수조에서 열매를 선별하고 과육을 제거한 후 건식법에 의해 건조를 하는 것을 말하는데 관능적으로는 건식법의 특징이 유지되고 선별 정도는 강화된 가공 방법이라 할 수 있다.

3) 원두의 배합(blending)

원두는 품종에 따라 각각 지니고 있는 맛과 향의 특성이 다르기 때문에 어떤 종류의 원두에 부족한 점을 다른 원두로 보강시켜 줌으로써 더욱 조화로운 맛과 향을 얻을 수 있다. 배합시 원두의 선택은 유통이나 가격에 무리가 없고 품질이 안정된 종류의 원두를 선택하여야 하며, 저품질의 재료를 사용해 가격을 조정하려고 할 경우에는 양질의 커피를 만들어 낼 수 없다. 또한 배합비율은 정확한 계량을 통해 결정하여야 한다. 보통 두 종류에서 다섯 종류의 원두를 혼합하는데 너무 많은 종류의 배합은 특징이 없는 커피가 되므로 가급적 피하여야 한다.

배합시 주의 사항은 ① 사용하고자 하는 원두의 장단점을 잘 파악하고 결점을 보충할 수 있는 원두를 선택하여야 하며, 각각의 원두를 사용해서 얻을 수 있는 효과의 정도를 명확히 알고 있어야 제대로 된 커피를 만들어 낼 수 있다. ② 배합의 기본이 되는 원두는 특히 브라질, 콜롬비아와 같이 품질이 안정된 것을 사용하여야 한다. ③ 개성이 있는 원두를 주축으로 하고 그 위에 보충의 원두를 배합한다. 대표적인 2종 배합은 모카자바로 이디오피아의 모카커피와 인도네시아의 자바 커피를 반씩 혼합한 것으로 가장 널리 알려져 있다.

4) 배 전(roasting)

원두를 이용해서 우리가 마시는 음료까지 만들기 위해서는 배전(焙煎, roasting), 분쇄(grinding), 추출(brewing)의 세 가지 공정을 거쳐야만 한다. 이 중 배전은 커피의 고유한 향미가 생성되는 유일한 공정으로 배전과정 중 약 600개 이상의 화학물질이 생성된다. 배전은 시간과 온도에 의존하는 공정(time-temperature-dependent process)으로 배전에 의해 커피 원두는 물리적, 화학적 변화 및 구조가 변형된다. 수분이 증발되고, 이산화탄소가 생성되어 방출되며, 여러 휘발성 향기성분 등이 생성됨과 동시에 일부 손실도 일어난다. 또한 부피가 약 2배까지 증가하고 밀도는 반 이하로 감소하며 조직이 다공성으로 바뀐다. 배전의 정도에 따라 비례적으로 감소하는 커피의 성분으로는 trigonelline, chlorogenic acid가 있는데 이들의 함량을 측정하여 배전정도를 파악하기도 한다.

(1) 배전공정

배전은 열전달 현상에 의한 것으로 결국은 전도(conduction), 대류(convection), 복사(radiation)에 의해 공급된 열이 커피 원두를 가열하여 일어나는 것이다. 배전을 시작하면 초기에는 흡열반응이 일어나 원두 자체의 품온이 서서히 올라가고 수분의 증발이 일어난다. 원두의 품온이 190℃ 정도에 도달하면 원두는 스스로 타기 시작하고 열을 방출하는 발열반응으로 바뀌며 온도는 급속히 증가한다. 이때부터 향기성분이 본격적으로 생성되기 시작하는 것이다. 과거에는 원두 표면의 색을 육안으로 관찰하며 배전 정도를 조절하였으나 요즈음은 과학 발달에 힘입어 전자시스템으로 원두표면의 온도를 측정하여 배전 정도를 조절하므로 자동화도 가능하다. 원하는 정도의 배전이 되었을 때 반응을 신속히 종결시켜야 원하는 품질을 얻을 수 있는데 이를 위해서는 원두의 품온을 순간적으로 떨어뜨려야 한다. 이때 주로 이용되는 것은 물을 뿌리는 방법이다. Water quenching이라고 부르는 이 방법은 최종적으로 얻는 원두의 수분을 약 1～2% 정도 상승시키는 정도의 물을 뿌리는 것이 좋다. 이때 주의할 점은 모든 물이 증발될 수 있게 물의 양을 맞춰야 한다는 것과 골고루 뿌려야 한다는 것이다. 어느 것 하나라도 잘못되면 향기성분의 손실을 초래한다. 보통 배전된 원두의 수분 함량은 2% 내외이므로 물을 뿌려 식힌 경우 4% 정도의 수분 함량을 갖게 된다. 물을 뿌리고 나면 곧바로 cooling car라고 하는 곳에서 찬 공기를 강제로 불어넣어 최종적으로 냉각을 한다. 소형 배전기의 경우는 물을 뿌리는 과정이 생략되기도 한다. 원두의 품온을 신속히 떨어뜨리는 것은 향미의 보존에도 커다란 영향을 미친다. 배전방식은 배전에 걸리는 시간에 따라 다음과 같이 세 가지로 구분하기도 한다.

표. 10-2. 시간에 따른 배전방식 분류

분 류	방 식	배전시간	특 징
Long roasting	회전형 드럼 배전기를 사용하는 전형적인 배전 방식	12~15분	- 향기성분의 손실이 큼 - 유기산이 많이 분해되어 신맛적음
Short roasting	열풍에 의한 순간적 가열방식	2~4분	- 향기성분의 손실이 적음 - 유기산의 파괴가 적어 신맛 강함 - 내부의 가스 생성에 의한 압력이 커 가스의 방출시 일어나는 부피 팽창이 큼
Intermediate roasting	중간적인 형태	5~8분	- 중간 특징 가짐

배전의 정도에 따라 원두의 빛깔은 녹색에서 황색, 갈색을 거쳐 검정색을 띠게 되는데 정도가 심하면 심할수록 caffeol과 커피오일이 원두의 표면으로 더 많이 배어나오게 된다. 심할 경우 기름을 발라놓은 것처럼 보이기도 한다. 이러한 현상은 sweating이라고 말하는데 이는 원두가 땀을 흘리는 것 같아 보이기 때문에 붙여진 이름이다. 배전과정

동안 원두의 내부에서 생성되는 이산화탄소는 원두의 산화를 막아주는 역할을 한다. 이산화탄소가 서서히 배출되며 산소의 침투를 막기 때문이다. 배전이 끝난 이후 시간이 경과함에 따라 원두 내부의 이산화탄소 함량은 감소하게 되는데 이는 산소의 침투를 용이하게 하여 향미를 갖고 있는 오일 성분의 산화를 재촉한다. 커피를 분쇄하면 이산화탄소의 방출은 더욱 가속화되고 산소에 노출되는 표면적도 넓어져 산화의 속도는 더욱 빨라진다. 이로 인해 산화는 더욱 빨리 진행되고 커피의 향미는 더욱 나빠진다.

(2) 배전기 종류

① **직화식 배전기**(conventional roaster, drum roaster) : 가장 오래되고 가장 일반적인 배전기로 원통형의 드럼을 가로로 눕힌 형태를 하고 있다. 드럼이 회전하는 것에 의해 원두가 골고루 섞이며 배전되고, 배전이 끝나면 앞쪽의 문을 열어 원두가 냉각기(cooling car)로 방출되도록 하는 방식을 택하고 있다. 원두는 가스 또는 오일 버너에 의해 가열된 드럼의 표면과 접촉하거나 뜨거운 주위의 공기에 의해 배전된다. 다소 변형된 형태로는 드럼의 몸체에 구멍을 뚫어(perforated) 고온의 연소가스가 드럼 내부를 지나도록 한 것과 팬(fan)이나 모터(mortar)를 이용해 강제로 연소가스를 드럼에 불어넣는 방식(반열풍식 배전기라고도 함), 고온의 연소가스가 재활용(recycle) 되도록 하여 열효율을 높힌 것 등이 있다. 가동 부분이 적고 간단하다는 장점을 가지고 있어 현재에도 가장 널리 사용되고 있다.

② **열풍식 배전기** : 고온의 열풍을 불어넣어 원두를 배전하는 방식을 말한다. 열풍에 의한 가열은 직화식보다 균일하게 배전을 할 수 있고 배전시간의 단축도 가능하다. 고속으로 원두 사이를 통과하는 열풍에 의해 원두는 공중에 뜬 상태로 섞이며 배전되어 rotary fluidized bed roaster라고도 불린다. 직화식 배전기와는 달리 배전실과 냉각실이 별도로 되어 있어 배전실의 열손실이 적은 장점도 가지고 있다. 일반적으로 배전실에서 원두가 배전되어 자유낙하에 의해 냉각실로 떨어져 냉각이 되는 동안 또 다른 원두가 배전실로 투입되어 배전이 시작된다.

③ **숯불 배전기**(charcoal roaster) : 1970년대 일본에서 개발된 숯불 배전기는 열원으로 숯을 이용하는 배전기로 직화식 또는 열풍식 배전기를 개조한 형태인데 대부분이 소형이다. 숯이 내는 강열한 복사열을 이용하는 방식으로 숯이 발하는 원적외선은 원두의 내부를 가열하여 겉과 속이 다른 배전기보다 훨씬 균일하게 배전되는

장점을 가지고 있다. 또한 숯이 탈 때 발생하는 숯 고유의 냄새(smoke)가 커피에 스며들어 독특한 향을 즐길 수 있다. 일본 이외의 다른 나라에서는 거의 사용되고 있지 않는데 연료비가 많이 든다는 단점 때문인 것으로 생각된다.

이러한 배전기들 이외에도 마이크로웨이브를 이용하는 방식(micro-wave roaster), 적외선을 이용하는 방식(infrared roaster), 스팀을 이용하는 방식(steam roaster) 등 다양한 형태의 배전기가 있으나 상용화된 경우는 많지 않다. 연속식 배전기 또한 개발되어져 있고 일부 사용은 되고 있으나 널리 사용되고 있지는 않다.

10.5.3. 종 류

1) 원두커피(볶은 커피)

원두의 이물질을 제거하는 선별공정을 통해 먼지, 돌, 쇠붙이 등을 제거하여야 한다. 선별된 원두는 제품별로 각각의 특징을 살릴 수 있는 배합비로 혼합이 되어야 하는데 주로 별도의 혼합과정을 거치지는 않고 볶는 과정 중에 자연스럽게 혼합이 되도록 한다. 적당량의 원두를 종류별로 계량 후 배전기(roaster)에 투입하고 가열하여 볶는다. 볶아진 원두는 냉각과정을 거쳐 포장되면 원두커피(roasted whole bean), 냉각 후 분쇄과정을 거쳐 포장되면 원두분쇄커피(roasted and ground)가 된다.

2) 인스탄트커피

원두커피의 가용성 추출액을 건조한 것을 말하며, 원두커피와 동일한 선별, 혼합, 배전을 거친 후 적당한 크기로 원두를 분쇄하고 추출기에서 뜨거운 물로 커피액을 추출한다. 이 추출된 액에서 좋은 향을 별도로 분리해 내고, 나머지 액은 농축을 한다. 농축은 추출된 커피원액에서 수분을 증발시켜 진하게 만드는 공정으로 진공증발농축과 동결농축 등이 있다. 농축된 액에 분리해 둔 향을 첨가하는 과정을 거치고 나서 분무건조하면 분무건조 커피, 얼린 후 동결건조 과정을 거치면 동결건조 커피가 된다. 분무건조는 농축된 커피원액을 고온에서 분무시켜 건조하는 방식으로, 최근에는 다단식 분무건조(multi-stage spray drying)라는 공법이 도입되어 더욱 풍부한 커피의 맛과 향을 살릴 수 있게 되었다. 이렇게 만들어진 분무건조 커피를 흔히 가루커피라고 부른다. 분무건조 커피를 아주 작은 입자로 분쇄해 항습장치로 보내고 증기를 뿌리면 작은 입자들이 수증기와 함께 엉켜 일정한 크기의 과립커피(granule coffee)가 된다. 이렇게 만들어진 과립커피는 찬물에도 잘 녹는다. 한편 농축된 커피 원액을 −40℃ 정도의 낮은 온도가 유지되는 동결기로 보내고 얼음상태에서 수분만 기체형태로 제거해 내면(승화) 최고급의 냉동건조 커피를 만들어 낼 수 있다. 냉동건조 커피는 흔히 입자커피라 불린다.

3) 조제커피

볶은 커피 또는 인스탄트커피에 식품 또는 식품첨가물을 혼합한 것으로 대표적으로 커피믹스를 예로 들 수 있다.

4) 액상커피

볶은 커피의 추출액 또는 농축액이나 인스탄트커피를 물에 용해한 것 또는 이에 당류, 유성분, 비유크림 등을 혼합한 것으로 대표적으로 캔커피 등을 예로 들 수 있다.

참고도서

1. 고정삼. 농산식품가공학. 광일문화사. 2002.
2. 식품저널. 고추. 매운맛의 과학. 2001.
3. 농촌진흥청. 고품질 쌀 생산과 관리. 2003.
4. 기정로. 쌀 시장개방 확대에 대응한 쌀 산업 경쟁력 제고방안. 2005.
5. 김기종. 벼의 수확시기가 도정특성과 미질에 미치는 영향. 충북대학교 박사학위논문. 2000.
6. 김동연. 농산가공학. 영지문화사. 1992.
7. 김상순. 한국전통식품. 숙명여대 출판부. 1985.
8. 김성곤. 식품과학. 19(4). 105. 1986.
9. 김성곤. 조남지. 김영호. 제과・제빵과학. 비앤씨월드. 2001.
10. 김우정. 최희숙 공저. 천연향신료. 도서출판 효일. 2001.
11. 김재욱. 이택수. 김관승. 금종화 공저. 식품가공저장학. 광문각. 1994.
12. 김재욱. 조성환. 지의상. 차원섭. 농산식품가공학. 문운당. 2004.
13. 김재철. 보리. 2000.
14. 김준. 잘 먹고 잘사는 법(커피). 김영사.
15. 남주현 공저. 제과・제빵 실습서. 광문각. 1998.
16. 노완섭. 하석현. 건강보조식품과 기능성식품. 효일문화사. 1999.
17. 농림부. 농림통계연보. 2004.
18. 농수산부. 가공원료 농산물 생산개요. 2003.
19. 농수축산신문. 한국 식품연감. 2003. 2004.
20. 농촌진흥청. 과실. 채소 맛있고 신선하게. 부민문화사. 2004.
21. 농촌진흥청. 식품성분표. 1996.
22. 문승환. 식품과학과 산업. 21(3). 42. 1988.
23. 민병용. 식품과학과 산업. 23(1). 27. 1990.
24. 박완수. 구영조. 안병학. 최신양. 김치류의 표준가공공정 설정. 한국식품개발연구원. 1994.
25. 박원종. 오경철. 정문웅. 조남지. 주현규 공저. 식용유지학. 유림문화사. 1999.
26. 배종찬. 식품과학. 13(1). 22. 1980.
27. 손종록 등. 쌀의 품질평가 현황과 금후 연구방향. 한국작물학회지. 47. 33-54. 2002.
28. 손태화 공저. 식품가공학. 형설출판사. 1999.

29. 송재철. 박현정. 최신 식품가공저장학. 효일문화사. 1998.
30. 송재철. 박현정. 최신식품가공학. 유림문화사. 2000.
31. 한국식품과학회. 식용유지 기술의 원리와 이해. 1994.
32. 한국식품과학회. 식용유지의 정제. 수소첨가. 에스테르화 반응 및 에멀젼의 기초과학 및 응용. 1998.
33. 식품산업. 식품경제신문. 식품년감. 2005.
34. 식품의약품안전청. 식품공전. 2004.
35. 농촌진흥청. 식품성분표. 2001.
36. 식품저널. 식품유통연감. 2004.
37. 식품유통저장학회. 산학연관 춘계심포지엄. 지역 농축산물 특성화를 위한 브랜드개발 전략. 2006.
38. 신효선. 지방대체물질의 최근 동향. 식품과 산업. 한국식품과학회. 1995.
39. 농촌진흥청. 쌀 품질 고급화 전략. 2005.
40. 농촌진흥청. 쌀 품질 및 식미평가. 2003.
41. 한국식품저장유통학회. 쌀의 과학과 건강. 2003.
42. 안용근 공저. 식품가공・저장학. 효일문화사. 1999.
43. 영남대학교. 전통장류의 생리활성 기능. 1999.
44. 영남대학교 부설 장류연구소. 제 1회 장류 심포지움 및 장류 전시회. 1998.
45. 오승희. 최경호. 식품위생관련법규. 도서출판 효일. 2005.
46. 농촌진흥청. 우리의 맛과 떡. 2000.
47. 유태종. 이상건. 김두진. 식품가공학. 문운당. 1984.
48. 이광석. 제과・제빵론. 양서원. 2000.
49. 이상효. 식품기술. 3(1). 5. 1990.
50. 이성갑. 농산식품가공이용학. 유림문화사. 1998.
51. 이영택. Annealing수침처리에 따른 습식제분 쌀가루의 전분 특성. 한국식품과학회지 36. 393-398. 2004.
52. 이정희. 이병찬. 김혜룡. 제과・제빵. 도서출판 효일. 2003.
53. 이해은. 증편구조에 미치는 쌀 단백질의 영향. 한국조리과학회지 20. 396-402. 2004.
54. 이현수. 식품과학. 17(3). 15. 1984.
55. 이혜정. 최은영. 장판식. 이용환. 전통음청류의 분류 및 범주 정의(1). 식품과학과 산업 12. 2004.
56. 이효지. 조선시대 떡류의 분석적 고찰. 한국음식문화논총. 1999.

57. 이효지. 전통떡류의 과학적 고찰과 산업화과제. 한국조리과학회지 295-308. 1999
58. 장학길. 이영택. 식품가공학. 신광출판사. 2004.
59. 장희진. 식품가공과 조미기술. 세진사. 1992.
60. 전재근. 식품공학 -이론과 응용-. 개문사. 1986.
61. 정동효. 심상국 편저. 대두발효식품. 간장. 지성의 샘. 1994.
62. 정동효. 심상국 편저. 대두발효식품. 된장. 지성의 샘. 1994.
63. 정동효. 콩의 과학. 대광서림. 1999.
64. 조재선. 식품재료학. 문운당. 2000.
65. 주현규. 식품가공학. 유림문화사. 1992.
66. 최상호. 정월계. 왕숙자. 제과・제빵학. 문운당. 2006.
67. 최성관. 옥수수정련기술과 전분화학. 한국전분・당협회. 1996.
68. 최성희. 우리차 세계의 차 바로알고 마시기. 도서출판 서원. 1999.
69. 최해춘. 쌀을 알자. 신구문화사. 1997.
70. 한국대학 식품영양 관련학과 교수협의회. 식품학. 문운당. 2001.
71. 한국민속사전편찬위원회. 한국민속대사전. 한국사전연구사. 1999.
72. 한국산업식품공학회. 고추장의 기능성과 최신산업화 기술. 2001.
73. 한국제분공업협회. 소맥과 제분공업. 1985
74. 한국제분공업협회. 제분과 밀가루의 이용. 1990 .
75. 한충수. 곡물의 고품질 건조・저장 기술. 신홍기업사. 신홍기술연구소. 2005.
76. 홍행홍. 제과・제빵. 한국산업인력공단. 2003.
77. 황이남. 생물산업. 5(3). 18. 1992.
78. 金田尚志. 十五嵐脩. 改訂食品加工. 光生館. 日本. 東京. 1996.
79. 加藤博通. 檜作進. 内海成. 鬼頭誠山. 内内文男. 小倉長雄. 中林敏郎. 新農産物利用學, 朝倉書店, 1981.
80. 大坪研一. 米の美味しさを 測る. 米の美味しさの科學. 32-34. 1996.
81. 渡辺篤二 海老根英雄. 太田輝夫. 大豆食品. 光琳書院. 日本. 東京. 1971.
82. 露木英男. 越後多嘉志. 鴨居郁三. 管野長右工門. 竹中哲夫. 食品製造科學. 建帛社. 東京. 1994.
83. 木村進. 食品と開發. 25(1). 6. 1990.
84. 福場博保. 小林漳夫 編集. 調味料・香辛料の事典. 朝倉書店. 1991.
85. 寺本四朗 編. 食糧工學ハンドフック. 朝倉書店. 1966.
86. 三浦洋. 農産食品. 文永堂. 日本. 東京. 1984.

87. 緒方邦安. 園藝食品の加工と利用. 養賢堂. 1973.
88. 小原哲二郎, 製菓事典. 朝倉書店. 1981.
89. 小原哲二郎. 食品製造學. 建帛社. 日本. 東京. 1981.
90. 日本榮養食糧學會. 大豆 蛋白質の加工特性と生理特性. 建帛社. 日本. 東京. 1999.
91. 五明紀春. 品川弘子. 吉川企世子. 古我可一. 食品加工. 學文社. 1987.
92. 樽谷降之. 北川博敏. 園藝食品の 流通・貯藏.・加工. 養賢堂. 1986.
93. 中村道德. 鈴木繁男. 澱粉科學 ヘンドブック. 朝倉書店. 1977.
94. 中村陸. 高木正一. 食品工業. 25. 82. 1982.
95. 板村貞雄. 高尾彰一. 安井逸. 最新 食品加工學. 三共出版. 日本. 東京. 1991.
96. A.C. Hulme. The biochemistry of fruits and their products. Academic press. 1970.
97. Allan K. Smith. Soybean. AVI Publishing. 1978.
98. Borlaug. N.E. Food Technol. 46(7). 84. 1992.
99. Brennan. J.G. et al. Food engineering operation. 2nd ed. Applied science. 1976.
100. Colin D. May. Industrial pectins : Sources. production and application. Carbohydrate Polymers 12. 1990.
101. Desrosier. N.W. The technology of food preservation. AVI Pub. Inc. Co. U.S.A. 1970.
102. Dziezak. J.D. Food technol. 45(6). 74. 1991.
103. G.A. Tucker. J.E. Taylor. G.B. Seymour. Biochemistry of fruit ripening. Chapman & Hall. 1993.
104. Friend and M.J.C. Rhodes(eds). Recent advances in the biochemistry of fruit and vegetables. Academic Press. 1981.
105. Harry E. Snyder. T.W. Kwon. Soybean utilization. AVI Publishing. Newyork. 1987.
106. Hosahalli Ramaswanmy. Michele Marcotte. Food processing. CRC press.
107. http://technocheminc.com/physical.html
108. http://www.biazzi.com/
109. Inglett. G.E. Wheat. Production and Utilization. Avi. 1975.
110. J.K. Palmer. The biochemistry of fruits and their products. Academic Press. London. 1971.
111. J.M. Lutz. The commercial storage of fruits vegetables and florist. USDA. 1968.
112. J. Scott Smith. Y.H. Hui. Food processing. Blackwell Publishing. Iowa. 2004.
113. Keshun Liu. Soybean as functional foods and ingredients. AOCS Press. 2004.
114. Keshun Liu. Soybean. International Thomson Publiushing. Chapman & Hall. Newyork.

1997.

115. Martin Glicksman. Food hydrocolloids. Vol. Ⅲ. CRC Press. Inc. 1986.

116. Maynard A. Joslyn. J.L. Food processing operation Ⅰ.Ⅱ.Ⅲ. 1970.

117. Ernesto Bernadini. Oilseeds. oils and fats. volume I. II. Interstampa-Rome. 1983.

118. Phillip R. Ashurst. Food flavoring. An Aspen Publication. 1999.

119. Pomeranz. Food technology. 40(1). 115. 1986.

120. D.F. Houston. Rice. Chemistry and technology. AACC. 1972.

121. Claire Kowalchil & William H. Hylton. Rodale's Illustrated encyclopidia of herbs. Rodale Press. 1988.

122. W.G. Burton. Post-harvest physiology of food crops. Longman. London and New York. 1982.

123. W.V. Cruess. Commercial fruits and vegetable products. McGraw-Hill Book Co. 1984.

124. Yasumatsu. K. Agric. Biol. Chem. 30. 483-486. 1996.

– 찾아보기 –

(가)

(나)

(다)

(라)

(마)

(바)

(사)

(아)

(자)

(차)

(카)

(타)

(파)

(하)

– INDEX –

(A)

(B)

(C)

(D)

(E)

(F)

(G)

(H)

(I)

(J)

(K)

(L)

(M)

(N)

(O)

(P)

농산식품가공학

2007년 1월20일 초판 1쇄 발행 값 32,000원
2022년 7월 1일 2쇄 발행

저 자 오만진·손종록·정재홍·금종화
이가순·오준세·이규희·이상덕

발행자 양 희 돌

경기도 고양시 일산서구 하이파크 3로17
發行處 先 進 文 化 社
〈등록 제410-2005-000040호〉
ISBN 89-7392-246-7 92590

 ☎(031)925-8237 FAX 925-8239